Lebensweltbezüge im Mathematikunterricht

Empirische Studien zur Didaktik der Mathematik

herausgegeben von

Aiso Heinze und
Marcus Schütte

Band 46

Editorial

Der Mathematikunterricht steht vor großen Herausforderungen: Neuere empirische Untersuchungen legen (erneut) Defizite und Unzulänglichkeiten offen, deren Analyse und Behebung einer umfassenden empirischen Erforschung bedürfen. Der Erfolg derartiger Bemühungen hängt in umfassender Weise davon ab, inwieweit hierbei auch mathematikdidaktische Theoriebildung stattfindet. In der Reihe „Empirische Studien zur Didaktik der Mathematik" werden dazu empirische Forschungsarbeiten veröffentlicht, die sich durch hohe Standards und internationale Anschlussfähigkeit auszeichnen. Das Spektrum umfasst sowohl grundlagentheoretische Arbeiten, in denen empirisch begründete, theoretische Ansätze zum besseren Verstehen mathematischer Unterrichtsprozesse vorgestellt werden, als auch eher implementative Studien, in denen innovative Ideen zur Gestaltung mathematischer Lehr-Lern-Prozesse erforscht und deren theoretische Grundlagen dargelegt werden. Alle Manuskripte müssen vor Aufnahme in die Reihe ein Begutachtungsverfahren positiv durchlaufen. Diese konsequente Begutachtung sichert den hohen Qualitätsstandard der Reihe.

Elisa Bitterlich

Lebensweltbezüge im Mathematikunterricht

Interpretative Analysen von Lernprozessen

Waxmann 2024
Münster • New York

Dissertation zur Erlangung des Doktorgrades (Dr. phil.) an der Fakultät für Erziehungswissenschaften der Technischen Universität Dresden – vorgelegt von Elisa Bitterlich am 05.04.2023 unter dem Titel:
„Eine interaktionistische Perspektive auf Lebensweltbezüge im Mathematikunterricht
Interpretative Analysen von Lernprozessen unter besonderer Berücksichtigung des Sprachgebrauchs und der Merkmale interaktiv ausgehandelter Lebensweltbezüge“
verteidigt am 13.10.2023
Erstgutachter: Herr Prof. Dr. Marcus Schütte
Zweitgutachter: Frau Prof. Dr. Kerstin Gerlach

Bibliografische Informationen der Deutschen Nationalbibliothek
Die Deutsche Nationalbibliothek verzeichnet diese Publikation in der Deutschen Nationalbibliografie; detaillierte bibliografische Daten sind im Internet über http://dnb.dnb.de abrufbar.

Empirische Studien zur Didaktik der Mathematik, Band 46

ISSN 1868-1441
Print-ISBN 978-3-8309-4871-1
E-Book-ISBN 978-3-8309-9871-6

www.waxmann.com
info@waxmann.com

Umschlaggestaltung: Christian Averbeck, Münster
Titelbild: © BalanceFormCreative – stock.adobe.com
Druck: CPI books GmbH, Leck
Gedruckt auf alterungsbeständigem Papier, säurefrei gemäß ISO 9706

MIX
Papier aus verantwortungsvollen Quellen
FSC® C083411
www.fsc.org

Dieses Buch wurde klimaneutral produziert

Printed in Germany

Danksagung

Eine Dissertation schreibt man nicht von heute auf morgen und auch nicht allein im stillen Kämmerlein. Daher möchte ich an dieser Stelle meine aufrichtige Dankbarkeit für diejenigen ausdrücken, die mich während des Recherche-, Forschungs- und Schreibprozesses dieser Arbeit begleitet und unterstützt haben.

An erster Stelle möchte ich mich bei den beiden Personen bedanken, die mit ihren Erfahrungen und ihrer fachlichen Expertise die vorliegende Arbeit inhaltlich bereichert und mich während des Schreibprozesses dieser Arbeit so gut betreut haben. Prof. Dr. Marcus Schütte hat mir Zeit und Freiraum bei der Themenfindung gegeben und immer ein offenes Ohr für Probleme und Fragen jeglicher Art gehabt. Die Zusammenarbeit mit ihm hat mich in meiner fachlichen wie auch persönlichen Entwicklung nachhaltig beeinflusst. Prof.in Dr. Kerstin Gerlach (geb. Tiedemann) gilt mein besonderer Dank für ihr wertschätzendes und konstruktives Feedback bei der inhaltlichen Strukturierung sowie während des Schreibprozesses und für das mir entgegengebrachte Vertrauen.

Ein besonderer Dank gilt zudem Judith Jung, Ann-Kristin Tewes, Rachel-Ann Böckmann und Peter Ludes-Adamy. Als Team von Doktorand*innen haben wir vor allem in der gemeinsamen Zeit in Dresden Freud und Leid miteinander geteilt, gemeinsam analysiert, Konferenzen besucht, Publikationen hervorgebracht und sind gemeinsam an unseren Aufgaben gewachsen. Danke für die anregenden Diskussionen, das Feedback zu Texten und Präsentationen sowie die vielen unvergesslichen Erlebnisse während der Arbeit und auch in der Freizeit.

Weiterhin danke ich meinen Kolleg*innen der Professur für Grundschulpädagogik/Mathematik, von TUD-Sylber sowie von Schullogin. Die Zusammenarbeit mit Euch hat mich sowie die vorliegende Arbeit jeweils auf unterschiedliche Weise bereichert. Ich bin sehr dankbar, so liebenswerte, hilfsbereite und wertschätzende Kolleg*innen um mich zu haben.

Nicht zuletzt möchte ich mich bei meinem Mann Tino bedanken. Er hat mich und den Promotionsprozess von Anfang an geduldig begleitet und mich moralisch unterstützt, wenn ich vor Vorträgen, Publikationen und der Abgabe dieser Arbeit angespannt war.

Diese Arbeit wäre ohne euch alle nicht möglich gewesen.
Danke!

Inhalt

Hinführung

> Unser kleines Kroko. So klein wie der ist, ist ganz schön gefräßig. Der will immer ganz viel fressen. Deswegen steht dem sein Maul hier auf. Und jetzt überlegt der: Soll ich die Roten fressen oder soll ich die Blauen fressen? Was denkt ihr? Wie wird sich Kroko entscheiden, unser kleiner Vielfraß? (Transkriptausschnitt aus der Sequenz *Kroko, der kleine Vielfraß*, siehe Kapitel 8.1.3)

Diese Aussage würde beim erstmaligen Lesen oder Hören wohl kaum jemand mit mathematischen Lerninhalten in Verbindung bringen – und doch wurden diese Worte im Mathematikunterricht einer ersten Klasse als Einstieg für die Auseinandersetzung mit den Relationszeichen Größer-als (>) und Kleiner-als (<) herangezogen. Diese und fünf weitere innerhalb dieser Arbeit beispielhaft aufgezeigten Sequenzen des Mathematikunterrichts lassen annehmen, dass es ein allgegenwärtiger und selbstverständlicher Konsens unter Lehrkräften ist, die mathematischen Lerninhalte zum Zweck einer vermeintlich besseren Zugänglichkeit und Anschaulichkeit mit diversen außerschulischen Sachverhalten zu verbinden. Solche Momente des Mathematikunterrichts werden im Weiteren als Lebensweltbezüge bezeichnet. Die vorliegende Arbeit betrachtet die Interaktionsprozesse in Situationen des Mathematikunterrichts mit einem Lebensweltbezug aus einer interaktionistischen Perspektive und geht der forschungsleitenden Frage nach, wie sich die interaktive Aushandlung über den mathematischen Lerninhalt in Unterrichtssituationen mit einem Lebensweltbezug gestaltet.

Hierfür werden im Rahmen dieser Arbeit ausschließlich solche Lebensweltbezüge untersucht, die interaktiv im Mathematikunterricht ausgehandelt werden. In diesem Zusammenhang wird angenommen, dass sich der Umgang mit Lebensweltbezügen nicht nur auf die interaktiven Aushandlungsprozesse des Mathematikunterrichts auswirkt, sondern beispielsweise auch in unterschiedlichen Möglichkeiten und Erwartungen des Sprachgebrauchs sowie in vielseitigen Möglichkeiten der mathematisch-inhaltlichen Partizipation resultiert. Die interaktionistische Perspektive auf Lebensweltbezüge des Mathematikunterrichts verlangt ein interpretativ-rekonstruktives Vorgehen, sodass die ausgewählten Sequenzen des Mathematikunterrichts mit einem Lebensweltbezug im Rahmen der vorliegenden Forschungsarbeit mit der Methode der Interaktionsanalyse untersucht werden. Dabei wird insbesondere den Merkmalen und der Entwicklung von Lebensweltbezügen sowie dem Sprachgebrauch in diesen Momenten der interaktiven Aushandlung Beachtung geschenkt. Weiterhin ermöglicht das interpretative Vorgehen der Interaktionsanalyse die Rekonstruktion potenzieller Lernprozesse. Die Ergebnisse der empirischen Auseinandersetzung resultieren in Implikationen für Forschende wie auch Lehrende zum Einsatz von bzw. Umgang mit Lebensweltbezügen im Mathematikunterricht. Diese Arbeit zielt darauf ab, für die spezifischen Merkmale, Chancen und Herausforderungen insbesondere von mündlich basierten und interaktiv ausgehandelten Lebensweltbezügen zu sensibilisieren. Schließlich werden die Prozesse der mündlichen Aushandlung über ebensolche Lebensweltbezüge in empirischen Auseinandersetzungen wie auch in der Aus- und Fortbildung von Lehrenden bislang kaum thematisiert, obwohl sie – dies implizieren zumindest die zugrundeliegenden empirischen Daten dieser Arbeit – in allen Klassenstufen und bei verschiedensten mathematischen Themen im Mathematikunterricht ihren Platz finden. Die Ergebnisse dieser Arbeit verdeutlichen die Notwendigkeit von Reflexions- und Interpretationskompetenzen für einen veränderten Umgang mit Lebensweltbezügen im Mathematikunterricht und setzen somit eine Grundlage für weiterführende empirische Auseinandersetzungen.

Das erste Kapitel befasst sich mit dem zentralen Untersuchungsgegenstand der vorliegenden Forschungsarbeit – mit Lebensweltbezügen im Mathematikunterricht. In diesem Zusammenhang wird der hier verwendete Begriff ‚Lebensweltbezug' (der in bisherigen mathematikdidaktischen Auseinandersetzungen kaum genutzt wird) hergeleitet und von verwandten Begrifflichkeiten wie ‚Sachaufgaben' und ‚Kontextualisierungen' abgegrenzt. Zudem erfolgt eine ausführliche theoretische Auseinandersetzung mit möglichen Chancen und Grenzen von Lebensweltbezügen innerhalb mathematischer Lehr-Lern-Settings. Anschließend wird im zweiten Kapitel die Bedeutsamkeit der Sprache für Lernprozesse in Situationen mit einem Lebensweltbezug beleuchtet und es wird eine grundlegende Annahme dieser Arbeit hergeleitet und durch bereits existierende empirische sowie didaktische Auseinandersetzungen untermauert. Dies ist die Annahme, dass sprachliche und fachliche Lernprozesse nicht unabhängig voneinander stattfinden, sondern in wechselseitiger Beziehung zueinander stehen. Die Auseinandersetzung mit der Bedeutsamkeit des Sprachgebrauchs in interaktiven Aushandlungsprozessen mit und über einen Lebensweltbezug verdeutlicht darüber hinaus, dass unterschiedliche sprachliche Anforderungen und Kompetenzen vielfach mit der Existenz verschiedener Sprachregister in Verbindung gebracht werden, welche im dritten Kapitel dieser Arbeit thematisiert werden. Neben den Registern Alltags-, Fach- und Schulsprache liegt dabei ein besonderer Fokus auf dem Register Bildungssprache. Auf Grundlage der Auseinandersetzungen mit der Bedeutung von Sprache für Lernprozesse und der Existenz verschiedener Sprachregister im Unterricht wird im vierten Kapitel die Bedeutsamkeit diskursiver Kompetenzen für die interaktive Aushandlung in Situationen des Mathematikunterrichts mit einem Lebensweltbezug hervorgehoben und das Diskursverständnis der vorliegenden Arbeit erläutert. Anhand der theoretischen Vorüberlegungen der ersten vier Kapitel werden anschließend im fünften Kapitel die forschungsleitenden Fragestellungen dieser empirischen Studie hergeleitet. Das sechste Kapitel widmet sich der Darlegung der methodologischen Verortung der vorliegenden rekonstruktiven Sozialforschung im Forschungszweig der Interpretativen Unterrichtsforschung und geht in diesem Zusammenhang auch auf das zugrundeliegende Lernverständnis dieser Studie ein. Daran schließt sich im siebten Kapitel die Darlegung des methodischen Vorgehens an. Hierbei steht insbesondere die Methode der Interaktionsanalyse im Fokus und das im Rahmen dieser Arbeit entwickelte Analyseraster zur Untersuchung des Sprachgebrauchs sowie der Merkmale von interaktiv ausgehandelten Lebensweltbezügen wird vorgestellt. Im achten Kapitel erfolgt die ausführliche Darlegung der empirischen Auseinandersetzung. Hierfür werden insgesamt sechs Sequenzen des Mathematikunterrichts mit einem interaktiv ausgehandelten Lebensweltbezug vorgestellt, die mit der Interaktionsanalyse und unter Rückgriff auf das Analyseraster interpretativ analysiert werden. Im neunten Kapitel erfolgt mit der Komparation ein systematischer und sequenzübergreifender Vergleich der sechs analysierten Einzelfälle des achten Kapitels. Hierdurch werden zentrale Gemeinsamkeiten wie auch Unterschiede der analysierten Sequenzen bezüglich des interaktiven Aushandlungsprozesses, des Sprachgebrauchs, der Merkmale und Entwicklung der Lebensweltbezüge sowie bezüglich der möglichen Lernprozesse herausgearbeitet. Zuletzt werden im zehnten Kapitel zusammenfassend und schlussfolgernd Antworten auf die forschungsleitenden Fragestellungen dieser Arbeit gegeben und Implikationen für die Empirie sowie die Unterrichtspraxis herausgearbeitet.

Die Ergebnisse dieser Arbeit zeigen, dass sich der Umgang mit Lebensweltbezügen im Mathematikunterricht je nach Klassenstufe und mathematischem Lerngegenstand unterschiedlich gestaltet. Dies geht mit unterschiedlichen Möglichkeiten und Erwartungen der sprachlichen und auch inhaltlichen Teilhabe der Lernenden am interaktiven Aushandlungsprozess einher. So scheinen die vielseitigen Möglichkeiten der sprachlichen und vor allem der mathematisch-inhaltlichen Partizipation der Lernenden am interaktiven Aushandlungsprozess bei den im Rahmen dieser Arbeit analysierten Sequenzen mit Lebensweltbezug vielfach nicht ausgeschöpft zu werden.

Theoretischer Teil

1. Lebensweltbezüge im Mathematikunterricht

Es scheint ein allgemeingültiger Konsens unter Lehrkräften zu sein, die mathematisch-fachlichen Lerngegenstände zu Zwecken der Anschaulichkeit und Zugänglichkeit mit außermathematischen Sachverhalten sowie den Erfahrungen der Lernenden in Verbindung zu bringen. Derartige Verbindungen werden im Rahmen der vorliegenden Arbeit als Lebensweltbezüge bezeichnet. Ein Blick in die mathematikdidaktische Literatur verdeutlicht, dass es eine Fülle weiterer Begrifflichkeiten gibt, die in mehr oder minder enger Verbindung zum Begriff Lebensweltbezug stehen und dass der Terminus Lebensweltbezug somit keinesfalls so trivial und eindeutig ist, wie man zuerst anzunehmen vermochte. Aus diesem Grund wird in diesem Kapitel zuerst der Begriff ‚Lebensweltbezug' im Fokus stehen (Kapitel 1.1). Daran anschließend folgt die Darstellung ausgewählter Studien, die sich mit Lebensweltbezügen im Mathematikunterricht – beziehungsweise mit verwandten Konzepten – auseinandersetzen (Kapitel 1.2). Danach werden mögliche positive und negative Aspekte von Lebensweltbezügen im Mathematikunterricht beleuchtet (Kapitel 1.3 und 1.4). Zuletzt werden in einem Zwischenfazit die zentralen Erkenntnisse der theoretischen Auseinandersetzung resümiert und herausgearbeitet, welche zentralen Analysekriterien für Lebensweltbezüge in der vorliegenden Arbeit von besonderem Stellenwert sind (Kapitel 1.5).

1.1 Zum Begriff Lebensweltbezug

Innerhalb dieses Kapitels erfolgt die Annäherung an das dieser Arbeit zugrundeliegende Verständnis des Begriffs Lebensweltbezug. Hierfür werden zuerst die sozialphilosophischen Ursprünge des Begriffs Lebenswelt beleuchtet. Darüber hinaus existieren in erziehungswissenschaftlichen und insbesondere mathematikdidaktischen Auseinandersetzungen zahlreiche Begriffe, die mit dem Terminus Lebensweltbezug in mehr oder minder enger Verbindung stehen. Die theoretischen Auseinandersetzungen mit den sozialphilosophischen Ursprüngen sowie mit verwandten Begrifflichkeiten des Terms Lebensweltbezug fließen gleichsam in das Begriffsverständnis der vorliegenden Arbeit ein.

1.1.1 Zum Ursprung des Begriffs Lebenswelt

Im pädagogischen Kontext wird der Begriff ‚Lebenswelt' gleichermaßen vielseitig und bedeutungsvoll wie auch inflationär und unreflektiert genutzt. Dies mag einerseits daran liegen, dass der Begriff häufig als ‚sich-selbst-erklärend' bzw. ‚selbstverständlich' aufgefasst wird (Kraus, 2006). Zum anderen könnte die Ursache in den Ursprüngen dieses

Begriffs liegen. So definieren Husserl (2012), Schütz und Luckmann (2003) sowie Habermas (1981b) – um lediglich ausgewählte Vertreter zu nennen – den Begriff Lebenswelt im Kontext ihrer sozialphilosophischen Ausarbeitungen jeweils unterschiedlich (Kraus, 2006).

Husserl etabliert den Begriff Lebenswelt im Zuge seiner Kritik an der Entwicklung der Wissenschaften und der „Überziehung des methodischen Objektivitätsideals" (Kraus, 2006, S. 119). Demnach kann Wissenschaft nie rein objektiv sein, da immer etwas Subjektives – etwas Lebensweltliches – in ihr verborgen liegt. Die forschende Person trägt bei der wissenschaftlichen Auseinandersetzung die Verantwortung, sich möglichst objektiv mit dem empirischen Gegenstand auseinanderzusetzen und die eigenen Erfahrungen, Erwartungen sowie Einstellungen hierbei bestmöglich zurückzustellen. Dennoch ist nach Husserl (2012) eine rein objektive Auseinandersetzung mit dem Forschungsgegenstand niemals möglich. Auch, wenn man in seiner Auseinandersetzung vergebens nach einer umfassenden und abschließenden Definition des Lebensweltbegriffes sucht, so kann die Lebenswelt weitgefasst als Kontrastpol zur (objektiven) Wissenschaft – als die Welt der reinen Erfahrung – aufgefasst werden. Die forschende Person bleibt demnach immer in gewissem Grad in ihrer eigenen Lebenswelt verhaftet. Folglich können die Ergebnisse wissenschaftlicher Auseinandersetzungen nicht beanspruchen, vollumfänglich objektiv zu sein. Objektivität kann diesen Ausführungen folgend lediglich angestrebt und angenommen, jedoch niemals vollends erreicht werden.

> [So] kommt er [Husserl] zu dem Schluß, daß [sic!] die ursprünglich postulierte Trennung zwischen den mit Vorurteilen behafteten Alltagserkenntnissen und den davon (scheinbar) befreiten Erkenntnissen der sogenannten objektiven Wissenschaften nicht aufrechterhalten werden kann, weil das Kriterium der Objektivität (und damit indirekt auch das der Wahrheit) in letzter Instanz auf der lediglich impliziten Möglichkeit zur Anschauung beruht und damit letztlich lebensweltliche Anteile besitzt. (Muckel & Grubitzsch, 1993, S. 123, Ergänzungen: E. B.)

Wenngleich die Ausarbeitungen zur Lebenswelt von Schütz und Luckmann (2003) zuerst anschlussfähig an die Arbeiten Husserls scheinen, gehen sie vordergründig auf die ‚soziale Welt' ein – die Welt der intersubjektiven Verständigung. Demnach entwickelt sich die Lebenswelt eines Menschen in der Auseinandersetzung mit seiner sozialen Welt und ist das Resultat der zunächst subjektiven Wahrnehmung seiner Umwelt (Kraus, 2006). Für Schütz und Luckmann (2003) ist die „Lebenswelt von Anfang an nicht meine Privatwelt, sondern intersubjektiv; die Grundstrukturen ihrer Wirklichkeit ist uns gemeinsam" (S. 30).

> Die Lebenswelt, in ihrer Totalität als Natur- und Sozialwelt verstanden, ist sowohl der Schauplatz als auch das Zielgebiet meines und unseres wechselseitigen Handelns. Um unsere Ziele zu verwirklichen, müssen wir ihre Gegebenheiten bewältigen und sie verändern. Wir handeln und wirken folglich nicht nur innerhalb der Lebenswelt, sondern auch auf sie zu. (ebd., S. 32)

Demzufolge ist die Lebenswelt eines Menschen nicht starr und unveränderlich, sondern vielmehr eine intersubjektive Welt, die sich aus dem sozialen und zwischenmenschlichen Aufeinander-Einwirken fortwährend weiterentwickelt und einen gemeinsamen Interpretationsrahmen bei der Auseinandersetzung mit Phänomenen bietet (Muckel & Grubitzsch, 1993). Schütz und Luckmann (2003) betonen die Bedeutsamkeit sozialer Handlungen sowohl für die Etablierung als auch für die Aufrechterhaltung und Veränderung der Lebenswelt eines Individuums, die demnach niemals rein intraindividuell ist, sondern stets von interindividueller Natur.

Ein weiterer Vertreter des Lebensweltbegriffs in seinen sozialphilosophischen Ursprüngen ist Habermas (1981b). Ihm geht es hierbei weniger um Wissenschaftstheorie (wie etwa Husserl), sondern er thematisiert vielmehr die alltägliche Kommunikation zwischen Individuen. Lebenswelt umfasst Habermas folgend die den Individuen gemeinsamen Bedeutungszuschreibungen von Phänomenen und ermöglicht ihnen die Kommunikation über ebendiese. Im Rahmen seiner ‚Theorie des kommunikativen Handelns' (ebd.) beschreibt er die Lebenswelt folgendermaßen:

> Kommunikativ handelnde Subjekte verständigen sich stets im Horizont einer Lebenswelt. Ihre Lebenswelt baut sich aus mehr oder weniger diffusen, stets unproblematischen Hintergrundüberzeugungen auf [...] [und] dient als Quelle für Situationsdefinitionen. (ebd., S. 107, Anpassung: E. B.)

Das gemeinsame – und in weiten Teilen intraindividuell übereinstimmende – ‚Wissen' von Individuen zum Begriff *Vorfreude* beispielsweise ermöglicht ihnen folglich, über Vorfreude zu sprechen, obwohl sie nicht gegenständlich greifbar ist. Da Habermas (1981b) das Vokabular Husserls (2012) in weiten Teilen übernimmt, ohne jedoch die Besonderheiten seines Begriffsverständnisses ausreichend zu verdeutlichen, verbleibt die Stellung des Lebensweltbegriffs in seiner Theorie lückenhaft.

> Als nicht streng definierter Terminus weckt er unterschiedliche (positive) Assoziationen und wird zu einer Quelle von Mißverständnissen [sic!]. (Muckel & Grubitzsch, 1993, S. 129)

Insbesondere die Ausarbeitungen von Schütz und Luckmann (2003) sind aufgrund der Betonung von interindividuellen Verständigungsprozessen zur Etablierung eines gemeinsamen Interpretationsrahmens anschlussfähig an die methodologische Verortung der vorliegenden Forschungsarbeit in interaktionistischen Ansätzen der Interpretativen Unterrichtsforschung der Mathematikdidaktik (z.B. Bauersfeld, 1994; Naujok et al., 2008) sowie zum Lernverständnis, das dieser Arbeit zugrunde liegt (siehe Kapitel 6): Lebenswelt wie auch Lernprozesse sind zum einen an individuelle Erfahrungen und Vorstellungen gebunden, zum anderen werden sie maßgeblich in und durch soziale Interaktionen beeinflusst. Die durch persönliche Erfahrungen, Einstellungen und Haltungen bedingten Situationsdefinitionen und Lebenswelten verschiedener Personen können sich im Zuge interaktiver und sozialer Aushandlungsprozesse einander annähern und die Annäherung an die Lebenswelt/en anderer Personen begünstigen. In seinen Ausführungen zum pädagogischen Konstruktivismus erläutert Siebert (2005) den Begriff Lebenswelt als „gelernte und erlebte Wirklichkeit“ (S. 29), die durch das eigene Handeln, Erleben und Beobachten aktiv mitgestaltet werden kann. Diesem Gedanken folgend stellt Lernen einen lebenslangen Prozess der Selbst- und Weltkonstruktion dar, der eng an die eigene, stets veränderliche Lebenswelt gebunden ist (ebd.). Im mathematikdidaktischen Kontext spielt der Begriff Lebensweltbezug bislang eine untergeordnete Rolle. Dafür lassen sich zahlreiche Begrifflichkeiten und Konzepte identifizieren, die in mehr oder minder enger Verbindung zum Begriff Lebensweltbezug stehen.

1.1.2 Begrifflichkeiten im pädagogischen und mathematikdidaktischen Kontext

In der Auseinandersetzung mit lebensweltlichen Bezügen im Rahmen des Mathematikunterrichts eröffnet die einschlägige Literatur – im deutsch- wie auch im englischsprachigen Kontext – zahlreiche Begrifflichkeiten, die trotz unterschiedlicher Schwerpunktsetzung mitunter synonym verwendet werden (z.B. Franke & Ruwisch, 2010; Gainsburg, 2008; Harvey & Averill, 2012; Larina, 2016; Palm, 2006; Zan, 2017). Mit dem Fehlen einer universellen Begrifflichkeit sowie einer allgemeingültigen Definition geht das Problem einher, dass Lehrpersonen bei der Entwicklung und Auswahl von Lebensweltbezügen vorrangig von subjektiven und durch ihre eigenen Erfahrungen geprägten Beliefs, Zielen und Vorstellungen geleitet werden und weniger von wissenschaftlich fundierten Kriterien oder Inhalten ihrer Ausbildung – dies wiederum führt dazu, dass die von den Lehrenden in ihrem Unterricht etablierten Lebensweltbezüge häufig unreflektiert und nicht einheitlich verwendet werden (Gainsburg, 2008; Larina, 2016). Nachfolgend werden einige der in pädagogischen sowie mathematikdidaktischen Auseinandersetzungen genutzten Begriffe charakterisiert, um anschließend eine Definition für den Begriff Lebensweltbezug herzuleiten, die in der vorliegenden Arbeit relevant ist.[1]

Die Bezeichnung *Kontextualisierung* ist über die Mathematikdidaktik hinaus verbreitet und wird auch in allgemeinpädagogischen Arbeiten – sowohl im deutschsprachigen als auch im angloamerikanischen Sprachraum – vielfach genutzt (z.B. Cloran, 1994; Lohrmann, 2011; Leuders et al., 2011). Darüber hinaus steht der Begriff Kontextualisierung in enger Verbindung zu den Bezeichnungen Dekontextualisierung und Rekontextualisierung (Lohrmann, 2011). Wenngleich es auch zum Begriff Kontext bzw. Kontextualisierung zahlreiche Definitionen gibt, die sich mitunter in ihrer Ausrichtung und Nuancierung unterscheiden, kann Kontextualisierung gemeinhin verstanden werden als die „*Einbettung einer abstrakten Wissensstruktur in Konkretionen*, bspw. in Erlebnisse und Erfahrungen, Problemstellungen, Alltagsphänomene, Experimente oder soziale Situationen“ (Lohrmann, 2011, S. 398, Hervorhebung im Original). Die Konkretion bzw. Situierung im Rahmen der Kontextualisierung kann dabei als Gegenpol zur Dekontextualisierung betrachtet werden, bei der ein Sachverhalt abstrakt und generalisiert wiedergegeben wird, da hierbei „*Alltagsbezüge und Einzelheiten der jeweiligen Konkretion ‚abgestreift‘*

1 Anzumerken ist, dass die nachfolgenden Termini nicht trennscharf sind und vielfach keine allgemeingültig anerkannte Definition zu ihnen vorliegt.

werden“ (ebd., S. 399, Hervorhebung im Original). Der Begriff Rekontextualisierung bezeichnet den Rückbezug einer abstrakten Wissensstruktur auf konkrete Situationen sowie Kontexte und fokussiert demnach das Wechselspiel zwischen Kontextualisierung und Dekontextualisierung (ebd.).

Ein weiterer Begriff, der ebenfalls sowohl in deutschsprachigen als auch englischsprachigen Publikationen verwendet wird, ist der Term *Narration* bzw. Story (z.B. Dietiker, 2013; Krummheuer, 2008; Schütte & Krummheuer, 2017; Zan, 2017; Zazkis & Liljedahl, 2009). Ausschlaggebende Merkmale narrativer Situationen des Unterrichts sind die sequenzielle Schilderung von Ereignissen und Informationen, die Indifferenz zwischen wahren und fiktiven Elementen, die Abweichung von der Normalerwartung durch unvorhergesehene Elemente sowie eine gewisse Dramaturgie der Darstellung (z.B. Bruner, 1996; Krummheuer, 2008). Schütte, Jung und Krummheuer (2021) greifen in ihren Ausarbeitungen zur mathematischen Denkentwicklung bei Kindern auf die von Bruner (1996) etablierte Gegenüberstellung des wissenschaftlichen sowie des narrativen Denkmodus zurück und Beschreiben das Auftreten narrativer, formaler sowie narratorischer Diskurse in Spiel- und Erkundungssituationen (siehe Kapitel 4.2). Dabei verstehen sie unter einem narrativen Diskurs solche Momente der Interaktion, in denen alltägliche Erfahrungen im Fokus stehen. Der narrative Diskurs ist zeitlich-sequenziell strukturiert und weist geschichtenhafte Elemente wie Dramaturgie sowie handelnde Subjekte auf. In solchen Diskursen werden den Autor*innen zufolge partikuläre und intuitive Begründungen entwickelt oder verwendet, die auf persönlichen Erfahrungen beruhen (ebd.). Bei den Begriffen Narration bzw. Story steht demnach vor allem der geschichtenhafte, zeitlich-sequenzielle und emotional gefärbte Charakter von interaktiven Aushandlungen im Fokus.

Eine weitere Begrifflichkeit ist die (lebensweltliche) *Inszenierung* (z.B. Bauersfeld & Voigt, 1986; Neth & Voigt, 1991). Im Kontext des Mathematikunterrichts verstehen Neth und Voigt (1991) hierunter Situationen des Unterrichts, in denen aus inszenierten Alltagssituationen heraus mathematische Aussagen entwickelt werden. Der mathematische Lerninhalt etabliert sich hierbei unter Rückgriff auf Situationen und Vorgänge, die in den alltäglichen Erfahrungen der Lernenden verankert sind. In engem Zusammenhang damit steht den Autor*innen zufolge der Prozess der *Vermathematisierung*, bei der eine mathematische Aussage sukzessiv aus empirischen Situationen einer Sachsituation heraus gewonnen wird und bei der die alltäglichen Sachverhalte im Hinblick auf einen bestimmten mathematischen Zusammenhang hin modelliert werden (siehe auch Gellert & Jablonka, 2007). Die außermathematischen Erfahrungen stellen hierbei also den Ausgangspunkt für die Auseinandersetzung mit einem mathematischen Sachverhalt dar und treten im Verlauf der Auseinandersetzung zunehmend in den Hintergrund.

> Das Thema setzt an der Lebenswelt der Schüler an und endet in einer formalen mathematischen Aussage. Die Mehrdeutigkeit der Sache wird auf eine Rechnung reduziert. (Neth & Voigt, 1991, S. 97)

Die Begriffe *Sachaufgabe* und *Sachrechnen* – im Englischen Word Problem oder Story Problem – werden vor allem in mathematikdidaktischen Veröffentlichungen genutzt (z.B.

Bauersfeld, 1991; Franke & Ruwisch, 2010; Gerofsky, 2010; Greer et al., 2002; Palm, 2006; Toom, 1999; Verschaffel et al., 2020). In ihren Ausarbeitungen zum Sachrechnen verweisen Franke und Ruwisch (2010) auf eine Vielzahl weiterer synonym verwendeter Begriffe innerhalb mathematikdidaktischer Publikationen, die in enger Verbindung zu Sachaufgaben stehen:

> Mit der Öffnung des Sachrechnens hin zu mehr Umweltbezug und Lebensnähe hielten weitere Bezeichnungen für Aufgaben beim Sachrechnen Einzug in die Literatur. Neben Text- und Sachaufgaben findet man authentische Aufgaben, Problemaufgaben, Kapitänsaufgaben, Knobelaufgaben, Echtsituationen, Bildaufgaben, Rechengeschichten, Sachtexte, Denksportaufgaben, Modellierungsaufgaben, Projekte, Sachprobleme, Sachsituationen, ... (Franke & Ruwisch, 2010, S. 31).

Der Begriff Sachrechnen scheint also ebenfalls vielseitig ausgelegt zu werden. Mit Verweis auf die Vielseitigkeit des Begriffs gehen Franke und Ruwisch (2010) auf den Grundgedanken des Sachrechnens ein, ohne jedoch eine übergeordnete Definition für das Sachrechnen vorzustellen: Demnach gehe es beim Sachrechnen vordergründig um die „Modellierung einer Sachsituation mittels eines mathematischen Modells sowie die Interpretation der mathematischen Ergebnisse in der jeweiligen Sachsituation“ (ebd., S. 1).

Weiterhin gehen die Autorinnen darauf ein, dass zahlreiche Tendenzen zu verorten sind, die jeweils unterschiedliche Schwerpunkte des Sachrechnens festsetzen, wie z.B. Sachrechnen an lesenswerten und mathematikhaltigen Texten, Sachrechnen durch mathematische Projekte, Sachrechnen als Modellieren sowie Sachrechnen als Bezugnahme auf Alltags- und Handlungserfahrungen der Schüler*innen (ebd.). Im Zusammenhang mit dem Begriff Sachaufgaben geht auch Radatz (1990) auf verschiedene Aufgabentypen des Sachrechnens ein. Ihm zufolge werden Termini wie *eingekleidete Aufgaben* sowie *Textaufgaben* – die insbesondere in älteren mathematikdidaktischen Publikationen zu finden sind (siehe die Ausführungen zum *Sachrechnen im Wandel der Zeit* in Franke & Ruwisch, 2010) – ebenfalls häufig verwendet und unterscheiden sich beispielsweise hinsichtlich des Bezugs zur Realität und der Darstellung deren Komplexität signifikant vom Aufgabentyp Sachaufgabe (Radatz, 1990). Um die enge und möglichst authentische Anbindung von Sachaufgaben an die alltäglichen Erfahrungen der Lernenden zu betonen, erhält insbesondere im Englischen der Begriff Word Problem vielfach Zusätze wie ‚Real-Life‘ oder ‚Real-World‘ (z.B. Frankenstein, 2009; Gainsburg, 2008; Gerofsky, 2010; Harvey & Averill, 2012; Larina, 2016; Palm, 2006). Im Deutschsprachigen tauchen Zusätze wie ‚realitätsbezogen‘ und ‚authentisch‘ vor allem im Kontext des Modellierens auf (z.B. Grafenhofer & Maaß, 2017; Maaß, 2020).

Das *mathematische Modellieren* steht ebenfalls in Verbindung zum Begriff Lebensweltbezug und ist zudem als prozessbezogene Kompetenz in den Bildungsstandards für den Mathematikunterricht verankert (z.B. Blum, 2007; Bruckmaier et al., 2018; Kaiser & Schwarz, 2010; KMK, 2004, 2015, 2022; Leiss & Tropper, 2014). Beim mathematischen Modellieren geht es um „die Bearbeitung realitätsbezogener Problemstellungen mithilfe mathematischer Mittel“ (Leiss & Tropper, 2014, S. 23), weshalb hierbei Beispiele des alltäglichen Lebens als Ausgangspunkt der mathematischen Auseinandersetzung fungieren. Die realitätsbezogene Problemstellung muss dabei zur Lösungsfindung in spezifischer Weise wahrgenommen und in die Sprache der Mathematik ,übersetzt' werden, um zuletzt – rückbeziehend auf die außermathematische Problemstellung – auf ihre Eignung überprüft zu werden (ebd.). Bereits in den Ausführungen von Franke und Ruwisch (2010) wurde die Tätigkeit des Modellierens als wichtiges Merkmal des Sachrechnens hervorgehoben, was nicht zuletzt den engen Zusammenhang dieser Begriffe verdeutlicht: Beim Sachrechnen bzw. in Sachaufgaben ist ebenfalls die Verbindung zwischen der Sachsituation und dem mathematischem Modell bedeutsam. Auch der Begriff bzw. die Theorie der in den Niederlanden vom Freudenthal-Institut entwickelten und von dort verbreiteten *Realistic Mathematics Education* (RME) steht in engem Zusammenhang mit dem mathematischen Modellieren (z.B. Van Den Heuvel-Panhuizen & Drijvers, 2014). Wie beim Modellieren geht es auch bei der RME weniger darum, dass ein außermathematischer Bezug erst zur Festigung und Vertiefung eines vorab vermittelten mathematischen Konzepts herangezogen wird. Vielmehr steht die realistische Situation von Beginn an im Zentrum der Auseinandersetzung mit dem mathematischen Sachverhalt. Erst im Laufe des Lernprozesses erfolgt eine Loslösung von der konkreten Situation, die in einer zunehmend formalen, abstrakten und generalisierten Betrachtung des mathematischen Lerngegenstandes mündet (ebd.). In diesem Zusammenhang bergen das mathematische Modellieren sowie die RME stärker das Potenzial, den Schüler*innen den Nutzen und die Anwendbarkeit der Mathematik für das eigene Leben zu verdeutlichen und sie in die Lage zu versetzen, eigenständig Strategien zu entwickeln, anstelle nach einem vorab vermittelten Schema mathematische Zahlen und Objekte lediglich zu ,manipulieren' (Lovell, 2016; Van Den Heuvel-Panhuizen & Drijvers, 2014; Wuolle, 2016). Im deutschsprachigen Raum wird vor allem in jüngeren Empfehlungen für die Praxis darauf aufmerksam gemacht, dass mathematische Aufgabenstellungen und insbesondere mathematische Modellierungen ,attraktiv' (Maaß, 2019) und ,realitätsbezogen' (Grafenhofer & Maaß, 2017; Maaß, 2020) sein sollten, um eine authentische Auseinandersetzung mit dem Sachverhalt und somit auch nachhaltige Lernprozesse zu initiieren.

1.1.3 Der Begriff Lebensweltbezug im Rahmen dieser Arbeit

Die obigen Ausführungen legen dar, wie vielseitig sich das begriffliche Verständnis zu Lebensweltbezügen gestaltet. Ein Anliegen dieser Studie ist, diese begriffliche Fülle nicht maßgeblich zu erweitern, sondern zentrale Aspekte der bereits existierenden Auseinandersetzungen herauszuarbeiten und somit zu einem Begriffsverständnis beizutragen, dass breitere Anwendbarkeit ermöglicht – nicht nur im Kontext des Mathematikunterrichts. Die oben genannten Begrifflichkeiten stehen in mehr oder weniger enger Verbindung zur Bezeichnung Lebensweltbezug. Die Quintessenz dieser Bezeichnungen dient der definitorischen Eingrenzung des Lebensweltbegriffs, der im Rahmen dieser Arbeit ausschlaggebend ist. Hierfür sind drei Aspekte zentral:

(1) Offenheit für vielseitige Situationen des Unterrichts

Erstens soll der Blick für potenzielle Unterrichtssituationen möglichst offen sein. Da eine Sachaufgabe durch die Bezeichnung *Aufgabe* mit einer präzisen und eingrenzbaren Einheit – nämlich eine in Worte gefasste Mathematikaufgabe – assoziiert wird, eignet sich dieser Begriff nicht für die vorliegende Arbeit, bei der interaktive Aushandlungen vorrangig mündlich basierter Lebensweltbezüge untersucht werden. Ähnlich einseitig und darum eingrenzend verhält es sich mit Narrationen. Diese sind gekennzeichnet durch einen geschichtenhaften Charakter, also eine zeitlich-sequenzielle und dramaturgische Darbietung (Bruner, 1996). Bei der vorliegenden Untersuchung sollen jedoch jegliche Momente des Unterrichts als Situationen mit Lebensweltbezug verstanden werden, in denen der mathematische Lerngegenstand und die außermathematischen Erfahrungen der Lernenden in Verbindung gebracht werden – ungeachtet dessen wie explizit oder wie anschaulich dies geschieht und egal, ob mündlich, schriftlich oder bildlich vermittelt.

(2) Offenheit bezüglich der Richtung der Auseinandersetzung

Zweitens soll der im Rahmen dieser Arbeit verwendete Begriff bezüglich der Wirkrichtung offen sein und nicht implizieren, vordergründig oder ausschließlich in eine Richtung zu wirken. So scheint der Bezug zwischen mathematischem Lerngegenstand und außermathematischen Erfahrungen bei den Konstrukten Dekontextualisierung, Narration, Inszenierung, Vermathematisierung sowie Sachaufgabe lediglich in einer Richtung bedeutsam: Ausgehend von den außermathematischen Erfahrungen hin zur Mathematik. Hierbei fungieren die außermathematischen Erfahrungen der Lernenden vordergründig – wenn nicht sogar ausschließlich – als Ausgangspunkt für die mathematische Auseinandersetzung. Zu Gunsten des Aufbaus eines symbolischen und abstrakten mathematischen Modells rückt die außermathematische Ausgangssituation zunehmend in den Hintergrund und auch ein Rückbezug auf diese bleibt vielfach nebensächlich. Analog dazu – aber in umgekehrter Richtung – verhält es sich mit den Konstrukten Kontextualisierung und Demathematisierung. Hier fungiert das mathematische Modell als Ausgangspunkt, um in einem außermathematischen Kontext angewendet zu werden (Gellert & Jablonka, 2007; Lohrmann, 2011). Die Begriffe implizieren, dass hierbei die Richtung von der Mathematik zu den außermathematischen Erfahrungen vordergründig ist. Auch der Begriff Rekontextualisierung legt den Fokus zu stark auf diese Wirkrichtung, wenngleich durch diese Bezeichnung die wechselseitige Verkettung bereits stärker betont werden soll (Lohrmann, 2011). Dennoch stellt die Begriffsfamilie zur Bezeichnung Kontextualisierung bereits ein hilfreiches Fundament dar, um die verschiedenen Denk- und Wirkrichtungen der Verbindung zwischen konkret Erfahrbarem und abstrakt Ideellem zu veranschaulichen. Um den Zielen der vorliegenden empirischen Auseinandersetzung gerecht zu werden, wäre beispielsweise der Begriff *Interkontextualisierung* geeignet, da dieser zwar die wechselseitige Verkettung zwischen außermathematischen Erfahrungen und mathematischem Lerngegenstand betont, dabei jedoch keine Wirkrichtung zwischen Mathematischem und Außermathematischen vorgegeben wird. Da die Bezeichnung Interkontextualisierung bzw. Intertextualisierung vorwiegend der linguistischen Forschungstradition zugeschrieben wird und durch den Textbegriff der Fokus vordergründig auf schriftlichen Medien und Aushandlungen liegt, wird dieser Begriff hier jedoch nicht genutzt. Beim mathematischen Modellieren sowie beim Konzept der Realistic Mathematics Education hingegen spielt der außermathematische Sachverhalt kontinuierlich eine bedeutsame Rolle im Verlauf der Auseinandersetzung mit dem mathematischen Lerngegenstand und wird nicht allein – wie etwa häufig bei Sachaufgaben – als Illustration oder Einkleidung verwendet (Kaiser & Schwarz, 2010; Van Den Heuvel-Panhuizen & Drijvers, 2014). Diese Offenheit bezüglich der Verbindung und Wirkrichtung von außermathematischen Erfahrungen und mathematischem Lerngegenstand soll in dieser Arbeit aufrechterhalten werden.

(3) Beachtung von Subjekt- und Objektperspektive

Drittens soll der im Rahmen der vorliegenden Arbeit verwendete Begriff sowohl die Subjekt- als auch die Objektperspektive berücksichtigen. So legen viele Begriffe, wie Sachaufgabe und Dekontextualisierung, eher den Fokus auf den objektiven mathematischen Lerngegenstand. Das subjektiv Bedeutsame, also die von den Schüler*innen gemachten Erfahrungen zu einem außermathematischen Sachverhalt, wird dabei vielfach vernachlässigt. So ist denkbar, dass aufgrund der zu starken Fokussierung auf das objektiv Bedeutsame, also den mathematischen Lerngegenstand, ungeachtet bleibt, dass sich die Lernenden gegebenenfalls nicht ausreichend mit dem außerfachlichen Sachverhalt identifizieren. Wenn Schüler*innen beispielsweise noch keine subjektiv bedeutsamen Erfahrungen zu Mietzahlungen, Zinsen oder gebrochenen Zahlen gemacht haben, können sie sich nicht ausreichend mit dieser Thematik identifizieren und kein für sie persönlich bedeutsames Wissen dazu aufbauen. Der objektive mathematische Lerngegenstand verbleibt für sie ‚reine' Schulmathematik ohne Bezug zu ihren subjektiven außermathematischen Erfahrungen (Nesher, 1980; Radatz, 1990; Toom, 1999; Zan, 2017).

In der vorliegenden Arbeit wird der Begriff *Lebensweltbezug* genutzt und folgendermaßen definiert:

> *Eine Situation mit Lebensweltbezug liegt dann vor, wenn die Beteiligten in einem interaktiven Bedeutungsaushandlungsprozess mathematische Lerngegenstände mit außermathematischen Sachverhalten und Erfahrungen verbinden.*[2]

2 Als außermathematische Sachverhalte und Erfahrungen (oder auch außermathematische Kontexte) werden hier Sachverhalte, Handlungen, Erlebnisse und Situationen verstanden, die sich außerhalb des Mathematikunterrichts verorten. Zweifelsohne kommen die Lernenden auch außerhalb des Mathematikunterrichts mit mathematischen Sachverhalten in Kontakt – zum Beispiel beim Bezahlen mit Geld im Supermarkt. Doch im Gegensatz zu den mathematischen Lerninhalten findet bei diesen außermathematischen Kontexten keine Lernzielkontrolle statt, sie sind nicht didaktisch motiviert und finden nicht im Rahmen der Institution Schule bzw. innerhalb des Mathematikunterrichts statt.

Dieser Begriff ist zum einen anschlussfähig an die Ausführungen von Schütz und Luckmann (2003), die die Lebenswelt als inter- und intraindividuell geprägt und veränderlich beschreiben und soll betonen, dass etwas aus der subjektiven und persönlich-erfahrbaren Lebenswelt der Lernenden mit einem fachlichen Lerngegenstand in Verbindung gebracht wird – ob der fachliche Lerngegenstand hierbei zentral(er) ist oder den Ausgangspunkt der Auseinandersetzung darstellt oder ob dies die außermathematischen Erfahrungen sind, bleibt durch den Begriff selbst zunächst offen. Zum anderen legt der Begriff Lebensweltbezug nicht den Fokus auf ein bestimmtes Kommunikationsmedium, wie etwa Text, Bild oder Verbalsprache, und kann in verschiedenen Lehr-Lern-Kontexten verwendet werden (z.B. in der Elementar- und Erwachsenenpädagogik wie auch in anderen Fachdisziplinen). Der Begriff Lebensweltbezug birgt demnach das Potenzial, offen genug zu sein, um alle zuvor geschilderten Begrifflichkeiten und Konzepte mit ihren je unterschiedlichen Nuancierungen in sich zu vereinen. Die aufgeführte Begriffsdefinition zu ‚Lebensweltbezug' hat zudem vorerst einen vorläufigen und theoretischen Charakter und sollte darum eher als sensibilisierendes Konzept (Blumer, 1954) und weniger als endgültige Definition verstanden werden. So kann angenommen werden, dass sich das Verständnis zum Konstrukt Lebensweltbezug im Verlauf der empirischen Auseinandersetzung dieser Arbeit konkretisiert und abwandelt, sodass sich aus einem sensibilisierenden Konzept ein definitives Konzept entwickelt (Kelle & Kluge, 2010, mehr zu sensibilisierenden Konzepten in Kapitel 6.2).

Nachfolgend werden exemplarisch bereits existierende Forschungsarbeiten vorgestellt, die sich mit verschiedenen Aspekten von Lebensweltbezügen (bzw. damit verwandten begrifflichen Konstrukten wie etwa Sachaufgaben und Modellierungen) befassen. Auch hier wird die begriffliche Unschärfe und die damit zusammenhängende Vielseitigkeit der empirischen Auseinandersetzungen deutlich.

1.2 Studien zu Lebensweltbezügen im Mathematikunterricht

Forschungsarbeiten, die sich mit der Verbindung von außermathematischen Erfahrungen und mathematischen Lerngegenständen beschäftigen, existieren bereits seit über 50 Jahren (Verschaffel et al., 2020). Dennoch wird erst seit einigen Jahren der Versuch unternommen, diese Verbindungen zu systematisieren (z.B. Gainsburg, 2008; Larina, 2016; Palm, 2006). Nachfolgend werden Studien vorgestellt, die sich mit verschiedenen Aspekten von Lebensweltbezügen im Mathematikunterricht befassen. Da die jeweiligen Untersuchungen mitunter auf verschiedene Begrifflichkeiten zurückgreifen, wird in der nachfolgenden Darstellung einheitlich der Terminus Lebensweltbezug verwendet und der jeweils in der Originalquelle genutzte Begriff bei erstmaliger Nennung in Klammern ergänzt. Nach dem hier vorliegenden Begriffsverständnis können alle Bezeichnungen auch als Lebensweltbezüge verstanden werden, wenngleich sie unterschiedliche Charakteristika und Akzentuierungen aufweisen.

1.2.1 Ansätze zur Charakterisierung und Systematisierung

Die Vielfalt der verwendeten Begrifflichkeiten zur Bezeichnung einer Situation, in der die außermathematischen Erfahrungen mit mathematischen Lerngegenständen in Verbindung gesetzt werden, lässt bereits erahnen, dass empirische Auseinandersetzungen zu Lebensweltbezügen – beziehungsweise zu Sachaufgaben, Word Problems, Narrationen, Modellierungen, Dekontextualisierungen usw. – ebenso vielseitig gestaltet sind. Diese Bandbreite von Forschungsansätzen und zugrundeliegenden Begriffsverständnissen erschwert das Aufstellen einer universal gültigen Systematisierung (Crespo & Sinclair, 2008). Exemplarisch schlagen Franke und Ruwisch (2010) vor, die Unterteilung bezüglich des mathematischen Inhaltes, der beschriebenen Situation oder der Präsentationsform vorzunehmen. Gemäß einer Unterteilung nach dem mathematischen Inhalt können Lebensweltbezüge (Sachaufgaben) den Autorinnen zufolge in die Kategorien arithmetischer Inhalt, geometrischer Inhalt, stochastischer Inhalt, funktionale Zusammenhänge sowie Umgang mit Größen eingeteilt werden, wobei die Anlehnung an die Struktur der inhaltbezogenen Kompetenzen der Bildungsstandards sowie die Lernbereiche des Lehrplans besonders zur Geltung kommen (ebd.). Ein weiterer Vorschlag zur Kategorisierung – die Unterteilung nach der Präsentationsform – unterscheidet in Echtsituationen, authentische Mathematisierungen, Bilder und zuletzt Texte als Präsentationsmedium (ebd.). Darüber hinaus ist es auch möglich, Lebensweltbezüge (mathematical [story] problems) hinsichtlich der notwendigen Bearbeitungsschritte zu systematisieren. So werden klassische Formate, die vielfach nur einen Lösungsschritt fordern, als *einschrittig* bezeichnet (Crespo & Sinclair, 2008). Mehrschrittige Formate hingegen fordern mehrere Bearbeitungsschritte und sind demnach häufig komplexer und anspruchsvoller (Greer, 1997). Puchalska und Semadeni (1987) gehen auf Lebensweltbezüge (mathematical propblems) ein, die sich durch fehlende, unnötige oder widersprüchliche Informationen kennzeichnen lassen (Missing, Surplus or Contradictory Data). Somit können Lebensweltbezüge auch bezüglich ihrer Lösbarkeit bzw. dem Umfang der gegebenen Informationen charakterisiert werden. Die vergleichsweise überschaubare Anzahl möglicher Klassifizierungen illustriert, dass sich eine einheitliche und allumfassende Konzeptualisierung von Lebensweltbezügen kompliziert gestaltet und dass je nach Fokus und Zielsetzung der Auseinandersetzung mit Lebensweltbezügen unterschiedliche Systematisierungen relevant(er) sind. Es ist durchaus denkbar, dass sich durch die vorliegende empirische Untersuchung weitere Möglichkeiten der Unterteilung ergeben, da der Fokus innerhalb dieser Arbeit auf mündlich erzeugten und interaktiv ausgehandelten Lebensweltbezügen liegt, während bisherige Auseinandersetzungen vorrangig schriftbasierte Formate fokussieren.

1.2.2 Studien zur Nutzung von Lebensweltbezügen im Mathematikunterricht

In diesem Abschnitt werden Untersuchungen vorgestellt, die sich mit der Integration von Lebensweltbezügen in den Mathematikunterricht beschäftigen. In diesem Zusammenhang ist vor allem die Studie von Gainsburg (2008) von besonderem Interesse – obgleich sie nicht im deutschsprachigen Raum zu verorten ist, lassen sich jedoch zahlreiche Parallelen zu den Praktiken und Meinungen der deutschen Mathematiklehrkräfte annehmen. Im Rahmen dieser Studien wurden Sekundarschullehrkräfte zu verschiedenen Aspekten von Lebensweltbezügen (im Original *Word Problems* – und somit zu potenziell vor allem schriftbasierten und kurzweiligen Formaten) im eigenen Mathematikunterricht mittels Fragebogen befragt und im Anschluss wurde der Mathematikunterricht einiger Lehrer*innen beobachtet. Bezüglich der Häufigkeit der Integration von Lebensweltbezügen ergab der Fragebogen von Gainsburg (2008), dass lediglich 12 der 61 befragten Personen Lebensweltbezüge täglich in den eigenen Mathematikunterricht integrieren.[3] Immerhin wenden knapp die die Hälfte – 27 von 61 der Befragten – Lebensweltbezüge wöchentlich an. 20 Personen greifen hingegen nur monatlich auf Lebensweltbezüge in ihrem Mathematikunterricht zurück (ebd.). Bezüglich der Ziele der Integration von Lebensweltbezügen im Mathematikunterricht, schildern 48 von 60 Lehrpersonen, die Schüler*innen motivieren und ihr Interesse wecken zu wollen (ebd.). 45 Personen betonen darüber hinaus, mittels eines Lebensweltbezugs das mathematische Konzept für die Lernenden vereinfacht bzw. verständlich darzulegen und 33 Lehrpersonen benennen das Ziel, die Nützlichkeit der Mathematik für das alltägliche Leben besser zu illustrieren (ebd.).

Auch die Studien von Wuolle (2016) sowie Karakoç und Alacacı (2015) belegen, dass Lehrpersonen bei der Etablierung von Lebensweltbezügen (Real worls Connections) in den Mathematikunterricht vordergründig das Ziel verfolgen, das Interesse der Lernenden für den mathematischen Lerngegenstand zu wecken. Betrachtet man die Gründe, weshalb Lebensweltbezüge nicht integriert werden, wird in der Befragung durch Gainsburg (2008) insbesondere der Bedarf nach mehr Ressourcen sowie Schulungen geäußert (30 von 62), dicht gefolgt von der Behauptung, Lebensweltbezüge beanspruchen zu viel Zeit (29 von 62). Die Mehrheit der befragten Lehrpersonen hebt jedoch vor allem die positiven Chancen von Lebensweltbezügen hervor und scheint sich dieser bewusst zu sein. So geben lediglich 8 von 62 Personen an, dass sie Lebensweltbezüge aufgrund mangelnder Effektivität nicht (regelmäßig) im Mathematikunterricht integrieren (ebd). Auch Wuolle (2016) geht in ihrer Online-Befragung von knapp 20 Lehrkräften sowie den daran anknüpfenden Interviews mit 7 dieser Lehrpersonen auf die Gründe ein, warum Lehrpersonen Lebensweltbezüge nicht regelmäßiger im Mathematikunterricht nutzen. Die befragten Personen geben an, dass sie die Etablierung von Lebensweltbezügen mangels geeigneter Quellen in den höheren Schuljahrgängen als deutlich schwieriger erachten, weshalb sie eigenen Aussagen zufolge in den unteren Jahrgängen deutlich häufiger angewendet werden (ebd.). Als Quelle der etablierten Lebensweltbezüge fungieren auch Gainsburg (2008) zufolge zumeist die Ideen und Erfahrungen der Lehrpersonen (46 von 55).

Insgesamt kommt Gainsburg (2008) zu dem Urteil, dass Lehrpersonen Lebensweltbezüge häufig und in erster Linie als illustratives Element zur Veranschaulichung eines mathematischen Lerngegenstandes nutzen. Die (Eigen-)Konstruktion von tiefergreifendem mathematischem Wissen seitens der Lernenden sowie die Authentizität und Signifikanz

---

3 Da nicht immer alle der teilnehmenden Lehrkräfte jede Frage beantwortet haben, weichen die Werte teils von der absoluten Teilnehmerzahl ab (N = 62).

des außermathematischen Kontextes für den mathematischen Inhalt stehen für die befragten Lehrkräfte anscheinend eher im Hintergrund. Im Gegensatz dazu scheint die Vertrautheit der Lernenden mit dem außermathematischen Kontext von größerer Bedeutung für die befragten Lehrpersonen zu sein (ebd.). Lehrkräfte fokussieren somit vor allem fachlich-mathematische Aspekte und verfolgen das primäre Ziel, mit Lebensweltbezügen an die Erfahrungen und Interessen der Lernenden anzuschließen, während eine authentische Auseinandersetzung mit dem außermathematischen Sachverhalt zweitrangig scheint. Gainsburg (2008) folgend geht es Lehrkräften eher darum, dass die Lernenden bereits vermittelte mathematische Lerninhalte im Rahmen von Lebensweltbezügen anwenden bzw. vertiefen und weniger darum, dass sie sich mithilfe dieser mathematischen Lerninhalte mit authentischen Problemkontexten des ‚echten Lebens' auseinandersetzen.

Zuletzt soll auf eine Studie mit anschließender Follow-Up-Studie eingegangen werden, in der Boaler (1997, 2005) die mathematischen Leistungen sowie späteren beruflichen Erfolge von Lernenden zweier Schulen beleuchtet, die sich hinsichtlich ihrer Lehrmethode fundamental voneinander unterscheiden. Die Studie lässt mögliche Auswirkungen von Lebensweltbezügen auf den Lernerfolg und die Einstellungen der Schüler*innen gegenüber dem Unterrichtsfach Mathematik erahnen. Während der Mathematikunterricht an Schule A (Amber Hill) eher frontal, in festen Gruppen und in Einzelarbeit organisiert ist, arbeiten die Schüler*innen an Schule B (Phoenix Park) in wechselnden gemischten Gruppen an offenen Projekten zu mathematisch relevanten Gegenständen ihres Alltags. Bereits 1997 rekonstruiert Boaler an Schule B eine ‚Can-do-Einstellung' der Lernenden, da sie sich selbstsicherer und überzeugter zum Nutzen der Mathematik für ihr eigenes Leben und über ihre eigenen mathematikspezifischen sowie nicht mathematikspezifischen Kompetenzen äußern als die Schüler*innen an Schule A. Beachtlich ist zudem, dass die 1997 an der Studie teilnehmenden Schüler*innen von Schule B knapp 20 Jahre später in signifikant ‚höheren' Berufen angesiedelt sind als die ehemaligen Schüler*innen von Schule A, deren Unterricht eher frontal und in Einzelarbeit organisiert war (Boaler, 2005).

> The Phoenix Park adults reported that their school had excelled at finding and promoting the potential of different students and that teachers had regarded everyone as a high achiever. The Phoenix Park adults communicated a positive approach to work and life, describing the ways they used the problem solving practices they had been taught in school to get on in life, The Amber Hill adults, by contrast, told me that their ambitions were ‚broken' at school and their expectations lowered. They told me that they had been taught to expect little of their own achievement and most of those I interviewed were unhappy in the jobs they were in, believing that they could have done a lot more. (ebd., S. 6)

Insbesondere die Ergebnisse der Follow-up-Studie von Boaler (2005) illustrieren potenzielle positive Auswirkungen eines Unterrichts, in dem die außermathematischen Erfahrungen der Lernenden kontinuierlich und auf sinnstiftende Weise mit dem fachlichen Lerngegenstand verbunden werden. Das nachfolgende Kapitel geht ausführlich auf diese und weitere Potenziale ein, die mit der Integration von Lebensweltbezügen in den Mathematikunterricht einhergehen können.

1.3 Positive Aspekte von Lebensweltbezügen

Die vielfältigen Potenziale, die sich durch den Einsatz von Lebensweltbezügen im Mathematikunterricht eröffnen, können im Wesentlichen in zwei Bereiche unterteilt werden: kognitive Lernziele einerseits und affektive Lernziele andererseits. Die ebenso bedeutsamen psychomotorischen Lernziele spielen bezüglich Lebensweltbezügen eine eher untergeordnete Rolle und werden darum in dieser Arbeit nicht thematisiert.

1.3.1 Kognitive Lernziele und Lernchancen

Die kognitiven Lernziele von Lebensweltbezügen – also diejenigen Aspekte, die das Wissen und die intellektuellen Kompetenzen der Lernenden betreffen – können ihrerseits in drei Teilgruppen unterteilt werden: (1) Lernprozesse, die sich aus der Verbindung des mathematischen Lerninhalts mit außermathematischen Erfahrungen ergeben, (2) mögliche positive Auswirkungen auf die Lernprozesse der Schüler*innen im Allgemeinen, sowie (3) das Schulen von Kompetenzen, die in den Bildungsstandards gefordert werden.

(1) Eine Vielzahl wissenschaftlicher Auseinandersetzungen zu Lebensweltbezügen im Mathematikunterricht kommt zu dem Schluss, dass die Verbindung des mathematischen Lerninhalts mit den außermathematischen Sachverhalten und Erfahrungen einen Beitrag zur Umwelterschließung liefert (Franke & Ruwisch, 2010; Leuders et al., 2011; Toom, 1999), das Erweitern, Anwenden und Generalisieren des mathematischen Konzeptes ermöglicht (Gainsburg, 2008; Pongsakdi et al., 2020) und zudem das Potenzial birgt, wie eine Brücke ein Bindeglied zwischen Mathematik und außermathematischen Erfahrungen für die Lernenden bereitzustellen (Franke & Ruwisch, 2010; Solomon & O'Neill, 1995). In diesem Zusammenhang erweist es sich bedeutsam, dass der außermathematische Kontext bestimmte Kriterien erfüllt, um den Lernenden „die Rolle der Mathematik als umwelterschließendes Werkzeug präsenter zu machen" (Leuders et al., 2011, S. 3). Erstens sollte das Außermathematische anschlussfähig an die tatsächlichen Erfahrungen und Handlungsweisen der Schüler*innen sein. Zweitens sollten die Lernenden Gelegenheiten für die Auseinandersetzung mit authentischen Fragestellungen bekommen. Drittens sollte der Lebensweltbezug insgesamt offen und reichhaltig genug sein, um sowohl bezogen auf den außermathematischen Kontext wie auch den mathematischen Sachverhalt Lernprozesse zu ermöglichen (ebd.).

(2) Angenommene positive Auswirkungen auf die Lernprozesse der Schüler*innen, die sich aus der Anknüpfung mathematischer Lerninhalte an die Vorerfahrungen der Lernenden ergeben, sind die Bereitstellung eines vermeintlich einfacheren Zugangs zum mathematischen Lerninhalt (z.B. Leuders et al., 2011; Stoehr et al., 2015) sowie das Potenzial langfristig fruchtbarer Lernprozesse (z.B. Kaiser & Schwarz, 2010; Leuders et al., 2011; Lovell, 2016; Maaß, 2020). So belegen Kaiser und Schwarz (2010) positive Effekte auf den Lernerfolg, wenn sich Schüler*innen mit mathematischen Problemstellungen auseinandersetzen, die von authentischen Problemen ausgehen. Es sollte sich also um

authentische Probleme handeln, die auch im ‚echten Leben‘ eine mathematische Auseinandersetzung verlangen. Im Anschluss an die im Rahmen der Studie von Kaiser und Schwarz (2010) durchgeführte *Modellierungswoche* beschreiben die Lernenden die thematisierten Modellierungsaufgaben zwar als ‚herausfordernd‘, schildern jedoch auch den persönlichen Eindruck, viel gelernt zu haben. Darüber hinaus stehen die Lernenden den erprobten authentischen Modellierungsaufgaben im Anschluss an die Projektwoche positiv(er) gegenüber:

> Many students mentioned the usefulness of these kinds of problems, being much higher than that of usual examples. Modelling examples are seen to promote complex mathematical thinking, to exercise learned topics, and to allow insight into the work of mathematicians. (ebd., S. 68)

Auch Larina (2016) erarbeitet Kriterien für sinnstiftende und authentische Lebensweltbezüge: Sie sollten Alltagssprache nutzen und damit solche Situation beschreiben, mit denen Menschen alltäglich in Berührung sind. Zudem sollte der außermathematische Kontext situative Relevanz aufweisen. Dies bedeutet, dass er sowohl für den mathematischen Lerninhalt als auch für die Lernenden von Bedeutung sein sollte (ebd.). Auch die Notwendigkeit des mathematischen Modellierens sowie die Nicht-Trivialität des mathematischen Lerngegenstandes werden von Larina (2016) als Aspekte herausgestellt, die die Einstellung der Lernenden gegenüber Lebensweltbezügen im Mathematikunterricht positiv beeinflussen können. Daran anschlussfähig stellen Leuders und Kolleginnen (2011) heraus, dass Lebensweltbezüge dann sinnstiftend sind, wenn sie erstens an die Erfahrungen, den Sprachgebrauch und Interessen der Lernenden anschließen, zweitens das mathematische Konstrukt fachlich korrekt und vollständig abbilden und drittens ermöglichen, dass die Lernenden etwas über den außermathematischen Sachverhalt lernen und authentische Fragen zu diesem stellen können. Ähnliches postulieren Oldenburg und Rodríguez (2017) in ihrem Artikel zu motivationsförderlichen Lebensweltbezügen. So wären Lebensweltbezüge dann sinnstiftend und lernförderlich, wenn die Fragestellungen, Interessen sowie das Vorwissen der Lernenden ausreichend berücksichtigt und auch im Verlauf der Auseinandersetzung mit dem fachlichen Lerngegenstand kontinuierlich aufgegriffen werden.

> Durch eine klare inhaltliche Struktur und Transparenz ist es möglich, das Vorwissen und die Präkonzepte der Kinder zu ordnen, zu erweitern und gegebenenfalls zu revidieren. Außerdem ergibt sich so die Möglichkeit, das nun exemplarisch Erlernte auf eine übergeordnete Problematik zu übertragen und weitere Zusammenhänge herzustellen. (ebd., S. 27)

(3) Darüber hinaus können Lebensweltbezüge maßgeblich dazu beitragen, die in den Bildungsstandards geforderten Lernziele zu erreichen. Hierbei sind insbesondere die prozessbezogenen Kompetenzen des Modellierens und Problemlösens bedeutsam (Franke & Ruwisch, 2010; Gainsburg, 2008; Kaiser & Schwarz, 2010; Karakoç & Alacacı, 2015; Maaß, 2020; Verschaffel et al., 2020; Wuolle, 2016). Bei einer Befragung von 24 ‚Expert*innen‘ im Bereich der Anwendung von Lebensweltbezügen (davon waren

acht Personen Akademiker*innen und 16 Personen Lehrpersonen im Sekundarschulbereich) durch Karakoç und Alacacı (2015) wird deutlich, dass nahezu alle Befragten davon ausgehen, dass die Integration von Lebensweltbezügen in den Mathematikunterricht die prozessbezogene Kompetenzen Problemlösen sowie Begründen fördert und dass durch Lebensweltbezüge konzeptuelles und dauerhaftes Lernen ermöglicht wird. „In this way, making real world connections can contribute to improve students' general performance and achievement in mathematics" (ebd., S. 41). Auch die Befragung von Sekundarschullehrkräften durch Wuolle (2016) belegt, dass Lehrende mit der Integration von Lebensweltbezügen in ihren Mathematikunterricht vielfach das Ziel verfolgen, die allgemeinen mathematischen Kompetenzen der Lernenden zu fördern – also z.B. das mathematische Modellieren, Kommunizieren und Problemlösen (KMK, 2004, 2015, 2022).

1.3.2 Affektive Lernziele und Lernchancen

Analog zu den kognitiven Lernzielen können auch die affektiven Lernziele – also jene Aspekte, welche die Einstellungen, Wertvorstellungen und das Interesse der Lernenden beeinflussen – beim Einsatz von Lebensweltbezügen in Teilgruppen untergliedert werden: (1) Die positive Einstellung zur Mathematik bzw. zum Mathematikunterricht sowie (2) mögliche Veränderungen des (sozialen) Verhaltens bzw. der Mitarbeit der Lernenden.

(1) Wird der mathematische Lerninhalt anschlussfähig an die außermathematischen Erfahrungen der Lernenden angeknüpft und ist er für sie sinnstiftend, ergibt sich daraus das Potenzial, dass die Lernenden die Bedeutsamkeit der Mathematik für ihr eigenes Leben und ihre gesellschaftliche Teilhabe (an-)erkennen. Lebensweltbezüge können in diesem Zusammenhang bei Lehrkräften wie auch Schüler*innen eine veränderte Einstellung gegenüber der Mathematik bzw. dem Mathematikunterricht bewirken – insbesondere dann, wenn persönlich bedeutsame Erfahrungen, Interessen und Fragestellungen berücksichtigt werden (Boaler, 1993; Gainsburg, 2008; Maaß, 2020; Povey et al., 2016; Stoehr et al., 2015; Wuolle, 2016). So beobachten Povey und Kolleg*innen (2016) eine veränderte Einstellung der Lernenden während einer mathematischen Projektwoche, die in einer öffentlichen Ausstellung eigenhändig hergestellter mathematischer Modelle resultiert: Die Lernenden zeigen sich überaus engagiert und erklären den Besucher*innen der Ausstellung mit Hingabe ihre Ergebnisse (ebd.). Auch die Befragungen von Gainsburg (2008) und Wuolle (2016) belegen, dass Lehrpersonen Lebensweltbezüge unter anderem mit dem Ziel etablieren, ihren Schüler*innen die Bedeutsamkeit der mathematischen Inhalte für ihr außerschulisches Leben zu verdeutlichen und somit eine positive(re) Einstellung der Schüler*innen zur Mathematik aufzubauen. Maaß (2020) hebt hervor, dass nicht zuletzt auch die Einstellung der Lehrkräfte selbst von besonderem Interesse ist: Diese wirken (nur) dann als mathematisches Vorbild für die Schüler*innen, wenn sie ihre „positive innere Einstellung in den Unterricht einbringen" (ebd., S. 15).

(2) In engem Zusammenhang damit können Lebensweltbezüge ein verändertes Verhalten der Schüler*innen im Mathematikunterricht bewirken, da beispielsweise die Motivation und Mitarbeit am Mathematikunterricht gesteigert werden kann (Karakoç & Alacacı, 2015; Lovell, 2016; Sullivan et al., 2003). Weiterhin können authentische und sinnstiftende Lebensweltbezüge im Mathematikunterricht den sozialen Zusammenhalt stärken, sofern in einer fehlertoleranten und kooperativen Klassenraum-Kultur interagiert wird und die Lernenden zur Kollaboration ermutigt werden (Lovell, 2016; Stoehr et al., 2015; Wuolle, 2016). Beispielsweise belegt die Untersuchung von Puchalska und Semadeni (1987), dass Schüler*innen bei der Bearbeitung von schriftlichen Lebensweltbezügen (Word Problems), die aufgrund von Lücken, Informationszusätzen oder inneren Widersprüchen von den klassischen Formaten abweichen (sogenannte MSCD-Problems – missing, surplus, contradictory data) deutlich motivierter und enthusiastischer wirken als bei klassischen Formaten, die wenig Raum für individuelle Fragestellungen, Variationen, Reflexionsprozesse und Bearbeitungsschritte aufweisen. So stehe bei den MSCD-Problems nicht vordergründig das Ausrechnen im Fokus, sondern vielmehr das Hinterfragen von Lösbarkeit und Angemessenheit einer Problemstellung. Puchalska und Semadeni (1987) berichten sogar von dem Wunsch der Lernenden, häufiger und umfangreicher mit derartigen Problemkontexten konfrontiert zu werden:

> In fact, pupils were more active and more lively than usual. They frequently laughed (particularly after absurd answers from their peers) and spoke spontaneously without being called on. In the middle of the lesson some teachers asked whether pupils wanted more such problems read; the overwhelming reaction was 'yes'. (ebd., S. 13)

In diesem Zusammenhang betont Boaler (1993), dass für eine veränderte Einstellung der Lernenden gegenüber der Mathematik einerseits sowie ein verändertes Verhalten während des Mathematikunterrichts andererseits unabdingbar ist, dass die thematisierten Lebensweltbezüge für die Lernenden greifbar, authentisch und von persönlicher Bedeutsamkeit sind. Werden die Schüler*innen nicht zum Hinterfragen und Analysieren des mathematischen Inhaltes in Bezug auf ihre subjektiven, außermathematischen Erfahrungen angeregt, verbleibt die Mathematik des Unterrichts etwas rein Schulspezifisches ohne Bedeutung für ihren eigenen Alltag (ebd.). Auf diese und weitere negative Aspekte von Lebensweltbezügen wird nachfolgend eingegangen.

1.4 Negative Aspekte von Lebensweltbezügen

Neben zahlreichen Lernchancen, die sich durch den Einsatz von Lebensweltbezügen ergeben, bergen Lebensweltbezüge zugleich spezifische Herausforderungen und Probleme für Lehrende wie auch Lernende und können sich folglich auch hemmend auf Interaktions- und Lernprozesse auswirken. Es scheint, als würden Lebensweltbezüge und insbesondere schriftbasierte Sachaufgaben bzw. Word Problems zwar häufig genutzt, aber nur selten kritisch von Lehrenden und Lernenden hinterfragt werden – nicht zuletzt aufgrund ihrer traditionellen Verankerung im Mathematikunterricht (z.B. Gainsburg, 2008;

Gerofsky, 1996; Toom, 1999). Die Erklärungsversuche und Ausarbeitungen der negativen Aspekte von Lebensweltbezügen sind vielfältig und werden darum nachfolgend in drei Bereiche unterteilt. Der erste Bereich widmet sich der häufig stereotypischen Gestalt von Lebensweltbezügen. Der zweite Bereich geht auf die Herausforderungen seitens der Schüler*innen ein. Der dritte Problembereich thematisiert Herausforderungen seitens der Lehrpersonen.

1.4.1 Aufbau und stereotypische Merkmale

Lebensweltbezüge – und in diesem Zusammenhang vor allem schriftbasierte Sachaufgaben – werden häufig und bereits seit vielen Jahren aufgrund ihres stereotypen Charakters kritisiert (z.B. Greer, 1997; Nesher, 1980). Dies kann im Wesentlichen auf drei Ursachenfelder zurückgeführt werden. (1) Auf ihren klassischen Aufbau und ihre typischen Merkmale, (2) auf ihren zumeist imaginären Charakter sowie (3) auf ihre didaktische Zielsetzung. Darüber hinaus ergeben sich aus diesen drei Aspekten zahlreiche Dichotomien und Spannungsfelder (4), die ebenfalls als herausfordernd eingeschätzt werden können.

(1) Lebensweltbezüge im Mathematikunterricht nehmen vielfach die Gestalt schriftbasierter Sachaufgaben an. Dies manifestiert sich nicht zuletzt an der Vielzahl der existierenden Studien zu den schriftbasierten und eher kurzweiligen Lebensweltbezügen in der Gestalt von Sachaufgaben respektive Word Problems (Verschaffel et al., 2020). Insbesondere diese weisen häufig stereotypische Merkmale auf: Sie sind mit einem bestimmten Algorithmus lösbar, haben eine (einzige) Lösung, sind numerisch überladen, beinhalten alle notwendigen Informationen und ‚passen' darüber hinaus zumeist zu den vorausgegangenen Lerninhalten (Franke & Ruwisch, 2010; Greer, 1997; Nesher, 1980). In diesem Zusammenhang betont Gerofsky (1996), dass diese stereotypen Aufgabenformate häufig einen klassischen Aufbau besitzen: Zu Beginn werden in der Organisations-Komponente die (außermathematische) Situation und die involvierten Charaktere geschildert. Diese Informationen sind zur Bearbeitung der mathematischen Aufgabe zumeist nicht notwendig. Die (mathematisch) relevanten Informationen zur Aufgabenbearbeitung werden erst im zweiten Teil geschildert, der Informations-Komponente. Der dritte Bestandteil umfasst eine Fragestellung, die vorrangig darauf abzielt, mithilfe der im zweiten Teil genannten mathematischen Informationen das Problem der im ersten Teil genannten außermathematischen Situation zu bearbeiten (ebd.). Häufig sind bei derart stereotypischen Formaten keine zusätzlichen Informationen oder Elemente enthalten, die den außermathematischen Sachverhalt lebhaft(er) und spannend(er) machen. Auch die Fragestellung am Ende einer Sachaufgabe erinnert weniger an eine echte und authentische Situation, sondern verdeutlicht vielmehr die eigentümliche Gestalt dieses schulspezifischen Genres (ebd.).

Nesher (1980) geht in diesem Zusammenhang auf sprachliche Faktoren ein, die zur stereotypischen Gestalt von Lebensweltbezügen beitragen. Demnach sind klassische schulische Sachaufgaben bzw. Word Problems kein Bestandteil der natürlichen Sprache und müssen darum auch anders interpretiert werden. Im Gegensatz zu einem ‚echten'

Problemkontext weisen schulische – zumeist schriftlich vermittelte – Sachaufgaben besondere sprachliche Merkmale auf, die von den Lernenden abverlangen, das „language game of arithmetic instruction“ (Nesher, 1980, S. 42) zu beherrschen. Der Text eines schriftbasierten Lebensweltbezugs (Word Problems) wird demnach von den Lernenden vielfach als eigene Textsorte wahrgenommen und nicht als Beschreibung einer Situation des echten Lebens interpretiert. Auch fehlende Handlungsträger, abstrakte Wendungen sowie fehlerhaft gedeutete Signalwörter tragen dazu bei, dass Schüler*innen den mathematischen Sinn eines (schriftbasierten) Lebensweltbezugs nicht erkennen. Auch Radatz (1990) weist – in Anlehnung an Polster (1983) – auf den Stellenwert der sprachlichen Komponente bei Textaufgaben hin,

> da diese in einer Subsprache mit dem Adressatenkreis Schüler formuliert werden, wobei Standardsprache benutzt wird, in die aber fachsprachliche und umgangssprachliche Termini und Handlungen einfließen, überlagert vom Soziolekt der mathematischen Unterrichtssprache. (Radatz, 1990, S. 18)

Aufgrund ihrer sprachlichen, formellen und inhaltlichen Charakteristika sowie der Verankerung im schulischen Kontext werden Lebensweltbezüge darum teils als eigenes und schulspezifisches Genre bezeichnet (Dietiker, 2013; Gerofsky, 1996; Greer, 1997). Insbesondere schriftbasierte Lebensweltbezüge wie Sachaufgaben, Textaufgaben sowie textlich vermittelte mathematische Modellierungen stellen komplexe sprachliche Anforderungen an die Lernenden, die neben Lesekompetenzen insbesondere auch den Aufbau eines Situationsmodells anhand der Textvorlage abverlangen (z.B. Dröse & Prediger, 2020; Stephany, 2018; Wilhelm, 2016). So führt Stephany (2018) aus, das mathematische Textaufgaben ausschließlich im Kontext des Mathematikunterrichts – und nicht etwa auch in alltäglichen und außerschulischen Situationen – eine Rolle spielen, wodurch sie als ein Teil der Schulsprache aufgefasst werden können. „Ihnen sind bestimmte Sprachgebrauchsnormen inhärent, die ausschließlich didaktisch motiviert sind und sehr eigenen Regeln folgen“ (ebd., S. 20).

(2) Weiterhin ist problematisch, dass Lebensweltbezüge vielfach nicht anschlussfähig an die Erfahrungen und Interessen der Lernenden sind. Häufig verbleibt die thematisierte Fragestellung das Problem einer imaginären Person in einer imaginären Situation mit imaginären Referenzobjekten. Lebensweltbezüge können zumeist als „hetero-posed“ charakterisiert werden – das heißt fremd-gestellt bzw. von jemand anderem initiiert (Zan, 2017, S. 4). Vor allem mithilfe von Sprache und Anschauungsmitteln wird hierbei vielfach der Versuch unternommen, etwas in den Mathematikunterricht projiziert, was jedoch nicht real in der aktuellen Situation im Klassenraum vorhanden ist. Toom (1999) schreibt Lebensweltbezügen im Mathematikunterricht darum einen imaginären Charakter zu, da sie als *mentale Manipulative* vor allem symbolische Bedeutung tragen und nicht wörtlich genommen werden sollen.

> [...] they certainly are not 'real world': Their purpose is to convey a mathematical meaning, that is the use of suitable concrete objects to represent or reify abstract mathematical notions. Like animals in fables, 'real objects' in these problems should not be taken literally. They are allegories, *mental manipulatives* or reifications which pave children's way to abstraction. (ebd., S. 37, Hervorhebung im Original)

Die Orientierung an den Interessen und Fragen der Lernenden ist demnach erst dann wirklich gewährleistet, wenn die Schüler*innen ihre eigenen Fragen, Kenntnisse und Probleme zu einem Lebensweltbezug beisteuern. Die Problemstellung geht jedoch zumeist auf Ideen und Vorstellungen der Lehrkräfte oder das Mathematik-Lehrwerk zurück und hat nur selten ihren Ursprung in den Fragen und Interessen der Lernenden (Crespo & Sinclair, 2008; Gainsburg, 2008).

(3) Beeinflusst wird die stereotypische Gestalt von Lebensweltbezügen maßgeblich von den zugrundeliegenden didaktischen Zielsetzungen und Prinzipien des Mathematikunterrichts. Die im Mathematikunterricht thematisierten Aufgaben mit Lebensweltbezug beanspruchen zwar häufig, authentische Beispiele und Probleme der ‚echten Welt' abzubilden, sind jedoch in der Regel zu didaktischen Zwecken verändert (Gellert & Jablonka, 2007; Larina, 2016; Nesher, 1980; Zan, 2017). Stephany (2018) hebt hervor, dass der außermathematische Sachverhalt schriftbasierter Lebensweltbezüge vielfach nicht bedeutsam, sondern beliebig austauschbar ist – wenngleich auch er für das erfolgreiche Lösen der Aufgabe beachtet und verstanden werden muss. Auch Larina (2016) betont, dass Lebensweltbezüge aufgrund ihrer didaktischen Zielsetzung vielfach einen „cleaned context" (S. 154) aufweisen – also einen von unnötigen Zusätzen bereinigten Sachverhalt:

> Real-world math problems are designed to make students apply conceptions and procedures that they have learnt from the school course. A problem situation dressed up in everyday language is supposed to be translated into mathematical language. (ebd., S. 154)

Eine zu starke Eingrenzung der geschilderten Kontextinformationen bedeutet jedoch den Verlust von Anschaulichkeit und Authentizität und führt nicht zuletzt zu mangelnder Motivation der Schüler*innen (Zan, 2017). Enthält der Lebensweltbezug hingegen zu viele Informationen zum außermathematischen Kontext oder sind den Lernenden die mathematisch relevanten Aspekte des Lebensweltbezugs nicht hinreichend bewusst, so besteht die Gefahr, dass sie ihre eigenen Erfahrungen zu stark fokussieren und den mathematischen Inhalt des Lebensweltbezugs dabei vernachlässigen (ebd.). In diesem Fall werden gegebenenfalls solche Kontextaspekte herangezogen, die für das zu lösende mathematische Problem nicht von Relevanz sind (Neth & Voigt, 1991).

(4) Franke und Ruwisch (2010) betonen im Zusammenhang mit der stereotypischen Gestalt von Sachaufgaben das Spannungsfeld von Mathematik, Individuum und Umwelt: Einerseits ist die Orientierung an den Inhalten des Fachs Mathematik bedeutsam – dies bezeichnen sie als Fachorientierung. So sollte der mathematische Inhalt eines Lebensweltbezugs vollständig und korrekt dargelegt werden. Beim Fokus auf das Individuum

hingegen steht die Orientierung an den Erfahrungen der Schüler*innen und die Förderungen deren Problemlösekompetenzen im Mittelpunkt – dies bezeichnen Franke und Ruwisch (2010) als Kindorientierung.[4] Als dritter Orientierungspunkt fungiert die Umwelt bzw. der außermathematische Sachverhalt – dies bezeichnen sie als Sachorientierung (ebd.). Demnach sollte eine Sachaufgabe bzw. ein Lebensweltbezug einen Beitrag zur Umwelterschließung und Alltagsbewältigung leisten. Hierbei steht der Sachbezug im Fokus, denn der außermathematische Sachverhalt selbst ist – wie in der ‚echten Welt' auch – bereits hinreichend vielseitig, komplex und informationsreich (ebd.). Sachaufgaben erfüllen jedoch nie oder nur selten alle drei genannten Zielsetzungen gleichermaßen – das Anwenden von Mathematik (Fachorientierung), den Aufbau individueller Problemlösekompetenzen (Kind- respektive Lernendenorientierung) und den Beitrag zur Umwelterschließung (Sachorientierung) –, woraus sich Franke und Ruwisch (2010) folgend ein Dilemma ergibt:

> Aus mathematischer Sicht – um arithmetische Äquivalenz zu erkennen und Strategien zu transferieren – sollte die Sachinformation reduziert werden; aus ganzheitlicher Sicht im Sinne der Alltagsbewältigung und Umwelterschließung ist eine umfassende Darstellung der Situation erforderlich, in der die Mathematik letztlich eine untergeordnete Rolle spielt. (S. 20)

Der Umgang mit (stereotypischen) Lebensweltbezügen eröffnet somit insbesondere für die Schüler*innen zahlreiche Herausforderungen, welche nachfolgend erläutert werden.

1.4.2 Herausforderungen seitens der Lernenden

Wird in Publikationen näher beleuchtet, welche Umgangsweisen und Ansichten Schüler*innen im Zusammenhang mit Lebensweltbezügen haben, wird auf vielfältige Problembereiche hingewiesen. Dies sind (1) das Problem der mangelnden Identifizierung der Schüler*innen mit dem Lebensweltbezug, (2) der Rückgriff auf fehlerhafte und impulsive Lösungsstrategien, die sie v. a. im Zuge ihrer (3) schulischen Sozialisation erworben haben sowie (4) die negative Einstellung der Lernenden gegenüber dem Mathematikunterricht bzw. der Mathematik im Allgemeinen.

(1) Geht es in theoretischen wie auch empirischen Auseinandersetzungen um mögliche Schwierigkeiten der Schüler*innen im Umgang mit Lebensweltbezügen im Mathematikunterricht, wird vielfach die mangelnde Identifizierung der Lernenden mit dem geschilderten außermathematischen Kontext als Problem benannt (z.B. Boaler, 1993; Frankenstein, 2009; Nesher, 1980). Gründe hierfür sind beispielsweise, dass dieser nicht vertraut, realistisch oder authentisch genug ist und der Lebensweltbezug insgesamt zu stark bzw. zu einseitig auf die mathematischen Aspekte reduziert ist. Dadurch ist die außermathematische Thematik nicht greifbar und sinnhaft für die Schüler*innen. Boaler

4 Da der Begriff Kindorientierung impliziert, dass sich dieser lediglich auf die Schüler*innen der unteren Schuljahrgänge bezieht, wird innerhalb dieser Arbeit auch der Begriff Lernendenorientierung verwendet.

(1993) betont in diesem Zusammenhang, dass die im Mathematikunterricht aufgegriffenen außermathematischen Sachverhalte nicht selten der Erwachsenenwelt entstammen und die Lernenden keine subjektiven Erfahrungen dazu besitzen – beispielsweise Rechnungen, Mietzahlungen oder Zinsen. Derartige Lebensweltbezüge wirken nicht motivierend und veranschaulichend, sondern können eher als „distracters or even barriers to understanding“ erfolgreichen Aushandlungs- und Lernprozessen im Wege stehen (ebd., S. 14). Eine weitere zentrale Ursache für die mangelnde Identifizierung der Lernenden mit dem außermathematischen Kontext liegt darin begründet, dass bei den schulischen Problemstellungen zumeist bereits alle qualitativen und quantitativen Vorentscheidungen getroffen wurden und die Schüler*innen folglich vielfach mit Aufgaben konfrontiert werden, in denen ausschließlich die zur mathematischen Berechnung notwendigen Informationen gegeben sind (Greefrath et al., 2013; Nesher, 1980). Vor allem bei textbasierten Lebensweltbezügen wie Sachaufgaben ist der außermathematische Sachverhalt häufig austauschbar und wird in seiner Komplexität sehr vereinfacht dargestellt (Greefrath et al., 2013).

> Von einer eigenständigen Erstellung eines mathematischen Modells kann auf Grund des fehlenden echten Realitätsbezugs und der vorgegebenen Vereinfachungen nicht wirklich gesprochen werden. (ebd., S. 24)

Aus diesem Grund können sich die Lernenden nicht ausreichend in die äquivalente Echtsituation hineindenken und bauen folglich auch keine Strategien auf, um ähnliche Probleme im ‚echten Leben‘ zu lösen (Nesher, 1980). Während beispielsweise beim Umzäunen eines Spielplatzes in der Echtsituation Aspekte wie die Beschaffenheit des Zauns, des Bodens, zusätzliche Materialkosten, benötigte Werkzeuge sowie der zeitliche und personelle Aufwand berücksichtigt und verschiedene Alternativen gegenübergestellt werden, erhalten die Schüler*innen bei vergleichbaren Aufgaben im Mathematikunterricht häufig alle ‚finalen‘ Angaben, die zur Lösung der Aufgabe notwendig sind, ohne eigenständig über derartige Alternativen nachdenken oder entscheiden zu müssen (ebd.). Daraus ergibt sich unter anderem das Problem, dass die Schüler*innen kein ausreichendes Bewusstsein für den Zusammenhang zwischen dem mathematischen Lerninhalt und ihren eigenen außermathematischen Erfahrungen entwickeln (Radatz, 1990).

> The student who receives the well-defined SCH-PROB [School Problem] does not have to be engaged in qualitative and quantitative decisions [...]. In most cases, however, he is not able, because of the condensed style, to reconstruct the context from which the data was taken. In short, he is not able to imagine the domain of objects and transformations that the author had in mind. Instead, he develops another strategy. He tries from the verbal formulation of the SCH-PROB test to infer directly the needed mathematical operation (Nesher, 1980, S. 46, Ergänzung: E. B.).

(2) Ebenfalls problematisch am Umgang der Schüler*innen mit Lebensweltbezügen sind impulsive und oberflächliche Lösungsstrategien. Diese resultieren unter anderem aus der mangelnden Identifizierung mit Lebensweltbezügen und deren stereotypischer Gestalt. Beispielsweise orientieren sich viele Lernende bei schriftbasierten Sachaufgaben an

Oberflächenmerkmalen des Textes. Hierzu zählen insbesondere Signalwörter, die auf eine bestimmte Rechenoperation hindeuten, beispielsweise *dazu* oder *zusammen* als mögliche Hinweis für die Addition (Franke & Ruwisch, 2010). Auch ein sukzessives Vorgehen entsprechend der Nennung der mathematischen Angaben in der Textvorgabe sowie die Orientierung an den zuvor behandelten Unterrichtsthemen sind Lösungsstrategien, die vielfach zu Fehlern führen (ebd.). Im Laufe ihrer Schulzeit werden die Lernenden regelmäßig mit stereotypen Lebensweltbezügen im Mathematikunterricht konfrontiert und verinnerlichen – mehr oder minder bewusst – nach und nach deren Merkmale und klassische Lösungsstrategien. Sobald jedoch mehrere Lösungsschritte notwendig sind oder unnötige, fehlerhafte und widersprüchliche Informationen enthalten sind, greifen die impulsiven Lösungsstrategien zu kurz (Franke & Ruwisch, 2010; Pongsakdi et al., 2020; Puchalska und Semadeni, 1987; Zan, 2017). Der häufig rätselhafte Charakter klassischer schulischer Sachaufgaben bzw. Lebensweltbezüge wirkt sich somit auf das Lösungsverhalten und Verständnis der Lernenden aus (Reusser & Stebler, 1997).

> [...] most students perceive word problem solving as a puzzle-like activity with no grounding in factual real-world structures and with no relation to a goal-directed, more authentic activity of mathematization or realistic mathematical modeling. (ebd., S. 323)

Die Untersuchung von Puchalska und Semadeni (1987) veranschaulicht jedoch, dass eine bewusste Sensibilisierung der Lernenden für Problemstellungen mit zu vielen, fehlenden oder widersprüchlichen Informationen zu einem veränderten Umgang und besserem Verständnis der Lernenden führt (ebd.):

> MSCD problems, under suitable conditions, can be used as a means to develop the child's habit of reading the text of a problem meaningfully and critically; they may also contribute to better understanding of what a verbal problem is all about. (ebd., S. 15)

(3) Im Zusammenhang mit impulsiven und fehlerbehafteten Lösungsstrategien der Lernenden weisen zahlreiche Autor*innen darauf hin, dass dies vor allem mit dem Sozialisationsprozess in Schule beziehungsweise in den Mathematikunterricht zusammenhängt (z.B. Bauersfeld, 1991; Cobb, 1986; Karakoç & Alacacı, 2015; Solomon & O'Neill, 1995; Verschaffel et al., 2020; Zan, 2017). Bauersfeld (1991) geht auf die Problematik der vorschnellen, selten hinreichend bewussten, jedoch häufig fehlerhaften Deutungen der Schüler*innen im Kontext von Sachaufgaben ein und betont, dass diese als „mitgelerntes Resultat aus vielen Unterrichtssituationen [...] leider auch nicht so einfach korrigierbar" seien (ebd., S. 8). Ebenso weisen Verschaffel, De Corte und Borghart (1997) auf die Problematik hin, dass die Lernenden klassische Lebensweltbezüge im Mathematikunterricht eher als Rätsel betrachten und selten in ausreichendem Maß vor dem Hintergrund ihrer persönlich bedeutsamen Erfahrungen und Erlebnisse interpretieren. Dies wiederum wirkt sich eher hinderlich denn förderlich auf ihre Lernprozesse aus.

> Rather than functioning as realistic contexts that invite or even force pupils to use their commonsense knowledge and experience about the real world, school arithmetic word problems have become artificial, puzzle-like tasks that are perceived as being separate from

> the real world. Thus, pupils learn that relying on commonsense knowledge and making realistic considerations about the problem context – as one typically does in real-life problem situations encountered outside school – is harmful rather than helpful. (ebd., S. 339)

Jahrgangsältere Schüler*innen scheinen die typischen Merkmale und Lösungsstrategien von Lebensweltbezügen bereits verinnerlicht zu haben. Lernende mit wenig Erfahrungen in der Schulmathematik hingegen – also insbesondere die jüngeren Schuljahrgänge – analysieren einen Lebensweltbezug sorgfältiger vor dem Hintergrund ihrer persönlichen Erfahrungen, Interessen und Fragestellungen (z.B. Bauersfeld & Voigt, 1986; Cobb, 1986; Radatz, 1990; Toom, 1999). Sie fokussieren darum eher den geschilderten subjektiv bedeutsame(re)n außermathematischen Sachverhalt und weniger die mathematischen Aspekte eines Lebensweltbezugs, was nicht selten in Unklarheiten und inneren Widersprüchen resultiert (Puchalska & Semadeni, 1987).

> A school beginner has troubles with verbal problems, does not understand their nature and the concepts involved. [...] so many school beginners do not give right answers to apparently very simple problems. (ebd., S. 15)

Gellert (2010) geht in diesem Zusammenhang darauf ein, dass sich der Mathematikunterricht an Grundschulen von dem am Gymnasium unter anderem hinsichtlich der Ebene des Unterrichtsdiskurses unterscheidet. So orientieren sich mathematische Aushandlungsprozesse des Grundschulunterrichts vorwiegend an außerschulischen bzw. außermathematischen Sachverhalten und Erfahrungen, während beim gymnasialen Mathematikunterricht eher die „Mathematik als Wissenschaftsdisziplin“ von Bedeutung ist (S. 4). Außerschulische bzw. außermathematische Sachverhalte treten im gymnasialen Mathematikunterricht in den Hintergrund und der Unterricht legt zunehmend einen Fokus auf die formellen, abstrakten und symbolischen Inhalte der Mathematik (ebd.). Dieser Prozess findet ab dem Schulbeginn statt und kann als ‚Didaktisierung des außerschulischen Weltwissens‘ bezeichnet werden.

> [...] [So] werden im Mathematikunterricht das Weltwissen, die Welterfahrung und das außerschulische Leben stets unter einem mathematischen Blickwinkel betrachtet, der ‚der Welt‘ eine mathematische Struktur gleichsam überstülpt und ‚die Welt‘ der mathematischen Sicht unterordnet. Das Weltwissen erscheint aus seinem ursprünglichen Praxiskontext gelöst und innerhalb einer neuen Ordnung, der Schulmathematik, in weiten Teilen unsystematisch eingepasst, und zwar auch in der Grundschule. (ebd., S. 4)

Auch Neth und Voigt (1991) betonen die „Spannung zwischen lebensweltlichen Sinnstiftungen und schulmathematischen Ansprüchen“ (S. 90) und halten in diesem Zusammenhang fest, dass der Ausgangspunkt der Auseinandersetzung mit einem Lebensweltbezug im Mathematikunterricht zumeist die Lebenswelt der Schüler*innen ist, die jedoch schließlich in einer formalen mathematischen Aussage mündet (siehe auch Greefrath et al., 2013). Die Mehrdeutigkeit bzw. Nicht-Eindeutigkeit des außermathematischen Sachverhalts wird demnach nicht nur auf einen Aspekt – nämlich einen zum Unterrichtsgegenstand passenden – reduziert, sondern wird darüber hinaus zumeist auch nur ‚in eine

Richtung' gedacht: vom Konkreten zum Abstrakten bzw. von den subjektiven und außermathematischen Erfahrungen hin zum symbolisch-ideellen und generalisierbaren mathematischen Gegenstand. Hierbei erweist es sich als problematisch, dass sich meistens ausschließlich die Lehrperson der didaktischen Zielsetzung eines Lebensweltbezugs bewusst ist und den Fokus folglich von Beginn der Aushandlung an auf den mathematischen Lerngegenstand legt, während sich die Lernenden anfangs vielfach eher am außermathematischen Sachverhalt zu orientieren scheinen und folglich andere (mathematische) Themen erwarten (Neth & Voigt, 1991).

(4) Eng mit den impulsiven Lösungsstrategien und der Sozialisation der Schüler*innen verbunden sind ihre individuellen Einstellungen zum Mathematikunterricht bzw. zur Mathematik im Allgemeinen (Franke & Ruwisch, 2010; Greer, 1997; Radatz, 1990). So fördern authentische und sinnstiftende Lebensweltbezüge eine positive Einstellung der Lernenden zum Fach Mathematik (siehe Kapitel 1.3). Umgekehrt, können jedoch stereotypische und aus Perspektive der Lernenden zu wenig anschlussfähige Lebensweltbezüge negative Einstellungen zur Mathematik hervorrufen. Diverse Auseinandersetzungen belegen, dass Lebensweltbezüge im Mathematikunterricht von den Schüler*innen häufig als etwas typisch Schulisches interpretiert werden (z.B. Larina, 2016; Palm, 2006; Povey, 2013). Radatz (1990) spricht von einem „Spiel mit künstlicher Regelhaftigkeit [...] ohne besondere Beziehungshaltigkeit zur außerschulischen Realität" (S. 23). Auch Palm (2006) folgend sind zahlreiche (vermeintlich realitätsnahe) Aufgaben in erster Linie klassische schulmathematische Aufgaben, die als „simulations of real-world situations" (S. 42) in einen dekorativen Mantel eingekleidet werden. Vor allem stereotype Lebensweltbezüge wirken sich demnach negativ auf die Einstellung der Lernenden zum Mathematikunterricht bzw. zur Mathematik im Allgemeinen aus. Hierdurch geht die Wissbegierde der Lernenden nach dem Schuleintritt „viel zu schnell verloren und weicht einem gewissen Schulfrust und einer Demotivation" (Oldenburg & Rodríguez, 2017, S. 26). Darüber hinaus eröffnen Lebensweltbezüge im Mathematikunterricht auch Herausforderungen für Lehrpersonen, die Lebensweltbezüge kreieren und in ihren Mathematikunterricht integrieren.

1.4.3 Herausforderungen seitens der Lehrenden

Die obigen Ausführungen zum stereotypischen Charakter von Lebensweltbezügen und den vielfach damit einhergehenden Problemen der Lernenden im Umgang mit diesen verdeutlichen, dass sich für Lehrende diverse Herausforderungen bei der Etablierung von Lebensweltbezügen ergeben. (1) So greifen Lehrkräfte häufig auf ihre eigenen Wertvorstellungen und Erfahrungen zurück und beklagen den Mangel an geeigneten Quellen für ‚gute' Lebensweltbezüge. (2) Weiterhin werden Lehrkräfte im Rahmen ihrer Aus- und Fortbildung bislang zu wenig für die positiven wie auch negativen Aspekte von Lebensweltbezügen im Mathematikunterricht sensibilisiert.

(1) Da es weder einheitliche Kriterien und Vorstellungen zu ‚guten Lebensweltbezügen' noch fundierte Quellen und Vorgaben gibt, an denen sich Lehrkräfte orientieren können, greifen sie folglich zumeist auf ihre eigenen und vielfach schulisch geprägten Erfahrungen, Beliefs und Wertvorstellungen zurück (Gainsburg, 2008; Gerofsky, 1996; Wuolle, 2016). Problematisch ist daran, dass der Fokus der Lehrpersonen zumeist auf mathematischen Inhalten liegt (Stichwort ‚Fachorientierung', Franke & Ruwisch, 2010) und sie Lebensweltbezüge darum nicht selten mit Blick auf die von ihnen zugrunde gelegte didaktische Zielsetzung anwenden. Zugunsten dieser Fachorientierung wird wiederum eine authentische und für die Lernenden anschlussfähige Auseinandersetzung mit dem außermathematischen Sachverhalt in den Hintergrund gedrängt (Greefrath et al., 2013; Neth & Voigt, 1991; Wuolle, 2016; Zan, 2017). Lehrpersonen greifen beispielsweise im Unterrichtsgeschehen eher solche Antworten der Schüler*innen auf, die ihren eigenen Erwartungen – und demnach der mathematischen Zielsetzung des Lebensweltbezugs – entsprechen, während vordergründig an der Sachsituation orientierte Antworten der Lernenden eher übergangen werden (Bauersfeld & Voigt, 1986).

> Während der Lehrer den Sachzusammenhang als Repräsentation einer bestimmten mathematischen Struktur sieht, deren Behandlung er aus didaktischen und curricularen Gründen anzielt, sind die Schüler stärker an die Sachsituation gebunden bzw. sie erwarten möglicherweise andere mathematische Themen. (Neth & Voigt, 1991, S. 86)

Eine zentrale Herausforderung bei der Kreation beziehungsweise Etablierung von Lebensweltbezügen besteht demnach darin, sowohl die mathematischen als auch die außermathematischen Inhalte gleichermaßen zu berücksichtigen und hierbei gleichzeitig die Erfahrungen und Interessen der Schüler*innen nicht außer Acht zu lassen (Franke & Ruwisch, 2010; Greer, 1997; Zan, 2017).

(2) Sowohl die Lehrkräfte selbst als auch Theoretiker*innen fordern die stärkere Verankerung der Thematik Lebensweltbezüge in der Aus- und Weiterbildung von Lehrpersonen (Crespo & Sinclair, 2008; Gainsburg, 2008; Karakoç & Alacacı, 2015; Wuolle, 2016). Dazu ist es notwendig, dass (angehende) Lehrkräfte bezüglich der positiven wie auch negativen Aspekte von Lebensweltbezügen sensibilisiert werden und dass sie während ihrer Aus- und Fortbildung praktische Erfahrungen zum Einsatz von Lebensweltbezügen im Mathematikunterricht sammeln und diese reflektieren. Beispielsweise betonen Harvey und Averill (2012), dass eine sorgfältige und möglicherweise zeitintensive Planung, die Einführung in die außermathematische Thematik ohne Eile sowie eine geschickte Fragehaltung während Diskussionsphasen zur Aktivierung des Vorwissens der Lernenden als förderliche Verhaltensweisen von Lehrpersonen zu betrachten sind. Darüber hinaus erweisen sich auch Phasen der ‚effektiven' Interaktion zwischen allen Beteiligten sowie die Vertiefung und Ausweitung mathematischer Ideen, die nicht zuletzt auch ein vertieftes Wissen der Lehrperson über den Kontext verlangen, als Aspekte, die das Lernen der Schüler*innen positiv beeinflussen können und die maßgeblich durch die Lehrkraft beeinflusst werden (ebd.) All diese Verhaltensweisen und Strategien müssen jedoch erst von den Lehrenden im Rahmen praktischer Erfahrungen erlernt werden.

> Priority should be given to offer opportunities to prospective teachers in their education while still in university and for in service teachers in professional development programs in the use of real world connections. (Karakoç & Alacacı, 2015, S. 43)

Insgesamt, so Förster (2008), lässt sich aus bisherigen Studien zu Lehrpersonenkognitionen und Einstellungen rekonstruieren, dass Lehrende Lebensweltbezügen im Mathematikunterricht (im Sinne von Anwendungen bzw. Modellierungen) durchaus positiv gegenüberstehen und es für erstrebenswert halten, den fachlichen Lerninhalt häufig(er) mit außermathematischen Erfahrungen der Schüler*innen zu verbinden. Dies belegen auch die Untersuchungen von Gainsburg (2008) und Wuolle (2016). Zugleich benennen Lehrpersonen zahlreiche Hindernisse bezüglich des Einsatzes von Lebensweltbezügen und schätzen ihre Kompetenzen hinsichtlich der Kreation und Integration von Lebensweltbezügen – insbesondere in den höheren Klassenstufen – als ausbaufähig ein (Wuolle, 2016).

> Wenn Anwendungen [Lebensweltbezüge] zukünftig eine nennenswerte Rolle im Mathematikunterricht spielen sollen, müssen diese als eigenständige Zielsetzung des Mathematikunterrichts angesehen werden [...]. (Förster, 2008, S. 99, Ergänzung: E. B.)

Im Anschluss an diese theoretische Auseinandersetzung mit dem Begriff Lebensweltbezug, bisher existierenden Studien zu Lebensweltbezügen sowie ihren positiven wie auch negativen Aspekten, beleuchtet das nachfolgende Zwischenfazit die Bedeutsamkeit von Lebensweltbezügen und ihren Merkmalen für die vorliegende empirische Auseinandersetzung.

1.5 Zwischenfazit: bedeutsame Merkmale von Lebensweltbezügen

Die theoretische Auseinandersetzung der vorangegangenen Abschnitte verdeutlicht, wie vielseitig und inkonsistent die Forschungslage im Zusammenhang mit Lebensweltbezügen im Mathematikunterricht ist. Sowohl Lehrende wie auch Forschende benötigen jedoch einheitliche und zugleich nachvollziehbare Kriterien, auf die sie bei der Kreation und Bewertung von Lebensweltbezügen zurückgreifen können. Damit ein Lebensweltbezug für die Lernenden sinnstiftend und an ihre eigenen Erfahrungen anschlussfähig ist, muss er für sie greifbar und relevant sein. Gleichzeitig muss der mathematische Sachverhalt korrekt und vollständig abgebildet werden. In Anlehnung an die Auseinandersetzung mit sinnstiftenden Kontexten von Leuders und Kolleg*innen (2011) werden Lebensweltbezüge im Rahmen der vorliegenden Untersuchung hinsichtlich der drei folgenden Aspekte charakterisiert: Authentizität, Reichhaltigkeit und Anschlussfähigkeit. Diese drei Aspekte offenbaren eine Passung zu dem von Franke und Ruwisch (2010) geschilderten Spannungsverhältnis zwischen Sach-, Fach- und Kindorientierung. Jeder Lebensweltbezug birgt stets alle drei Aspekte in sich. Die einzelnen Aspekte können jedoch unterschiedliche Gewichtung erfahren und sind nicht immer trennscharf voneinander. Die Herausforderung bei der Etablierung sinnstiftender Lebensweltbezüge, die nachhaltige Lernprozesse ermöglichen, liegt demnach darin, eine Balance von Authentizität, Reichhaltigkeit und Anschlussfähigkeit zu finden – also von Sach-, Fach und Kindorientierung (Franke & Ruwisch, 2010). Nachfolgend werden die Merkmale Anschlussfähigkeit, Reichhaltigkeit und Authentizität erläutert.

Anschlussfähigkeit meint, dass der Lebensweltbezug und insbesondere der darin aufgegriffene außermathematische Kontext zu den Erfahrungen, Interessen, Fragen, aber auch zum Sprachgebrauch und den Handlungsweisen der Lernenden passt (Leuders et al., 2011). Der Fokus liegt hierbei also auf den Lernenden mit ihren individuellen Lernausgangslagen, Interessen und Bedürfnissen (Kindorientierung bzw. Lernendenorientierung, Franke & Ruwisch, 2010). Für ein hohes Maß an Anschlussfähigkeit müssen der außermathematische Kontext und/oder der mathematische Lerngegenstand eines Lebensweltbezugs für die Lernenden persönlich bedeutsam sein. Ein Beispiel: Die Lernenden dürfen aus einer Reihe von Produkten eines Kreativladens diejenigen Dekorationen auswählen, die sie für ihre eigene Geburtstagsfeier kaufen möchten. Sie haben dafür maximal 25 € zur Verfügung und können frei entscheiden, welche Produkte sie wie häufig kaufen und wie viel Geld sie insgesamt ausgeben möchten.

(Mathematische) Reichhaltigkeit meint, dass der Lebensweltbezug problemhaltig und offen genug ist, um die Lernenden zu zahlreichen mathematischen Erkundungen und Fragen anzuregen (Leuders et al., 2011). Ist ein Lebensweltbezug mathematisch reichhaltig, so bildet er das mathematische Konstrukt fachlich richtig und inhaltlich vollständig ab – er orientiert sich vor allem am Fach bzw. dem fachlichen Lerngegenstand (Fachorientierung, Franke & Ruwisch, 2010). Ein Beispiel: Die Lernenden berechnen auf Grundlage einer tabellarischen Gegenüberstellung den Gesamtpreis für verschiedene Mobilfunkverträge.

Authentizität meint, dass der Lebensweltbezug ermöglicht, authentische (d.h. ehrliche und bedeutsame) Fragen zum außermathematischen Kontext zu stellen und etwas über ihn zu lernen (Leuders et al., 2011). Ist ein Lebensweltbezug authentisch, orientiert er sich vor allem am außermathematischen Sachverhalt (Sachorientierung, Franke & Ruwisch, 2010). Ein Beispiel hierfür: Die Lernenden planen eigenverantwortlich einen Ausflug in den Zoo. Neben der zeitlichen und finanziellen Kalkulation müssen hierbei auch Fragen wie „Wie kommen wir zum Zoo?“, „Wie lange brauchen wir bis zum Zoo?“ oder „Was machen wir bei schlechtem Wetter?“ berücksichtigt werden.

Zudem scheinen bisherige Auseinandersetzungen Lebensweltbezüge sowie damit zusammenhängende Konzepte des Mathematikunterrichts (wie etwa Sachaufgaben, Kontextualisierungen und Modellierungen) vielfach eher aus einer normativen und produktorientierten Perspektive zu betrachten. Häufig stehen dabei (stereotype) Eigenschaften sowie Probleme und Herausforderungen seitens der Lehrenden und Lernenden im Fokus – z.B. fehlerhafte Lösungsstrategien von Schüler*innen. Überdies fällt bei der Betrachtung der bisherigen Untersuchungen auf, dass Lebensweltbezüge vielfach in ihrer schriftbasierten Form untersucht werden, z.B. textbasierte Sachaufgaben (z.B. Stephany, 2018; Willhelm, 2016). Diese schriftbasierten Formate visualisieren schriftsprachlich zentrale Informationen des Lebensweltbezugs und könnten aufgrund der schriftlichen Fixierung eventuell ‚didaktisch durchdachter' sein als mündlich hervorgebrachte Lebensweltbezüge. Weiterhin werden schriftbasierte Lebensweltbezüge wie Sachaufgaben häufig in Einzelarbeit gelöst und verlangen darum eventuell weniger eine interaktive Aushandlung. Ein interpretativer Blick auf den *Prozess* der interaktiven Aushandlung in Situationen mit einem Lebensweltbezug im Mathematikunterricht wird bislang jedoch eher vernachlässigt. Dabei kommen vor allem mündlich basierte und interaktiv ausgehandelte Lebensweltbezüge unter Beachtung der dieser Arbeit zugrundeliegenden Daten besonders häufig im Mathematikunterricht vor und beeinflussen damit maßgeblich den interaktiven Bedeutungsaushandlungsprozess über die mathematischen Lerngegenstände. Zwar kommen vor allem in den letzten Jahren vermehrt Auseinandersetzungen hinzu, die Lehrenden Ratschläge für die Gestaltung eines ‚realitätsbezogenen Mathematikunterrichts' geben und sie zu reichhaltigen Modellierungsaktivitäten befähigen wollen (z.B. Grafenhofer & Maaß, 2017; Maaß, 2020), doch scheint hierbei der Fokus ebenfalls eher auf der Auseinandersetzung mit schriftlich basierten Lebensweltbezügen zu liegen. Lebensweltbezüge werden schriftlich präsentiert und das Endresultat der Auseinandersetzung mit ihnen sind schriftliche Produkte. Der Prozess der interaktiven Aushandlung – also der Umgang der beteiligten Lehrkräfte und Schüler*innen mit dem Lebensweltbezug sowie dessen Entwicklung im Verlauf des Unterrichts – werden bislang kaum fokussiert (eine Ausnahme ist beispielsweise die Auseinandersetzung von Neth & Voigt, 1991).

Im Rahmen dieser Arbeit werden darum interaktive Prozesse der Bedeutungsaushandlung in Situationen des Mathematikunterrichts mit vordergründig mündlich basierten Lebensweltbezügen fokussiert. Diese interaktiven Aushandlungsprozesse werden gemäß der Verortung dieser Arbeit in interaktionistischen Ansätzen der Interpretativen Unterrichtsforschung der Mathematikdidaktik als soziale Phänomene der kollektiven Bedeutungsgenese verstanden (Krummheuer & Brandt, 2001; Krummheuer & Fetzer, 2005, siehe Kapitel 6.3). Hierbei wird das Ziel verfolgt, die Entwicklung des Lebensweltbezugs im Verlauf des Aushandlungsprozesses nachzuverfolgen. In diesem Zusammenhang ist die Rekonstruktion von gemeinsam hervorgebrachten Bedeutungen und wie diese aus der interaktionalen Verknüpfung der Einzelbeträge hervorgegangen sind, von besonderem Interesse. Da bei Lebensweltbezügen mathematische und außermathematische Aspekte miteinander verbunden werden, könnten diese zudem sprachlich wie auch inhaltlich in besonderem Maß an die Erfahrungen der Lernenden anknüpfen und vielseitige Möglichkeiten der sprachlichen wie auch inhaltlichen Partizipation eröffnen. Ein Blick auf die interaktiven Aushandlungsprozesse verlangt diesem Gedanken folgend somit auch eine fokussierte Betrachtung des Sprachgebrauchs.

2. Die Bedeutsamkeit von Sprache für Lehr-Lern-Prozesse

Sprache – vor allem die mündliche Kommunikation – stellt im schulischen Unterricht das zentrale Medium dar, um die eigenen Gedanken, Ideen und Intentionen zum Ausdruck zu bringen und mit anderen auszuhandeln. Zahlreiche Forschungsbemühungen, Konferenzen und Empfehlungen für die Schul- und Unterrichtspraxis widmen sich den Zusammenhängen von Sprache und Lernen sowie der Diagnose und Förderung sprachlicher Kompetenzen von Schüler*innen. Auch bezogen auf Lebensweltbezüge im Mathematikunterricht bzw. damit zusammenhängenden Begrifflichkeiten existieren zahlreiche Auseinandersetzungen zu sprachspezifischen Besonderheiten (z.B. (z.B. Dröse & Prediger, 2020; Staub, 2008; Stephany, 2018; Wilhelm, 2016). Nachfolgend wird die Bedeutsamkeit sprachlicher Kompetenzen innerhalb der bundesweiten Bildungsstandards für den Mathematikunterricht beleuchtet (Kapitel 2.1). Daran anschließend wird auf die Rolle der Sprache als Medium, Voraussetzung und Gegenstand des Lernens eingegangen (Kapitel 2.2). Im Anschluss werden Studienarbeiten zur Sprache im Mathematikunterricht vorgestellt (Kapitel 2.3). Das Kapitel schließt ab mit einem Zwischenfazit zur Bedeutung der Sprache für Lehr-Lern-Prozesse innerhalb des Mathematikunterrichts. An dieser Stelle wird insbesondere der Bezug zur vorliegenden Untersuchung hergestellt (Kapitel 2.4).

2.1 Bedeutsamkeit von Sprache innerhalb der Bildungsstandards im Fach Mathematik

Neben den inhaltsbezogenen mathematischen Kompetenzen werden in den von der Kultusministerkonferenz (KMK) formulierten Bildungsstandards für das Fach Mathematik in allen Schulstufen auch die allgemeinen und teils in beachtlichem Maße sprachlich beschaffenen allgemeinen Kompetenzen als zentrale Bestandteile mathematischer Bildung betrachtet (KMK, 2004, 2015, 2022) und erhalten hierdurch eine Aufwertung für das Lernen von Mathematik in der Schule (Walther et al., 2011). Die Bedeutung der allgemeinen mathematischen Kompetenzen (mathematisch argumentieren, Probleme mathematisch lösen, mit mathematischen Werkzeugen und Objekten arbeiten, mathematisch modellieren sowie mathematisch kommunizieren) wird bereits in den Bildungsstandards für den Primarschulbereich unterstrichen (KMK, 2022). Dies begünstigt die Sensibilisierung von Lehrenden wie auch Forschenden dafür, dass zusätzlich zu den an den mathematischen Lerninhalten orientierten Kompetenzen auch nicht-inhaltbezogene Kompetenzen von zentraler Bedeutung für gelingende Lehr-Lern-Prozesse im Mathematikunterricht sind.

> Die prozessbezogenen Kompetenzen sind mit entscheidend für den Aufbau positiver Einstellungen und Grundhaltungen zum Fach. In einem Mathematikunterricht, der diese Kompetenzen in den Mittelpunkt des unterrichtlichen Geschehens rückt, wird es besser gelingen, die Freude an der Mathematik und die Entdeckerhaltung aller Schülerinnen und Schüler zu fördern und weiter auszubauen. (ebd., S. 7)

Gleichzeitig stellen die nicht-inhaltsbezogenen mathematischen Kompetenzen vielfach hohe sprachliche Anforderungen an die Lernenden. Beispielsweise sollen die Lernenden zur Erfüllung der allgemeinen Kompetenz *mathematisch kommunizieren* in vielfältigen Momenten des Mathematikunterrichts in den sprachlichen Austausch über mathematische Sachverhalte und Problemstellungen kommen. Zur Kompetenz des Kommunizierens zählt unter anderem das Beschreiben der eigenen Vorgehensweise, das gemeinsame Reflektieren über unterschiedliche Lösungswege sowie die gemeinsame Bearbeitung von Aufgaben (ebd.). Auch die allgemeinen Kompetenzen *mathematisch argumentieren* und *mathematisch modellieren* stellen hohe sprachliche Anforderungen an die Lernenden. Bei diesen geht es darum, mathematische Aussagen zu hinterfragen, Begründungen nachzuvollziehen, relevante Informationen aus Sachtexten und Darstellungen zu entnehmen sowie Sachprobleme in die ‚Sprache der Mathematik' zu übersetzen (ebd.). Eine begriffliche Klärung des Terms ‚Sprache der Mathematik' ist in den Bildungsstandards für den Primarbereich allerdings nicht zu finden, was bereits auf das Fehlen einer allgemeingültig anerkannten Definition hinweist. Die allgemeinen mathematischen Kompetenzen können zudem nicht isoliert voneinander betrachtet werden. Sie sind untereinander verwoben und beeinflussen auch die Entwicklung der inhaltsbezogenen mathematischen Kompetenzen. Folglich heben die Bildungsstandards hervor, dass im Unterricht nicht allein die Vermittlung fachlicher Kompetenzen im Fokus steht (KMK, 2004, 2015, 2022). Ziel sollte es auch sein, die Lernenden zur Versprachlichung von Lösungswegen, Ideen sowie Mustern und Strukturen zu befähigen und sie zum sprachlichen Austausch über mathematische Probleme sowie Lösungswege anzuregen (ebd.). Hiernach stellt Sprache eine *Schlüsselkompetenz* für schulischen Erfolg – auch bezogen auf den Mathematikunterricht – dar.

> Kann Sprache als kognitive Ressource nicht angemessen genutzt werden, haben Lernende Schwierigkeiten, sich komplexe und abstrakte Zusammenhänge anzueignen und weiter zu verarbeiten. (Quasthoff & Heller, 2014, S. 19)

Die Verankerung der (sprachlich herausfordernden) allgemeinen mathematischen Kompetenzen in den Bildungsstandards sensibilisiert für die Bedeutung sprachlicher Kompetenzen für erfolgreiche Lehr-Lern-Prozesse und resultiert nicht zuletzt auch in zahlreichen Empfehlungen aus der und für die Praxis. Diese sind vor allem in Grundschulzeitschriften sowie didaktisch versierten Mathematikzeitschriften zu finden und zielen auf die Verwirklichung in der Unterrichtspraxis ab. So existieren Ansätze zur gezielten Vermittlung ausgewählter (fach-)sprachlicher Begriffe und Besonderheiten bestimmter mathematischer Lerngegenstände (z.B. Pöhls, 2013; Steinau, 2011; Verboom, 2013) sowie Hinweise zur Sprachförderung im Unterricht im Allgemeinen (z.B. Apeltauer et al., 2016; Leisen, 2011). Andere Empfehlungen legen Lehrkräften nahe, die Interaktion im Unterricht zu intensivieren (z.B. Anders & Laurenz, 2013; Brandt & Naujok, 2011) oder gezielt Kompetenzen wie *Argumentieren* oder *Modellieren* zu fördern (z.B. Anders & Laurenz, 2013; Verboom, 2011). Nicht selten liegt der Fokus bei derartigen Praxisempfehlungen auf bestimmten Gruppen von Lernenden (z.B. Lernende mit nicht-deutscher Muttersprache), obwohl Sprache für alle Lernenden eine Herausforderung und einen Gegenstand des Lernens darstellt, wie das nachfolgende Kapitel beleuchtet.

2.2 Sprache als Medium, Voraussetzung und Gegenstand des Lernens

Lerninhalte des Unterrichts werden vorrangig mündlich vermittelt und interaktiv ausgehandelt, sodass Sprache (im Mathematikunterricht) ein zentrales *Lernmedium* darstellt (Becker-Mrotzek et al., 2013; Prediger, 2013, 2020b). Während sprachlicher Interaktionen werden Lerninhalte interaktiv erarbeitet und gefestigt, wenn beispielsweise Lösungswege und Hausaufgaben gemeinsam besprochen werden. Sprache ist demzufolge das zentrale Instrument zum Austausch über fachliche Inhalte und zum ko-konstruktiven Bedeutungsaufbau. Nahezu jede Handlung des Mathematikunterrichts verlangt von den Lernenden wie auch von den Lehrenden, dass sie miteinander kommunizieren. Für eine aktive Teilhabe am Unterrichtsgeschehen – sei es rezeptiv wie auch produktiv – benötigen die Beteiligten demnach vielfältige sprachliche Kompetenzen. Diese sind jedoch nicht bei allen Schüler*innen gleichermaßen ausgeprägt. Insbesondere Lernende mit Migrationshintergrund oder mit niedriger sozioökonomischer Herkunft verfügen oft über vergleichsweise geringe sprachliche Kompetenzen in der Sprache des (Mathematik-)Unterrichts und können darum gegebenenfalls nicht ausreichend am Unterrichtsgeschehen und den fachlichen Aushandlungsprozessen partizipieren (z.B. Bochnik, Heinze & Ufer, 2013; Prediger, 2013, 2020b). In diesem Sinne stellt Sprache nicht nur das Medium von Lehr-Lern-Prozessen dar, sondern kann gleichsam auch als essentielle *Lernvoraussetzung* betrachtet werden. Für Interaktionsprozesse im Mathematikunterricht scheinen auch solche sprachlichen Fähigkeiten bedeutsam zu sein, die über das hinausgehen, was in alltäglichen und außerschulischen Situationen nötig ist (z.B. Gellert, 2011; Heppt, 2016; Özoğuz, 2010). Vor diesem Hintergrund verstärkt sich in den letzten Jahren das „Problembewusstsein dafür, dass Sprache auch zum Lernhindernis werden kann, wenn Lernende (mit Deutsch als Zweit- oder auch Erstsprache) diese vorausgesetzten Anforderungen an Sprachproduktion und -rezeption in der Unterrichtssprache nur partiell erfüllen und dadurch nur eingeschränkten Zugang zur Mathematik finden [...]" (Prediger, 2013, S. 168). Dieser sprachlich bedingte ‚eingeschränkte Zugang' verdeutlicht, dass gewisse sprachliche Kompetenzen als *Lerngegenstand* bzw. Lernziel schulischer Bildung betrachtet werden müssen. Eine zentrale Aufgabe jedes Fachunterrichts besteht demnach darin, nicht allein fachspezifisches und konzeptuelles Wissens zu vermitteln, sondern auch einen Teil zur sprachlichen Bildung der Lernenden beizutragen (Vollmer & Thürmann, 2013). Im schulischen Unterricht stellt die mündliche Kommunikation somit nicht nur ein wesentliches Medium zum Austausch von Wissen dar, sondern ist zugleich eine Voraussetzung für die erfolgreiche Teilhabe an den interaktiven Aushandlungsprozessen im Unterricht sowie ein Ziel des schulischen Lernens, da bestimmt sprachliche Kompetenzen im Laufe der Schulzeit erworben, ausgebaut und erwartet werden (Prediger, 2013, 2020b). Zahlreiche Forschungsbemühungen an der Schnittstelle von Erziehungswissenschaft, Mathematikdidaktik und Linguistik widmen sich den Zusammenhängen sprachlichen und fachlichen Lernens im Mathematikunterricht. Eine Auswahl dieser wird nachfolgend vorgestellt.

2.3 Studien zur Sprache im Mathematikunterricht

Als einer der zentralen Impulsgeber für die wissenschaftliche Auseinandersetzung mit sprachlichen Besonderheiten der Mathematik respektive der Sprache des Mathematikunterrichts gilt Pimm (1987) mit seinem Werk ‚Speaking Mathematically'. Dass Sprache eine zentrale Rolle für das fachliche Lernen in der Schule spielt, ist bereits zum Zeitpunkt seiner Veröffentlichung unstrittig, aber Pimm (1987) folgend besteht noch kein Konsens bezüglich der Wechselbeziehung zwischen Sprache und Lernen. Diese vielschichtige und in hohem Maße situationsabhängige Wechselwirkungen zwischen sprachlichen Interaktionen und mathematisch-fachlichen Inhalten bleibt bis heute Thema zahlreicher empirischer Auseinandersetzungen, die jeweils unterschiedliche Schwerpunkte setzen. Einige Forschungsschwerpunkte und ausgewählte Studien werden nachfolgend vorgestellt.

Eine Vielzahl empirischer Auseinandersetzungen an der Schnittstelle von Mathematikdidaktik und Sprache befasst sich mit den Prozessen der Interaktion und Bedeutungsaushandlung während unterschiedlichster mathematischer Lehr-Lern-Settings und nimmt dabei ausgewählte sprachliche Aspekte in den Blick. Diese Untersuchungen nehmen häufig einen interpretativ-rekonstruktiven Standpunkt bei der Analyse sprachlicher Besonderheiten des Mathematikunterrichts ein und betonen den hohen Stellenwert sozialer Interaktionen für gelingende mathematische Lehr-Lern-Prozesse (z.B. Höck, 2015; Jung & Schütte, 2018; Schütte et al., 2021; Tiedemann & Rottmann 2019; Vogler 2020). Interaktionsprozesse des Mathematikunterrichts werden hierbei als soziale Phänomene der kollektiven Bedeutungsaushandlung verstanden, in denen Lehrende und Lernende durch ihr wechselseitig aufeinander bezogenes Handeln den Unterrichtsalltag hervorbringen und gestalten (Krummheuer & Fetzer 2005). Von Interesse ist dabei, wie die einzelnen Beiträge der Beteiligten aufeinander einwirken und inwiefern sie sich auf die kollektive Aushandlung von Bedeutungen auswirken. Während die Mehrheit dieser Auseinandersetzungen mathematische Lehr-Lern-Prozesse des schulischen Mathematikunterrichts fokussiert (z.B. Krauthausen, 2007; Schütte, 2009), nehmen einige Studien außerschulische Settings in den Blick. So rekonstruiert etwa Tiedemann (2012) familiäre mathematische Lernprozesse während Vorlese- und Spielsituationen bereits vor dem Schulbeginn und auch Vogler (2020) konzentriert sich auf vorschulische mathematische Lernprozesse, analysiert hierbei jedoch elementarpädagogische Interaktionen zwischen Erzieher*in und Kind. Wieder andere Untersuchungen widmen sich verstärkt der (sprachlichen) Interaktion zwischen den Lernenden. Exemplarisch hierfür rekonstruiert Gysin (2017) in Interaktionsprozessen von Kindern in einem jahrgangsgemischten Setting bestehend aus Erst- und Zweitklässler*innen, dass die jahrgangsälteren Kinder tendenziell häufiger und selbstverständlicher das ‚Laute Denken' in Anspruch nehmen und sich ausführlicher über den mathematischen Sachverhalt äußern als die jahrgangsjüngeren Lernenden. Diese bringen vor allem kürzere Beiträge während der Partnerarbeit mit einem jahrgangsälteren Kind hervor und nehmen eher eine rezipierende und nachahmende Rolle ein (ebd.). Dies sei jedoch keinesfalls negativ zu bewerten, sondern stelle vielmehr ein Potential dar, da gerade die Unterschiedlichkeit in einer solchen Paar-Konstellation von jahrgangsjüngerem und jahrgangsälterem Kind als „Triebfeder für Lernprozesse" fungieren könne (ebd.,

S. 336). Vogler, Henschen und Teschner (2023) wiederum betrachten Kind-Kind-Interaktionen im Kindergarten und rekonstruieren, dass sich diese durch facettenreiche und dichte kollektive Argumentationen kennzeichnen, bei denen den Kindern ein „Bemühen um ein wechselseitiges Verstehen und Verstanden werden“ (Bauersfeld, 2002, S. 12) unterstellt werden kann. Dies sei etwa in asymmetrischen Erzieher*in-Kind-Interaktionen des Elementarbereichs nicht der Fall, da hierbei die Erwachsenen als die ‚in der Sache Kompetenten‘ das Interaktionsgeschehen maßgeblich durch kleinschrittige Fragen und Impulse lenken und ein bestimmtes Lernziel verfolgen (Vogler, 2020).

Auch dic Existenz (bzw. Nicht-Existenz) von analogen wie auch digitalen Medien und Veranschaulichungen sowie Mimik und Gestik findet zunehmend Beachtung in empirischen Auseinandersetzungen an der Schnittstelle von Mathematik und Sprachgebrauch (z.B. Böckmann & Tewes, 2023; Fetzer & Tiedemann, 2018; Huth, 2018; Ludes-Adamy & Schütte, 2021; Schreiber & Klose, 2022). (Verbal-)Sprache wird hierbei um non- und paraverbale Aspekte ergänzt und in ihrer Multimodalität berücksichtigt. So erweitern etwa Tewes und Böckmann (2023) das von Krummheuer und Brandt (2001) entwickelte Produktionsdesign zur Rekonstruktion von Verantwortlichkeiten für Äußerungen während interaktiver Aushandlungen und reichern dieses um die Hervorbringung von Gesten sowie um Handlungen mit und an Objekten an. Durch das erweiterte Produktionsdesign kann eine genauere Differenzierung von Verantwortlichkeiten für unterschiedliche Modi von interaktiv hervorgebrachten Äußerungen vorgenommen werden. Die Analysen von Böckmann und Tewes verdeutlichen, dass sich ein Autonomiezuwachs der Schüler*innen nicht allein in ihren verbalen Aussagen manifestiert, sondern auch in der Verwendung von Gesten sowie den Handlungen an und mit Objekten zum Ausdruck kommt (ebd). Klose (2022) etwa rekonstruiert Prozesse der mathematischen Begriffsbildung während der eigenen Produktion mathematischer Audio-Podcasts von Grundschulkindern und geht dabei zugleich auf besondere Aspekte der Bilingualität ein.

Die explizite Betrachtung sprachlich bedingter Besonderheiten von bestimmten Gruppen von Lernenden – insbesondere Schüler*innen mit Migrationshintergrund oder Deutsch als Zweitsprache – wird auch in zahlreichen weiteren mathematikdidaktischen Studien fokussiert (z.B. Bochnik & Ufer, 2012; Chudaske, 2012; Deseniss, 2015; Duarte et al., 2011, Sprütten et al., 2020). So verdeutlichen etwa auch Studien, die sich auf Daten der ‚großen‘ Schulleistungsvergleichsstudien PISA, TIMSS und IGLU stützen, dass sich die sprachlichen Kompetenzen zwischen Lernenden mit und ohne Migrationshintergrund und von unterschiedlicher soziökonomischer Herkunft mitunter stark voneinander unterscheiden (z.B. Frey et al., 2010; OECD, 2018; Schwippert et al., 2020). In diesem Zusammenhang betont Salem (2010), dass zwei- oder mehrsprachig aufwachsende Schüler*innen häufig – zumindest auf den ersten Blick – flüssige Deutschkenntnissen besitzen. Sprachlich ‚auffällig‘ werden diese Schüler*innen erst dann, wenn diejenigen sprachlichen Kompetenzen gefordert werden, die über die in der alltäglichen Kommunikation erworbenen Sprachkompetenzen hinausgehen. Weil darüber hinaus in deutschen Bildungsinstitutionen die deutsche Sprache im Mittelpunkt steht,[5] wird nur selten an die sprachlichen Vorerfahrungen von Lernenden mit migrationsbedingten sprachlichen Besonderheiten angeknüpft. Hierdurch werden ihre mitgebrachten Sprachkompetenzen nicht ausreichend als Potenzial wahrgenommen und wertgeschätzt.

> So kann es durchaus sein, dass mehrsprachige Kinder über Vorläuferfähigkeiten in der Variante von Sprache, die ihnen Bildungsinstitutionen abverlangen, in ihrer Herkunftssprache verfügen. Jedoch wird an diesem Potenzial dann nicht angesetzt, wenn nur das Deutsche im Bildungskontext Relevanz besitzt. (ebd., S. 9)

Nicht zuletzt aufgrund der UN-Konvention (2009) existieren außerdem Arbeiten zu sprachlichen Besonderheiten in inklusiven Lehr-Lern-Settings (z.B. Götze, 2019; Jung, 2019; Schenk, 2013). Exemplarisch belegt Götze (2019), dass sprachlich und/oder fachlich kompetentere wie auch sprachlich und/oder fachlich weniger kompetentere Kinder gleichermaßen davon profitieren, wenn etwa mathematische Fachbegriffe visualisiert und bewusst zur Sprache gebracht werden. Zwar scheinen insbesondere kompetentere Lernende auch ohne die Verwendung der korrekten Fachbegriffe eine angemessene mentale Repräsentation zu den jeweiligen mathematischen Konstrukten aufzubauen und diese in eigenen Worten zum Ausdruck bringen zu können, doch genau diese in eigene (alltagsnahen) Worte gefassten Fachinhalte müssten von den weniger kompetenten Lernenden entschlüsselt werden. Folglich sei es für beide Gruppen von Lernenden positiv, zentrale Fachbegriffe von Beginn an etwa in Form einer Vokabelliste zu visualisieren (ebd.).

> A separated technical language that is supported by scaffolding elements such as vocabulary lists can possibly release cognitive resources for the conceptual penetration of mathematical content. (ebd., S. 373)

Heinzl und Seibt (2014) untersuchen Zusammenhänge zwischen den semantisch-lexikalischen und mathematischen Kompetenzen von Schüler*innen mit einem Förderbedarf im Bereich Sprache. Ihre Analysen geben Anhaltspunkte dafür, dass Schwierigkeiten beim Rechnen von textbasierten Aufgaben eng mit ihren lexikalischen Beeinträchtigungen zusammenhängen. So scheinen sich etwa die Schwierigkeiten der teilnehmenden Schüler*innen beim Ausbau des ‚mentalen Lexikons' auf Probleme bei der Ausdifferenzierung und Anwendung des mathematischen Begriffswissens zu übertragen (ebd.). Lernende profitieren folglich in der Regel davon, wenn Rechenaufgaben (wie bei einer Sachaufgabe oder einer Rechengeschichte) textlich unterstützt werden. Für Schüler*innen mit sprachlichen Beeinträchtigungen scheint dies jedoch eine zusätzliche Herausforderung

5 In der Veröffentlichung *Der monolinguale Habitus der multilingualen Schule* (1994) beschreibt Gogolin das deutsche Bildungssystem als eines, in dem trotz zahlreicher Lernender mit nicht-deutscher Muttersprache allein die deutsche Sprache im Mittelpunkt steht. Ein deutschsprachig aufgewachsenes Kind wird hierbei als Regelfall interpretiert. Dies hat zur Folge, dass sich Lernende mit nicht-deutscher Muttersprache unterordnen und integrieren, nicht aber als sprachlich gleichberechtigt anerkannt werden.

darzustellen, „da sie Sprache nicht als Hilfestellung nutzen können, um mathematische Sachverhalte kognitiv zu durchdringen“ (ebd., S. 17).

Weiterhin zielen zahlreiche empirische Auseinandersetzungen auf die Hervorbringung praktisch umsetzbarer Ansätze zur Sprachförderung im Mathematikunterricht ab (z.B. Götze, 2014; Liedtke, 2013; Meyer & Prediger, 2012; Prediger, 2020a; Verboom, 2011, 2013). Vor allem derartige Praxisempfehlungen, die sich häufig in Zeitschriften sowie Handreichungen für (Mathematik-)Lehrkräfte finden, zielen auf die Sensibilisierung Lehrender für die Bedeutung der Sprache für mathematische Lehr-Lern-Prozesse ab und appellieren, den Umfang interaktiver Aushandlungsprozesse im Allgemeinen wie auch die sprachlichen Anteile der Lernenden im Besonderen zu steigern. Beispielhaft hierfür kann das WEGE-Konzept in zahlreichen Situationen des Mathematikunterrichts Anwendung finden und den Lernenden – nicht nur denen mit migrationsbedingten sprachlichen Herausforderungen – sprachliche und fachliche Stützen zur Verinnerlichung von Fachbegriffen bieten (Verboom, 2013). Das WEGE-Konzept gliedert sich dabei in die vier Phasen Wortspeicher (zentrale Fachbegriffe werden erarbeitet und visualisiert), Einschleif-Übungen (die neuen Fachbegriffe werden in vorgegebenen sprachlichen Gerüsten angewendet und durch das mehrfache Wiederholen verinnerlicht), ganzheitliche Übungen (die einzelnen Begriffe und Satzmuster werden in größere und unterschiedliche fachliche und sprachliche Übungs- sowie Anwendungskontexte eingebettet) sowie die Eigenproduktion (das Hervorbringen eigener Übungen und Aussagen) (ebd.).

Mit Bezug zum Forschungsgegenstand der vorliegenden Studie soll nicht zuletzt auf empirische Auseinandersetzungen zu dem Zusammenhang von Sprache und Mathematik im Kontext textbasierter Aufgabenformate verwiesen werden (z.B. Dröse & Prediger, 2020; Staub, 2008; Stephany, 2018; Wilhelm, 2016). Diese Studien widmen sich beispielsweise sprachspezifischen Herausforderungen und Besonderheiten von schriftbasierten Sachaufgaben, Modellierungen sowie Anwendungsaufgaben. So betrachten Dröse und Prediger (2020) Lesekompetenzen sowie den Aufbau eines mentalen Situationsmodells auf Grundlage der Textvorlage einer Sachaufgabe als zentrale sprachlich bedingte Herausforderungen für das erfolgreiche Bearbeiten solch textbasierter Aufgabenformate des Mathematikunterrichts. Stephany (2018) belegt indes, dass das Wort- und Satzverständnis einen eher geringen Einfluss auf die Konstruktion eines mentalen Situationsmodells während der Bearbeitung mathematischer Textausgaben ausüben. Vielmehr spielt die globale Kohärenzbildung, also das Ziehen von Inferenzen, eine entscheidende Rolle – unabhängig davon, ob es ein mathematikhaltiger Text ist oder nicht (ebd.).

> Aus den bisherigen Ergebnissen ergibt sich als Konsequenz, dass Leseförderung auch im Mathematikunterricht eine Rolle spielen muss, da grundlegende Verstehensprozesse beim Lesen nichtmathematischer Texte und beim Lesen von Textaufgaben ebenso wie die damit verbundenen Schwierigkeiten vergleichbar sind. (ebd., S. 257)

Das nachfolgende Zwischenfazit fasst die zentralen Gedanken und Erkenntnisse zur Bedeutsamkeit von Sprache für mathematische Lehr-Lern-Prozesse zusammen und bezieht diese auf das Leitthema der vorliegenden Arbeit, in deren Rahmen Sprache und Interaktionsprozesse in Situationen des Mathematikunterrichts mit einem (vorrangig mündlich basierten) Lebensweltbezug analysiert werden.

2.4 Zwischenfazit: Lebensweltbezüge als Momente der Interaktion

Obige Ausführungen verdeutlichen, dass sprachliche Kompetenzen für erfolgreiche Lehr-Lern-Prozesse im Mathematikunterricht von zentraler Bedeutung sind und dass der Mathematikunterricht demnach nicht losgelöst von Sprache und primär auf den Umgang mit mathematischen Objekten beschränkt ist. Zahlreiche Publikationen betonen, dass die Lernenden in diversen Situationen des Unterrichts vor mannigfaltigen Herausforderungen sprachlicher Art stehen und dass der Zusammenhang sprachlichen und fachlichen Lernens einen bedeutsamen Einfluss auf den resultierenden Schulerfolg ausübt (Townsend et al., 2012; Vollmer & Thürmann, 2013). Dabei scheinen vor allem diejenigen sprachlichen Aspekte von Bedeutung für erfolgreiche Lehr-Lern-Prozesse zu sein, die kennzeichnend für schulische Unterrichtssituationen sind (Heinze et al., 2011; Salem, 2010). Eine grundlegende Annahme dieser Arbeit ist, dass sich die sprachlichen Beiträge im Mathematikunterricht je nach Situation voneinander unterscheiden. So ist anzunehmen, dass die Lernenden während der Partnerarbeit mit Gleichaltrigen auf andere sprachliche Ressourcen zurückgreifen als bei einem Einzelgespräch mit der Lehrperson oder während Plenumsphasen. Vor diesem Hintergrund eröffnen – so die Annahme – auch Situationen mit einem Lebensweltbezug jeweils spezifische Möglichkeiten des Sprachgebrauchs. Da bei Lebensweltbezügen sowohl mathematische wie auch außermathematische Aspekte zum Tragen kommen wird angenommen, dass in Situationen mit einem Lebensweltbezug sowohl mathematische wie auch außermathematische Aspekte Anwendung finden und dass sich dies nicht zuletzt auch auf im Sprachgebrauch niederschlägt. Darüber hinaus wird bei der Betrachtung bisher existierender Auseinandersetzungen mit der Sprache des Mathematikunterrichts immer wieder betont, dass der Mathematikunterricht spezifische sprachliche Kompetenzen verlangt, die über alltägliche außerschulische Sprachkompetenzen hinausgehen. In diesem Zusammenhang spielen häufig Begriffe wie Bildungssprache, Fachsprache und Schulsprache eine wichtige Rolle. Diese können als unterschiedliche Sprachregister betrachtet werden. Nach Halliday (1978) ist ein Sprachregister eine funktionale Ausprägung von Sprache. Dabei wird angenommen, dass der Gebrauch verschiedener sprachlicher Formen bzw. Register funktional für einen bestimmten situativen Kontext unterschiedlich ist. Es kann somit angenommen werden, dass die unterschiedlichen Sprachregister je nach situativem Kontext unterschiedlich angewendet werden und jeweils spezifische sprachliche Merkmale aufweisen. Im nachfolgenden Kapitel werden die zentralen Sprachregister des Mathematikunterrichts näher erläutert.

3. Die Existenz verschiedener Sprachregister

Zahlreiche Untersuchungen widmen sich der Existenz verschiedener Sprachregister im (Mathematik-)Unterricht und zielen auf eine begriffliche Klärung dieser ab. Dabei wird der Versuch unternommen, die Merkmale und das Vorkommen der jeweiligen Register zu explizieren und diese voneinander abzugrenzen (z.B. Bailey & Butler, 2003; Beyer, 2015; Butler et al., 2004; Feilke, 2012b; Gellert, 2011; Gogolin, 2008; Heppt, 2016; Lange, 2012; Schleppegrell, 2001). Bei Betrachtung dieser Auseinandersetzungen fällt allerdings auf, dass die Begriffe für die verschiedenen Sprachregister teilweise synonym verwendet und unscharf voneinander abgegrenzt werden und dass – weder im angloamerikanischen noch im deutschsprachigen Raum – eine Konsens zu den jeweiligen Merkmalen und zur Abgrenzung der einzelnen Sprachregister vorliegt (Beyer, 2015; Heppt, 2016). Um einen Überblick über die in der einschlägigen Literatur besonders häufig genannten Sprachregister im Zusammenhang mit mathematischen Lehr-Lern-Prozessen zu bekommen, werden nachfolgend zuerst die Register Alltags-, Fach- und Schul- bzw. Unterrichtssprache erläutert (Kapitel 3.1). Im Anschluss daran widmet sich ein Kapitel ausschließlich dem Sprachregister Bildungssprache, da dieses sowohl im angloamerikanischen – dort als Academic Language – als auch im deutschen Raum dasjenige Register ist, das bei der Mehrheit der wissenschaftlichen Auseinandersetzungen zur Sprache im Unterricht im Fokus steht (Kapitel 3.2). In einem Zwischenfazit wird die Bedeutung der theoretischen Auseinandersetzung mit verschiedenen Sprachregistern des Mathematikunterrichts für die vorliegende Arbeit zusammenfassend dargelegt (Kapitel 3.3).

3.1 Alltags-, Fach- und Schulsprache

Neben dem in wissenschaftlichen Auseinandersetzungen besonders häufig genutzten Begriff Bildungssprache werden vielfach auch Begriffe wie Alltagssprache, Fachsprache, Schulsprache und Unterrichtssprache herangezogen, wenn die Zusammenhänge sprachlichen und fachlichen Lernens im (Mathematik-)Unterricht beleuchtet werden. Bevor das Register Bildungssprache eingehend thematisiert wird, werden in den nachfolgenden Abschnitten zuerst die Sprachregister Alltags-, Fach- und Schul- bzw. Unterrichtssprache charakterisiert und begrifflich eingegrenzt.

3.1.1 Alltagssprache

Alltagssprache wird häufig als Gegenpol zu den eher institutionell und fachlich geprägten Registern Schul-, Fach- und Bildungssprache abgegrenzt. Diese Abgrenzung geht vor allem auf Cummins (1979, 2008) zurück, der unter Rückgriff auf das Registerkonzept Hallidays (1979) zwei sprachliche Register voneinander abgrenzt: BICS (Basic Interpersonal Communicative Skills) und CALP (Cognitive Academic Language Proficiency). Für BICS und CALP gelten aufgrund ihres unterschiedlichen funktionellen Einsatzes unterschiedliche formale Regeln, die sich in Unterschieden von Lexik, Syntax und textlicher

Struktur niederschlagen (siehe auch Gogolin & Neumann, 2009). Während Alltagssprache eher den Basic Interpersonal Communicative Skills zugeschrieben wird – also den basalen Kompetenzen zwischenmenschlicher Kommunikation –, lassen sich Schulsprache, Fachsprache und Bildungssprache eher der Cognitive Academic Language Proficiency zuordnen, da diese als kognitiv komplexer bzw. anspruchsvoller und bildungsspezifisch charakterisiert werden. Die maßgeblich von Cummins (1979, 2008) etablierte Gegenüberstellung von Alltagssprache auf der einen Seite (BICS) und Bildungssprache auf der anderen Seite (CALP) findet auch in einer Vielzahl wissenschaftlicher Auseinandersetzungen zur Sprache des Mathematikunterrichts Beachtung (z.B. Bochnik, 2017; Deseniss, 2015; Schütte, 2018).

Alltagssprache wird zumeist als konzeptionell mündlich geprägte Sprache definiert, die in Face-to-face-Interaktionen Verwendung findet und zumeist einen dialogischen Charakter aufweist (z.B. Heppt, 2016; Tiedemann, 2015). Alltagssprache wird folglich vorrangig in informellen und alltäglichen Situationen außerhalb eines institutionellen Kontextes genutzt – beispielsweise beim kurzen Gespräch an der Kasse im Supermarkt, bei Telefonaten mit Verwandten oder bei Gesprächen mit Freund*innen. Alltagssprache kennzeichnet sich beispielsweise durch Wiederholungen, Gedankensprünge, unvollständige Sätze, Füllwörter wie *gar* und *bloß* sowie grammatische Fehler (Leisen, 2011). Sie zeichnet sich durch die Verwendung von Begriffen mit weitem Interpretationsraum aus, deren ‚aktuelle' Bedeutung erst unter Einbezug des jeweiligen Kontextes bestimmbar wird (Meyer & Prediger, 2012).

Zudem werden (Teil-)Sätze vor allem durch koordinierende und weniger durch subordinierende Konjunktionen miteinander verbunden[6] (Bochnik, 2017). Ein zentrales Charakteristikum der Alltagssprache ist die Gebundenheit an die Situation der sprachlichen Äußerung und die damit einhergehende fehlende (sprachliche) Explizitheit. Diese manifestiert sich beispielsweise in der vermehrten Zuhilfenahme von deiktischen Mitteln (z.B. das Zeigen mit dem Finger auf ein Referenzobjekt) sowie verbalen Zeigewörtern wie *hier, so, da* und *jetzt* (Tietze et al., 2016). Nur, wenn die am Gespräch beteiligten Personen ausreichend Kenntnisse über den Kontext der Interaktion besitzen, können sie sprachlich unvollständige oder fehlerhafte Aussagen wie *Ich geh da hin* oder *Heute bist du aber spät* der Situation angemessen interpretieren. Das geringe Maß an sprachlicher Explizitheit sowie das vermehrte Aufkommen verbaler und sprachlicher Zeigegesten resultieren in sprachlichen Verknappungen, die jedoch eine schnelle Weitergabe von Informationen ermöglichen.

> [...] [Wir] lassen Aspekte unerwähnt, die sich unseren Adressaten aus der Situation heraus erschließen. Wir formulieren knappe, vielleicht auch grammatisch fehlerhafte Sätze. Die

6 Zu den koordinierenden Konjunktionen zählen und, oder, aber. Im Gegensatz zu den subordinierenden Konjunktionen (z.B. während, dass, weil) stehen bei den koordinierenden Konjunktionen die beiden Teilsätze bzw. Aussagen gleichwertig nebeneinander. So fungiert die Konjunktion im Satz „Ich esse gern Eis und ich mag den Sommer nicht" koordinierend, da beide Teilsätze gleichwertig auf einer Ebene sind. Bei „Ich esse gern Eis, obwohl ich den Sommer nicht mag" hat die Konjunktion einen subordinierenden Charakter, da sich der zweite Teilsatz auf den ersten bezieht, von diesem abhängig ist und allein keinen eigenständigen Satz darstellt.

primäre Intention ist stets eine rasche und reibungslose Verständigung mit unserem Gegenüber. (Tiedemann, 2015, S. 93, Ergänzung: E. B.)

Im Duden für die deutsche Grammatik (Dudenredaktion, 2009) werden die beiden Sprachformen *Standardsprache* und *Umgangssprache* voneinander abgegrenzt. Der Begriff der Umgangssprache kann dabei als Synonym zum Begriff Alltagssprache betrachtet werden, da sich die im Duden genannten Merkmale der Umgangssprache mit den bisher aufgeführten Merkmalen der Alltagssprache weitestgehend decken – beispielsweise der geringe Grad der Normierung sowie die Verwendung in alltäglichen und informellen Situationen. Darüber hinaus wird im Duden betont, dass die Umgangssprache aufgrund der fehlenden Normierung kein einheitliches Gebilde ist und je nach Situation, Region, Dialekt sowie Alter der Verwender*innen Unterschiede aufweist (ebd.). Anders als bei der Standardsprache – die als Synonym für den Begriff Bildungssprache verstanden werden kann – sind sprachliche Normen in der Umgangssprache zweitrangig und werden teilweise bewusst vernachlässigt: Wörter werden zusammengezogen (*da isses* statt *da ist es*), unspezifische bzw. Allerweltswörter werden genutzt (*tun, Ding*) und Sätze können unvollständig sein (*Wie geht's?*) (ebd.).

Zusammenfassend wird bei der Beschreibung des alltagssprachlichen Registers deutlich, dass die Einbettung in einen konkreten Kontext den sprachlichen Inhalt nicht nur stützt, sondern ihn vielmehr überhaupt erst verständlich macht. Doch die Annahme, dass Alltagssprache für den Unterricht nicht relevant sei, trügt: Alltagssprache ist oftmals vor allem dann bedeutsam, wenn die Lernenden durch Alltagssituationen aus ihrer Lebenswelt zum schulischen Lerninhalt hingeführt werden sollen (Leisen, 2011) – sei es mündlich im Unterrichtsgespräch oder schriftlich in Schulbüchern. Diese Annahme spielt auch innerhalb der vorliegenden Arbeit eine bedeutsame Rolle, da Lebensweltbezüge genau diesen Alltagsbezug herzustellen vermögen – sprachlich wie auch inhaltlich. So weist etwa Schütte (2009) nach, dass der Mathematikunterricht an Grundschulen vielfach stark alltagssprachlich geprägt ist und dies nicht per se als negativ zu bewerten sei. Zu denken ist beispielsweise an Gespräche über mathematische Sach- und Modellierungsaufgaben, bei denen sich die Schüler*innen (vorerst) vor allem auf alltagssprachlicher Ebene über einen Sachverhalt verständigen.

3.1.2 Fachsprache

Vielfach wird Fachsprache als Sprachregister beschrieben, das vor allem in Expert*innenkreisen verwendet wird und durch ein fachspezifisches Vokabular geprägt ist – so bezeichnet Habermas (1981a) Fachsprache als die Sprache der Fachleute. Diese ‚Fachleute' kennen und nutzen je nach Fachdisziplin ein spezifisches Repertoire an Vokabeln und Sprachgebrauchsweisen, die in der Alltagssprache kaum oder gar nicht verwendet werden. Dieser Überlegung folgend und bezogen auf schulischen Unterricht bedeutet dies, dass sich die Fachsprache des Mathematikunterrichts von den Fachsprachen des Deutschunterrichts, des Biologieunterrichts, des Geschichtsunterrichts usw. unterscheidet. Meyer und Prediger (2012) folgend kennzeichnet sich die (mathematische) Fachsprache durch fachspezifisch definierte Begriffe mit eng abgrenzbaren Bedeutungen, kontextentbundene sprachliche Aussagen, vollständige und teils komplexe Sätze sowie Präzision, Exaktheit und Explizitheit. Maier (2004) hebt zudem hervor, dass die Verwendung mathematischer Symbole wie + und = sowie spezifische Konventionen der Satzbildung, die einer eigenen Grammatik und Logik folgen, ebenso zentrale Merkmale der mathematischen Fachsprache sind. Zudem können auch graphischen Darstellungen, wie beispielsweise Schrägbilder von geometrischen Körpern, Säulendiagramme oder die Abbildung einer Funktion im Koordinatengitter, als Merkmale einer mathematischen Fachsprache aufgefasst werden, wenngleich sie selten bewusst als Bestandteile dieser wahrgenommen werden (Maier & Schweiger, 1999). Mathematischen Symbole, wie z.B. das Symbol für Wurzel √ oder Summe ∑ und insbesondere die ‚Formelsprache' ($y = x^2 +3$) erleben viele Lernende und Lehrende hingegen als ‚typisch mathematisch' und somit als grundlegenden Bestandteil der mathematischen Fachsprache (ebd.). Auch in mathematikdidaktischen Publikationen zu Fachsprache wird häufig der Eindruck vermittelt, dass fachsprachliche Kompetenzen der Schüler*innen vor allem mit der Verwendung fachmathematischer Termini einhergehen (z.B. Steinau, 2011; Verboom, 2011). Das wohl wichtigste Merkmal von Fachsprache ist somit die Verwendung mathematischer Termini (z.B. *Minuend* und *Vektor*). Deren fachliche Bedeutung kann sowohl enger sein als in der Alltagssprache (z.B. *Umfang*) als auch weiter sein als in dieser (z.B. *Winkel*). Darüber hinaus können fachsprachliche Begriffe eine von der Alltagssprache abweichende Bedeutung haben (z.B. *Bruch, Wurzel, Zylinder, Scheitel*) oder einer anderen Systematik folgen – so existiert beispielsweise zur *Höhe* eines Dreiecks keinen Gegenpol *Tiefe* (Maier, 2004). Bezogen auf den Mathematikunterricht an Schulen heben zahlreiche Auseinandersetzungen hervor, dass vor allem die fachsprachlich normierten Begriffe und Symbole mit zunehmender Klassenstufe an Bedeutung gewinnen und dass sie zumeist explizit eingeführt werden (z.B. Gellert, 2010; Gogolin & Lange, 2011; Meyer & Prediger, 2012; Schütte, 2009) – eventuell werden sie deshalb von Lehrenden und Lernenden bewusst(er) als Bestandteile der mathematischen Fachsprache wahrgenommen (Maier & Schweiger, 1999).

Im Laufe der Bildungskarriere wird eine allmähliche Ablösung von Konkretisierungen, wie etwa dem Zahlenstrahl als ikonische Darstellung der Zahlanordnung und Zahlbeziehungen, angestrebt. Mathematische Konzepte, Muster und Strukturen sollen zunehmend auf symbolischer Ebene ausgehandelt und sprachliche Aussagen dadurch kontextunabhängig(er) werden (Bochnik, 2017). Leisen und Berge (2005) weisen jedoch darauf hin, dass die Fähigkeit zur fachsprachlichen Wiedergabe eines Sachverhalts nicht per se mit dem Verständnis des Lerngegenstandes einhergeht – umgekehrt könne bei einer nicht-fachsprachlichen Aussage nicht per se auf das fachliche Nicht-Verstehen der Lernenden geschlossen werden. Zudem verweisen Tiedemann (2014, 2015) sowie Maier und Schweiger (1999) darauf, dass die mathematische Fachsprache sich je nach Kontext verändern und in ihrer Äußerungsform variieren kann – beispielsweise bezogen auf die Zusammensetzung der Lerngruppe, die Klassenstufe oder den Lerninhalt.

> Allerdings ist die mathematische Fachsprache keineswegs eine eindeutig definierbare, in sich geschlossene und starr angewendete Sprachform. Vielmehr lassen sich Ausprägungen

wahrnehmen, die sich, in Anpassung an den jeweiligen Arbeitsgegenstand und der jeweiligen kommunikativen Situation, hinsichtlich verschiedener Merkmale erheblich voneinander unterscheiden können. (Maier & Schweiger, 1999, S. 19)

In dieser Hinsicht ist Fachsprache nicht allein die Sprache der Mathematiker bzw. Fachleute, sondern zeichnet sich vor allem durch ihren Bezug zur Mathematik aus und wird entsprechend des Verwendungskontextes von den verschiedenen Anwender*innen unterschiedlich ausgehandelt. Der Gebrauch von Fachsprache im Mathematikunterricht kann demzufolge nicht unabhängig von der Betrachtung des Verwendungskontextes rekonstruiert und beschrieben werden, sondern verlangt stets die Berücksichtigung situativer Besonderheiten (Tiedemann, 2014). Lehrkräfte und Schüler*innen nutzen folglich keinesfalls *die* Fachsprache in einer starren und unveränderlichen Form, wenn sie über mathematische Inhalte sprechen. „Vielmehr handeln sie [...] ihre eigene Variante der mathematischen Fachsprache samt zugehöriger Gebrauchsregeln aus“ (Tiedemann, 2015, S. 37).

3.1.3 Schulsprache und Unterrichtssprache

Der Begriff Schulsprache wird im deutschsprachigen Raum vor allem von Vollmer und Thürmann (2010, 2013) sowie von Feilke (2012a, 2012b, 2013) geprägt und umfasst diejenigen sprachlichen Kompetenzen, „die innerhalb einer dominanten Sprache einer Schule im Rahmen eines eigenen Unterrichtsfaches vermittelt werden“ (Vollmer & Thürmann, 2010, S. 108). Bezogen auf deutschsprachige Schulen sind damit z.B. die im Deutschunterricht vermittelten Kompetenzen zu ‚typisch schulischen‘ Sprachhandlungen wie Argumentationen, Beschreibungen, Berichten und Erörterungen gemeint. Darüber hinaus umfasst Schulsprache auch die für die jeweiligen Fächer spezifischen sprachlichen Kompetenzen (ebd.). Schulsprache scheint somit die einzelnen Fachsprachen der Schulfächer sowie fachunspezifische, schultypische sprachliche Aspekte in sich zu vereinen. Auch Ortner (2009) geht auf das Verhältnis von Fach- und Schulsprache ein und beschreibt Schulsprache als vermittelnde Instanz zwischen Fach- und Alltagssprache, die in (schulischen) Lehr-Lern-Kontexten genutzt wird und dort als zentrales Medium des Wissenserwerbs fungiert. Im Englischsprachigen hat sich – maßgeblich beeinflusst durch Schleppegrell (2001) und unter Rückgriff auf das Registerkonzept Hallidays (1978) – der Begriff ‚Language of Schooling‘ etabliert. Im Kontext schulischer Bildung sind Schleppegrell (2001) folgend vor allem solche Textgenres bedeutsam, die auf Normen der Schriftsprache rekurrieren. Diese *school-based texts* unterscheiden sich durch lexikalische Besonderheiten, grammatische Strategien und soziale Aspekte der kontextspezifischen Sprachverwendung von der eher informellen und alltagssprachlichen *spoken interaction* (ebd.). Somit scheint Schleppegrell (2011) das Register Schulsprache ausschließlich im Kontext Schule zu verorten und es strikt vom alltagssprachlichen Register zu trennen. Als Merkmale von Schul- bzw. Unterrichtssprache werden etwa Relativsätze (z.B. *Die Aufgabe, die im Buch steht*), Nominalisierungen (z.B. *Rechnen fällt mir leicht*) und erweiterte Nominalphrasen (z.B. *Die heutige Hausaufgabe*) aufgeführt. Diese sprachlichen Aspekte ermöglichen sprachlich verdichtete Aussagen. Zudem werden in schulspezifischen (schriftlichen) Texten Informationen vielfach mithilfe komplexer Satzgefüge hierarchisch strukturiert wiedergegeben. Beispielsweise werden logische Zusammenhänge durch die Einbettung von Verben, Präpositionen und Nomen sowie Konjunktionen mit engem Bedeutungsumfang hergestellt (z.B. *Unterstreiche die Lösungen, nachdem du mit deinem Partner verglichen hast* oder *Unterstreiche die Lösungen, die du mit deinem Partner verglichen hast*) (Schleppegrell, 2001).

Feilke (2012a, 2012b) spricht sich für eine Differenzierung in Schulsprache *im weiteren* und *im engeren Sinne* aus. Schulsprache im weiteren Sinne versteht er als Synonym für *Bildungssprache* und ordnet dieser allgemeingültige sprachliche Handlungsformen, die beim Aufbau und zur Weitergabe von Wissen zentral sind, zu (Feilke, 2012a). Als Schulsprache im engeren Sinne bezeichnet er die „auf das Lehren bezogene und für den Unterricht *zu didaktischen Zwecken gemachte* Sprach- und Sprachgebrauchsformen, aber auch Spracherwartungen“ (ebd., S. 5, Hervorhebung im Original). Schulsprache im engeren Sinne charakterisiert sich vor allem durch das Vorhandensein sprachlicher Gattungen und Handlungen, die didaktische Ziele verfolgen und die in den einzelnen Unterrichtsfächern bedeutsam sind. Beispiele für Schulsprache im engeren Sinne sind Erörterungen im Deutschunterricht und Beweise im Mathematikunterricht. In einer etwas späteren Publikation geht Feilke (2013) auf die Rolle der Schulsprache für die Entwicklung bildungssprachlicher Kompetenzen ein und bezeichnet Schulsprache dort als ein „Instrument der Erziehung zur Bildungssprache. Genauer formuliert: zu kompetentem Sprachgebrauch nach den Vorstellungen der Schule und der Schulfächer“ (S. 117).

Im Zusammenhang mit Auseinandersetzungen zu den einzelnen schulisch relevanten Sprachregistern spricht sich Tiedemann (2015) für den Begriff *Unterrichts(fach)sprache* aus. Der Fokus liegt dabei weniger auf der schulischen Praxis allgemein, sondern vielmehr auf fachspezifischen sprachlichen Aspekten der verschiedenen Unterrichtsfächer. Unterrichtsfachsprache stellt Tiedemann (2015) folgend ein komplexes Zusammenspiel fachsprachlicher, schulsprachlicher und alltagssprachlicher Aspekte dar. Anders als etwa Ortner (2009), Feilke (2013) und Schleppegrell (2001) charakterisiert Tiedemann (2015) Unterrichtsfachsprache als ein Zusammenspiel verschiedener Sprachformen, das sich somit nicht strikt von Alltags-, Fach- und Bildungssprache abgrenzen lässt. So illustriert Tiedemann (2015) verschiedene Typen der sprachlichen Normierung innerhalb des Mathematikunterrichts, wonach die fachbezogene Sprache keine Konstante darstellt, „sondern ein Produkt, das Lernende und Lehrende samt der zugehörigen Gebrauchsregeln im Prozess der sozialen Interaktion aushandeln“ (ebd., S. 38). Auch de Boer (2015) betont, dass schulsprachliche Normen ein „Ergebnis der institutionellen Instruktion“ (S. 28) sind und sich darum je nach Schulart, Klassenstufe und Unterrichtsfach voneinander unterscheiden können. Gespräche des Unterrichts sind in hohem Maß durch die Institution Schule geprägt und werden folglich durch didaktische Zielsetzungen, Maximen und Normen beeinflusst – beispielsweise die Maxime *Sprich in ganzen Sätzen.* Insofern können die spezifischen Normen der Schulsprache als Ergebnis der institutionellen Instruktion betrachtet werden (ebd.). Trotz der unterschiedlichen Ansichten bezüglich des Verhältnisses von Schulsprache zu Alltags, Fach- und Bildungssprache ist den bisher aufgeführten Auseinandersetzungen jedoch die Ansicht gemein, dass jeder Unterricht auch Sprachunterricht ist und dass fachliches Lernen eng an die explizite Vermittlung sprachlicher Aspekte gebunden ist (Schleppegrell, 2001; Vollmer & Thürmann, 2013). Demnach sind vor allem diejenigen Schüler*innen erfolgreich im Unterricht, die sich die schulisch relevanten sprachlichen Fähigkeiten angeeignet haben (Gogolin & Lange, 2011).

Bei abschließender Betrachtung der vorgestellten Register Alltags-, Fach- sowie Schul- bzw. Unterrichts(fach)sprache und unter Berücksichtigung der situationsspezifischen Ausformung sprachlicher Normen (z.B. de Boer, 2015; Tiedemann, 2015) kann geschlussfolgert werden, dass Lehrende wie Lernend im Unterricht keinesfalls ausschließlich auf ein Sprachregister zurückgreifen. Interaktionen über mathematische Sachverhalte – egal ob mündlich oder schriftlich – finden nicht per se auf schul- bzw. fachsprachlicher Ebene statt. Auch mithilfe von Alltagssprache können fachliche Inhalte interaktiv ausgehandelt werden. In der Mehrzahl der wissenschaftlichen, didaktischen und gesellschaftlichen Debatten zur Sprache in Bildungskontexten wird jedoch eine Leitvokabel herangezogen, die nachfolgend ausführlich beleuchtet wird: Bildungssprache.

3.2 Bildungssprache

Bildungssprache ist zu einer „Leitvokabel im aktuellen bildungspolitischen und pädagogischen Diskurs“ (Feilke, 2012a, S. 4) geworden und wird in der Mehrzahl der deutschsprachigen Auseinandersetzungen zur Sprache in Lehr-Lern-Kontexten verwendet. Aus diesem Grund erhalten die Ausführungen zum bildungssprachlichen Register im Rahmen dieser Arbeit mehr Raum als die Auseinandersetzung mit Alltags-, Fach und Schul- bzw. Unterrichts(fach)sprache. Innerhalb dieses Kapitels werden zuerst ausgewählte Definitionen zu Bildungssprache sowie die aus der Vielzahl der existierenden Definitionen resultierenden Herausforderungen beleuchtet (Kapitel 3.2.1). Im Anschluss daran werden allgemeine und fachübergreifende Merkmale von Bildungssprache illustriert (Kapitel 3.2.2), bevor danach fachspezifische respektive mathematikspezifische Merkmale thematisiert werden (Kapitel 3.2.3). Anschließend folgt die Darstellung verschiedener Ansätze zur Beziehung von Bildungssprache zu Alltags- und Fachsprache (Kapitel 3.2.4) sowie zum Erwerb von Bildungssprache (Kapitel 3.2.5). Zuletzt wird darauf eingegangen, welche Funktionen dem Register Bildungssprache im schulischen Kontext zugeschrieben werden können (Kapitel 3.2.6).

3.2.1 Ausgewählte Definitionen zu Bildungssprache

Die Forschungslage im Zusammenhang mit dem Begriff Bildungssprache scheint im Vergleich zu anderen Begrifflichkeiten (wie etwa Schulsprache und Fachsprache) weiter ausgereift und besonders vielseitig. Problematisch erweist sich in diesem Kontext jedoch, dass aufgrund dessen insbesondere zum Konstrukt Bildungssprache (beziehungsweise im angloamerikanischen Sprachraum zu *Academic Language*) zahlreiche und teils sehr unterschiedliche Konzeptualisierungen vorliegen. Die breite Palette an Definitionsversuchen und Konzeptualisierungen von Bildungssprache weist zwar in vielen Punkten Überschneidungen auf und bietet dadurch eine gewisse Orientierung, eine einheitliche und umfassende Definition für Bildungssprache liegt bislang jedoch nicht vor (Heppt, 2016). Bei den im Rahmen dieser Arbeit hinzugezogenen Definitionen zu Bildungssprache geht es nicht darum, diese als höherwertig(er) oder zutreffend(er) zu charakterisieren. Ziel ist auch nicht, aus der Zusammenstellung einzelner Definitionen eine neue Begriffsbestimmung herzuleiten. Vielmehr soll die Zusammenstellung der hier vorgestellten Definitionen von Bildungssprache exemplarisch verdeutlichen, wie vielseitig und unterschiedlich die Schwerpunktsetzungen dieser sind.

Bereits in den 1920er Jahren taucht der Begriff Bildungssprache in einem pädagogischen Lexikon auf (Drach, 1928). Dort wird Bildungssprache als ‚hohe' und ‚reine' Sprache des deutschen Sprachraums beschrieben, die sich von der Mundart im Sinne eines regionalen Dialekts abgrenzt.

> In jedem Kulturgebiet schwebt den Gebildeten ein überwörtliches Muster der Lautgestalt ihrer Muttersprache vor, nach dem sie bewußt oder unbewußt [sic!] ihre Lautsprache regeln, im Gegensatz zur örtlichen Mundart, die von den gesellschaftlichen Unterschichten gesprochen wird. (ebd., S. 665)

Der Fokus dieser Definition liegt auf gesellschaftlich-sozialen sowie räumlich-geografischen Aspekten und impliziert, dass bildungssprachliche Kompetenzen vor allem bestimmten Volksschichten zugesprochen werden. Drach (1928) geht nicht darauf ein, ob Bildungssprache im schulischen Kontext erworben und genutzt wird. Vielmehr scheint die Fähigkeit zur Nutzung von Bildungssprache per se ausschließlich den ‚Gebildeten' zugesprochen zu werden, sodass gesellschaftlich-soziale Aspekte darüber zu bestimmter scheinen, wer Bildungssprache verwenden kann (und darf) und wer nicht. Bildungssprache fungiert dieser Definition folgend als Erkennungsmerkmal für die Schichtzugehörigkeit einer Person. Eine ähnliche Charakterisierung weisen die Ausführungen zum *elaborierten und restringierten Sprachcode* von Bernstein (1977) sowie zum *sprachlichen Markt* von Bourdieu (1983) auf, in denen ebenfalls die Abhängigkeit der sprachlichen Fähigkeiten einer Person von ihrem sozialen Status betont wird. In diesen Auseinandersetzungen ist zwar nicht von *Bildungssprache* die Rede, aber die thematisierten sprachlichen Erscheinungsformen können auf das Register Bildungssprache übertragen werden. So unterteilt Bernstein (1977) in zwei Sprachformen bzw. Sprachcodes: einerseits der elaborierte Code, der sich durch sprachliche Explizitheit kennzeichnet und vor allem von Personen der Mittel- und Oberschicht gesprochen wird (Bildungssprache). Andererseits der restringierte Code, der eher von der sozialen Unterschicht gesprochen wird (Alltagssprache). Im Bildungskontext gelten Bernstein (1977) folgend bestimmte Sprachgebrauchsnormen und -erwartungen. So wird im schulischen Kontext vor allem der elaborierte Code verwendet und vorausgesetzt, wodurch Lernende der Unterschicht benachteiligt sind (ebd.). Auch Bourdieu (1983) betont den engen Zusammenhang zwischen den sprachlichen Gebrauchsregeln und der sozialen Schichtzugehörigkeit und merkt an, dass in menschlichen Kommunikationen soziale Hierarchie- und Machtverhältnisse präsent sind. So bewerten die an der Kommunikation Beteiligten mehr oder minder bewusst die soziale Wertigkeit eines sprachlichen ‚Produktes' (im Sinne einer Aussage) und stufen die sprechende Person als sozial ebenbürtig, sozial untergeordnet oder sozial übergeordnet ein (Bourdieu, 1983). Zugleich erfolgt – ebenso mehr oder minder bewusst – die An- oder Aberkennung von fachlichen Kompetenzen, sozialem Status sowie Autorität.

Eine weitere eher ‚ältere' Definition von Bildungssprache wird von Habermas (1981a) aufgestellt, der Bildungssprache von Umgangssprache, Fachsprache und Wissenschaftssprache abgrenzt. Habermas beschreibt Umgangssprache als die Sprache des Alltags, die ‚automatisch' im täglichen Umgang erworben wird. Die Fachsprache hingegen wird bewusst durch die Aneignung spezieller Kenntnisse in einem Fachgebiet erworben, wodurch erhöhte sprachliche Präzision im Fachgebiet ermöglicht wird (ebd.). Wissenschaftssprache wiederum ist nicht an einen bestimmten Fachkontext gebunden, wird weniger bewusst erworben und kennzeichnet sich durch einen hohen Grad der Normierung und Dekontextualisierung (ebd.). Bildungssprache charakterisiert sich Habermas (1981a) folgend durch einen fachlich geprägten und differenzierten Wortschatz, der – anders als die Fachsprache – allen offensteht. Zudem kennzeichnet sich Bildungssprache durch Regeln und Konventionen des schriftlichen Ausdrucks, wodurch sie sich von der mündlich geprägten Umgangssprache abgegrenzt:

> Sie wird durch die Funktion, Fachwissen in die einheitsstiftenden Alltagsdeutungen einzubringen, definiert. Die Bildungssprache ist ein Medium, durch das Bestandteile der Wissenschaftssprache von der Umgangssprache assimiliert werden. (ebd., S. 346)

Zur Klärung des Begriffs Bildungssprache geht Habermas (1981a) auch auf die Rolle der öffentlich zugänglichen Massenmedien Rundfunk, Fernsehen und Presse ein. In diesen bzw. durch diese wird Bildungssprache genutzt und verbreitet. Anders als bei den zuvor vorgestellten Theorien und Definitionen zu Bildungssprache, bei denen bildungssprachliche Kompetenzen bestimmten Gesellschaftsschichten zu- oder abgesprochen werden, liegt der Fokus bei der Definition von Habermas (1981a) nicht auf gesellschaftlich-sozialen Aspekten. Vielmehr tragen die Nutzung von Massenmedien sowie die Schulbildung dazu bei, dass ein Individuum ‚automatisch' Bildungssprache erwirbt. Gleichzeitig räumt Habermas (1981a) ein, dass die von ihm beschriebenen Sprachregister nicht eindeutig voneinander getrennt werden können, da beispielsweise Begriffe der Umgangs- in die Fachsprache und umgekehrt aufgenommen werden.

Stärker noch als Habermas (1981a) betont Ortner (2009), das die Verwendung von Bildungssprache an die schulische Bildung gebunden ist. Da die Lernenden im Rahmen dieser immer wieder schriftliche und elaborierte Texte produzieren oder rezipieren – beispielsweise Erörterungen, Berichte, Diskussionen und Beschreibungen – erwerben sie im Laufe ihrer schulischen Sozialisation bildungssprachliche Kompetenzen. Der Erwerb von Bildungssprache läuft demnach weniger automatisiert, unvermittelt oder beiläufig ab, wie es die Ausführungen von Habermas (1981a) implizieren. Vielmehr führt die kontinuierliche Auseinandersetzung mit – vornehmlich schriftlichen – Texten innerhalb des Unterrichts zu steigenden bildungssprachlichen Kompetenzen. In diesem Zusammenhang hebt

Ortner (2009) hervor, dass mithilfe von Bildungssprache ‚besondere' Inhalte transportiert werden:

> Bildungssprache ist die Sprache, in der besonderes Wissen auf eine besondere Weise behandelt wird. Besonderes Wissen heißt: Wissen, das über das Alltagswissen hinausgeht – sowohl was die Herkunft des Wissens betrifft als auch im Hinblick auf die Breite und Tiefe der Verarbeitung. (ebd., S. 2227)

Auch Gogolin und Lange (2011) schreiben dem bildungssprachlichen Register ein besonderes Gewicht im Bildungskontext zu. Von den Lernenden wird in verschiedensten Situationen des Unterrichts – beispielsweise bei Referaten und Erörterungen – verlangt, sich bildungssprachlich auszudrücken. Durch die fortscheitende Bildungsbiografie, die damit zusammenhängende Ausdifferenzierung der Fächer und Fächergruppen sowie die ansteigende Komplexität der Lerninhalte wird das Register Bildungssprache von Lehrkräften und Schüler*innen wie auch in Lehrwerken zunehmend genutzt (ebd.). Gogolin und Lange (2011) definieren Bildungssprache daher ebenfalls mit einem Fokus auf die Schulbildung, betonen allerdings den normativen Anspruch, wonach die Beherrschung der Bildungssprache für eine erfolgreiche Schullaufbahn essentiell sei. Sie betonen, dass das bildungssprachliche Register sich auch in seiner mündlichen Verwendung an den Regeln des Schriftsprachgebrauchs orientiert und dass Bildungssprache „von ‚erfolgreichen Schülerinnen und Schülern' erwartet wird" (ebd., S. 111).

Weniger normativ, jedoch ebenfalls mit Fokus auf die Bedeutsamkeit der Schulbildung, definiert Feilke (2012a) Bildungssprache. Er knüpft schul- bzw. bildungsspezifische sprachliche Handlungen wie Beschreiben, Erörtern und Erklären eng an das Register Bildungssprache an und bezeichnet Bildungssprache auch als *Schulsprache im weiteren Sinne* (ebd.). Zudem grenzt Feilke (2012a) die in Bildungskontexten gesprochene und geschriebene Sprache weniger strikt von der Kommunikation des Alltags ab und führt aus, dass auch in Bildungskontexten Alltagssprache verwendet wird und dass andersherum auch Situationen des Alltags eher bildungssprachlich geprägt sein können (z.B. Kochrezepte und Anleitungen).

> *Bildungssprache* ist nicht die Sprache der Kommunikation auf dem Schulweg, dem Schulhof oder im Lehrerzimmer. Was unter dem Stichwort „Bildungssprache" in den Blick genommen wird, das sind die besonderen sprachlichen Formate und Prozeduren einer auf Texthandlungen wie *Beschreiben, Vergleichen, Erklären, Analysieren, Erörtern* etc. bezogenen Sprachkompetenz, wie man sie im schulischen und akademischen Bereich findet. (ebd.. S. 5, Hervorhebungen im Original)

Diese – zu den existierenden Definitionen vergleichsweise kleine – Auswahl definitorischer Eingrenzungen des bildungssprachlichen Registers verdeutlicht, dass die aufgestellten Begriffsbestimmungen unterschiedliche Schwerpunkte setzen. Während einige Definitionen stärker auf soziale und gesellschaftliche Aspekte eingehen, liegt bei anderen der Fokus auf schul- bzw. bildungsspezifischen sprachlichen Handlungen oder dem Erwerb von Bildungssprache in Lehr-Lern-Prozessen.[7] Auch Heppt (2016) setzt sich mit der Vielzahl der existierenden Definitionen zum Begriff Bildungssprache auseinander und subsummiert, dass diese mehrheitlich in folgenden Punkten übereinstimmen:

(1) Bildungssprache wird im Schul- bzw. Bildungskontext verwendet.

(2) Bildungssprache dient der Wissensvermittlung.

(3) Bildungssprache kennzeichnet sich durch bestimmte sprachliche Merkmale.

(4) Durch Bildungssprache werden komplexe und anspruchsvolle Inhalte ausgehandelt beziehungsweise transportiert.

(5) Bildungssprache kennzeichnet sich durch einen gewissen Grad von Situationsentbundenheit.

Insbesondere der dritte Aspekt – die Kennzeichnung durch bestimmte sprachliche Merkmale – scheint bewusst sehr offen formuliert zu sein, da auch hierzu unterschiedliche Ausarbeitungen vorliegen. Zentrale Charakteristika von Bildungssprache werden im nachfolgenden Abschnitt vorgestellt. Hierbei liegt der Fokus zuerst auf allgemeinen und fach-unabhängigen Merkmalen von Bildungssprache, bevor anschließend auf fachspezifische Merkmale von Bildungssprache innerhalb des Mathematikunterrichts eingegangen wird.

3.2.2 Allgemeine Merkmale von Bildungssprache

In Folge der fehlenden Einstimmigkeit bezüglich der Definition von Bildungssprache, zeichnen sich auch die existierende Merkmalauflistungen dieses Sprachregisters durch Vielseitigkeit aus. Ein beispielhafter Systematisierungsansatz zu den Merkmalen von Bildungssprache wurde von Reich (2008)[8] unternommen, der die Merkmale der deutschen Bildungssprache drei Ebenen zugeordnet: Der lexikalische Bereich auf Wortebene, der syntaktische Bereich auf Satzebene sowie der diskursive Bereich auf Textebene. Diese Dreiteilung findet sich auch in zahlreichen Auseinandersetzungen zu den Merkmalen von Bildungssprache wieder (z.B. Beyer, 2015; Gogolin & Lange, 2011; Heppt, 2016; Heppt et al., 2014) und wird nicht zuletzt auch aufgrund ihrer Passung zur linguistischen Betrachtung von Sprache auch im Rahmen dieser Arbeit hinzugezogen.[9]

---

7 Weitere Definitionen zu Bildungssprache sowie Gegenüberstellungen ausgewählter Sprachregister finden sich z.B. in Beyer (2015), Heppt (2016) sowie Meyer und Prediger (2012).

8 Bei der von Reich (2008) aufgestellten Systematisierung der bildungssprachlichen Merkmale handelt es sich um unveröffentlichtes Schulungsmaterial. Diese Systematisierung wird jedoch bspw. in Gogolin und Lange (2011) sowie Beyer (2015) aufgegriffen und erlangte auch im Zusammenhang mit dem Projekt FörMig (Förderung von Kindern mit Migrationshintergrund, 2004-2009) Bedeutung (weitere Informationen zum FörMig-Projekt in Gogolin 2008).

9 Wenngleich es auch im englischsprachigen Raum umfassende und empirisch begründete Auflistungen zu Merkmalen von *Academic Language* gibt (z.B. Bailey & Butler, 2003) und zahlreiche Parallelen zur deutschen Bildungssprache angenommen werden können, liegt der Fokus in dieser Arbeit auf Merkmalen der Bildungssprache des Deutschen.

Lexikalische Merkmale

Charakteristika der Bildungssprache auf Wortebene fallen in den Bereich der lexikalisch-semantischen[10] Merkmale. Ein ‚bildungssprachlicher Wortschatz‘ kennzeichnet sich unter anderem durch Präfixverben (*vervollständigen, unterteilen, abziehen*), nominale Zusammensetzungen (*Klimadiagramm, Hebelgesetz*), normierte Fachbegriffe (*Erörterung, Skala*) sowie differenzierende und abstrahierende Ausdrücke (*eine Überschrift formulieren* statt *drüberschreiben*) (Gogolin & Lange, 2011). Des Weitern treten im Register Bildungssprache vermehrt Nominalisierungen (*Zusammenrechnen, Erwärmung*), Partizipialattribute (*die gerechneten Aufgaben*), Präpositionaladverbiale (*unter Druck*) und Passivkonstruktionen (*die Aufgaben werden gelöst*) auf (Feilke, 2012a). Somit kann Bildungssprache auf Wortebene charakterisiert werden als „normiert, abstrakt, eindeutig, prägnant, präzise, explizit, nach Domänen differenziert [und] dicht“ (Beyer, 2015, S. 21, Ergänzung: E. B.). Auch Morek und Heller (2012) beschreiben die Lexik der Bildungssprache als ‚differenzierend und spezifizierend‘, da Präfixverben, Nominalphrasen sowie normierte Fachbegriffe zu komprimierten – im Sinne von verdichteten – und zugleich hinreichend spezifischen Aussagen führen. Insgesamt scheint es, als würde vor allem bezüglich der lexikalischen Merkmale von Bildungssprache Konsens bestehen, da diese ‚einfacher‘ anhand konkreter sprachlicher Marker identifiziert werden können. Die nachfolgende Auflistung syntaktischer Merkmale des bildungssprachlichen Registers verdeutlicht, dass diese zumeist einen ähnlichen Charakter wie die lexikalischen Merkmale von Bildungssprache aufweisen, dass die Grenzen zwischen den lexikalischen und syntaktischen Merkmalen von Bildungssprache mitunter fließend sind und das die Analyse der syntaktischen Merkmale von Bildungssprache weniger eindeutig erscheint.

Syntaktische Merkmale

Auf der Ebene der syntaktischen Merkmale werden Besonderheiten in den Bereichen Satzbau und Grammatik zusammengefasst. Beispielsweise zeichnet sich Bildungssprache im Gegensatz zur Alltagssprache durch einen hohen Anteil langer und komplexer Satzstrukturen aus. Gogolin und Lange (2011) führen beispielhaft Satzgefüge mit Nebensatzkonstruktionen – insbesondere Konditional- und Relativsätze (*ich komme mit dir, falls du einverstanden bist*) – sowie umfangreiche Attributkonstruktionen (*die sich daraus ergebende Schulnote*) als charakteristische syntaktische Eigenschaften von Bildungssprache auf. Ein bedeutsames syntaktisches Merkmal von Bildungssprache ist die explizite Markierung des Textzusammenhangs. So tragen satz- bzw. satzteilverbindende Konnektoren wie ko- und vor allem subordinierende Konjunktionen (*und, oder aber* sowie *dass, weil,*

10 Während sich die Lexik mit dem Wortschatz einer Sprache befasst, steht bei der Semantik die Bedeutung eines Wortes im Fokus. Das Lexem *Wurzel* hat beispielsweise in der Pflanzenkunde eine andere Bedeutung (also Semantik) als im Mathematischen oder in der Zahnmedizin. Innerhalb der vorliegenden Arbeit werden die lexikalischen und semantischen Aspekte gemeinsam als lexikalische Aspekte bezeichnet.

falls etc.) und Konjunktionaladverbien (*zudem, folglich, insofern*) dazu bei, dass mit vergleichsweise wenigen Worten komplexe Aussagen getätigt und einzelne Teilaussagen miteinander verbunden werden können. Des Weiteren führen unpersönliche Konstruktionen, die beispielsweise durch die Verwendung des Passivs (*die Hausaufgaben werden verteilt*) sowie Sätzen mit *man* oder *lassen* hervorgerufen werden, zu einer abstrakten und von der Situation gelösten Sprache (Heppt, 2016). Auch die Verwendung des Konjunktivs (*er denkt, er sei durch den Text gefallen*) wird zu den Merkmalen von Bildungssprache auf der Satzebene gezählt (Gogolin & Lange, 2011). Als ein für die deutsche Sprache charakteristisches Merkmal gilt nach Feilke (2012a) außerdem die Verwendung von Funktionsverbgefügen, bei denen Verb und Nomen eine feste Einheit bilden und die in der Regel auch durch ein Verb ersetzbar sind (*zum Abschluss bringen* statt *abschließen*). Die aufgelisteten Merkmale der syntaktischen Ebene von Bildungssprache verdeutlichen, dass die Satzebene des bildungssprachlichen Registers mit Attributen wie ‚strukturiert, hierarchisch, verkürzt' sowie ‚kognitiv anspruchsvoll' charakterisiert werden kann (Beyer, 2015). Die dritte Ebene von Sprache – der Diskurs – wird vor allem in jüngeren Auseinandersetzungen zur Sprache im (Mathematik-)Unterricht stärker in den Blick genommen, wenngleich sich die Analyse der diskursiven sprachlichen Aspekte als umfangreicher und weniger eindeutig charakterisieren lässt.

Diskursive Merkmale

Zur Ebene der diskursiven Merkmale von Sprache zählen Besonderheiten der Organisation, Struktur und dem Aufbau des gesamten Textes. Dabei meint der Begriff *Text* nicht ausschließlich schriftliche Produkte wie etwa Sachtexte in Lehrwerken oder Aufsätze der Lernenden. Auch mündlich produzierte – und somit in der Regel nicht schriftlich fixierte – übersatzmäßige Sprachhandlungen wie Erklärungen, Beschreibungen und Diskussionen können als Text bezeichnet werden. Reich (2008) führt in diesem Zusammenhang die eindeutige Festlegung von Sprecherwechsel und Sprecherrollen, den hohen Anteil monologischer Textformen (z.B. Aufsatz und Vortrag), die Nutzung fachgruppentypischer Textsorten (z.B. Protokoll, Erörterung) sowie stilistische Konventionen (z.B. Sachlichkeit, Präzision, logischer Textaufbau) als charakteristische diskursive Merkmale von Bildungssprache auf. So werden insbesondere im schulischen bzw. bildungsbezogenen Kontext spezifische Textsorten benötigt. Expositorische – d. h. erläuternde – Textsorten wie Bericht, Erörterung und Referat werden vorwiegend im bildungsbezogenen Kontext gefordert und gefördert, spielen aber in alltagssprachlichen bzw. außerschulischen Settings wie bei Familienfeiern oder einem Gespräch mit Freunden kaum eine Rolle. Auch das Beschreiben, Erklären, Definieren, Argumentieren, Beweisen und Interpretieren sind sprachliche Handlungen, „die als sogenannte ‚Operatoren' Karriere machen" (Feilke, 2012a, S. 12) und vorrangig im Bildungskontext relevant sind. Während sich Alltagssprache eher dialogisch gestaltet und Merkmale von informellen, mündlichen Kommunikationen aufweist, orientieren sich die Merkmale der Bildungssprache tendenziell eher an monologischen, formellen und vor allem textbasierten Kommunikationen, die stärker reglementiert und normiert scheinen als Gespräche des Alltags (Gogolin & Neumann, 2009).

Im Rahmen dieser Arbeit werden darüber hinaus auch der Grad der Kontextgebundenheit sowie situationsspezifische (sprachliche) Erwartungen und Anforderungen an die Interaktionsteilnehmenden als diskursive Merkmale von Sprache aufgefasst und untersucht. Dies ist unter anderem darauf zurückzuführen, dass im Rahmen dieser Arbeit ein weites Diskursverständnis zugrunde liegt (siehe Kapitel 4).

3.2.3 Fachspezifische Merkmale von Bildungssprache im Mathematikunterricht

Neben allgemeinen und somit nicht-fachspezifischen Merkmalen setzen sich zahlreiche Arbeiten mit fachspezifischen Merkmalen von Bildungssprache im Unterrichtsfach Mathematik auseinander. Erste vertiefende Auseinandersetzungen mit fachspezifischen sprachlichen Aspekten des Mathematikunterrichts fanden sowohl im englisch- als auch im deutschsprachigen Raum bereits zum Ende des 20. Jahrhunderts statt (z.B. Ellerton & Clarkson, 1996; Maier, 1999; Maier & Schweiger, 1999; Pimm, 1987). So setzt Pimm (1987) mit seiner Publikation *Speaking Mathematically* das Fundament für zahlreiche weitere Auseinandersetzungen mit den sprachlichen Besonderheiten des Mathematikunterrichts. Er erörtert, ob und inwiefern Mathematik – im metaphorischen Sinn – als eigenständige Sprache bzw. eigenständiges Sprachregister betrachtet werden kann, da sich Mathematik durch Spezifika in den Bereichen „meaning, symbols and the things symbolized and syntax“ (ebd., S. 21) auszeichnet, welche allesamt für das Verstehen der mathematischen Sprache bzw. des ‚mathematischen Registers‘ relevant sind. Zusammenfassend erläutert Pimm (1987), dass Mathematik zwar als eigenständige Sprache aufgefasst werden kann, jedoch nicht, wie im herkömmlichen Sinn, als Einheitssprache für die Mitglieder eines bestimmten geografischen oder kulturellen Gebietes. Vielmehr greift er das Registerkonzept Hallidays (1978) auf, dem zu Folge sich der funktionale Sprachgebrauch je nach situativem Kontext in verschiedenen Erscheinungsformen äußert.

> Mathematics is not a natural language in the sense that English or Japanese are. It is not a ‚dialect‘ [...] either. [...] Learning to speak and more subtly, learning to mean like a mathematician, involves acquiring the forms and the meanings and ways of seeing enshrined in the mathematics register. (Pimm, 1987, S. 207)

Im deutschen Raum setzten sich Maier und Schweiger in den 90er Jahren intensiv mit sprachlichen Besonderheiten der Fachdisziplin Mathematik bzw. dem Unterrichtsfach Mathematik auseinander (Maier, 1999; Maier & Schweiger, 1999; Schweiger, 1996). Sie heben insbesondere Fachausdrücke, mathematische Symbole sowie Besonderheiten in der Syntax als bedeutsame Charakteristika der mathematischen Fachsprache hervor und konzentrieren sich damit vorrangig auf lexikalische und syntaktische Aspekte – analog zu der Vielzahl der darauffolgenden Auseinandersetzungen zu den Merkmalen von Bildungssprache (zahlreiche der von Maier und Schweiger herausgestellten Merkmale einer mathematischen Fachsprache wurden bereits in Kapitel 3.1.2 beleuchtet). Vordergründig konzentrieren sich Maier und Schweiger (1999) in Ihren Ausführungen auf mathematisch-normierte Begriffe sowie mathematikspezifische Symbole, die als Abkürzungen für

Fachwörter ($\mathbb{N}$ - natürliche Zahlen), Objekte ($\emptyset$ - leere Menge), Eigenschaften ($<$ - kleiner-als), Handlungen bzw. Operationen ($+$ - Addition), Beziehungen ($\|$ - Parallelität zweier Geraden zueinander) und logische Objekte der Mathematik ($\vee$ - oder) fungieren. Ein besonderes Potenzial der mathematischen Symbolsprache liegt in ihrer Normierung, da viele Symbole länderübergreifend bekannt sind und somit nicht ausschließlich im Deutschen Gültigkeit besitzen. Durch einheitliche und normierte Verwendungsregeln kann die mathematische Symbolsprache somit als Sprachgrenzen überschreitender Code angewendet und verstanden werden (Schweiger, 1996). Mit Fokus auf geschriebene mathematische Texte gehen Maier und Schweiger (1999) zudem auf Merkmale der diskursiven Ebene ein, indem sie mathematische Texte als vollständig, explizit und prägnant charakterisieren:

> Jedenfalls ist man in der Mathematik in besonderer Weise bestrebt, Sachverhalte und Ideen mit einem möglichst geringen Aufwand an sprachlichen Mitteln darzustellen. Prägnante Sätze, die zugleich auch eindeutig und vollständig sind, werden als elegant bzw. sogar als Ausdruck fachlicher Qualifikation empfunden. (ebd., S. 49)

In aktuelleren Auseinandersetzungen zu den sprachlichen Besonderheiten des Mathematikunterrichts ist weniger von einer *mathematischen Fachsprache* die Rede, sondern eher von einer mathematikspezifischen Schul- respektive Bildungssprache (z.B. Schütte, 2009). Diese Bezeichnungen legen den Fokus stärker auf schulspezifische sprachliche Besonderheiten des Mathematikunterrichts und weniger auf sprachliche Charakteristika der Fachdisziplin Mathematik im Allgemeinen. Beispielsweise hebt Gellert (2008, 2011) hervor, das sich die mathematikspezifische schulische Bildungssprache neben einer schulfachspezifischen Terminologie und Symbolik auch durch kohärenzbildende Sprachmittel (bspw. begründende Konnektoren wie *da, weil, denn*) sowie ausgewählte mathematik- und schulspezifische strukturelle Aspekte diverser Sprechanlässe des Unterrichtsgeschehens auszeichnet (z.B. eine Lösungsweg schildern).

Weitere Auseinandersetzungen zu fachspezifischen sprachlichen Besonderheiten des Mathematikunterrichts widmen sich sprachlichen Aspekten, die insbesondere – aber nicht ausschließlich – für DaZ-Lernende eine Herausforderung darstellen (z.B. Beese & Gürsoy, 2012; Bochnik, Heize & Ufer, 2013; Frenzel, 2017). So zählen Referenzketten, die vor allem in mathematischen Textaufgaben Anwendung finden, zu bedeutsamen sprachlichen Herausforderungen. Solche Referenzketten werden beispielsweise durch Pronomen (*Ein Kreis hat den Radius von 3 cm. Wie groß ist sein Flächeninhalt?*), Satzadverbien (*Bestimme den Flächeninhalt der Figur. Übertrage sie dazu in dein Heft.*) und Synonyme (*Ralf hat ein monatliches Einkommen von 1200 €. Wie hoch ist sein jährlicher Verdienst?*) erzeugt und verlangen das Verständnis der vorausgegangenen Aussage (Beese & Gürsoy, 2012). Eine weitere sprachliche Herausforderung stellen Interferenzen dar – beispielsweise in Form von Überlagerungen des mathematischen Konzepts mit sprachlichen Phänomenen der Herkunftssprache. So können insbesondere Verwechslungsmöglichkeiten bei der Zahlschrift sowie bei der Aussprache der Zahlen für Irritationen bei den Schüler*innen mit nicht-deutscher Muttersprache sorgen (Frenzel, 2017).

Mitunter entsteht der Eindruck, dass die Sprache des Mathematikunterrichts in wissenschaftlichen Auseinandersetzungen mitunter als eigenständige Fachsprache betrachtet wird. Unter Beachtung der Merkmale des Sprachregisters Fachsprache erscheint dies zuerst nachvollziehbar, da sich Fachsprache vor allem durch die Verwendung fachspezifischer Begriffe und Symbole auszeichnet (siehe Kapitel 3.1.2). Bei genauerer Betrachtung sprechen jedoch mehrere Aspekte gegen die Gleichsetzung der Sprache des Mathematikunterrichts mit einer ‚reinen' Fachsprache: (1) Schüler*innen verständigen sich anders über Mathematik als Fachleute (z.B. promovierten Mathematiker*innen). Fachsprachliche Kompetenzen bauen sich zwar im Verlauf der Schullaufbahn zunehmend aus, doch die (Fach-)Gespräche der Lernenden finden vor allem im institutionellen Kontext der Schule statt und beschränken sich vorrangig auf den Mathematikunterricht, während Fachleute über einen längeren Zeitraum (und nicht nur während der Mathematikstunde) über fachliche Inhalte im Gespräch sind. (2) In diesem Zusammenhang schwingen im Kontext schulischer Bildung stets bestimmte didaktische Zielsetzungen mit, die ebenfalls Einfluss auf sprachliche Erwartungen und Sprachgebrauchsregeln während des Mathematikunterrichts ausüben. Im Kontext des Mathematikunterrichts stehen die Lernenden vielfach vor der Herausforderung, ein mathematisches Problem nicht nur zu lösen, sondern den eigenen Lösungsprozess auch adäquat erklären, verteidigen und beweisen zu können. Die nicht selten vor allem durch die Lehrpersonen sowie die jeweiligen Lehrwerke und Bildungspläne bedingten extrinsisch motivierten Fachgespräche der Lernenden stehen somit im Gegensatz zu intrinsisch motivierten Fachgesprächen auf selbstständiger Basis. (3) Darüber hinaus belegen zahlreiche empirische Auseinandersetzungen, dass während des Mathematikunterrichts keineswegs ausschließlich auf *die* Fachsprache oder *die* Bildungssprache zurückgegriffen wird. Vielmehr finden Mischformen bzw. Varianten der verschiedenen Sprachregister Anwendung (z.B. Bitterlich, 2018, 2023; Bitterlich & Schütte, 2021; Gellert, 2008; Moschkovich, 2018; Tiedemann, 2015).

> Zu einfach wäre es, die sprachlichen Anforderungen, die im schulischen Mathematikunterricht an Schülerinnen und Schüler gestellt werden, als ein Konglomerat aus ‚gutem Deutsch' und ‚mathematischer Fachsprache' aufzufassen. (Gellert, 2008, S. 207)

Die Zusammenhänge und Wechselwirkungen zwischen den einzelnen Sprachregistern sind somit komplex und es liegen unterschiedliche Konzeptionen dazu vor. Drei beispielhafte Konzepte zu den Zusammenhängen von Alltags-, Fach- und Bildungssprache werden im nachfolgenden Abschnitt vorgestellt.

3.2.4 Zusammenhänge zwischen Alltags-, Fach- und Bildungssprache

Trotz zahlreicher Auseinandersetzungen, die auf eine begriffliche und empirisch fundierte Klärung des bildungssprachlichen Registers und seiner Merkmale abzielen, fehlt es im deutschsprachigen Raum bislang an einer ausreichend begründeten und konsensfähigen Abgrenzung der Bildungssprache von anderen Sprachregistern. Nachfolgend werden drei Modelle zum Verhältnis von Alltagssprache, Bildungssprache und Fachsprache vorgestellt (siehe Abbildung 1). Diese drei Modelle von Lange und Lengyel (2008, zitiert nach Lange, 2012) gehen mit verschiedenen Vorstellungen zu den Zusammenhängen sowie dem Erwerb von Alltags-, Fach- und Bildungssprache einher. Die Betrachtung der Modelle verdeutlicht, dass eine Abgrenzung der Bildungssprache von anderen Registern trotz der ausgereiften Forschungslage nur eingeschränkt möglich ist und dass hierzu unterschiedliche Ansichten existieren.

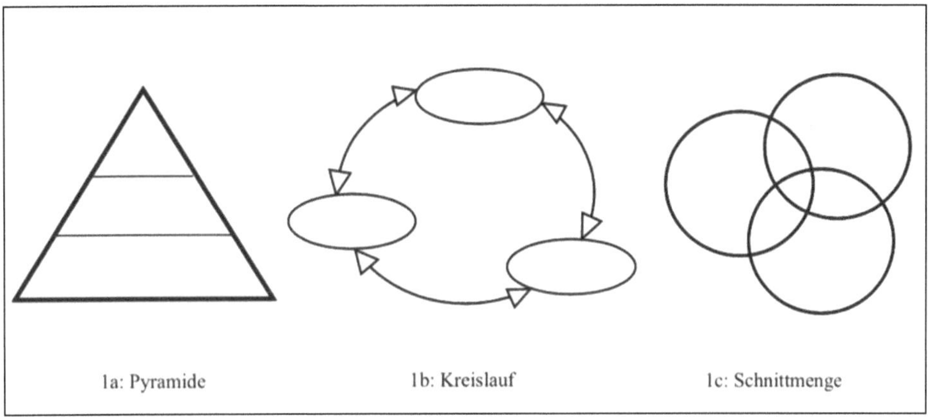

Abbildung 1: Modelle zum Zusammenhang von Alltags-, Bildungs- und Fachsprache (Lange & Lengyel, 2008, zitiert nach Lange, 2012, S. 127.)

Beim Modell der *Pyramide* bauen die Sprachregister aufeinander auf. Alltagssprache stellt dabei den Grundstein für den Erwerb bildungssprachlicher und schließlich (sozusagen als ‚Spitze' der sprachlichen Kompetenzen) fachsprachlicher Fähigkeiten dar. Dieses hierarchisch-strukturierte Modell „suggeriert sowohl eine Wertung der einzelnen Register als auch eine zeitliche Abfolge beim Erwerb der Register" (Lange, 2012, S. 127). Hiernach würde zunächst der Erwerb von Alltagssprache erfolgen, da diese zwingend zum ‚Aufbau' (um beim metaphorischen Bild der Pyramide zu bleiben) bildungssprachlicher Kompetenzen benötigt wird, welche wiederum die Ausgangsbedingung für den Aufbau fachsprachlicher Fähigkeiten darstellen. Weiterhin werden die einzelnen Sprachregister beim Modell Pyramide als jeweils eindeutig voneinander zu trennende Einheiten betrachtet, die scheinbar keine Gemeinsamkeiten oder Überschreibungen aufweisen. Zuletzt suggeriert das Modell Pyramide auch, dass eine Person vor allem alltagssprachliche Kompetenzen besitzt, während der quantitative Anteil bildungs- und vor allem fachsprachlicher Kompetenzen deutlich niedriger ausfällt.

Beim Modell *Kreislauf* sind Alltags-, Fach- und Bildungssprache nicht hierarchisch angeordnet, sondern werden als gleichrangig und sich wechselseitig beeinflussend dargestellt. Sie stehen bei diesem Modell wertungsfrei nebeneinander und es wird weniger der Anschein vermittelt, dass ein Sprachregister ‚wertiger' oder ‚anspruchsvoller' wäre als ein anderes. „Dadurch ergibt sich eine flexible zeitliche Abfolge beim Erwerb der Register. Die Register werden immer wieder durchlaufen, auch in unterschiedlicher Richtung" (ebd., S. 128). Im Vergleich zum Modell der Pyramide ist die Entwicklung bildungs- und fachsprachlicher Fähigkeiten im Kreislauf-Modell weniger normiert und nicht von alltagssprachlichen Kompetenzen abhängig. Zudem suggeriert das Modell Kreislauf auch nicht, dass der quantitative Anteil der jeweiligen sprachlichen Kompetenzen einem bestimmten Schema folgen müsse. Dennoch erscheinen auch in diesem Modell Alltags-, Fach- und Bildungssprache als klar voneinander trennbare Einheiten ohne Gemeinsamkeiten.

Das Modell *Schnittmenge* berücksichtigt die Gemeinsamkeiten und Unterschiede von Alltags-, Fach- und Bildungssprache. Ähnlich wie beim Modell Kreislauf stehen die einzelnen Sprachregister auch beim Modell Schnittmenge wertungsfrei und gleichrangig nebeneinander. Außerdem stellt das Modell dar, dass sich Alltags-, Fach- und Bildungssprache teilweise überschneiden. Solche Schnittmengen bestehen zum einen zwischen jeweils zwei Registern, aber auch zwischen allen drei Registern. In diesem Kontext spricht Lange (2012) der Institution Schule eine besondere Bedeutung zu, da dort sowohl Alltags- wie auch Bildungs- und Fachsprache verwendet werden, sich durchmischen und teils bewusst in Lehr-Lern-Situationen thematisiert werden: „Schule kann hier als Institution, als sozialer Ort, verstanden werden, in dem alle Sprachregister Anwendung finden (= Schnittmenge)" (ebd., S. 128). Die Auffassung, dass sich Alltags-, Fach- und Bildungssprache zwar durch jeweils eigene Merkmale auszeichnen, dass zugleich aber auch Überlappungen und Gemeinsamkeiten zwischen ihnen bestehen, wird auch in dieser sowie zahlreichen weiteren wissenschaftlichen Auseinandersetzungen vertreten (z.B. Barwell, 2016; Tiedemann, 2015).

3.2.5 Erwerb bildungssprachlicher Kompetenzen

Neben der Beziehung von Bildungssprache zu den Sprachregistern Alltags- und Fachsprache gehen mit den drei vorgestellten Modellen auch unterschiedliche Vorstellungen davon einher, wie Bildungssprache erworben wird. Der Erwerb einer Sprache bzw. eines Sprachregisters umfasst sowohl die Aneignung lexikalischer, syntaktischer und diskursiver Prinzipien als auch Kenntnisse der Gattungen, Textsorten und orthographischen Regeln einer Sprache (Ahrenholz, 2010a). So, wie beispielsweise das Deutsche und Englische eigene Gebrauchsregeln bezüglich dieser Aspekte aufweisen, unterscheiden sich auch die einzelnen Sprachregister innerhalb einer Sprache bezüglich ihrer Merkmale und Gebrauchsregeln mehr oder minder stark voneinander – dies haben die vorangegangenen Ausführungen illustriert. Für jedes Sprachregister können demzufolge unterschiedliche Erwerbsprozesse angenommen werden, die sich – unter Beachtung des Modells Schnittmenge – in einzelnen Aspekten gegenseitig beeinflussen und einander ähneln. Nachfolgend wird dargestellt, welche Auffassungen zum Erwerb von Bildungssprache im Deutschen vorliegen. Der Fokus liegt dabei insbesondere auf dem schulischen Kontext, denn dieser stellt vielseitige (bildungs-)sprachliche Anforderungen an die Lernenden, wie beispielsweise das Verfassen einer schriftlichen Erörterung oder das mündliche Erklären eines Lösungsweges. Bereits zu Beginn ihrer Schullaufbahn werden die Lernenden mit sprachlichen Anforderungen und Erwartungen konfrontiert, die sich von denen des Alltags zu unterscheiden vermögen. Das Beherrschen von Bildungssprache wird darum häufig als eine Zielvorstellung von Bildung begriffen (z.B. Gogolin & Lange, 2011; Prediger, 2013, 2020b). Bildungsinstitutionen müssen hierzu gewährleisten, dass die Lernenden ausreichend Gelegenheiten zum Erwerb von Bildungssprache bekommen und diese in verschiedenen (unterrichtlichen) Situationen erproben können (Lengyel, 2010).

Insbesondere der Schriftspracherwerb trägt dazu bei, dass den Lernenden Aspekte der elementaren Schriftkultur und somit der Bildungssprache vermittelt werden. Im Zuge des Schriftspracherwerbs werden die Lernenden an Charakteristika der konzeptionellen Schriftlichkeit (Koch & Oesterreicher, 2007) sowie die damit einhergehenden bildungssprachlichen Konventionen herangeführt. Dehn (2011) betrachtet Bildungssprache in diesem Zusammenhang zugleich als Grundlage sowie als Folge des Schriftspracherwerbs und schreibt der Institution Schule eine zentrale Rolle bei der Vermittlung bildungssprachlicher Kompetenzen sowie beim Ausgleich herkunftsbezogener Disparitäten zu. Auch Salem (2010) betont, dass die bildungssprachlichen Kompetenzen der Schüler*innen maßgeblich durch die Schulbildung und insbesondere den Prozess des Schriftspracherwerbs beeinflusst werden.

> Aufgrund ihrer Spezifik für den Gebrauch im Bildungssystem einerseits, der Nähe ihrer Merkmale zu den Konventionen für Schriftsprachgebrauch andererseits, sind es vor allem die Bildungsinstitutionen, nicht die Familien oder die weitere sprachliche Umwelt, die die Verantwortung dafür tragen, dass Lernende bildungssprachliche Fähigkeiten erwerben. (ebd., S. 10)

Zum aktuellen Zeitpunkt gibt es wenige Untersuchungen darüber, auf welche Weise und in welchem zeitlichen Umfang Bildungssprache erworben wird und insbesondere in den höheren Altersstufen dünnen sich die Ergebnisse zunehmend aus (Lengyel, 2010). Zudem konzentriert sich die Mehrzahl der bisherigen Auseinandersetzungen vor allem auf Lernende mit Deutsch als Zweitsprache[11]. So kann der von Cummins (1979) aufgestellten Interdependenzhypothese folgend angenommen werden, dass sich die Fähigkeiten in der Zweitsprache in Abhängigkeit von den Kompetenzen der Erstsprache entwickeln. Demnach nimmt der Erwerb bildungssprachlicher Kompetenzen deutlich mehr Zeit in Anspruch und setzt später ein als der Erwerb alltagssprachlicher Fähigkeiten, da letztere im

11 Die Gruppe der Lernenden mit Deutsch als Zweitsprache wird in den einzelnen Arbeiten unterschiedlich betitelt. Während Feilke (2012a) den Begriff *L2-Lernende* nutzt, greift Eckhardt (2008) auf Bezeichnungen wie *Lernende mit nicht-deutscher Herkunftssprache* sowie *Lernende mit Migrationshintergrund* zurück. Heppt und Kolleg*innen (2014) sprechen von Kindern *nicht-deutscher Familiensprache*. Innerhalb der vorliegenden Arbeit werden sie als *DaZ-Lernende* bezeichnet.

familiären bzw. privaten Bereich bereits vor Schulbeginn bedeutsam(er) sind (siehe auch Cummins, 2008). Es wird angenommen, dass DaZ-Lernende etwa fünf bis acht Jahre für den Erwerb bildungssprachlicher und lediglich sechs Monate bis zwei Jahre für den Erwerb adäquater alltagssprachlicher Fähigkeiten im Deutschen benötigen (Lange & Gogolin, 2010). In diesem Zusammenhang spielt auch der Zeitpunkt, an dem die Lernenden mit dem Erwerb der Bildungssprache ‚beginnen', eine bedeutsame Rolle: So belegen die Ergebnisse der Internationalen Schulleistungsstudie PISA, dass 15-jährige DaZ-Lernende, die frühestens im Alter von 12 Jahren in das deutschsprachige Schulsystem eintreten, schlechtere Ergebnisse im Bereich Lesekompetenz erzielen als gleichaltrige DaZ-Lernende, die bereits vor ihrem 12. Geburtstag in dieses eintreten (OECD, 2015). Aufgrund der kürzeren Kontaktdauer mit dem Deutschen scheint der Erwerb der Bildungssprache für DaZ-Lernende somit mit besonderen Schwierigkeiten verbunden zu sein (Heppt, 2016; Lange & Gogolin, 2010). Nicht zu vernachlässigen ist in diesem Zusammenhang die empirisch belegte Tatsache, dass bildungssprachliche Anforderungen nur punktuell explizit im Unterricht vermittelt werden (Ahrenholz, 2010b; Becker-Mrotzek et al., 2013; Schütte, 2009). Zudem können ausgeprägte Kompetenzen im Register Alltagssprache über geringe bildungssprachliche Fähigkeiten hinwegtäuschen, sodass die Sprachkompetenzen vieler DaZ-Lernenden zunächst überschätzt werden (Salem, 2010). Mit zunehmender Klassenstufe findet jedoch eine Ausdifferenzierung der Unterrichtsfächer sowie eine ansteigende Komplexität der Lerninhalte statt, die mit einer allmählichen Zunahme des Bildungssprachlichen einhergeht (Gogolin, 2013). Heppt (2016) folgend sind DaZ-Lernende beim Erwerb bildungssprachlicher Fähigkeiten vielfach benachteiligt, da sich ihnen häufig weniger Lerngelegenheiten zum Erwerb von Bildungssprache bieten. Dies liegt nicht selten an dem häufig vergleichsweise niedrigen sozioökonomischen Status ihrer Familie – sie haben weniger vor- und außerschulische sprachliche Lerngelegenheiten sowie ein vergleichsweise (bildungs-)spracharmes Umfeld (ebd.). Auch die Studie von Eckhardt (2008) liefert Anhaltspunkte dafür, dass Probleme beim Erwerb bildungssprachlicher Fähigkeiten der DaZ-Lernenden in besonderem Maß auf die soziale Herkunft der Familie sowie die sprachlich-kommunikativen Praktiken dieser zurückzuführen sind. Insofern sind Kinder und Jugendliche – und zwar nicht nur DaZ-Lernende sowie Lernende mit vergleichsweise niedrigem sozioökonomischem Hintergrund – „darauf angewiesen, auch außerhalb der Schule bildungssprachliche Kompetenzen zu erwerben" (Heppt, 2016, S. 49). Der schulische Unterricht findet jedoch nicht per se und nicht ausschließlich bildungssprachlich statt. Vielfach werden bildungssprachliche Kompetenzen eher implizit vermittelt oder es wird von den Lernenden vorausgesetzt, dass sie von vornherein ausreichend bildungssprachliche Kompetenzen besitzen, was den Erwerb bildungssprachlicher Kompetenzen umso schwieriger gestaltet (Schütte, 2009). Vollmer und Thürmann (2013) weisen darauf hin, dass für adäquate Konzepte und Methoden zur Förderung von Bildungssprache ein fundiertes Beschreibungssystem dieses Sprachregisters nötig ist. Das ansteigende Bewusstsein in der Forschung wie auch der Unterrichtspraxis für den Zusammenhang sprachlichen und fachlichen Lernens sowie für die Notwendigkeit der Förderung (bildungs-)sprachlicher Kompetenzen in allen Fächern ist bereits ein wichtiger Schritt (siehe Kapitel 2). Eine weitere Voraussetzung für die gezielte

Förderung (bildungs-)sprachlicher Kompetenzen ist deren reliable und valide Diagnostik. Instrumente, mit denen sich bildungssprachliche Fähigkeiten ökonomisch und valide erheben lassen, stehen der Praxis bislang jedoch nicht zur Verfügung (Heppt, 2016, S. 99).

Analog zur Schwerpunktsetzung zahlreicher Studien bezüglich der besonderen Bedürfnisse und Hürden der DaZ-Lernenden beim Erwerb bildungssprachlicher Kompetenzen richtet sich die Mehrzahl der Praxisvorschläge zur Förderung bildungssprachlicher Fähigkeiten an den besonderen Bedürfnissen dieser Gruppe von Lernenden aus (z.B. Apeltauer et al., 2016; Lange, 2012; Lengyel, 2010; Salem, 2010). Vergleichsweise selten liegt der Fokus auf der Förderung fach- oder bildungssprachlicher Kompetenzen aller Lernenden oder auf fachdidaktischen Aspekten (z.B. Leisen, 2011; Vollmer & Thürmann, 2013). In diesem Zusammenhang stellen insbesondere die im Rahmen des Modellprojektes FörMig (Gogolin, 2008) erarbeiteten Förderansätze eine breite Palette an Angeboten bereit, um bildungssprachliche Lernprozesse für alle Schüler*innen zu initiieren – wenngleich auch bei diesem Projekt DaZ-Lernende im Mittelpunkt der Betrachtung und Förderung stehen.

Zusammenfassend ist festzustellen, dass die empirische Befundlage zum Erwerb der Bildungssprache lückenhaft ist – nicht nur im Hinblick auf DaZ-Lernende. Zudem ist die dichotomische Einteilung in Lernende deutscher und nicht-deutscher Herkunftssprache nicht ausreichend, um die Komplexität des (bildungs-)sprachlichen Registers und dem damit zusammenhängenden Kompetenzerwerb ausreichend zu erfassen. Vielmehr sollten weitere Differenzlinien wie die soziale Herkunft, kommunikative Praktiken der Familie sowie sprachbiografische Faktoren in künftigen Untersuchungen stärker berücksichtigt werden (Lengyel, 2010). So sind weitere und bislang eher selten thematisierte Aspekte, die für den Erwerb sowie die Förderung von Bildungssprache bedeutsam sind, die „soziale Einbettung von Lern- und Vermittlungsprozessen [...] [sowie] die sozialsymbolische und identitätsstiftende Kraft sprachlicher Praktiken“ (Morek & Heller, 2012, S. 82, Ergänzung: E. B.). In diesem Kontext ‚erfordern‘ bestimmte soziale Situationen und Kontexte die Verwendung des bildungssprachlichen Registers stärker als andere. Beispielsweise ist es bei einer mündlichen Prüfung bedeutsam(er), sich eloquent und sachlich – also bildungssprachlich – zu äußern, während die Partnerarbeit mit Peers eher einen lockeren und informellen Charakter hat – sodass hier Alltagssprache ‚genügt‘. Während bei der erstgenannten Situation das Verhältnis der beiden Gesprächspartner zueinander eher distanziert, an förmliche Konventionen gebunden und hierarchisch bedingt ist, treten die Beteiligten der zweitgenannten Situation in einer eher lockeren Atmosphäre zusammen und sind einander gleichrangig. Die beiden exemplarischen Situationen verdeutlichen zudem, dass die an der Interaktion Beteiligten jeweils Kenntnisse dazu benötigen, in welchen sozialen Situationen bestimmte Sprachgebrauchsweisen beziehungsweise Sprachregister wichtiger(er) sind und von ihnen verlangt werden. Daraus folgern Morek und Heller (2012), müsse Bildungssprache „in den jeweiligen Kontexten ihrer Verwendung untersucht werden“ (S. 92) und schreiben in diesem Zusammenhang Bildungssprache eine sozialsymbolische Funktion zu. Neben der sozialsymbolischen Funktion gehen Morek und Heller (2012) auch auf die kommunikative und epistemische Funktion des bildungssprachlichen Registers ein. Diese werden nachfolgend erläutert.

3.2.6 Funktionen von Bildungssprache

Die bisherigen theoretischen und empirischen Auseinandersetzungen zu Bildungssprache unterscheiden sich auch bezüglich der Fokussierung auf bestimmte Funktionen, die Bildungssprache (im schulischen Kontext) zugesprochen werden. Nach Morek und Heller (2012) stellt Bildungssprache erstens ein Medium des Wissenstransfers (kommunikative Funktion), zweitens ein Werkzeug des Denkens (epistemische Funktion) sowie drittens eine Eintritts- und Visitenkarte (sozialsymbolische Funktion) dar.

Kommunikative Funktion – Medium von Wissenstransfer

Bildungssprache dient der mündlichen wie schriftlichen Verständigung und besitzt darum eine kommunikative Funktion. Die Lerninhalte des Unterrichts werden vorrangig mündlich vermittelt und interaktiv ausgehandelt, sodass Bildungssprache ein zentrales Medium darstellt, um zunehmend komplexe und anspruchsvolle Wissensinhalte zu transportieren (Becker-Mrotzek et al., 2013; Prediger, 2013, 2020b). Bereits im Mathematikunterricht der Grundschule nimmt die kommunikative Funktion von Bildungssprache eine bedeutende Rolle ein: Mathematische Lerninhalte werden mit steigender Klassenstufe zunehmend mit Mitteln des bildungssprachlichen Registers realisiert. Die Kommunikation im Unterricht verlangt von den Lernenden, dass sie Bildungssprache bzw. die Sprache des Unterrichts verstehen und anwenden, um erfolgreich und aktiv am Mathematikunterricht partizipieren zu können (z.B. Gogolin & Lange, 2011; Schütte, 2009; Tietze et al., 2016). Die kommunikative Funktion von Bildungssprache als Medium des Wissenstransfers steht darum in engem Zusammenhang mit ihrer Funktion als Werkzeug des Denkens.

Epistemische Funktion – Werkzeug des Denkens

Mithilfe von Bildungssprache können kognitiv anspruchsvolle Operationen absolviert werden, sodass Bildungssprache auch als Werkzeug des Denkens fungiert (Morek & Heller, 2012). Durch ihre Explizitheit sowie den hohen Grad der Dekontextualisierung ist Bildungssprache insbesondere für eine komprimierte – also gebündelte und sprachökonomisch effiziente – Weitergabe von komplexen und kognitiv anspruchsvollen Inhalten geeignet (Heppt, 2016). Betrachtet man die vorgestellten Definitionen zu Bildungssprache (siehe Kapitel 3.2.1), wird die epistemische Funktion[12] von Bildungssprache insbesondere in der Definition von Ortner (2009) betont. In dieser wird Bildungssprache beschrieben als „die Sprache, in der besonderes Wissen auf eine besondere Weise behandelt wird“ (S. 2227). Dieses *besondere Wissen* geht sowohl bezüglich seiner Herkunft, als auch bezüglich der Tiefe der Verarbeitung über das Alltagswissen hinaus. Da sich die Unterrichtsfächer in höheren Klassenstufen immer weiter ausdifferenzieren und zunehmend fachspezifische Inhalte vermittelt werden, ist anzunehmen, dass die kommunikative

12 Die epistemische Funktion von Bildungssprache wird mitunter auch als ‚kognitive Funktion‘ bezeichnet (z.B. Bochnik, 2017; Prediger, 2013).

Funktion von Bildungssprache im Verlauf der Bildungslaufbahn an Bedeutung gewinnt (Tietze et al., 2016). In ihrer epistemischen Funktion ermöglicht Bildungssprache den individuellen Lernzuwachs, da Denk- und Verstehensprozesse zu kognitiv anspruchsvollen Lerninhalten durch Bildungssprache ermöglicht und unterstützt werden (Bochnik, 2017). Sfard (2008) hebt in diesem Zusammenhang hervor, dass Denken als eine Form der intrapersonellen Kommunikation eines Subjektes mit sich selbst (Thinking as Communication) beschrieben werden kann. Kommunikation (Communication) und Denken (Cognition) sind somit eng miteinander verwoben, was Sfard als *Commognition* bezeichnet (ebd.). Bildungssprache stellt somit nicht nur ein Medium für die Weitergabe mathematischer Lerninhalte dar, sondern kann auch als Gegenstand und Voraussetzung für erfolgreiche Lernprozesse betrachtet werden (Prediger, 2013, 2020b). Die Lernenden benötigen gewisse bildungssprachliche Kompetenzen, um die mit fachlichen und komplexen Lerninhalten in Zusammenhang stehenden kognitiven Operationen gedanklich wie auch sprachlich absolvieren zu können. Dieses Zusammenspiel der kommunikativen und epistemischen Funktion von Bildungssprache scheint zentral für den mathematischen Kompetenzerwerb (Bochnik, 2017; Sfard, 2008)

Sozialsymbolische Funktion – Eintritts- und Visitenkarte

Während die kommunikative und epistemische Funktion der Bildungssprache in bisherigen Auseinandersetzungen häufig eine bedeutsame Rolle einnehmen, wird die sozialsymbolische Funktion als Eintritts- und Visitenkarte „bislang fast gänzlich vernachlässigt“ (Morek & Heller, 2012, S. 76). In ihrer Rolle als Eintrittskarte fungiert Bildungssprache ungleichheitsreproduzierend, während sie als Visitenkarte eine identitätsstiftende Funktion einnimmt (ebd.). Dies bedeutet, dass gewisse (bildungs-)sprachliche Fähigkeiten Türen öffnen oder auch verschließen können – um beim metaphorischen Bild der Eintrittskarte zu bleiben. Die sozialsymbolische Funktion von Bildungssprache als Eintrittskarte klingt beispielsweise in den Definitionen von Drach (1928), Bernstein (1977) und Bourdieu (1983) an, wonach bildungssprachliche Kompetenzen bestimmten sozialen Schichten zu- oder abgesprochen werden. Auch der Mathematikunterricht stellt die Lernenden vor zahlreiche sprachliche Anforderungen und Erwartungen. Nur Schüler*innen, die diesen nachkommen, scheinen Aussicht auf eine erfolgreiche Bildungskarriere zu haben – und somit Bildungssprache als Eintrittskarte zu nutzen. Häufig werden die sprachlichen Erwartungen und Anforderungen jedoch nicht explizit versprachlicht, sondern vielmehr implizit als bekannt vorausgesetzt (Morek & Heller, 2012; Schütte, 2009). Bildungssprache fungiert in ihrer Rolle als Eintrittskarte somit ungleichheitsreproduzierend: Vielfach sind es nicht die vorschulisch und im familiären Sprachgebrauch erworbenen Sprachkompetenzen, die zu Bildungsungleichheiten führen, sondern vielmehr die implizit geltenden sprachlichen Erwartungen des Unterrichts. Beispielhaft hierfür belegen Gellert und Hümmer (2008), dass Lehrende bereits zu Beginn von Klassenstufe fünf – also in einer für die Lernenden neuen Schule und in einer neu zusammengesetzten Lerngruppe – implizit wie auch explizit Regeln einführen. Diese betreffen nicht nur das Verhalten der Lernenden (wie etwa ihre Mitarbeit), sondern auch sprachliche Anforderungen und Erwartungen.

> Wissen wird etwa nur dann vom Lehrer anerkannt, wenn eine korrekte Verwendung der Fachsprache und das Einhalten der von ihm geplanten Reihenfolge der Lern- bzw. Lösungsschritte vorliegen. [...] Durch die korrekte Verwendung dieser Fachsprache und die darauf folgende Verstärkung durch die Lehrperson sozialisiert dies die Schüler mathematisch. (ebd., S. 305)

Da Bildungssprache ein bedeutsames Mittel der Selbst- und Fremddarstellung in sozialen Situationen darstellt, fungiert sie in ihrer sozialsymbolischen Funktion auch als Visitenkarte. Dort wirkt sie vor allem rollendefinitorisch und abgrenzend (Morek & Heller, 2012). Je nach sozialer Situation kann sich das, was als ‚angemessene' oder ‚erstrebenswerte' Form des Sprechens (oder Schreibens) erachtet wird, unterscheiden. In Abhängigkeit der vorhandenen sprachlichen Kompetenzen kann eine Person in einer bestimmten Kommunikationssituation bewusst entscheiden ob und wie sie sich als Mitglied in einer bestimmten sozialen Gruppe positioniert und welche Wirkung sie – durch ihren Sprachgebrauch – auf andere Personen haben möchte. Die Funktion der Bildungssprache als Visitenkarte hebt somit hervor, dass sich Individuen durch sprachliche Mittel und Ausdrucksformen in diversen Interaktionssituationen positionieren können.

> Wer ‚Bildungssprache' verwendet, gibt sich als *member* einer ‚bildungsnahen' akademisch orientierten *community* (zu erkennen), und definiert die vorliegende Kommunikationssituation als eine, in der man sich auf ‚gebildete' Weise an der Darlegung oder Diskussion eines Sachverhaltes beteiligt. (ebd., S. 79; Hervorhebungen im Original)

Die sozialsymbolische Funktion von Bildungssprache spielt in der Definition von Drach (1928), der Auseinandersetzung Bourdieus zum sprachlichen Markt (z.B. in Auer, 1999; Fürstenau & Niedrig, 2011, Hasan 1975) sowie der Gegenüberstellung des elaborierten und restringierten Sprachcodes von Bernstein (1977) eine Rolle.

3.3 Zwischenfazit: (Bildungs-)Sprache und Lebensweltbezüge

Unter Beachtung der vorangegangenen Ausführungen zu verschiedeneren Sprachregistern im Mathematikunterricht wird deutlich, dass vor allem Bildungssprache ein „dynamisches, hochkomplexes, jedoch nicht eindeutiges Konstrukt" darstellt (Vollmer & Thürmann, 2013, S. 42). *Dynamisch* ist Bildungssprache, weil sich die bildungssprachlichen Mittel je nach zeitgeschichtlichen, technologischen, gesellschaftlichen und politischen Gegebenheiten fortwährend verändern. Insbesondere im lexikalischen Bereich gewinnen neue Ausdrücke an Bedeutung, die zuvor nicht existiert haben oder keine weitreichende Verwendung fanden (z.B. *Wilkommenskultur, Teststrategie, Boosterimpfung, Ampelkoalition*). So stellt Bildungssprache auch im schulischen Kontext kein statisches Konstrukt dar, da auch innerhalb verschiedener Lerngruppen sowie Lerngegenstände unterschiedliche Regeln des Gebrauchs von Sprache beziehungsweise Bildungssprache gelten (z.B. Bitterlich & Schütte, 2021; Erath, 2017; Tiedemann, 2015). *Hochkomplex* ist Bildungssprache aufgrund ihrer vielseitigen sprachlichen Merkmale, die bislang noch nicht empirisch eindeutig belegt sind – Bildungssprache ist somit ein „nicht eindeutiges

Konstrukt" (Vollmer & Thürmann, 2013, S. 42). So unterscheiden sich beispielsweise das Begriffsverständnis sowie die aufgestellten Merkmalslisten zu Bildungssprache je nach zugrundeliegender Forschungstradition und Zielstellung der empirischen Auseinandersetzungen mitunter stark voneinander (Heppt, 2016). Anstatt die Fülle von Definitionen sowie Merkmalslisten zu Bildungssprache zu erweitern, greift die vorliegende Arbeit zentrale Gemeinsamkeiten der bereits existierenden empirischen Auseinandersetzungen auf. Der Fokus dieser liegt jedoch bislang vor allem auf sprachlichen Oberflächenstrukturen der lexikalischen und syntaktischen Ebene. Nach Vollmer und Thürmann (2013) ist die intensive Beschäftigung mit den Oberflächenstrukturen von Bildungssprache zwar notwendig, aber zugleich unzureichend. Vielmehr muss (Bildungs-)Sprache bezüglich des jeweiligen Kontextes untersucht werden (Morek & Heller, 2012). Aufgrund der Bedeutung des Verwendungskontextes rücken darum insbesondere in jüngeren Forschungen diskursive Aspekte des bildungssprachlichen Registers stärker in den Mittelpunkt – auch im Kontext des Mathematikunterrichts (z.B. Barwell, 2016, Heller & Morek, 2015; Quasthoff & Morek, 2015; Schütte et al., 2021). Darüber hinaus wird die allgegenwärtige Bedeutung und Existenz von Bildungssprache in schulischen Lehr-Lern-Kontexten zunehmend angezweifelt und es besteht keine Einigkeit darüber, ob Bildungssprache sowie die durch sie vermittelten Inhalte kognitiv komplexer seien als alltagssprachliche Aushandlungsprozesse und Themen (z.B. Barwell, 2013; Gee, 2014; Heppt, 2016; Moschkovich, 2002).

> The use of everyday language in mathematics is not necessarily an indication of an underdeveloped understanding – it depends on how the everyday language is incorporated (or not) into the mathematics. Being able to distinguish different ways of looking at a mathematical object, for example, or being able to describe mathematical objects in a variety of ways, would seem to suggest a well-developed understanding of the mathematics in question. (Barwell, 2013, S. 220)

So ist denkbar, dass bildungssprachliche Mittel auch in interaktiven Aushandlungsprozessen außerhalb von Bildungsinstitutionen auftreten – beispielsweise bei einem Telefonat mit dem Finanzamt, einem Auswertungsgespräch mit dem Hausarzt oder bei der Vorbereitung eines gemeinsamen Referates im Gespräch mit Freunden. Analog dazu beschränken sich interaktive Aushandlungen im Bildungskontext nicht ausschließlich auf Bildungssprache. Eine Vielzahl von Studien weist darauf hin, dass vor allem schulische Interaktionen während des (Mathematik-)Unterrichts vielfach alltagssprachlich geprägt sind (z.B. Bitterlich, 2023; Bitterlich & Schütte, 2021; Feilke, 2012a; Heppt, 2016; Schütte, 2009; Tiedemann, 2015). Vor diesem Hintergrund sind die getrennte Betrachtung der verschiedenen Sprachregister sowie die Möglichkeit, eine Aussage zweifelsfrei einem Sprachregister zuordnen zu können, weder möglich noch zielführend. Gemäß dem Modell *Schnittmenge* existieren Überschneidungen zwischen den einzelnen Sprachregistern und je nach Interaktionsgruppe und -gegenstand gibt es Unterschiede in der sprachlichen Normierung (z.B. Erath, 2017; Tiedemann, 2015), die zur Dynamik und Komplexität von Bildungssprache bzw. Sprache allgemein beitragen (Vollmer & Thürmann, 2013).Vor diesem Hintergrund ergeben sich drei zentrale Aspekte, die im Rahmen der vorliegenden

Forschungsarbeit zu Interaktionsprozessen des Mathematikunterrichts mit einem Lebensweltbezug besondere Berücksichtigung finden:

(1) Koexistenz verschiedener Sprachregister in Situationen mit einem Lebensweltbezug

Eventuell – so die Annahme – knüpfen Lebensweltbezüge nicht nur inhaltlich, sondern auch sprachlich ‚besonders gut' an die Erfahrungen und Gewohnheiten der Lernenden an, weil sie mathematische Lerninhalte mit außermathematischen Sachverhalten und Erfahrungen verbinden. Hierdurch besteht die Möglichkeit, dass sich die sprachlichen Beiträge in interaktiven Aushandlungsprozessen des Mathematikunterrichts mit einem Lebensweltbezug in besonderem Maße durch die Mischung verschiedener Sprachregister auszeichnen. Es ist denkbar, dass der mathematische Lerngegenstand beispielsweise die Verwendung von Fachbegriffen provoziert, während der außermathematische Sachverhalt eines Lebensweltbezugs gegebenenfalls eng an den Interaktionskontext gebundene Aussagen hervorruft. Innerhalb dieser Arbeit soll somit analysiert werden, ob sich sprachliche Interaktionen mit einem Lebensweltbezug tatsächlich durch ein Nebeneinander von alltags- und bildungssprachlichen Merkmalen kennzeichnen und falls ja, wie sich diese Koexistenz durch die (Nicht-)Verwendung verschiedener sprachlicher Aspekte gestaltet.

(2) Prämisse der wertungsfreien Beschreibung des Sprachgebrauchs

Auch die vorliegende Arbeit distanziert sich von einer dichotomischen Trennung von Alltagssprache (als die vermeintlich einfachere und zugleich fehlerbehaftete Sprache) und Bildungssprache (als die vermeintlich kognitiv anspruchsvollere und vollkommene Sprache). Vielmehr wird der Sprachgebrauch anhand der hinzugezogenen sprachlichen Analysekriterien auf lexikalischer, syntaktischer und diskursiver Ebene deskriptiv rekonstruiert (siehe Analyseraster Kapitel 7.3), ohne dabei eine Wertung in ‚besser' und ‚schlechter' vorzunehmen. In diesem Zusammenhang wird auch angenommen, dass sich die Merkmale der verschiedenen Sprachebenen gegenseitig beeinflussen und gewisse Wechselwirkungen zwischen ihnen bestehen – so könnte sich der vermehrte Gebrauch von Fachbegriffen und Nominalisierungen (Lexik) auch in der Komplexität und Komposition des Satzbaus (Syntax) sowie dem Grad der Kontextgebundenheit der Aussagen (Diskurs) niederschlagen. Es geht somit innerhalb der Analysen dieser Arbeit nicht darum, einzelne Aussagen oder ganze Aushandlungsprozesse als ‚bildungssprachlich' oder ‚alltagssprachlich' zu labeln. Vielmehr ist von Interesse, welche sprachlichen Mittel die Beteiligten in interaktiven Situationen mit einem Lebensweltbezug nutzen und ob bzw. inwiefern sich der Sprachgebrauch gegebenenfalls im Verlauf der interaktiven Aushandlung – und unter Beachtung der Entwicklung des Lebensweltbezugs – ändert. Die vorliegende Arbeit zielt somit auf eine möglichst neutrale Bestandsaufnahme ab,[13] ob und in

13 Zweifelsohne hat die Zuordnung einzelner sprachlicher Merkmale zu einem bestimmten Sprachregister auch Vorteile: Sie ermöglicht die grobe Einschätzung einer Aussage und gibt somit Orientierung. Darum sind in den Analysen des Sprachgebrauchs in dieser Arbeit teilweise Aussagen wie

welchem Umfang die hinzugezogenen sprachlichen Analyseaspekte in interaktiv ausgehandelten Situationen des Mathematikunterrichts mit einem Lebensweltbezug rekonstruiert werden können. Dadurch können Annahmen zu möglichen Wechselwirkungen zwischen Sprachgebrauch, Lebensweltbezug und inhaltlichen wie auch sprachlichen Lernprozessen aufgestellt werden.

(3) Analyse ausgewählter sprachlicher Aspekte

Für die Analyse des Sprachgebrauchs in Situationen mit einem Lebensweltbezug werden im Rahmen dieser Studie lediglich ausgewählte lexikalische, syntaktische und diskursive Aspekte von Sprache betrachtet. Dies liegt vor allem an der Fülle und Wandelbarkeit der möglichen Analyseaspekte auf den drei sprachlichen Ebenen. Wenngleich sich die aufgestellten Analysekriterien bisheriger Studien zur (Bildungs-)Sprache im Mathematikunterricht mitunter stark voneinander unterscheiden, scheinen einige Analyseaspekte besonders häufig berücksichtigt zu werden und somit auf ein geteiltes Verständnis hinzudeuten, dass diese einerseits anschlussfähig linguistische Theorien und andererseits für schulische Lehr-Lern-Prozesse besonders relevant seien. Einige dieser sprachlichen Aspekte werden auch im Rahmen der vorliegenden empirischen Auseinandersetzung hinzugezogen: Auf der Wortebene (Lexik) sind dies Nominalisierungen (*Berechnung, die Roten*), nominale Zusammensetzungen (*Körpernetz, Bruchzahl*), fachlich normierte Begriffe und Symbole (*plus* bzw.+) sowie Sprachverknappungen (*so isses*) und dialektale Besonderheiten (*habsch fertsch*). Auf Satzebene (Syntax) liegt der Fokus auf der Verwendung des Passivs (*die Aufgaben werden gelöst*) sowie koordinierenden und subordinierenden Konjunktionen, mit denen einzelne Sätze oder Aussagen miteinander verbunden werden (bspw. *und, oder, aber* sowie *da, weil, falls*). Auf Textebene (Diskurs) wird in der vorliegenden Arbeit untersucht, ob und inwiefern die einzelnen Aussagen an das vorherige Interaktionsgeschehen anknüpfen. Dies kann beispielsweise unter Berücksichtigung der Kontextgebundenheit der Aussagen sowie etwaiger situationsspezifischer diskursiver Anforderungen an die Interaktionsteilnehmenden rekonstruiert werden. Vor allem die sprachliche Analyse auf Diskursebene scheint weniger anhand konkreter sprachlicher Marker möglich, sondern verlangt eine Betrachtung des gesamten Aushandlungsprozesses. Darüber hinaus unterscheidet sich das, was von bisherigen Auseinandersetzungen als *diskursives* Merkmal von Sprache beschrieben wird, mitunter essentiell voneinander. Das nachfolgende Kapitel wird sich darum einem Diskursbegriff annähern, der forschungsleitend für die vorliegende Arbeit ist und mit dem sich die hier hinzugezogenen Analyseaspekte auf sprachlich-diskursiver Ebene erklären lassen.

‚eher alltagssprachlich' oder ‚eher bildungssprachlich' zu finden. Hierbei soll jedoch keine Wertung bzw. Einteilung in einen ‚besseren' und ‚schlechteren' Sprachgebrauch anklingen.

4. Die Bedeutsamkeit diskursiver sprachlicher Aspekte

Die Untersuchung der interaktiven Aushandlungsprozesse unter besonderer Berücksichtigung des Sprachgebrauchs in Situationen des Mathematikunterrichts mit einem Lebensweltbezug darf bzw. sollte sich obigen Ausführungen zufolge nicht allein auf sprachliche Aspekte auf Wort- oder Satzebene beschränken. So ist insbesondere die Wechselseitigkeit einzelner interaktiver Handlungen (egal ob verbal, paraverbal oder nonverbal) von besonderem Interesse für die Rekonstruktion der interaktiven Bedeutungsaushandlungsprozesse. Sprachliche Aspekte, die sich nicht allein auf ein Wort, einen Satz oder eine Aussage beziehen, sondern mehrere Sätze und Aussagen miteinander in Beziehung bringen, werden in dieser Arbeit der diskursiven Ebene von Sprache zugeordnet.[14] Nachfolgend wird zuerst – unter Beachtung vergleichbarer und bereits existierender Auseinandersetzungen – das Diskursverständnis der vorliegenden Arbeit umrissen (Kapitel 4.1). Im Anschluss daran werden exemplarische Studien vorgestellt, die sich verstärkt diskursiven Merkmalen des Mathematikunterrichts widmen (Kapitel 4.2). Zuletzt fasst ein Zwischenfazit zusammen, inwiefern die hier hinzugezogenen diskursiven Aspekte bedeutsam für die Analyse des Sprachgebrauchs und der interaktiven Aushandlungsprozesse in Situationen des Mathematikunterrichts mit einem Lebensweltbezug sind (Kapitel 4.3).

4.1 Diskursverständnis der vorliegenden Arbeit

Sprachgeschichtlich geht der Begriff Diskurs auf das lateinische *Discursus* zurück und bedeutet übersetzt *Mitteilung* oder *Erörterung*. In den vergangenen Jahren hat sich der Diskursbegriff als Modewort mit vager Bedeutung etabliert und eine inflationäre Verwendung erfahren, sodass Busch (2007) ihn als ‚linguistischen Proteus‘[15] bezeichnet, der „seine Gestalt offenbar bei jedem sprachwissenschaftlichen Zugriff“ ändert (S. 141). Obgleich der Diskursbegriff vornehmlich in philosophischen und linguistischen Auseinandersetzungen seinen Ursprung hat (z.B. Foucault, 1971; Lacan, 1966), erlangt er insbesondere in den letzten Jahren auch innerhalb der erziehungswissenschaftlichen Forschung zunehmend Aufmerksamkeit. Dies resultiert in diversen Definitionsversuchen zum Begriff Diskurs, die sich konkret auf (mathematische) Lehr-Lern-Prozesse beziehen (Morgan, 2014).

Im Rahmen dieser Arbeit werden diejenigen sprachlichen Aspekte als diskursiv bezeichnet, deren Analyse aufgrund ihres ‚übersatzmäßigen‘ Charakters (d. h. mehrere Sätze bzw. Aussagen übergreifend) die Betrachtung des gesamten Aushandlungsprozesses verlangt. Dabei beschränken sich diskursive Aspekte nicht allein auf die mündliche Kommunikation. Vielmehr fallen darunter auch non- und paraverbale kommunikative

---

14 In einigen Auseinandersetzungen wird Diskurs betrachtet als vierte Sprachebene neben der Wort-, Satz- und Textebene (z.B. Vollmer & Thürmann 2010; Willhelm, 2016). Innerhalb dieser Arbeit wird die Textebene von Sprache mit der Diskurseben gleichgesetzt, da sich beide auf die gesamte Aushandlung beziehen – egal ob mündlich oder schriftlich.

15 Ein Proteus ist ein wandlungsfähiger Mensch, der häufig seine Gesinnung ändert.

Mittel, wie etwa Prosodie sowie Mimik und Gestik, da auch sie einen ‚kommunikativen Inhalt‘ transportieren und sich damit auf den Aushandlungsprozess auswirken. Der Diskurs des Mathematikunterrichts ist somit mehr als die Summe seiner sprachlichen Einzelteile: Verbale Aussagen, paraverbale Aspekte sowie nonverbale Sprachhandlungen haben gleichsam Einfluss auf den Diskurs und bedingen sich gegenseitig. Diskursive Aspekte beziehen sich im Rahmen der vorliegenden Arbeit folglich auf solche Merkmale, die sich auf die Struktur, Organisation sowie das Wechselspiel der einzelnen Aussagen eines Interaktionsgeschehens beziehen.

> Grundlegend ist ein funktions- und damit primär kommunikationsbasiertes Konzept von Sprache. Dazu gehört die Einsicht, dass alle Akte der tatsächlichen Verwendung von Sprache, alle authentischen sprachlichen Prozesse, darin bestehen, Zusammenhänge über kürzere oder längere Zeitspannen aufzubauen und weiterzuentwickeln. (Quasthoff, 2011, S. 210)

Vor diesem Hintergrund verlangt die Analyse diskursiver Aspekte ein interpretatives Vorgehen, da hierbei der Aushandlungsprozess und vor allem das Wechselspiel der einzelnen Handlungen sowie Äußerungen fokussiert werden kann. Quasthoff (2011) verdeutlicht dies am Beispiel eines Kindes, das lediglich die Ein-Wort-Äußerung *Ball* hervorbringt. Die diskursive Analyse dieser Aussage sollte sich nicht allein auf das Verbalsprachliche beschränken, sondern auch Aspekte wie etwa die Blickrichtung des Kindes, den (physischen) Kontext der Äußerung, die Körperhaltung der Beteiligten sowie das dieser Aussage Vorangegangene berücksichtigen. Die Interpretation dieses kommunikativen Aktes mit dem Fokus auf diskursive Aspekte ist somit sehr viel reichhaltiger, als eine linguistische Strukturbeschreibung mit Fokus auf Lexik und Syntax allein hervorzubringen vermag. Neben der Analyse lexikalischer Aspekte (z.B. Fachbegriffe und Nominalisierungen) und syntaktischer Aspekte (z.B. satzverbindende Konjunktionen und die Komplexität des Satzbaus) beziehen sich diskursive Aspekte folglich auch auf Mimik, Gestik, Handlungen, vorangegangene Ereignisse, die angenommenen Ziele und Erwartungen der Beteiligten sowie deren soziale Beziehungen zueinander. Bezogen auf den Mathematikunterricht bedeutet dies: Die an einem Interaktionsprozess beteiligten Lehrkräfte und Schüler*innen verfolgen während des Mathematikunterrichts mehr oder minder bewusst das Ziel, mit den eigenen Aussagen und Handlungen an dem Vorangegangenen anzuschließen und sich somit entsprechend des ‚Diskurses‘ zu verhalten. Auch Becker-Mrotzek und Brünner (2004) betonen in ihrer Ausarbeitung zum Erwerb kommunikativer Fähigkeiten, dass Diskurse als ein Resultat bzw. Produkt aller daran Beteiligten betrachtet werden können, weshalb die involvierten kommunikativen Kompetenzen des Individuums hier weniger ‚offensichtlich‘ sind als bei individuellen sprachlichen Tätigkeiten (wie etwa einem Einzelvortrag). Die Interaktion mehrerer Individuen wird somit als konstituierendes Merkmal eines Diskurses begriffen. Im *Lexikon der Sprachtherapie* definieren Quasthoff und Katz-Bernstein (2006) den Diskursbegriff folgendermaßen:

> Mit Diskurs im modernen umgangssprachlichen Sinne ist eine themenbezogene sprachlich-kommunikative Aktivität gemeint, die einen Bestandteil der Alltags- oder auch der Fachkultur darstellt. Zentral ist dabei der interpersonelle Aspekt, d.h. ein Diskurs setzt sich immer aus den Beiträgen mehrerer Beteiligter zusammen. (ebd., S. 72)

Dieses interaktionistisch geprägte Verständnis des Begriffes Diskurs ist anschlussfähig an die Kerngedanken der Interpretativen Unterrichtsforschung: Hiernach werden Bedeutungen in sozialen Interaktionen ausgehandelt, was sich folglich auch auf den je nach situativem Kontext unterschiedlich gearteten Charakter des Diskurses auswirkt (siehe Kapitel 6.3). Insbesondere Moschkovich (2002, 2007, 2016) setzt sich intensiv mit der soziokulturell und situativ geprägten Sprache im Kontext schulischer Bildung auseinander und plädiert dafür, dass Forschungen zur Sprache des Unterrichts interdisziplinäre Ansätze und Methoden nutzen sollten, um eine erweiterte Perspektive auf die Sprache der Lehrenden und Lernenden einzunehmen. Vor diesem Hintergrund ist bedeutsam, dass sich sowohl Forscher*innen als auch Akteur*innen im Bildungsbereich der Komplexität von Sprache bewusst sind.

> As a start, research needs to: (a) recognize the complexity of language use (in classrooms or other settings) and the need to explore language in all its complexity; (b) move beyond simplified views of language as words or vocabulary; (c) embrace the multimodal and multi-semiotic nature of mathematical activity; and (d) shift from monolithic views of mathematical discourse and dichotomized views of discourse practices. (Moschkovich, 2018, S. 39)

4.2 Studien zu diskursiven Aspekten des Mathematikunterrichts

Aus interaktionistischer Perspektive beleuchten Schütte, Jung und Krummheuer (2021) das Mathematiklernen in der frühen Kindheit und schreiben in diesem Kontext der Partizipation an Diskursen – also an interaktiven Aushandlungsprozessen des Mathematikunterricht – eine tragende Rolle für die mathematische Denkentwicklung zu. Somit verstehen sie einen Diskurs als ein interaktiv hervorgebrachtes und durch interaktive Prozesse veränderliches Konstrukt. Unter Rückgriff auf die von Bruner (1996) etablierten Denkmodi des narrativen und des formalen Denkens rekonstruieren sie die diskursiven Strukturen mathematisch orientierter Spiel- und Erkundungssituationen von Vorschüler*innen. Einen formalen Diskurs beschreiben sie in diesem Zusammenhang als inhaltlich-rational und logisch-sequenziell strukturiert (Schütte et al., 2021). Relationen zwischen Objekten und deren Eigenschaften stehen im Fokus und werden durch eine formale Logik bestimmt. Ein narrativer Diskurs hingegen kennzeichnet sich eher durch eine zeitlich-sequenzielle Strukturierung, bei der alltägliche Erfahrungen im Fokus des Aushandlungsprozesses stehen (ebd.). Im Gegensatz zu einem formalen Diskurs, bei dem universelle Begründungen unter Beachtung einer formalen Logik der Eigenschaften der Objekte entwickelt werden, werden bei einem narrativen Diskurs intuitive Begründungen entwickelt, die auf der emergierenden ‚Geschichte' beruhen (ebd.). Ihre Untersuchungen führen

Schütte, Jung und Krummheuer (2021) zudem auch zur Abduktion eines weiteren Diskursstils, den sie zwischen dem formalen und narrativen Diskurs verorten – der narratorische Diskurs. Bei diesem greifen die an der Interaktion Beteiligten ebenso auf eigene Erfahrungen zurück, im Fokus des Aushandlungsprozesses stehen sowohl die (mathematischen) Objekte als auch die mit ihnen verbundenen Erfahrungen. „Der Diskurs ist unspezifisch teils inhaltlich-relational bzw. logisch-sequenziell teils zeitlich-sequenziell" (ebd., S. 546). Abschließend betonen die Autor*innen die Bedeutsamkeit der Rekonstruktion von Diskursstilen für die Genese einer Theorie der mathematischen Denkentwicklung und die Möglichkeit, hierdurch die mathematisch-argumentativen Kompetenzen von Lernenden (longitudinal) beschreiben zu können. In diesem Zusammenhang betonen sie, dass ein formaler Diskurs keineswegs per se als lernförderlich(er) einzustufen ist, da an diesem oft nicht alle Schüler*innen gleichermaßen beteiligt sind. Hingegen sind narrative Diskurse „mathematische Diskurse mit einer für viele Kinder niedrigen Zugangsschwelle, in denen, wenn auch mitunter verborgen, Aushandlungen über mathematische Inhalte oder Probleme stattfinden" (ebd., S. 547) – wenngleich bei narrativen Diskursen zugleich die Gefahr besteht, dass einzelne Lernende in der Geschichte abtauchen und ihre Beiträge keiner formalen Logik zu folgen scheinen (ebd.). Abschließend schreiben sie dem narratorischen Diskurs ein besonderes Potenzial für die mathematische Denkentwicklung zu, da er durch seine Hybridfunktion als Bindeglied zwischen formalem und narrativem Diskurs zu vermitteln mag:

> Er bietet hierdurch aber auch eine besondere Möglichkeit für die Entwicklung von spezifischen argumentativen Fähigkeiten [...]. Die interaktionalen Bedingungen für die Möglichkeit einer mathematischen Denkentwicklung sind so vor allem im narratorischen Diskurs gegeben. (ebd., S. 548f.)

Auch zahlreiche Arbeiten um die Forschungsgruppe von Prediger und Quasthoff befassen sich mit ausgewählten *diskursiven Praktiken* und stellen die Diskurskompetenzen der Lernenden in den Mittelpunkt, da sie diesen insbesondere für kognitiv anspruchsvolle Lerninhalte Bedeutung beimessen (z.B. Hausendorf & Quasthoff, 2005; Prediger et al., 2016; Prediger, 2020a; Quasthoff & Morek, 2015). Diskursive Praktiken – wie beispielsweise Erklärungen und Argumentationen im Klassengespräch – charakterisieren sich durch die interaktive Hervorbringung äußerungsübergreifender Einheiten. Diskurskompetenz ist somit für erfolgreiches und situationsangemessenes Interagieren mit anderen Individuen nötig, da je nach Situation unterschiedliche (sprachliche) Anforderungen und Erwartungen gültig sind. Demnach müssen in sprachlichen Situationen, sequenzielle Abhängigkeiten, Muster sowie Zugzwänge erkannt und befolgt sowie gattungstypische sprachliche Mittel eingesetzt werden (Quasthoff & Katz-Bernstein, 2006). Die individuelle Diskurskompetenz der Lernenden scheint eng mit ihrer Teilhabe an Unterrichtsgesprächen und fachlichen Lerngelegenheiten zusammenzuhängen (Prediger et al., 2016). Am Beispiel der diskursiven Praktik des Erklärens[16] in Klassengesprächen beleuchtet

16 Dabei „soll mit dem Begriff der diskursiven Praktik in dieser Arbeit betont werden, dass der Gegenstand der Untersuchung mündliche, global organisierte, also satzübergreifende beziehungs-

Erath (2017) diese Zusammenhänge. Mit Hilfe eines rekonstruktiven Ansatzes untersucht sie, wie Erklärungen im Klassengespräch interaktiv etabliert werden und wie Schüler*innen an ihnen teilhaben. Ziel ist die Identifikation von Aspekten ‚guter' Erklärungen sowie die Rekonstruktion des Zusammenhangs zwischen der Teilhabe an Erklärprozessen sowie fachlichem Lernen (ebd.). Eine zentrale Erkenntnis der Studie ist, dass die „Unterschiede zwischen den Mikrokulturen [also den einzelnen Klassen] größer sind, als ihre Gemeinsamkeiten durch die Fachkultur der (Schul-)Mathematik" (ebd., S. 264, Ergänzung: E. B.). Somit wird empirisch belegt, dass sich die Äußerungsformen sprachlichen Handelns (in diesem Fall speziell bezogen auf das Erklären) je nach Klasse unterscheiden und dass es je nach Lerngruppe unterschiedliche Ansichten darüber zu geben scheint, was als eine ‚gute' Erklärung betrachtet wird.

Im Zusammenhang von Diskurs und Mathematikunterricht kann zudem auf Arbeiten aus dem angloamerikanischen Sprachraum verwiesen werden (z.B. Barwell, 2008, 2016; Morgan, 2014; Moschkovich, 2007; Sfard, 2007, 2008, 2012; Tabach & Nachlieli, 2011). Analog zum deutschsprachigen Raum besteht auch dort keine Einigkeit bezüglich des Diskursbegriffs und es wird kontrovers diskutiert, welchen diskursiven Kompetenzen eine besondere Bedeutung für das Lehren und Lernen von Mathematik beigemessen werden sollte (Morgan, 2014). Sfard (2008) beispielsweise begreift mathematisches Denken als eine Form der Partizipation an mathematischen Diskursen, die ihrerseits vier Merkmalsbereiche aufweisen: (1) Spezifika hinsichtlich einer mathematischen Lexik und Syntax (v. a. Fachvokabular), (2) visuelle Mediatoren wie verschriftete mathematische Formeln, Tabellen und Graphen, (3) Routinen wie bestimmte Muster und Algorithmen bei der Bearbeitung mathematischer Aufgaben sowie (4) akzeptierte Erzählweisen innerhalb einer bestimmten mathematischen Gemeinschaft (Sfard, 2008, 2012). Barwell (2008) geht ebenfalls auf die Vielfältigkeit mathematikdidaktisch orientierter Forschungen zu diskursiven Besonderheiten des Mathematikunterrichts ein und nutzt den Begriff *discourse*, ohne ihn näher zu erläutern als Synonym für verschiedene Formen der Kommunikation und Interaktion im Mathematikunterricht. Folglich ist allen Studien, die einen Fokus auf interaktive Aushandlungsprozesse, auf schriftliche Texte oder auch auf sozialsymbolischen Besonderheiten des Mathematikunterrichts legen, dieser Auffassung nach gleichsam etwas Diskursives inne.

Neben fachübergreifenden Sprachkonventionen der Institution Schule charakterisieren sich die einzelnen Schulfächer ebenfalls durch ihre je eigenen Sprachgebrauchsregeln und das, was von den Lernenden sprachlich erwartet und von ihnen – implizit wie explizit – vorausgesetzt wird (z.B. Becker-Mrotzek et al., 2013). Moschkovich (2018) und andere Autor*innen mathematikdidaktischer Publikationen (z.B. Bitterlich & Schütte, 2021; Schütte et al. , 2021; Tiedemann, 2014, 2015) betonen in diesem Zusammenhang, dass es nicht *den* Diskurs des Mathematikunterrichts mit eindeutig rekonstruierbaren Merkmalen

weise übersatzmäßige, Einheiten sind. Das heißt, dass Erklärungen unter dem Gesichtspunkt betrachtet werden, dass Lernende die Möglichkeit erhalten nicht nur lokal, beispielsweise durch einzelne Wörter, am Klassengespräch teilzuhaben, sondern durch längere Äußerungen, die über die Satzebene hinausgehen" (Erath, 2017, S. 13).

gibt, sondern dass sich je nach Klassenstufe, Lerngruppe, Lerngegenstand und Situation unterschiedliche Erwartungen und Anforderungen für sprachliche Handlungen ergeben.

> Mathematical discourse is not a singular, monolithic, or homogeneous practice or set of practices. It is a system that includes multiple forms and ranges over a spectrum of mathematical discourse practices in different settings and contexts, such as academic, workplace, playground, street-selling, home, etc. (Moschkovich, 2018, S. 39)

In diesem Zusammenhang versteht auch die vorliegende Arbeit Diskurse des Mathematikunterrichts sowie diskursive Kompetenzen als wandelbar und in hohem Ausmaß von der Interaktionssituation abhängig. Hierfür ist ein Blick auf das gesamte Interaktionsgeschehen sowie die Verwobenheit und Bezugnahmen der je einzelnen Aussagen und Handlungen nötig. Nachfolgend werden die diskursiven Aspekte beleuchtet, die im Rahmen der vorliegenden empirischen Auseinandersetzung untersucht werden.

4.3 Zwischenfazit: diskursive Aushandlungen mit und über einen Lebensweltbezug

Die obigen Ausführungen verdeutlichen, dass der Diskurs im Gegensatz zu Lexik und Syntax eine Ebene von Sprache darstellt, die sich weniger auf einzelne Wörter oder Sätze konzentriert, sondern vordergründig das Zusammenspiel mehrerer bzw. aller Aussagen und Handlungen eines gesamten Textes bzw. einer gesamten Interaktionssituation berücksichtigt. Ein Diskurs bezieht sich somit auf den gesamten Aushandlungsprozess einer Interaktionsgruppe innerhalb einer sozialen Situation – im Fall der vorliegenden Arbeit auf den interaktiven Aushandlungsprozess von Lehrenden und Lernenden in Situationen mit einem Lebensweltbezug im schulischen Mathematikunterricht. Der übersatzmäßige bzw. interaktionsübergreifende und interaktive Charakter von Diskursen im Mathematikunterricht wirkt sich nicht zuletzt auch auf die Analyse diskursiver Aspekte aus. Im Rahmen dieser Arbeit werden hierbei vordergründig solche Aspekte der verbalen, paraverbalen und nonverbalen Kommunikation betrachtet, die Aufschluss darüber geben, ob und wie eine Aussage oder Handlung an das vorherige Interaktionsgeschehen anschließt. Von besonderem Interesse ist hierbei, inwiefern sich die Beteiligten in der jeweiligen Interaktionssituation mit einem Lebensweltbezug ‚passend' verhalten und auf welche sprachlichen Ressourcen sie dabei zurückgreifen.

Ein diskursiver Aspekt, der im Rahmen dieser Arbeit untersucht wird, ist der *Grad der Kontextgebundenheit* von Aussagen – in diesem Zusammenhang werden häufig die Begriffe Dekontextualisierung und Kontextualisierung hinzugezogen (z.B. Cloran, 1994; Gellert, 2011). Im Fokus steht hierbei die Rekonstruktion derjenigen kommunikativen Ressourcen, die eine verbale wie auch nonverbale Handlung an das bisherige Interaktionsgeschehen und die Situation der Interaktion anbinden. Kontextgebundenheit wird unter anderem durch deiktische Mittel beeinflusst. Hierzu zählen beispielsweise Zeigegesten wie das Zeigen mit dem Finger auf einen Gegenstand, ein gehobener Daumen zum Ausdruck von *gut gemacht* sowie eine erhobene Hand bei einer Meldung im Unterricht;

aber auch sogenannte Zeigewörter wie *da, hier* und *jetzt* (z.B. Cloran, 1994; Gellert, 2011; Heppt, 2016; Tietze et al., 2016). Der Grad der Kontextgebundenheit beeinflusst beispielsweise, ob sich der Aushandlungsprozess eher auf einer abstrakt-symbolischen oder einer konkret-handelnden Ebene vollzieht. Während sich ein abstrakt-symbolischer Aushandlungsprozess eher als kontextentbunden charakterisieren lässt, ist ein konkret-handelnder Aushandlungsprozess, unter anderem bedingt durch Deixis, Mimik, Gestik, Handlungen sowie Anschauungsmittel, enger an die Interaktionssituation gebunden (Fetzer & Tiedemann, 2018; Jung & Schütte, 2017).

Weiterhin werden im Bereich der diskursiven sprachlichen Merkmale *situationsspezifische diskursive Erwartungen und Anforderungen an die Interaktionsteilnehmenden* beleuchtet (siehe auch Becker-Mrotzek et al., 2013; Bitterlich, 2018, 2023; Erath, 2017; Moschkovich, 2018; Tiedemann, 2015). Diese beziehen sich sowohl auf die sprachlichen Aussagen wie auch die para- und nonverbalen Handlungen der Beteiligten. Zentrale Leitfragen hierfür sind beispielsweise: Was wird von den Lernenden (sprachlich) erwartet? Welche (sprachlichen) Handlungen sind in einem bestimmten Interaktionskontext angemessen und welche nicht? In diesem Kontext sind auch die Konstellation der Interaktionsteilnehmenden zueinander sowie vorausgegangene Aushandlungsprozesse von Bedeutung, weshalb die an dieser Studie teilnehmenden Lerngruppen über einen Zeitraum von mehreren Wochen im Mathematikunterricht begleitet wurden (siehe Kapitel 7.1). Situationsspezifische Erwartungen und Anforderungen an die Interaktionsteilnehmenden lassen sich ebenfalls nur mit Blick auf den gesamten Text bzw. das gesamte Interaktionsgeschehen rekonstruieren und geben Aufschluss darüber, ob bzw. inwiefern die Beteiligten die (sprachlichen) Erwartungen und Anforderungen erkennen, erfüllen und explizit thematisieren.

5. Forschungsleitende Fragestellungen

Die Ausführungen der vorausgegangenen Kapitel zu Lebensweltbezügen, Sprachgebrauch und Diskurs belegen, dass Wechselwirkungen zwischen der Existenz eines Lebensweltbezugs und dem Sprachgebrauch bzw. diskursiven Aspekten in bisherigen Forschungsarbeiten kaum Beachtung finden. Weiterhin liegt der Fokus der Mehrheit der wissenschaftlichen Auseinandersetzungen zu Lebensweltbezügen im Mathematikunterricht bislang auf schriftbasierten Formaten wie Sachaufgaben, Textaufgaben und Modellierungen. Aus diesem Grund fokussiert diese Arbeit vor allem die Prozesse der interaktiven Aushandlung in Situationen des Mathematikunterrichts mit einem Lebensweltbezug. Es stellt sich die Frage, wie die beteiligten Schüler*innen und Lehrkräfte einen Lebensweltbezug und die durch ihn thematisierten mathematischen wie auch außermathematischen Sachverhalte interaktiv aushandeln, welche verbalen, paraverbalen und nonverbalen sprachlichen Mittel sie dafür nutzen und welche möglichen Deutungs- und Lernprozesse sich in diesen Situationen mit Lebensweltbezug ergeben. Folgende Fragestellung ist darum forschungsleitend für die vorliegende Arbeit:

> *Wie gestaltet sich die interaktive Aushandlung über den mathematischen Lerninhalt in Unterrichtssituationen mit einem Lebensweltbezug?*

Mit Bezug auf die vorangegangenen theoretischen Auseinandersetzungen wird diese forschungsleitende Fragestellung weiter ausdifferenziert: Zum einen sollen die in dieser Arbeit betrachteten Lebensweltbezüge näher charakterisiert werden. Bei bisherigen Untersuchungen zu Lebensweltbezügen liegt der Fokus vorrangig auf deren strukturellen Merkmalen sowie auf den Lösungsansätzen der Lernenden bei der Bearbeitung textbasierter Lebensweltbezüge im Mathematikunterricht (z.B. Stephany, 2018; Wilhelm, 2016). Im Rahmen dieser Arbeit ist vielmehr der *Prozess* der interaktiven Aushandlung über Lebensweltbezüge von Interesse. Hierfür werden die von Leuders und Kolleg*innen (2011) aufgestellten Merkmale für ‚sinnstiftende Kontexte' aufgegriffen: Anschlussfähigkeit, Reichhaltigkeit und Authentizität (siehe Kapitel 1.5). Diese Merkmale sind passungsfähig zu den von Franke und Ruwisch (2010) im Kontext des Sachrechnens thematisierten Fokussierungen: Kindorientierung respektive Lernendenorientierung, Fachorientierung und Sachorientierung. Es stellt sich die Frage, in welchem Ausmaß diese Merkmale eines Lebensweltbezugs anhand der Analyse des interaktiven Aushandlungsprozesses im Mathematikunterricht rekonstruiert werden können. Somit lautet die erste ausdifferenzierte Fragestellung:

> *Inwiefern lassen sich die analysierten Lebensweltbezüge des Mathematikunterrichts anhand der interaktiven Aushandlungsprozesses als authentisch, reichhaltig und anschlussfähig charakterisieren?*

Die vorangegangenen Ausführungen zur Bedeutsamkeit der Sprache in Lehr-Lern-Prozessen sowie der Existenz verschiedener Sprachregister im Mathematikunterricht (siehe

Kapitel 2 und 3) illustrieren darüber hinaus, dass sprachliche Kompetenzen einen bedeutsamen Einfluss auf das Lehren und Lernen von Mathematik ausüben und dass sich der Sprachgebrauch und die Normen des Sprachgebrauchs in verschiedenen Situationen des Unterrichts beziehungsweise innerhalb verschiedener Lerngruppen voneinander unterscheiden (z.B. Erath, 2017; Tiedemann, 2015). Die je unterschiedlichen Situationen des Mathematikunterrichts ergeben sich ethnomethodologischen Grundgedanken folgend (Garfinkel, 1967) aus den in der sozialen Interaktion hervorgebrachten und sich fortwährend verändernden sozialen Regel, die das interaktive (sprachliche) Handeln entsprechend „situationalistisch begrenz[en]“ (Bohnsack et al., 2006, S. 55, Anpassung: E. B.). Die sozialen Ordnungen innerhalb von Interaktionsgruppen – und somit auch die Erwartungen, Normen und Möglichkeiten des Sprachgebrauchs – stellen diesem Gedanken folgend eine von den Beteiligten selbst hergestellte ‚Vollzugswirklichkeit‘ dar (Bergmann, 1988). Momente des Mathematikunterrichts, in denen die Beteiligten im interaktiven Aushandlungsprozess einen Lebensweltbezug aufgreifen, werden in dieser Arbeit somit als interaktiv hervorgebrachte Situationen betrachtet und wirken sich folglich auch auf den Sprachgebrauch innerhalb dieser Situationen aus. Der Sprachgebrauch wiederum beeinflusst wechselseitig auch die Auseinandersetzung mit dem Lebensweltbezug – also die interaktiv hervorgebrachte Situation. Im Rahmen der Analyse des Sprachgebrauchs liegt der Fokus innerhalb der vorliegenden empirischen Auseinandersetzung darauf, wie die Beteiligten den Sprachgebrauch in interaktiven mathematischen Aushandlungsprozessen in Situationen mit einem Lebensweltbezug gestalten und gegebenenfalls verändern. Es stellt sich die Frage, auf welche sprachlichen Ressourcen sie während dieses Aushandlungsprozesses zurückgreifen. In diesem Sinn sind nicht nur Lexik und Syntax von Interesse, sondern vor allem auch sprachliche Aspekte auf der diskursiven Ebene. Daraus ergibt sich folgende zweite ausdifferenzierte Fragestellung:

> *Wie gestaltet sich der Sprachgebrauch in Situationen des Mathematikunterrichts mit einem Lebensweltbezug?*

Weiterhin können anhand der Analyse des Sprachgebrauchs sowie der Entwicklung des Lebensweltbezugs im Verlauf der interaktiven Aushandlung im Mathematikunterricht Annahmen darüber aufgestellt werden, wie insbesondere die involvierten Schüler*innen die Situation deuten und welche möglichen Lernprozesse hieraus resultieren. So ist eine zentrale Annahme der vorliegenden Arbeit, dass sich in Situationen mit einem Lebensweltbezug im Mathematikunterricht aufgrund der Koexistenz von außermathematischen und mathematischen Aspekten sowie der vermeintlichen Koexistenz verschiedener Sprachregister zahlreiche Möglichkeiten der inhaltlichen wie auch sprachlichen Partizipation am interaktiven Aushandlungsprozess ergeben, welche sich wiederum auf die individuellen fachlichen und sprachlichen Lernprozesse der Beteiligten auswirken. In diesem Zusammenhang ergibt sich folgende dritte ausdifferenzierte Fragestellung:

> *Welchen Einfluss hat die interaktive Aushandlung in den analysierten Sequenzen mit Lebensweltbezug auf die möglichen Lernprozesse der Schüler*innen?*

Insbesondere die dritte ausdifferenzierte Fragestellung verdeutlicht das interpretative und interaktionistisch geprägte Grundverständnis der vorliegenden Forschungsarbeit. Die bereits in den vorangegangenen Kapiteln mehrfach angeklungene methodologische Verortung sowie das methodische Vorgehen dieser Arbeit werden in den nachfolgenden Kapiteln erläutert.

6. Methodologische Verortung

Der zentrale Untersuchungsgegenstand dieser Studie sind interaktive Aushandlungsprozesse in Situationen des Mathematikunterrichts mit einem Lebensweltbezug. Die Analyse der interpretativen Aushandlungsprozesse ermöglicht die Rekonstruktion der emergierenden Lernprozesse der beteiligten Schüler*innen und Lehrkräfte in den jeweiligen Momenten des Mathematikunterrichts mit einem Lebensweltbezug. Es liegen jedoch unterschiedliche Vorstellungen und Konzepte für die Merkmale und Bedingungen gelingender Lernprozess vor. Darum soll das dieser Arbeit zugrundeliegende Lernverständnis, das bereits in den obigen Ausführungen Beachtung gefunden hat, nachfolgend skizziert werden (Kapitel 6.1). Daran anschließend wird die Zuordnung der vorliegenden Forschungsarbeit zur rekonstruktiv-interpretativen Sozialforschung und zum Interpretativen Paradigma erläutert (Kapitel 6.2), woran sich Ausführungen zur Interpretativen Unterrichtsforschung anschließen, innerhalb derer auch die vorliegende Arbeit verortet werden kann (Kapitel 6.3). Ein abschließendes Zwischenfazit resümiert die Bedeutsamkeit der hier zugrundeliegenden methodologischen Verortung für die Erforschung interaktiver Aushandlungsprozesse von Situationen des Mathematikunterrichts mit einem Lebensweltbezug (Kapitel 6.4).

6.1 Lernen als subjektiver und interaktiver Prozess

Es existieren verschiedene Vorstellungen davon, wie Lernprozesse ablaufen und wodurch sie sich kennzeichnen. Jeder Vorstellung liegen dabei unterschiedliche Ansichten zugrunde, welche Rolle Lehrkräfte und Schüler*innen im Lernprozess einnehmen und welche Bedingungen Lernprozesse begünstigen oder auch hemmen können (Schrittesser et al., 2019). Das Lernverständnis der vorliegenden Arbeit beruht auf der zentralen Annahme, dass Lernprozesse sowohl von individuellen Erfahrungen und Vorwissen wie auch von sozialen Interaktionen beeinflusst werden.

Die *individuelle Dimension des Lernens* beruht maßgeblich auf einer konstruktivistischen Lernvorstellung (z.B. Knorr-Cetina, 1989; Siebert, 2005; von Glaserfeld, 1997). Im Gegensatz zu behavioristischen und kognitivistischen Vorstellungen von Lernen liegt der Fokus bei konstruktivistischen Lerntheorien auf der eigenaktiven Interpretation und Konstruktion von Sinn und Bedeutung (Schrittesser et al., 2019). Gemäß einer konstruktivistischen Vorstellung sind Lernprozesse maßgeblich an persönliche Erfahrungen und individuelle Deutungsprozesse gebunden. Die Lernenden und ihr individueller Aufbau von Sinn und Bedeutung stehen bei dieser Lernvorstellung im Mittelpunkt, da die – maßgeblich durch das Medium Sprache vermittelten – Lerngegenstände von Person zu Person unterschiedlich gedeutet werden. Aufgrund dieser individuellen und durch subjektive Erfahrungen beeinflussten Wahrnehmung der Welt eines jeden Menschen existiert konstruktivistisch basierten Lerntheorien folgend keine ‚richtige' und allgemeingültige Wirklichkeit. Vielmehr führen die unterschiedlichen subjektiven Wahrnehmungen zu je verschiedenartigen subjektiven Wirklichkeiten (Bohnsack et al., 2006; Krummheuer &

Voigt, 1991). Lernen ist somit der eigenaktive und subjektive Aufbau von Bedeutungen und Bedeutungszuschreibungen, anstelle die bloße Übernahme fester Wissensbestandteile anhand einer Instruktion. So wird bei einer konstruktivistischen Perspektive auf Deutungs- und Lernprozesse davon ausgegangen, dass Wissen bzw. Lerninhalte nicht 1:1 von einer Person auf die andere übertragen werden können (Schrittesser et al., 2019).

> Wissen ist kein Bild oder keine Repräsentation der Realität, es ist vielmehr eine Landkarte dessen, was die Realität uns zu tun erlaubt. Es ist das Repertoire an Begriffen, begrifflichen Beziehungen und Handlungen oder Operationen, die sich in der Verfolgung unserer Ziele als viabel erwiesen haben. (von Glasersfeld 1997, S. 202)

Unter Beachtung dieser Kerngedanken sollten sich Lehrende weniger als Wissensvermittler*innen, sondern vielmehr als Lernbegleiter*innen verstehen, die sich vorrangig für die Bereitstellung von individuell erfahrbaren Lernräumen verantwortlich fühlen.

Während bei der individuellen Dimension des Lernens vor allem die subjektiven Deutungsprozesse im Fokus stehen, beleuchtet die *soziale Dimension des Lernens*, inwiefern es zu einer Annäherung der je individuellen Deutungen kommt. Lernprozesse sind gemäß dieser Perspektive abhängig von einer ko-konstruktiven Aushandlung von Bedeutung, also an soziale Interaktionen gebunden (z.B. Cobb & Bauersfeld, 1995; Lave & Wenger, 2008).

> Lernen ist jedoch nicht nur eine individuelle Konstruktion kognitiver Konzepte, sondern auch ein sozialer Prozess, der in der Interaktion zwischen Menschen und in der Auseinandersetzung von Menschen mit Dingen stattfindet. (de Boer, 2012, S. 66)

Gemäß einer sozial-konstruktivistischen und interaktionistischen Perspektive auf Lernprozesse gilt die methodologische Grundannahme, dass Deutungen und Be-Deutungen maßgeblich in sozialen Interaktionen ausgehandelt werden. Demnach ist Lernen keinesfalls ausschließlich ein individueller Prozess einer einzelnen Person, sondern ist maßgeblich an interaktive Aushandlungsprozesse mit anderen gebunden. Schulisches Lernen stellt einen interaktiven Prozess gemeinsamer Bedeutungsaushandlungen dar, wonach die Entwicklung von Themen und Sachverhalten einerseits an die individuellen Deutungen und Erfahrungen der Beteiligten und andererseits an die interaktive Aushandlung des Unterrichts gebunden ist (Schelle, 2010; Vogler, 2020). Durch den Austausch mit anderen werden in Folge auch die individuellen Konstruktionsprozesse einer Person beeinflusst. Vor allem Differenzen in den Wahrnehmungen und Deutungen der am Unterricht Beteiligten werden in diesem Kontext als initiierende Momente für Umdeutungs- und Lernprozesse verstanden, sofern diese Deutungsdifferenzen in der interaktiven Aushandlung Beachtung finden (z.B. Krummheuer, 1992; Miller, 2006; Nührenbörger, 2009). Somit beeinflussen sich die individuelle Dimension und die soziale Dimension des Lernens gegenseitig. Lernprozesse vollziehen sich nicht allein in der selbstständigen Auseinandersetzung eines Individuums mit seiner Umwelt, sondern sind maßgeblich an sozialen Aushandlungsprozesse mit anderen gebunden. Interaktive Aushandlungsprozesse des Mathematikunterrichts können somit zugleich individuelle wie auch soziale Lernprozesse initiieren und werden innerhalb dieser Arbeit unter Beachtung des Interpretativen Paradigmas empirisch untersucht. Das Interpretative Paradigma als bedeutsamer Grundsatz der hier vorliegenden rekonstruktiven Sozialforschung wird nachfolgend erläutert.

6.2 Interpretatives Paradigma und rekonstruktive Sozialforschung

Die vorliegende Untersuchung stellt eine qualitative Forschung dar. Genauer: Eine rekonstruktive Sozialforschung im Bereich Mathematikdidaktik. Qualitative Forschungen basieren häufig auf einem rekonstruktivem Vorgehen und zielen auf eine möglichst detaillierte Beschreibung des Untersuchungsgegenstandes ab (Schreiber et al., 2015). Im Gegensatz zu quantitativen Studien liegt der Fokus bei qualitativen Untersuchungen nicht darauf, anhand einer möglichst großen und repräsentativen Stichprobe statistische Aussagen zu treffen (Kruse, 2015). Vielmehr werden Einzelfälle ausführlich untersucht und interpretiert.

> Im qualitativen bzw. geisteswissenschaftlichen Ansatz sollen soziale Sachverhalten [sic!] umfassend beschrieben werden, d. h. nicht einzelne Variablen, sondern der „ganze Mensch" steht im Fokus. Zudem gehe es nicht um das „Erklären" von Sachverhalten aufgrund von Ursache-Wirkungs-Mechanismen wie in den Naturwissenschaften, sondern um das „Verstehen" des subjektiven Sinns menschlichen Handelns. (Bortz & Döring, 2016, S. 14)

Anschlussfähig an die vorangegangenen Ausführungen zum zugrundeliegenden Lernverständnis basieren rekonstruktive Sozialforschungen auf der sozial-konstruktivistischen Grundannahme, dass Wirklichkeit als sozial konstruiertes und veränderliches Phänomen betrachtet wird (Bohnsack et al., 2006). Die individuellen Wirklichkeitskonstruktionen und die daraus emergierenden sozialen Handlungspraxen sind das Ergebnis subjektiver Deutungsprozesse und den beteiligten Individuen häufig nicht vollumfänglich bewusst. So beherrschen die Beteiligten zwar die Regeln für sozial akzeptierte Handlungen in bestimmten Kontexten, können diese aber häufig nicht benennen (ebd.). Die Rekonstruktion dieses unbewussten Regelwissens sowie der dahinterliegenden Deutungsprozesse verlangt ergebnisoffene Erhebungsverfahren sowie die Offenheit der Forschenden für unvorhergesehene Entdeckungen und Fragestellungen. In diesem Kontext spielt das *Interpretative Paradigma* eine bedeutsame Rolle. Dieses beruht auf der zentralen Vorstellung, „dass jegliche soziale Ordnung auf interpretativen Leistungen der Handelnden beruht" (ebd., S. 93). Während beim normativen Paradigma davon ausgegangen wird, dass eindeutige und regelgeleitete Ursache-Wirkungs-Zusammenhänge zwischen sozialen Regeln und sozialem Handeln bestehen (wodurch Interaktionsprozesse als determinierte und eindeutige Abläufe begriffen werden) beruht das Interpretative Paradigma auf folgender Annahme:

> Menschen müssen die Situationen und Beziehungen, in denen sie sich befinden und bewegen, permanent deuten und verstehen, um handeln zu können. Solche Situationen sind nicht einfach gegeben oder aus vorgefertigten Normen und Rollenschemata aufgebaut. Sie erfordern von den Beteiligten eine aktive Gestaltungs- und Deutungsleistung. (Keller, 2012, S. 11)

Arbeiten zum Interpretativen Paradigma betonen, dass soziale Ordnungen auf den individuellen interpretativen Leistungen der Handelnden beruhen. Im Mittelpunkt steht die Frage nach dem Sinn von sozialem Handeln und wie dieser von den Handelnden selbst konstruiert wird (Bohnsack et al., 2006). Beim Interpretativen Paradigma wird die Bedeutung von Interpretationsleistungen zudem in doppelter Weise berücksichtigt: Zum einen sind Menschen ‚Kulturwesen', die gemeinschaftlich mit anderen Individuen zusammenleben und vor diesem Hintergrund die Welt, in der sie sich bewegen, individuell deuten, also interpretieren. Zum anderen interpretieren Außenstehende, wie etwa Forschende, die ‚von außen' soziale Interaktionen und individuelle Deutungsprozesse untersuchen, ihrerseits die Deutungs- und Interpretationsprozesse der untersuchten Personen des empirischen Feldes (Keller, 2012). Ansätze des Interpretativen Paradigmas begreifen soziale Interaktion demnach als einen interpretativen Prozess und betonen das wechselseitige Aufeinander-Einwirken von Handlungen und dass jede Handlung Teil eines umfangreichen Interaktionsprozesses ist (Keller, 2012). Forschungsmethodische Ansätze und Positionen, die auf dem Interpretativen Paradigma beruhen, sind beispielsweise der Symbolische Interaktionismus (Blumer, 1969, 2011), die Ethnomethodologie (Garfinkel, 1967) sowie die sozialkonstruktivistische Wissenssoziologie (Schütz & Luckmann, 2003).

> Die unterschiedlichen Akzentuierungen des Interpretativen Paradigmas haben ihre gemeinsamen sozialtheoretischen Ausgangspunkte in der Betonung des aktiven und kreativen menschlichen Zeichen- und Symbolgebrauchs, des permanenten Zusammenspiels von Deuten und Handeln in konkreten Situationen sowie der interaktiven Herstellung sozialer Ordnungen. (Keller, 2012, S. 17)

Ein bedeutsames Merkmal qualitativer Sozialforschung ist überdies, dass die Forschenden zumeist ein gewisses Vorwissen zum empirischen Feld haben. Sie betrachten das Forschungsfeld bzw. die im Fokus der Untersuchung stehenden sozialen Gruppen durch ‚Linsen' der ihnen bereits vorhandenen Konzepte sowie theoretischen Kategorien. Die Vorkenntnisse der Forschenden sind für sie von Vorteil, denn „sie benötigen eine bestimmte theoretische Perspektive, um ‚relevante Daten' zu ‚sehen'" (Kelle & Kluge, 2010, S. 28). Diese sogenannte theoretische Sensibilität (Glaser & Strauss, 1967) drückt sich in Form sensibilisierender Konzepte bzw. sensitizing concepts aus (Blumer, 1954; Kelle & Kluge, 2010). *Sensibilisierende Konzepte* – wie bei der vorliegenden Arbeit etwa das theoretische Verständnis zum Begriff *Lebensweltbezug* (Kapitel 1.1) – entwickeln sich im Zuge der fortlaufenden empirischen Auseinandersetzung mit dem Datenmaterial weiter. Sie präzisieren und konkretisieren sich. „Whereas definitive concepts provide prescriptions of what to see, sensitizing concepts merely suggest directions along which to look" (Blumer, 1954, S. 7). Sensibilisierende Konzepte legen den Fokus auf ausgewählte und bedeutsame Aspekte sozialer Interaktionen und stellen somit theoretische Grundlagen für die Erforschung bestimmter sozialer Begebenheiten bereit. Zugleich werden durch die Fokussierung auf ausgewählte Merkmale sozialer Interaktionen (notwendigerweise) andere Aspekte der betrachteten sozialen Interaktionen ausgeblendet. Nach Kelle und Kluge (1999) stellt die Vagheit eines solchen soziologischen Konzeptes eine bedeutsame Voraussetzung für die Forschung dar:

> Der qualitative Feldforscher oder die Forscherin verwendet die (oft notwendigerweise vagen und vieldeutigen) theoretischen Begriffe aus soziologischen Theorien als sensibilisierende Konzepte, die in Auseinandersetzung mit dem empirischen Feld konkretisiert und damit in definitive Konzepte umgewandelt werden. (ebd., S. 27)

Ein bedeutsamer Forschungszweig, der sich innerhalb der rekonstruktiven Sozialforschung etabliert hat und dem Kerngedanken des Interpretativen Paradigma Folge leistet, ist die Interpretative Unterrichtsforschung, der sich auch die vorliegende Arbeit zuordnen lässt.

6.3 Interpretative Unterrichtsforschung

Ansätze der Interpretativen Unterrichtsforschung gründen sich vor allem auf dem Symbolischen Interaktionismus (Blumer, 1969, 2011) sowie der Ethnomethodologie (v. a. Garfinkel, 1967). Sie finden in zahlreichen mathematikdidaktischen Forschungen, die Interaktionsprozesse des Mathematikunterrichts analysieren, Beachtung (z.B. Brandt & Gerlach, 2023; Klose, 2022; Krummheuer & Voigt, 1991; Schütte et al., 2021; Tiedemann, 2012; Vogler, 2020). Gemäß einer interaktionistischen Perspektive gilt die methodologische Grundannahme, dass Bedeutungen in sozialen Interaktionen ausgehandelt werden. Die interpretativ Forschenden wiederum rekonstruieren diese Bedeutungsaushandlungsprozesse unter besonderer Beachtung der beobachteten oder videografierten Interaktionen. „Die interpretative Forschung versucht die Unterrichtswirklichkeit und die Themen in ihr aus der Binnenperspektive der Handelnden zu verstehen“ (Maier & Voigt, 1991, S. 8). Anschlussfähig an das zugrundeliegende Lernverständnis dieser Arbeit wird bei der Interpretativen Unterrichtsforschung neben subjektiven Deutungsprozessen insbesondere der sozialen und interaktiven Bedeutungsaushandlung ein zentraler Stellenwert für Lehr-Lern-Prozesse beigemessen. In und durch die Partizipation an kollektiven Aushandlungen über Inhalte, Begriffe sowie Verfahren des Mathematikunterrichts eröffnen sich den Schüler*innen zahlreiche Gelegenheiten für mathematische Lernprozesse und beeinflussen nicht zuletzt auch ihre subjektiven Interpretationen (Jung, 2019; Krummheuer & Brandt, 2001).

> Mathematiklernen lässt sich hiernach als ein wechselseitig bezugnehmender Prozess von ‚Außen‘ – der Partizipation an Interaktionsprozessen – und ‚Innen‘ – den kognitiven Umstrukturierungen des Individuums – verstehen. Interaktionistische mathematikdidaktische Arbeiten fokussieren dabei vor allem auf die Analyse situativer Bedeutungsaushandlungen mathematischer Objekte bzw. Inhalte. (Schütte et al., 2021, S. 527)

Interpretative Unterrichtsforschungen der Mathematikdidaktik zielen somit darauf ab, die subjektiven wie auch kollektiven Deutungen der am Mathematikunterricht Beteiligten zu einem mathematischen Lerngegenstand zu rekonstruieren, indem sie diese Deutungen beschreibend interpretieren. Die individuellen und je subjektiven Deutungen werden hierbei als *Situationsdefinitionen* bezeichnet. Diese individuellen Situationsdefinitionen entwickeln und verändern sich während der Interaktion, indem die Individuen mögliche Deutungen der anderen Beteiligten antizipieren und an diese anpassen. „Mit dem Begriff Situationsdefinition ist somit nicht ein Produkt bzw. eine Definition, sondern der nach vorn offener Prozess einer permanenten Deutungsaktivität gemeint." (ebd., S. 529).

Da sich die individuellen Situationsdefinitionen somit in und durch sozialen Interaktionen ausformen und verändern, haben auch sie folglich einen interaktiven Charakter und sollten vor diesem Hintergrund nicht als ‚privat' und unveränderlich missverstanden werden (Keller, 2012). So findet in und durch die Interaktion mit anderen kontinuierlich ein wechselseitiger Abgleich der individuellen Situationsdefinitionen der einzelnen Subjekte statt, bei denen die individuellen Situationsdefinitionen der Einzelnen ‚sichtbar' oder gar zum Aushandlungsgegenstand werden können. Dies führt dazu, dass sich die individuellen Situationsdefinitionen der Beteiligten im Prozess der interaktiven Aushandlung verändern und einander annähern können, was zur „Hervorbringung einer als geteilt geltenden Deutung" führen kann (Schütte et al., 2021, S. 530). Solch eine als gemeinsam geteilt geltende Deutung wird in jüngeren Arbeiten der Interpretativen Unterrichtsforschung vornehmlich als *Deutungsinterim* bezeichnet (ebd.). Ein Deutungsinterim entwickelt sich im Zuge sozialer Aushandlungsprozesse und ist somit sozial konstituiert. Es stellt ein ‚Anregungspotenzial' für situationsüberdauernde kognitive Konstruktions- und Umstrukturierungsprozesse des Individuums dar" (ebd., S. 530). Wird ein Deutungsinterim mehrfach in sozialen Situationen ausgehandelt, so verfestigen sich auch die individuellen Situationsdefinitionen der Beteiligten und gleichen sich zunehmend einander an, sodass sie einen routinierten, standardisierten Charakter erhalten und in vergleichbaren Settings erneut abgerufen werden können (ebd.). Ist dies der Fall, wird ein Deutungsinterim als *Rahmung* bezeichnet (zum Begriff siehe Krummheuer, 1992). Ein Deutungsinterim erwächst folglich in und durch Interaktion und führt potenziell zu Veränderungen sowie der gegenseitigen Annäherung individueller Situationsdefinitionen. Die gegenseitige Annäherung der individuellen Situationsdefinitionen wiederum begünstigt das Zustandekommen einer den Beteiligten gemeinsamen Rahmung, vor deren Hintergrund sie spätere vergleichbare Situationen gemäß dem Deutungsinterim ähnlich deuten.

> Nur auf Basis dieser als geteilt geltenden Deutung dessen, was gerade ‚Sache ist', kann sich eine Interaktion weiterentwickeln. Misslingt dieser Abgleich der individuellen Deutungen, bricht die Interaktion auseinander oder ‚schläft ein'. (Krummheuer & Fetzer, 2005, S. 18)

An dieser Stelle wird erneut die Passung zum Lernverständnis dieser Arbeit deutlich: Während Situationsdefinitionen eher die individuelle Dimension des Lernens abbilden, fokussieren die Emergenz eines Deutungsinterims und einer situationsüberdauernden Rahmung vor allem die soziale Dimension des Lernens. In diesem Zusammenhang wird die „interaktive Einbindung der Schüler[*innen] in das gemeinsame Erzeugen von Unterrichtsverläufen [...] als zentrale soziale Konstituente des Lernens [...]" betrachtet (Naujok et al., 2008, S. 780, Anpassung: E. B.). Lernprozesse werden folglich neben individuellen Deutungs- und Interaktionsleistungen vor allem durch soziale Interaktionen und die Herstellung eines Deutungsinterims beeinflusst (Krummheuer & Naujok, 1999). Die Rekonstruktion individueller wie auch geteilter Deutungsprozesse zielt darauf ab, das Handeln der beteiligten Personen nachzuvollziehen und weitere Handlungspotenziale aufzuzeigen. In diesem Zusammenhang betont Krummheuer (1992), dass die an einer Interaktion Beteiligten ihre unterschiedlichen Situationsdefinitionen in den interaktiven Aushandlungsprozess einbringen und dass damit einhergehende Deutungs- und Rahmungsdifferenzen konstitutiv für Lernprozesse sind. Krummheuer (1992) folgend stellen Deutungs- und. Rahmungsdifferenzen im schulischen Kontext einen Motor für Aushandlungsprozesse dar, weil die an der Interaktion beteiligten Lehrpersonen und Schüler*innen tendenziell bestrebt sind, ihre asynchronen Deutungen der Situation einander anzunähern, um damit einen gemeinsamen Interaktionsraum zu etablieren. Die unterschiedlichen subjektiven Deutungen konfrontieren die Beteiligten mit „interpersonellen Koordinationsproblemen in der Interaktion" (Schütte, 2009, S. 56), ohne deren An- und Abgleichen die Interaktion zum Erliegen kommen würde.

6.4 Zwischenfazit – Lernen in und durch Interaktion in Situationen mit Lebensweltbezug

Zusammenfassend finden Lernprozesse dem dieser Arbeit zugrundeliegenden Lernverständnis dann statt, wenn die Lernenden (1) aufgrund ihrer Erfahrungen subjektive Deutungen vornehmen können – sie also individuelle Situationsdefinitionen aufbauen – und (2) sie diese Deutungen in der Interaktion mit anderen verhandeln und einander annähern – was zur Genese eines Deutungsinterims führen kann. Bezogen auf den Untersuchungsfokus dieser Arbeit bedeutet das Folgendes:

(1) Der Interaktionsgegenstand muss für die individuelle Konstruktion von Sinn und Bedeutung anschlussfähig an die Erfahrungen der Lernenden sein. In diesem Zusammenhang ist bedeutsam, dass die Lernenden sowohl zum mathematischen wie auch zum außermathematischen Sachverhalt eines Lebensweltbezugs Deutungen aufbauen und diese miteinander in Beziehung setzen. Wird einer dieser beiden Bereiche vernachlässigt, könnten die Lernenden Situationsdefinitionen aufbauen, bei denen die Verbindung – also der „Bezug" – zwischen Mathematischem und Außermathematischen vernachlässigt wird, nicht erkannt wird oder keine Rolle spielt. Bezogen auf Lernprozesse bedeutet dies, dass die Potenziale und Ziele von Lebensweltbezügen (bspw. die Illustration oder Anwendung eines mathematischen Lerngegenstandes an einem außermathematischen Beispiel) nicht ausreichend ergriffen werden. Diese Forschungsarbeit zielt somit darauf ab, individuelle Deutungen der Beteiligten zu rekonstruieren, um anhand dieser Annahmen über möglich Lernprozesse treffen zu können. Hierbei wird insbesondere darauf geachtet, auf welche sprachlichen Ressourcen die Beteiligten in interaktiven Aushandlungen mit einem Lebensweltbezug im Mathematikunterricht zurückgreifen und wie sich der Lebensweltbezug im Interaktionsprozess charakterisiert und gegebenenfalls verändert.

(2) Darüber hinaus ist von Interesse, wie die Beteiligten interaktive Aushandlungsprozesse mit einem Lebensweltbezug gestalten. So können anhand der Betrachtung des interaktiven Aushandlungsprozesses Deutungsdifferenzen sowie emergierende Deutungsinterims rekonstruiert werden, die ebenfalls bedeutsam für das Aufstellen von Annahmen zu den Lernprozessen der Schüler*innen sind. Der Blick auf die interaktiven Prozesse und die hierdurch interaktiv bedingten Lernprozesse ist vor allem vor dem Hintergrund wichtig, da die Deutungen der Lernenden ohne die soziale Interaktion eher auf der Ebene von individuellen und potenziell nicht hinreichend einander passungsfähigen Situationsdefinition verbleiben. Bei Lebensweltbezügen werden mathematische und außermathematische Aspekte miteinander verbunden, was im Rahmen ihrer interaktiven Aushandlung während des Mathematikunterrichts potenziell mit vielfältigen Möglichkeiten der sprachlichen und inhaltlichen Partizipation einhergeht und den Schüler*innen darum vielseitige Gelegenheiten zum sprachlichen und fachlichen Lernen eröffnet. Diese Chance geht weiterhin auch damit einher, dass es verstärkt zu Deutungsdifferenzen unter den beteiligten Schüler*innen und Lehrkräften kommen kann, wenn diese beispielsweise unterschiedliche sprachliche und inhaltliche Aspekte fokussieren. Diese Deutungsdifferenzen scheinen insbesondere dann ihre lernförderliche Wirkung als *Motor des Lernens* (Krummheuer, 1992; Schütte, 2014) zu entfalten, wenn sie interaktiv ausgehandelt und hierdurch tendenziell aufgelöst werden. In diesem Fall bergen Momente der interaktiven Bedeutungsaushandlung mit beziehungsweise über einen Lebensweltbezug das Potenzial, dass sich die zuerst je individuellen Situationsdefinitionen der beteiligten Schüler*innen und Lehrkräfte zunehmend einander annähern. Zum anderen können Deutungsdifferenzen auch lernhemmend wirken. Nämlich dann, wenn sie übergangen, ignoriert oder nicht erkannt werden, da in diesem Fall die je unterschiedlichen Situationsdefinitionen der Beteiligten ohne einen interaktiven Austausch auf individueller – und somit potenziell einander nicht hinreichend passungsfähiger – Ebene verbleiben.

Die Analyse des Charakters und der Entwicklung eines Lebensweltbezugs im interaktiven Aushandlungsprozesses sowie die Analyse des Sprachgebrauchs fließen gleichermaßen in die im Rahmen dieser Arbeit aufgestellten Annahmen zu möglichen Deutungen und Deutungsdifferenzen der beteiligten Schüler*innen und Lehrkräfte mit ein – und somit auch in die Analyse möglicher Lernprozesse. Insbesondere die Analyse diskursiver sprachlicher Aspekte sowie Annahmen zu den Deutungen und Lernprozessen der Schüler*innen verlangen einen interpretativen Blick auf die Situationen des Mathematikunterrichts mit einem Lebensweltbezug. Die Verortung dieser Arbeit in interaktionistischen Ansätzen der Interpretativen Unterrichtsforschung der Mathematikdidaktik geht folglich auch mit einem interaktionistisch geprägten forschungsmethodischen Zugang zum Forschungsfeld einher, welcher im nachfolgenden Kapitel illustriert wird.

7. Methodisches Vorgehen

Die aus den theoretischen Auseinandersetzungen mit Sprache bzw. Sprachregistern sowie Lebensweltbezügen im Mathematikunterricht abgeleiteten forschungsleitenden Fragestellungen werden im Rahmen dieser Arbeit mithilfe eines interpretativen Vorgehens empirisch aufgearbeitet. Dieses Kapitel widmet sich dem methodischen Vorgehen dieser Arbeit, bevor im Anschluss daran die Analysen ausgewählter Unterrichtssequenzen des Mathematikunterrichts mit einem Lebensweltbezug vorgestellt werden. Hierfür erfolgt zuerst die Darstellung der übergeordneten Rahmenbedingungen der vorliegenden empirischen Studie sowie der Datenerhebung an den teilnehmenden Schulen (Kapitel 7.1). Anschließend wird geschildert, wie die erhobenen Daten für die Analyse ausgewählt und als Transkripte aufbereitet worden sind (Kapitel 7.2). Danach erfolgt die Beschreibung des analytischen Vorgehens dieser Arbeit. In diesem Zusammenhang wird das Analyseraster der vorliegenden Arbeit vorgestellt und die Methode der Interaktionsanalyse erläutert (Kapitel 7.3). Abschließend wird illustriert, inwiefern die Konzepte *Komparation* und *Abduktion* relevant für die vorliegende Arbeit sind (Kapitel 7.4).

7.1 Rahmenbedingungen und teilnehmende Lerngruppen

Es gibt verschiedenste Methoden der Datenerhebung und Datenanalyse. Die vorliegende Arbeit kann als *Feldforschung* bezeichnet werden, da sie – im Gegensatz zu einer Laborstudie – im natürlichen Umfeld Schule stattfindet, sodass das Verhalten der beteiligten Lerngruppen in einem für sie gewohnten und alltäglichen Setting erhoben werden kann (Bortz & Döring, 2016). Ein zentrales Anliegen der vorliegenden Arbeit ist es, möglichst authentische und ‚natürliche' Daten zum Mathematikunterricht zu gewinnen, um die interaktiven Aushandlungsprozesse in Situationen mit einem Lebensweltbezug analysieren zu können. Leitgedanke hierfür ist, dass der Unterricht dann möglichst natürlich ist, wenn die forschende Person keine Vorgaben zu den Inhalten sowie Methoden des Unterrichts macht und sich die Datenerhebung möglichst ‚unauffällig' gestaltet.

Die Akquisition von teilnehmenden Schulen bzw. Lerngruppen im Vorfeld der eigentlichen Datenerhebung hat sich als herausfordernd gestaltet, da die Daten nicht mittels Interviews, Fragebögen oder Beobachtungen gewonnen werden, sondern mithilfe der Videografie des Mathematikunterrichts. Lehrkräfte wie auch Schüler*innen und deren Sorgeberechtigte begegneten der Datenerhebung in Form von Videografien des Unterrichts teilweise skeptisch. So muss bei der Erhebung von Videomaterial vorab genau mit den Teilnehmenden geklärt werden, wofür die Daten verwendet, ob sie weitergegeben und inwiefern sie anonymisiert werden (ebd.). Zwar gestaltet sich die Transkription von Videoaufnahmen um „ein Vielfaches aufwändiger als die Verschriftung von Audioaufnahmen" (ebd., S. 368), doch können beim Videomaterial neben sprachlichen Informationen auch Aspekte wie Mimik, Gestik, Materialhandlungen sowie räumliche Besonderheiten berücksichtigt werden. Im Zeitraum 2017 bis 2018 beteiligten sich insgesamt zwei

Grundschulen sowie eine reformpädagogisch ausgerichtete Oberschule an der Untersuchung und gestatteten schließlich das Videografieren des Mathematikunterrichts in insgesamt sieben ausgewählten Lerngruppen für einen Zeitraum von zwei bis fünf zusammenhängenden Schulwochen. Insgesamt wurden 60 Stunden Mathematikunterricht von je 45 Minuten Dauer videografiert – Blockstunden im Umfang von 90 Minuten werden hierbei als zwei Einheiten gezählt.[17] Im Rahmen dieser Arbeit liegt der Fokus auf dem Mathematikunterricht an Grundschulen, da für diese Schulart die meisten Daten vorliegen (44 von 60 videografierten Unterrichtsstunden).

Unter der Zielsetzung möglichst ‚natürliche Daten' zu sammeln, wurden die drei teilnehmenden Schulen im Vorfeld der Erhebung nicht darüber informiert, dass der Forschungsfokus auf Lebensweltbezügen im Mathematikunterricht liegt. Vielmehr wurden die beteiligten Lehrpersonen vor der Datenerhebung dazu angehalten, ihren Unterricht möglichst normal und so ‚wie immer' abzuhalten. Auch ohne eine direkte Intervention oder Instruktion der Lehrenden durch die Verfasserin dieser Arbeit konnten in allen teilnehmenden Lerngruppen mehrfach mündlich initiierte und interaktiv ausgehandelte Lebensweltbezüge rekonstruiert werden. Dies lässt annehmen, dass Lebensweltbezüge – mündlich wie auch schriftlich – einen elementaren Bestandteil des alltäglichen Mathematikunterrichts darstellen. Während der videografierten Mathematikstunden war ausschließlich die Verfasserin dieser Arbeit als externe Person in den Lerngruppen anwesend und hat neben der Sicherstellung der technischen Modalitäten für die Videoaufzeichnung unterrichtsbegleitend Beobachtungen protokolliert. Dadurch ist es möglich, die Lerngruppe und ihre Lehrperson sowie lerngruppenspezifische unterrichtliche Abläufe und Besonderheiten kennenzulernen und die einzelnen Mathematikstunde miteinander in Beziehung zu setzen.

7.2 Aufbereitung der Daten – Auswahl und Transkription

7.2.1 Auswahl der Daten

Nach der Erhebung der Daten wurden die Unterrichtsvideos mehrfach gesichtet und einzelne Abschnitte der komplett videografierten Mathematikstunden wurden für die Analyse ausgewählt. Diese einzelnen Abschnitte des Unterrichtsgeschehens werden hier als Sequenzen bezeichnet. Eine Unterrichtsstunde kann sich aus mehreren Sequenzen zusammensetzen, die beispielsweise inhaltlich oder unterrichtsorganisatorisch verschieden sind (z.B. die Einführung eines neuen mathematischen Lerninhaltes im Plenum einerseits sowie der Vergleich einer Hausaufgabe zu einem bereits bekannten mathematischen Sachverhalt in Partnerarbeit andererseits). Die Sequenzen wiederum können in einzelne Szenen unterteilt werden (um beim Beispiel des Hausaufgaben-Vergleichs zu bleiben beispielsweise in eine anfängliche Findungs- und Abstimmungsphase, das Abgleichen der

17 Aufgrund von Überschneidungen im Stundenplan, konnten nicht alle Mathematikstunden aller teilnehmenden Lerngruppen über den gesamten Zeitraum hinweg begleitet werden.

einzelnen Aufgaben sowie die Diskussion über eine strittige Aufgabe). So wurden durch die forschende Person – auch unter Beachtung der erstellten Beobachtungsnotizen – insgesamt 48 Unterrichtssequenzen mit einem interaktiv ausgehandelten Lebensweltbezug für die Transkription ausgewählt. Schließlich wurden 18 dieser 48 Sequenzen aufgrund ihrer Passung zu den forschungsleitenden Fragestellungen dieser Arbeit sowie ihrer inhaltlichen und interaktiven Reichhaltigkeit mithilfe der Interaktionsanalyse analysiert.[18] Sechs dieser analysierten Sequenzen sind in dieser Arbeit enthalten.

7.2.2 Transkription der Daten

Transkripte dienen der Verschriftlichung der erhobenen audiovisuellen Daten, damit diese schriftlich konserviert und in einer schriftlichen Publikation nachvollziehbar wiedergegeben werden können. Damit parallele (Sprach-)Handlungen verschiedener Zeilen des Transkripts möglichst auch optisch untereinanderstehen, wird eine nichtproportionale Schrift gewählt (hier: Courier New). Eine sogenannte Festbreitenschrift kennzeichnet sich durch eine feste Zeichenbreite, bei der jedes Zeichen – egal ob ein Punkt oder das große W – gleich viel Platz einnimmt. Damit para- und nonverbale Handlungen sich optisch von den sprachlichen Aussagen abheben, werden diese in eckigen Klammern und mit einer anderen Schriftart dargestellt (hier: Times New Roman). Insgesamt orientiert sich die Verschriftlichung der lautsprachlichen Handlungen – ganz im Sinne des Interpretativen Forschungsparadigmas (Keller, 2012) – nicht vordergründig an der korrekten lexikalischen oder syntaktischen Form, sondern eher an den tatsächlichen Äußerungen. So werden unter anderem verschluckte Silben (beispielsweise *gehn* statt *gehen* oder *drauf* statt *darauf*) in der Transkription als solche dargestellt. Auch lexikalische oder syntaktische Fehler (beispielsweise *Substraktion* statt *Subtraktion* oder *ich hab zwei Hilfe* statt *ich habe zwei Helfer/Hilfen*) werden für eine möglichst wirklichkeitsnahe und originalgetreue Wiedergabe bewusst im Transkript verschriftlicht. Darüber hinaus werden im Rahmen dieser Arbeit als signifikant und relevant wahrgenommene para- sowie nonverbale Besonderheit transkribiert – beispielsweise Zeigegesten, Meldungen, Kopfnicken, Schulterzucken wie auch gedehnt, laut oder leise Gesprochenes. Neben verbalen Aspekten, konzentriert sich die Analyse demnach auch auf ausgewählte para- sowie nonverbale Besonderheiten der Interaktion, was für die Analyse der diskursiven sprachlichen Aspekte essentiell ist (siehe Kapitel 4). Nichtsdestotrotz stellt das Transkript lediglich einen Versuch dar, das ‚echte' Interaktionsgeschehen möglichst originalgetreu schriftlich zu konservieren, da immer bestimmte Aspekte – bewusst oder unbewusst – unberücksichtigt bleiben.

18 So werden beispielsweise Sequenzen mit vielen unverständlichen Aussagen, unzureichender Ton- oder Bildqualität oder geringer inhaltlicher Reichhaltigkeit ‚aussortiert'. Die Reduzierung auf besonders ‚spannende' und reichhaltige Sequenzen ist nicht zuletzt auch aufgrund des Aufwandes, der mit Interaktionsanalysen verbunden ist, notwendig.

> *Methodologisch* sollte man sich im klaren [sic!] sein, dass die Transkription die Aufzeichnungen ebenso wenig abbildet wie diese das Aufgezeichnete. Vielmehr heben sie bestimmte Aspekte heraus, vernachlässigen dagegen andere. Was die herausgehobenen Aspekte angeht, erlauben sie jedoch eine sehr feine Analyse. Weil sich die aufgezeichneten Materialien durch die Transkription in Daten verwandeln, ist die Art der Transkription deswegen auch richtungsweisend für die Art der Analysen: (Bohnsack, Marotzki & Meuser, 2006, S. 159, Hervorhebung im Original)

Neben der Detailtreue und dem Umfang der transkribierten verbalen sowie para- und nonverbalen Aspekte unterscheiden sich Transkripte auch hinsichtlich ihres Layouts. Diese Arbeit stellt Transkripte in Tabellenform dar, wobei die Anzahl der Spalten auf vier festgelegt ist und die Anzahl bzw. Größe der Zeilen entsprechend der Länge des Transkriptes sowie der einzelnen Aussagen variiert.

In der ersten Spalte wird die Turn-Nummer aufgeführt, auf die bei der Analyse der entsprechenden Aussage oder Handlung verwiesen wird. Ein Turn kann mehrere Textzeilen umfassen und beinhaltet die Aussage und/oder Handlung einer Person, bis zu dem Zeitpunkt, an dem die Aussage und/oder Handlung einer anderen Person einsetzt. In der zweiten und sehr schmalen Spalte werden Besonderheiten wie Meldungen (*), parallele (Sprach-)Handlungen (< sowie >) und Unterbrechungen (#) markiert. Die dritte Spalte liefert Informationen über die (sprachlich) handelnde Person. Hierbei wird die Lehrperson mit *L* abgekürzt, *Sm* steht für *mehrere Schüler*innen* und *S?* steht für eine nicht zweifelsfrei identifizierbare Person aus der Gruppe der Schüler*innen. Die Namen der Lernenden werden aus Datenschutzgründen anonymisiert, um Rückschlüsse auf die jeweilige Person zu verhindern. Die vierte und letzte Spalte beinhaltet die für die Interaktionsanalyse bedeutsamsten und reichhaltigsten Informationen, da in ihr die verbalen wie auch para- und nonverbalen Handlungen verschriftlicht werden. Die vierte Spalte enthält auch Informationen zu Sprechpausen sowie zur Intonation (wie Stimmhebungen, Stimmsenkungen, Dehnungen, laut oder leise Gesprochenes). Darüber hinaus können in der vierten Spalte auch Bilder enthalten sein – beispielsweise Screenshots des Videomaterials, digital erstellte Tafelbilder oder Abbildungen von Lehr-Lern-Materialien. Die Transkriptionskonventionen der vorliegenden Arbeit orientieren sich zudem maßgeblich an vergleichbaren Forschungsarbeiten der Interpretativen Unterrichtsforschung in der Mathematikdidaktik (z.B. Brandt, Vogel & Krummheuer, 2011; Brandt & Tiedemann, 2019; Schütte et al., 2021; Tiedemann, 2017). Nachfolgend werden die Transkriptionskonventionen zusammenfassend tabellarisch dargestellt und anhand eines exemplarischen Transkriptes illustriert.

Format/Symbol	Beschreibung
Normal	Normal gesprochen
Fett	Betont oder laut gesprochen
(in Klammern)	Nicht zweifelsfrei verständliche Aussage
(unverständlich)	Unverständliche Aussage
[in eckigen Klammern]	Mimik, Gestik, Handlungen
D e h n u n g	Gedehnt oder in die Länge gezogen
Ein bis drei Punkte:	eine bis drei Sekunden Pause
Zahl in Klammern z.B. (5)	Pausenlänge in Sekunden entsprechend der Zahl
Schrägstrich /	Stimmhebung
Umgekehrter Schrägstrich \	Stimmsenkung
Sternchen *	Person meldet sich
Hashtag #	Person unterbricht jemanden bzw. wird unterbrochen
Spitze Klammern < sowie >	Gleichzeitige (Sprach-)Handlungen – gleiche Klammern signalisieren, welche Dinge simultan passieren

Tabellarische Zusammenfassung der Transkriptionskonventionen dieser Arbeit

Turn		Name	Äußerung/Handlung/Paraverbale Mittel
01		Luis	[schaut zu Hanna] mir ist langweilig\ .. dir etwa nich/ wollen wir vielleicht (zusammn)#
02	#	Hanna	[schaut Luis an und runzelt die Stirn] bist du mit den Aufgaben schon fertig/
03		L	[steht vor der Tafel und läutet eine Glocke] bitte langsam fertig werden (4) wer möchte die Ergebnisse vorstellen/
04		Sam	**ich will**
05		L	[schaut Sam an und hebt die Hand] wir melden uns\
06	<	Sam	oh Entschuldigung
07	<	S?	typisch Sam
08		L	.. Hanna/ komm vor und bring deine Figurn mit
09	*	Hanna	 [steht auf und geht mit ihrem Korb mit geometrischen Figuren zur Tafel] also ich fange mal mit der **Kugel** an\ [nimmt die rote Kugel aus dem Korb und hält sie nach oben] eine Kugel hat keine Ecken und keine Kanten

Beispielhaftes Transkript zur Illustration der Transkriptionskonventionen

7.3 Analyse der Daten

Die erstellten Transkripte dienen als Grundlage für die Analyse der Daten. Die vorliegende Studie lässt sich in interaktionistischen Ansätzen der Interpretativen Unterrichtsforschung der Mathematik verorten (z.B. Brandt et al., 2010; Brandt & Tiedemann, 2019; Brandt & Gerlach, 2023) und nutzt Interaktionsanalysen zur Rekonstruktion von Prozessen der interaktiven Bedeutungsaushandlung und des Lernens, welche um die Analyse ausgewählter Aspekte in den Bereichen Sprache und Lebensweltbezug ergänzt werden. Nachfolgend wird zuerst das Analyseraster vorgestellt, das sich aus der theoretischen Auseinandersetzung mit der Bedeutsamkeit von Sprache respektive Sprachregistern sowie Lebensweltbezügen im Mathematikunterricht ableiten lässt. Daran schließen sich Ausführungen zur Methode der Interaktionsanalyse und zur Bedeutsamkeit dieses methodischen Vorgehens für die Erforschung von Deutungs- und Lernprozessen in Situationen des Mathematikunterrichts mit Lebensweltbezug an.

7.3.1 Analyseraster

Aus der theoretischen Auseinandersetzung der vorangegangenen Kapitel ergeben sich zwei zentrale Kategorien, hinsichtlich derer die Interaktionsanalysen der ausgewählten Sequenzen des Mathematikunterrichts mit einem Lebensweltbezug angereichert werden. Die beiden Kategorien umfassen zuerst ausgewählte sprachliche Merkmale, die wiederum in Merkmale auf lexikalischer, syntaktischer und diskursiver Ebene untergliedert werden können. Zweitens liegt der Fokus auf den Merkmalen und der Entwicklung des Lebensweltbezugs. Um die Vielfalt der möglichen Analyseaspekte innerhalb dieser beiden Kategorien einzugrenzen, werden jeweils ausschließlich ausgewählte Merkmale betrachtet, die in der einschlägigen Literatur identifiziert werden können und die im Zuge dieser Forschung von besonderem Interesse sind – im Rahmen des Zwischenfazits von Kapitel 1, 3 und 4 wurden die ausgewählten Analyseaspekte in den Bereichen Sprache und Lebensweltbezug bereits näher erläutert. Das nachfolgende Analyseraster veranschaulicht die Analyseaspekte der Kategorien Sprache und Lebensweltbezug somit zusammenfassend und eher in Kürze. Die Analyse dieser Aspekte fließt in die Interaktionsanalyse ein und bereichert dadurch die empirischen Erkenntnisse dieser Arbeit. So wird angenommen, dass die Betrachtung von ausgewählten Merkmalen des Sprachgebrauchs und von Lebensweltbezügen gewinnbringend und bereichernd für die Rekonstruktion der Aushandlungs-, Deutungs- und Lernprozesse der Beteiligten ist und schließlich zu reichhaltigen, konsistenten und neuartigen Erkenntnissen beiträgt.

Analysekategorie Sprache (Lexik, Syntax, Diskurs)
• Nominalisierungen und nominale Zusammensetzungen – z.B. *Berechnung, Körpernetz* • (normierte) Fachbegriffe und Symbole – z.B. *Trapez,* + bzw. *Plus* • Sprachverknappungen und dialektale Besonderheiten – z.B. *so isses, nu* • Passivkonstruktionen – z.B. *die Aufgaben werden gelöst* • Koordinierende und subordinierende Konjunktionen – z.B. *und, oder, aber* sowie *da, weil, dass, falls* • Grad der Kontextgebundenheit – z.B. beeinflusst durch Deixis sowie Handlungen an und mit Materialien und Objekten • Situationsspezifische Erwartungen und Anforderungen an die Interaktionsteilnehmenden – z.B. auf eine Frage zu antworten, ein Argument zu äußern oder zuzuhören
Analysekategorie Lebensweltbezug
• Authentizität (Sachorientierung) – der Lebensweltbezug ermöglicht authentische Fragen zum außermathematischen Kontext • Reichhaltigkeit (Fachorientierung) – der Lebensweltbezug ist offen für das Anregen vielfältiger Erkundungen und stellt den mathematischen Sachverhalt korrekt und möglichst vollständig dar • Anschlussfähigkeit (Kind- bzw. Lernendenorientierung) – der außermathematische Kontext des Lebensweltbezugs passt zu Erfahrungen, Sprachgebrauch, Interessen sowie Denk- und Handlungsmustern der Schüler*innen

Zusammenfassende Darstellung der Analyseaspekte

Bei Betrachtung der Analyseaspekte in der Kategorie Sprache fällt auf, dass etwa die Analyse der Merkmale auf lexikalischer und syntaktischer Ebene (z.B. Nominalisierungen und Konjunktionen) nicht zwingend ein interpretatives Vorgehen verlangt und stattdessen eher auf der Identifikation bestimmter sprachlicher Marker beruht. Die Analyse der sprachlichen Merkmale auf der Ebene des Diskurses hingegen verlangt stärker ein interpretativ-rekonstruktives Vorgehen, da hierbei der Blick auf den gesamten Interaktionskontext und Interaktionsverlauf gerichtet werden muss (z.B. der Grad der Kontextgebundenheit von Aussagen). Zudem gehören beispielsweise Zeigewörter wie *da* und *hier* rein formal der lexikalischen Ebene von Sprache an, werden im Folgenden jedoch vorrangig im Rahmen der diskursiven Aspekte aufgeführt, da sie neben anderen Zeigegesten und deiktischen Mitteln zur Kontextgebundenheit des Aushandlungsprozesses beitragen. Die Analyseaspekte der Kategorie Lebensweltbezug verlangen – gleichsam den diskursiven sprachlichen Analyseaspekten – ebenfalls ein interpretatives Vorgehen, da beispielsweise anhand der Aussagen und Handlungen der Beteiligten Annahmen darüber aufgestellt werden können, inwiefern ein Lebensweltbezug für sie anschlussfähig, reichhaltig und authentisch ist. Die Analyse konkreter sprachlicher Marker wirkt sich zudem auch auf den Lebensweltbezug aus und umgekehrt, da beispielsweise eine hohe Anzahl von Fachbegriffen mit einem hohen Grad mathematischer Reichhaltigkeit des Lebensweltbezugs einhergehen könnte. Insgesamt sind sowohl die einzelnen Analyseaspekte auf sprachlicher Ebene wie auch die Analyseaspekte auf der Ebene des Lebensweltbezugs nicht immer trennscharf voneinander und es liegen darüber hinaus – dies hat die theoretische Auseinandersetzung mit Sprachregistern und Lebensweltbezügen im Mathematikunterricht gezeigt – unterschiedliche Charakterisierungen, Gewichtungen und Klassifizierungen vor. Nachfolgend wird das methodische ‚Kernstück' der vorliegenden empirischen Auseinandersetzung beleuchtet: die Interaktionsanalyse.

7.3.2 Interaktionsanalyse

Den Kern der Datenanalyse der vorliegenden Studie bilden Interaktionsanalysen der transkribierten Sequenzen des Mathematikunterrichts mit einem Lebensweltbezug. Im vorangegangenen Analyseraster wird verdeutlicht, um welche Analysekategorien bzw. Analyseaspekte innerhalb dieser Kategorien die Interaktionsanalysen der vorliegenden Arbeit angereichert werden. Nun bleibt noch zu klären, wie die Methode Interaktionsanalyse in dieser Forschungsarbeit bei der Untersuchung von Sequenzen des Mathematikunterrichts mit einem interaktiv ausgehandelten Lebensweltbezug umgesetzt wird. Hierfür werden zuerst die Ursprünge der Interaktionsanalyse umrissen.

Ursprung und Genese

Die Interaktionsanalyse wurde in den 1980er Jahren von der Forschungsgruppe um Heinrich Bauersfeld entwickelt (z.B. Bauersfeld, 1994; Bauersfeld et al., 1983; Cobb & Bauersfeld, 1995) und basiert auf den interaktionistischen, rekonstruktiven und phänomenologischen Leitgedanken des Symbolischen Interaktionismus (Blumer, 1969, 2011) und der Ethnomethodologie (Garfinkel, 1967). So wird dem Symbolischen Interaktionismus beispielsweise der Leitgedanke entnommen, dass die an einem Interaktionsprozess beteiligten Individuen im Verlauf einer sozialen Interaktion je unterschiedliche Deutungen zu den Gegenständen der Aushandlung entwickeln. Ein zentrales Augenmerk der Interaktionsanalyse liegt demnach auf der Rekonstruktion der individuellen Situationsdefinitionen der Beteiligten und darauf, wie sich die Situationsdefinitionen im Verlauf der Interaktion verändern, auf die Interaktion einwirken und in ihr ‚sichtbar' werden.

> Der Symbolische Interaktionismus fragt danach, wie soziale Phänomene aus Interaktionen aufgebaut sind und welche Rolle dabei Deutungsprozesse der Beteiligten und die wechselseitige Abstimmung dieser Deutungsprozesse spielen. [...] Eine zentrale Rolle spielt deswegen die Frage danach, wie Situationsdefinitionen in sozialen Situationen zum Einsatz kommen und in routinierter bzw. kreativer Weise durch soziale Akteure gehandhabt werden. (Keller, 2012, S. 85)

Bei der Ethnomethodologie hingegen geht es nicht darum, die individuellen Situationsdefinitionen der Beteiligten zu rekonstruieren. Vielmehr wird hier der „tatsächliche Handlungsvollzug als die der Analyse einzig zugängliche Erscheinungsweise der Interpretation begriffen" (ebd., S. 244). Das Interesse liegt hierbei vor allem darauf, wie die

Beteiligten im Vollzug sozialer Interaktionen bestimmte soziale Ordnungen hervorbringen – wie sie also in und durch ihre Handlungen die Wirklichkeit hervorbringen, in deren Rahmen sie handeln (ebd.). Unter Beachtung der Leitgedanken des Symbolischen Interaktionismus und der Ethnomethodologie zielt die Interaktionsanalyse auf die Rekonstruktion von Bedeutungsaushandlungsprozessen ab. Von Interesse ist hierbei auch, inwiefern sich die (unterschiedlichen) Deutungen der am Interaktionsprozess Beteiligten in und durch die interaktiven Aushandlung entwickeln, verändern und gegebenenfalls einander annähern oder voneinander entfernen (Schütte et al., 2019). Interaktionsanalysen von interaktiven Aushandlungsprozessen des Mathematikunterrichts zielen folglich vor allem darauf ab, die thematische Entwicklung der Interaktionsprozesse beim mathematischen Lernen zu rekonstruieren (Krummheuer, 2011).

> Hintergrund zur Entwicklung dieses Verfahrens war u. a. die Einsicht, dass im Unterricht der fachliche Inhalt nicht außen vor steht und durch geschicktes Unterrichten den Schülern nahegebracht wird. Vielmehr wird der Inhalt in der Unterrichtsinteraktion erzeugt und er ist deswegen für die Schüler nur in der Weise erfahrbar, wie er in der konkreten Situation „thematisiert" wird. Man spricht deshalb auch von dem „Thema" der Stunde und weniger vom Inhalt. (ebd., S. 1)

Da die thematische Entwicklung eng an die interaktiven verbalen wie auch nonverbalen Handlungen der beteiligten Lehrkräfte und Schüler*innen gebunden ist, werden Interaktionsprozesse hier auch als *Bedeutungsaushandlungen* bezeichnet (ebd.). In diesem Zusammenhang ist immer wieder die Rede vom *Alltag*, der im Kontext der Interaktionsanalyse unter Rückgriff auf den Alltagsbegriff von Schütz und Luckmann (2003) als ein Wirklichkeitsausschnitt des sozialen Miteinanders begriffen wird und welcher zudem durch das Handeln der an einer Interaktionssituation Beteiligten direkt form- und beeinflussbar ist (Krummheuer, 2011). So kann auch die interaktive Aushandlung im Mathematikunterricht nur bedingt (von der Lehrperson) geplant und gelenkt werden, da ein solcher ‚Unterrichtsalltag' nicht allein die routinemäßige Abwicklung von etwas kontinuierlich Gleichbleibenden ist, sondern zugleich auch auf unerwartete Ereignisse sowie Abweichungen vom Erwarteten kurzfristig und innovativ bislang ungewohnte Deutungen und Handlungsweisen entwickelt werden (müssen) (ebd.).[19] „Im symbolisch-interaktionistischen Verständnis wird Unterricht als konkreter Alltag überhaupt erst durch soziale Interaktion erzeugt" (Naujok et al., 2008, S. 780). Ein Kerngedanke der Interpretativen Unterrichtsforschung und damit auch der Methode der Interaktionsanalyse ist, möglichst alltägliche und in diesem Sinne ‚natürliche' Situationen als Ausgangspunkt für die Datenauswertung zu nutzen und anhand dieser Prozesse der Aushandlung von Bedeutungen zu rekonstruieren. Diesem Leitgedanken folgt auch die vorliegende Arbeit, wie im Rahmen der Schilderung der Datenerhebung in Kapitel 7.1 erläutert wurde.

---

19 Weitere Ausführungen zu den Ursprüngen und Kerngedanken der Interaktionsanalyse werden in Krummheuer (2011), Krummheuer und Voigt (1991) sowie in Schütte, Friesen & Jung (2019) beleuchtet.

Analyseschritte

Die Interaktionsanalyse unterteilt sich in mehrere Schritte, die jedoch nicht alle strikt voneinander getrennt werden können. Zudem können die einzelnen Schritte der Interaktionsanalyse miteinander kombiniert oder in unterschiedlicher Reihenfolge durchgeführt werden. Das Vorgehen der vorliegenden Auseinandersetzung orientiert sich vor allem an den Ausführungen von Schütte, Friesen und Jung (2019) sowie Krummheuer (2011). Wenngleich die nachfolgend vorgestellten Analyseschritte der Interaktionsanalyse somit den Eindruck eines linearen Vorgehens vermitteln, ist es durchaus möglich (und wünschenswert), dass einzelne Schritte mehrfach durchlaufen und die Daten sowie Analyseergebnisse hierdurch mehrfach reflektiert werden (Schütte et al., 2019).

(1) Beschreibung der Interaktionseinheit (Sequenz)

Im ersten Analyseschritt erfolgt eine erste oberflächliche und möglichst deutungsfreie Beschreibung der Sequenz sowie ihre Einordnung in das Gesamtgeschehen. Bezogen auf die vorliegende Arbeit bedeutet das, dass die Sequenz mit Lebensweltbezug in die jeweilige Unterrichtsstunde Mathematik eingeordnet und – je nach Möglichkeit – in einen Zusammenhang mit vorangegangenen Mathematikstunden gebracht wird. Informationen zu den Beteiligten, dem Geschehen im Vorfeld der Sequenz sowie zu Besonderheiten der Sequenz vermitteln den äußeren Rahmen der zu analysierenden Sequenz und geben den *immanenten Sinngehalt* wieder (Bohnsack, 2013). Es handelt sich bei der Beschreibung der Sequenz folglich um eine „spontane und oberflächliche Schilderung“ (Krummheuer, 2011, S. 2), die den Ablauf der Sequenz deskriptiv darlegt und ein Überblick über vorausgegangene sowie nachfolgende Geschehnisse gibt.

(2) Gliederung der Sequenz in Szenen

Dieser Schritt der Interaktionsanalyse untergliedert die häufig eher umfangreiche Sequenz in einzelnen Einheiten (hier Szenen genannt) und gibt damit einen Überblick über die Themen, Handlungen und die Entwicklung einer Sequenz. Analog zur Verwendung der Begriffe in der Filmwissenschaft, meint der Begriff Sequenz hier somit die Aufeinanderfolge mehrerer zugehöriger Szenen. Mit einer Szene sind solche Handlungsfragmente gemeint, die zeitlich, räumlich und thematisch eine Einheit bilden. Die Geschehnisse jeder Szene einer Sequenz werden deskriptiv und weiterhin möglichst objektiv zusammengefasst. Innerhalb dieser Arbeit erfolgt die Gliederung der Sequenz in Szenen innerhalb einer tabellarischen Übersicht und verschafft dadurch sowohl den Analysierenden wie auch den Lesenden einen besseren Überblick über den Verlauf der Sequenz. Die Gliederung kann sowohl nach fachspezifischen beziehungsweise fachdidaktischen wie auch nach interaktionstheoretischen oder linguistischen Kriterien erfolgen (ebd.). In der vorliegenden Arbeit orientiert sich die Gliederung der Sequenzen vor allem an der Entwicklung des Lebensweltbezugs und dem Umgang mit ihm im Verlauf des interaktiven Aushandlungsprozesses im Mathematikunterricht. So werden hier beispielsweise die Einführung eines Lebensweltbezugs durch die Lehrperson sowie der paarweise Austausch der Lernenden über diesen Lebensweltbezug im Anschluss daran als je eigene Szenen betrachtet.

(3) Darstellung des Transkripts

Im Anschluss an die Gliederung wird das Transkript zur Sequenz dargestellt. Der Aufbau und die hier zugrundeliegenden Konventionen der Transkription wurden bereits in Kapitel 7.2 erläutert. Das Transkript der Sequenz stellt die zentrale Grundlage für die weiteren und analytisch besonders umfangreichen Schritte der Interaktionsanalyse dar. Je originalgetreuer und detaillierter ein Transkript ist, umso vielseitiger und detaillierter – aber auch umfangreicher und eventuell weniger überschaubar – sind auch die durch die Analyse gewonnenen Interpretationen.

(4) Ausführliche Analyse der Einzeläußerungen

Dieser Analyseschritt stellt ein Kernelement der Interaktionsanalyse dar. Die einzelnen Äußerungen und Handlungen werden sequenziell analysiert, wodurch die Entwicklung des Aushandlungsprozesses von Bedeutungen rekonstruiert werden kann. Beim sequenziellen Vorgehen Turn für Turn werden Interpretationen zu möglichen (Be-)Deutungen der am Interaktionsprozess beteiligten Personen aufgestellt. Bei diesem Analyseschritt geht es nicht mehr um eine möglichst objektive und neutrale Schilderung des Sequenzgeschehens. Vielmehr interpretieren die Analysierenden den Interaktionsprozess vielseitig und versetzen sich dabei in die Perspektive der am Interaktionsprozess beteiligten Personen. Bedeutsame Fragen in diesem Zusammenhang sind beispielsweise: „Wie könnte Person X die momentane Situation der Interaktion deuten? Wie könnte Person Y die Aussage oder Handlung von Person X interpretieren? Wie könnte Person Y oder andere Personen auf die Aussage oder Handlung von Person X reagieren?“. Die aufgestellten Interpretationen verbleiben jedoch auf der Ebene von Annahmen, da die Analysierenden niemals mit Sicherheit wissen, wie die tatsächlich am Interaktionsprozess beteiligten Personen die jeweilige Situation deuten und welche Bedeutungszuschreibungen stattfinden (Schütte et al., 2019). Neben verbalsprachlichen Aussagen werden bei diesem Analyseschritt auch die im Transkript enthaltenen para- und nonverbale Aspekte der Kommunikation berücksichtigt – beispielsweise Zeigegesten, Mimik, Materialhandlungen sowie die Intonation der Stimme. Ein Fokus der ausführlichen Analyse der Einzeläußerungen liegt auf der Entwicklung alternativer Deutungen (ebd.). So kann beispielsweise die Aussage *Er geht ab* aus Perspektive der Analysierenden wie auch aus Perspektive der an der Interaktion beteiligten Personen unterschiedlich interpretiert werden. Beispielsweise könnte mit *abgehen* das Verlassen einer Bühne gemeint sein. Andererseits wird *abgehen* umgangssprachlich auch im Zusammenhang mit ausgelassenem Tanzen genutzt. Zudem kann sich *abgehen* auch darauf beziehen, dass sich beispielsweise ein Magnet von der Tafel löst. Weitere Deutungen sind durchaus möglich und von der Interaktionssituation abhängig. Für diesen Analyseschritt hebt Krummheuer (2011) hervor, dass die Analyse aufgrund des sequenziellen Vorgehens nach vorn offen bleibt, dass Plausibilisierungen nur rückwärtsgewandt erfolgen dürfen – weil sich auch die am Interaktionsprozess beteiligten Personen lediglich auf das Vorangegangene beziehen können (Naujok, 2000) – und dass sich Interpretationen der Analysierenden im Verlauf der Analyse bewähren sollten.

(5) Turn-by-Turn-Analyse

In diesem Schritt der Interaktionsanalyse können die im vorausgegangenen Analyseschritt gewonnenen Deutungsalternativen der Analysierenden wieder eingeschränkt werden. Diejenigen Deutungen, die durch die Analyse gestützt werden und sich somit eher zu bewähren scheinen, bleiben bestehen. Deutungen wiederum, die durch die Analyse des Interaktionsgeschehens keine Stützung erfahren, werden gestrichen (Krummheuer, 2011). Analog zur Analyse der Einzeläußerungen unternehmen die Analysierenden auch bei der Turn-by-Turn-Analyse den Versuch, das Interaktionsgeschehen bestmöglich aus Perspektive der am Interaktionsprozess beteiligten Personen nachzuempfinden. Am Ende der Turn-by-Turn-Analyse bleiben eventuell noch einige Deutungen zu den einzelnen Aussagen und Handlungen bestehen, doch die Anzahl dieser ist verringert. Während die Aussage *Er geht ab* beispielsweise beim vorherigen Analyseschritt sehr vielseitig gedeutet wird, wird die Vielzahl dieser Deutungen im Zuge der Turn-by-Turn-Analyse mit Blick auf den gesamten Aushandlungsprozess reduziert. Insbesondere die Handlungen und Äußerungen der am Interaktionsprozess beteiligten Personen können Aufschluss darüber geben, inwiefern die Deutungen der Analysierenden eine Stützung erhalten.

> Wie reagieren andere Interaktanten auf eine Äußerung, wie scheinen sie die Äußerung zu interpretieren, was wird gemeinsam aus der Situation gemacht? Indem man diese Beziehung rekonstruiert, rekonstruiert man die gemeinsame, Zug um Zug erfolgende Themenentwicklung in der Interaktion. (ebd., S. 3)

Ziel der Turn-by-Turn-Analyse ist es, durch das Reduzieren von Deutungsalternativen zu möglichst schlüssigen Interpretationen der aufeinanderfolgenden Aussagen und Handlungen zu gelangen (Schütte et al., 2019). Die Analyseschritte 4 und 5 hängen eng miteinander zusammen und werden häufig gemeinsam durchgeführt (ebd.). Während etwa beim gemeinsamen Interpretieren in der Analysegruppe noch zahlreiche Deutungsalternativen aufgestellt werden, werden im Rahmen der schriftlichen Darlegung dieser Interpretationen bereits einzelne Interpretationen ausgeklammert. Das Weglassen von Deutungen, die keine Stützung erhalten, erfolgt zudem mit dem Gedanken, die Analyse nachvollziehbar zu präsentieren und ihren Umfang zu reduzieren.

(6) Zusammenfassende Analyse

Zuletzt werden die am besten zu begründenden Interpretationen der Analysierenden mit Fokus auf die forschungsleitende Fragestellung in einem analyseübergreifenden Text zusammengefasst. Diese Schilderung muss sich nicht an der sequenziellen Abfolge der Äußerungen und Handlungen orientieren, sondern hat vielmehr einen sequenzübergreifenden Charakter. Die zusammenfassende Analyse stellt die Grundlage für die Theoriegenese dar, da sie auf Basis der ausführlichen Analyse der Einzeläußerungen sowie der damit einhergehenden Turn-by-Turn-Analyse das Her- bzw. Ableiten von theoretischen Überlegungen ermöglicht (Schütte et al., 2019). Aus Platzgründen und zu Zwecken der besseren Nachvollziehbarkeit werden die Analyseschritte 4 und 5 in Publikationen häufig ausgelassen und es wird ausschließlich die zusammenfassende Analyse dargestellt. In diesem Fall plädiert Krummheuer (2011) dafür, dass die Deutungsvielfalt der vorausgegangenen Analyseschritte zumindest partiell erhalten bleibt. Nachfolgend wird erläutert, wie die Methode der Interaktionsanalyse im Rahmen der vorliegenden Studie angewendet wird und inwiefern dieses interpretative methodische Vorgehen für die Beantwortung der forschungsleitenden Fragestellungen als gewinnbringend und fruchtbar eingeschätzt werden kann.

Interaktionsanalysen von Situationen mit Lebensweltbezug

Arbeiten der Interpretativen Unterrichtsforschung der Mathematikdidaktik unterscheiden sich sowohl hinsichtlich der hinzugezogenen Transkriptionskonventionen wie auch hinsichtlich der Einhaltung der soeben vorgestellten Analyseschritte sowie ihres Analysefokus mitunter stark voneinander. Für die Interaktionsanalysen dieser Arbeit gilt Folgendes:

Alle Schritte der Interaktionsanalyse werden für jede der in dieser Arbeit enthaltenen Sequenzen durchgeführt. Zuerst erfolgt für jede Sequenz die Schilderung des äußeren Rahmens und eine allgemeine Beschreibung (Schritt 1). Daran anschließend wird jede Sequenz in Szenen gegliedert (Schritt 2) und das zugehörige Transkript wird vorgestellt (Schritt 3). Die ausführliche Analyse der Einzeläußerungen (Schritt 4) erfolgt bei allen Sequenzen in wechselseitiger Verbindung mit der Turn-by-Turn-Analyse (Schritt 5) und wird mündlich mit einer Analysegruppe von drei bis acht Personen durchgeführt – alle aufgestellten Deutungen werden im Verlauf der Interpretationssitzungen schriftlich festgehalten. Durch das Analysieren der Transkripte in einer Gruppe ergeben sich vielfältige und vielseitige Deutungen. Aufgrund der Verwobenheit von der Analyse der Einzeläußerungen und der Turn-by-Turn-Analyse werden diese beiden hier in einem gemeinsamen Text dargestellt. Wegen des Umfangs erfolgt die schriftliche Darstellung dieser miteinander kombinierten Analyseschritte im Rahmen dieser Arbeit zudem lediglich für die Sequenz *Kroko, der kleine Vielfraß* (siehe Kapitel 8.1). Für alle weiteren analysierten Sequenzen erfolgt keine schriftliche Darstellung dieser Analyseschritte, doch bleiben auch bei diesen Sequenzen Deutungsalternativen bestehen. Diese werden im Rahmen der zusammenfassenden Analyse (Schritt 6) dargestellt und unterstreichen den interpretativ-deutenden Charakter der dargestellten Analyseergebnisse (Krummheuer, 2011). Die Interaktionsanalyse zu den erstellten Transkripten von Situationen des Mathematikunterrichts mit Lebensweltbezug erfolgt darüber hinaus unter besonderer Beachtung der ausgewählten Analyseaspekte der Kategorien Sprache und Lebensweltbezug. Die zusammenfassende Analyse (Schritt 6) wird darum um diese Analysekategorien angereichert.

Dieser Fokus auf ausgewählte Merkmale in den Bereichen Sprache und Lebensweltbezug erweitert nicht nur die Interpretationen, sondern kann schlussendlich auch zur Weiterentwicklung einer Theorie des Lernens von Mathematik beitragen.

In nahezu allen videografierten Mathematikstunden, die im Rahmen dieser Forschungsarbeit erhoben worden sind, können mündlich basierte und interaktiv ausgehandelte Lebensweltbezüge identifiziert werden. Schriftlich basierte Lebensweltbezüge (wie Modellierungsaktivitäten und Sachaufgaben) scheinen vor allem im Mathematikunterricht der jüngeren Schuljahrgänge weniger von Bedeutung zu sein und erst in den höheren Klassenstufen zuzunehmen – diesen Anschein erwecken zumindest die zugrundeliegenden Daten. Durch die Analyse interaktiver Aushandlungsprozesse in Situationen mit Lebensweltbezug sowie die Anreicherung der Interaktionsanalyse um ausgewählte Aspekte in den Kategorien Sprache und Lebensweltbezug zielt diese Arbeit darauf ab, die Deutungs- und Lernprozesse der Beteiligten in Situationen mit einem Lebensweltbezug zu rekonstruieren. Hierdurch könnten mögliche Wechselwirkungen zwischen Lebensweltbezug, Sprachgebrauch und Lernprozess sichtbar werden, die in theoretischen Auseinandersetzungen wie auch in der Aus- und Weiterbildung von Lehrer*innen oder in Lehrwerken bislang vernachlässigt zu werden scheinen. Im nachfolgenden Kapitel wird erläutert, wie die einzelnen Analysen schließlich miteinander in Beziehung gesetzt und wie in diesem Zusammenhang analytische Schlussfolgerungen gezogen werden, die zur Beantwortung der forschungsleitenden Fragestellungen beitragen.

7.4 Komparation und Abduktion

Eng verbunden mit der Interaktionsanalyse ist der Prozess der *Komparation.* Hierbei werden die Analysen der einzelnen Sequenzen systematisch miteinander verglichen. Während die Komparation in quantitativen Studien vordergründig dazu dient, Hypothesen oder Theorien zu verifizieren, werden in der qualitativen Forschung mittels der Komparation *Hypothesen und Theorien generiert.* Darüber hinaus mündet die fallvergleichende und fallkontrastierende Analyse bei anderen qualitativen Forschungsmethoden wie der ‚Dokumentarischen Analyse' in der Entwicklung empirisch begründeter Typologien (Bohnsack et al., 2006; Kelle & Kluge, 2010). Im Rahmen der Interaktionsanalyse spielt die Typenbildung jedoch eine untergeordnete Rolle. Vielmehr dient die Komparation hierbei dazu, die analysierten Sequenzen vor einem auf den Untersuchungsgegenstand zugeschnittenen Vergleichshorizont in Beziehung zu setzen und zu kontrastieren (Krummheuer & Naujok, 1999). Durch die komparative Analyse werden die Untersuchungen und Analysen Interpretativer Forschungen über den Status von einzelnen Fallanalysen hinausgehoben, da hierdurch Dimensionen des Untersuchungsgegenstandes in den Fokus der Betrachtung rücken können, „die bei Einzelanalysen nicht in vergleichbar kontrollierter Weise rekonstruiert werden können" (ebd., S. 26). Die fallvergleichende Gegenüberstellung kann somit spezifische Dimensionen und Aspekte des Untersuchungsgegenstandes aufdecken, die im Zuge der Einzelfallbetrachtung nicht mitgedacht wurden, sodass hierdurch ‚Denkblockaden' überwunden werden können (ebd.). Dadurch werden die forschungsleitenden Fragestellungen im Hinblick auf die Gesamtheit der analysierten Sequenzen beantwortbar und verbleiben nicht länger auf der Ebene eines einzelnen Beispiels. Krummheuer und Naujok (1999) folgend werden die Analyseergebnisse hierdurch dichter, empirisch gehaltvoller und erlangen höherer Repräsentanz. So ist es ein zentrales Anliegen der vorliegenden Arbeit, im Zuge der komparativen Analyse etwas zur Theoriegenese beizutragen. Während die in den zusammenfassenden Analysen der einzelnen Sequenzen entwickelten Ansätze für die Theoriegenese vorerst einen spekulativen und vorläufigen Charakter besitzen, weil sie sich vorerst auf jeweils eine Sequenz beziehen, ergeben sich im Zuge der gezielten fallvergleichenden Komparation gegebenenfalls Ungereimtheiten zwischen den einzelnen Spekulationen, die für die zusammenfassende Theoriegenese von Relevanz sind (ebd.). Vor allem solche Ungereimtheiten, Irritationen und Differenzen sind bedeutsam für die Genese von Theorien.

> Demnach bedürfen empirisch gegründete Schlussfolgerungen nicht nur der Übereinstimmung, sondern immer auch der Differenz im Datenmaterial. Erst im Zuge des Vergleichs erweisen sich Daten als relevant für das untersuchte Problem, gleich ob sie eine vorläufige Hypothese affirmieren oder negieren. (Nohl, 2006, S. 101)

Das systematische Vergleichen der empirischen Analysen resultiert somit in der Hervorbringung forschungsrelevanter und die empirische Kenntnislage bereichernder Schlussfolgerungen. Diese können induktiver Natur sein – hierbei werden die Eigenschaften beziehungsweise Analyseergebnisse von Einzelfällen auf die Gesamtheit der Fälle übertragen – können aber auch eine *Abduktion* darstellen. Solch abduktive Schlüsse im Prozess qualitativer Forschungen sind vor allem dann gefordert, wenn die erhobenen Daten nicht zu bereits vorhandenen empirisch begründeten bzw. begründbaren Regeln passen, sodass der Entwurf einer neuen Regel verlangt wird (Reichertz, 2013). Vor diesem Hintergrund hebt Reichertz (2013) hervor, dass abduktiv gewonnene und vermeintlich ‚neue' Hypothesen keinesfalls auch wirklich neuartig sein müssen. Die Standortgebundenheit sowie die individuelle Kenntnislage der forschenden Person/en haben einen Einfluss darauf, welche Erkenntnisse und Hypothesen als ‚neuartig' erachtet werden – wo also die Abduktion beansprucht wird – und bei welchen Erkenntnissen und vermeintlich abduktiven Schlüssen es sich um bereits vorhandene Kenntnisse handelt – was einer qualitativen Induktion entspricht (ebd.).

> Oder anders: wer ohne Kenntnis der Kuckucksuhr diese erneut erfindet, war ohne Zweifel abduktiv tätig, allerdings wird er schnell feststellen, dass er mit den Ergebnissen seiner Abduktion nicht viel anfangen kann, da sie in jedem Warenhaus in großer Stückzahl feilgeboten werden. Was also für die einen eine echte Abduktion darstellt, ist für die anderen eine allseits bekannte qualitative Induktion. (ebd., S. 94)

Auch in Untersuchungen im Bereich der Interpretativen Unterrichtsforschung der Mathematikdidaktik (z.B. Höck, 2015; Schütte, 2009; Schütte et al., 2021; Vogler, 2020) wird durch die komparative Analyse des Datenmaterials vor allem das Ziel verfolgt, durch *abduktive Schlüsse* neue Hypothesen – insbesondere zu überraschenden Fakten und Sonderfällen – zu generieren und die einzelnen Interaktionsanalysen miteinander in Beziehung zu setzen (Kelle & Kluge, 2010). Gleichsam zielt auch die vorliegende Arbeit mithilfe des komparativen Vergleichs der analysierten Sequenzen mit einem Lebensweltbezug auf die Hervorbringung induktiver wie auch abduktiver Schlussfolgerungen ab. Neben der Bestätigung bereits bekannter Annahmen und Theorien zu interaktiven Aushandlungsprozessen sowie Deutungs- und Lernprozessen in Situationen mit einem Lebensweltbezug (qualitative Induktion) können sich insbesondere durch die komparative Analyse des Datenmaterials auch ‚neue' Hypothesen und Theorien ergeben (abduktive Theoriegenese). Diese vermeintlich neuen Hypothesen der vorliegenden Arbeit beanspruchen jedoch nicht, allgemeingültig und repräsentativ zu sein – nach dem Beispiel der Kuckucksuhr können sie diesem Anspruch auch nicht gerecht werden. Nichtsdestotrotz kann durch die detaillierte Analyse von Einzelfällen (Interaktionsanalyse) sowie die fallvergleichende Gegenüberstellung dieser (Komparative Analyse) die bisherige Wissenslage zu Aushandflungs-, Deutungs- und Lernprozessen in Situationen des Mathematikunterrichts mit Lebensweltbezügen um empirisch belegte Erkenntnisse bzw. ‚Theoriebausteine' angereichert werden – insbesondere auch durch die explizite Fokussierung ausgewählter Aspekte in den Bereichen Sprache und Lebensweltbezug. Die Abduktion erfordert somit die Revision der bisherigen Annahmen sowie die Neu-Organisation und Modifizierung bisheriger Wissensbestände (Kelle & Kluge, 2010).

> Wir gehen davon aus, daß [sic!] gezielte Komparation von Interpretationen verschiedener interpretierter Interaktionseinheiten Möglichkeiten zu einer Theoriegenese eröffnen kann, die über die Einzelfälle hinausgehen kann und die die Analyse mehr oder weniger unverbunden nebeneinanderstehender Unterrichtsausschnitte so nicht eröffnet. Komparation ist ein gezielt einsetzbares Mittel, um produktive Bedingungen für einen abduktiven Schluß [sic!] herzustellen. (Krummheuer & Naujok, 1999, S. 67)

Im nachfolgenden Kapitel werden sechs beispielhafter Sequenzen des Mathematikunterrichts, in denen ein Lebensweltbezug interaktiv ausgehandelt wird, vorgestellt und mithilfe der Interaktionsanalyse analysiert.

Empirischer Teil

8. Analysen ausgewählter Sequenzen mit Lebensweltbezug

Im Rahmen dieses Kapitels werden sechs exemplarische Sequenzen des Mathematikunterrichts mit einem Lebensweltbezug vorgestellt und analysiert. Bei allen analysierten Sequenzen handelt es sich um Unterrichtsgespräche während des Mathematikunterrichts mit einem Lebensweltbezug – bezüglich des Lerninhalts und der Klassenstufe unterscheiden sich die Sequenzen voneinander. Die hier enthaltenen Beispiele wurden ausgewählt, weil sie (1.) interaktive Reichhaltigkeit aufweisen (bezogen auf die Anzahl und den Umfang der einzelnen verbalen Aussagen sowie das Vorhandensein mehrerer Sprecher*innenwechsel), (2.) eine ausreichend gute Qualität der zugrundeliegenden Ton- und Bildaufnahmen des Datenmaterials vorliegt und weil sie (3.) das Potenzial bergen, Annahmen über mögliche Zusammenhänge und Entwicklungstendenzen bezogen auf die einzelnen Klassenstufen und mathematischen Lerngegenstände zu treffen, da verschiedene Klassenstufen und Lernbereiche adressiert werden.

Für die erste hier vorgestellte Sequenz *Kroko, der kleine Vielfraß* aus dem Mathematikunterricht einer ersten Klasse wird exemplarisch eine vollständige und ausführliche Interaktionsanalyse dargestellt. Die einzelnen Analyseschritte hierfür sind die allgemeine Beschreibung der Sequenz (Kapitel 8.1.1), die Gliederung der Sequenz in Szenen (Kapitel 8.1.2), die Darstellung des zugehörigen Transkriptes (Kapitel 8.1.3), die Interpretation der Einzeläußerungen mit integrierter Turn-by-Turn-Analyse (Kapitel 8.1.4) sowie die zusammenfassende Interpretation (Kapitel 8.1.5). Die zusammenfassende Interpretation wiederum ist in drei Teile gegliedert: (1) Die zusammenfassende Interaktionsanalyse, bei der die thematische Entwicklung innerhalb des interaktiven Aushandlungsprozesses und insbesondere der Lebensweltbezug sowie die zugehörigen Analyseaspekte Authentizität, Reichhaltigkeit und Anschlussfähigkeit im Fokus stehen, (2) die zusammenfassende Analyse der sprachlichen Analyseaspekte sowie (3) die Darstellung der potenziellen Lernprozesse der Schüler*innen, die anhand der gemeinsamen Betrachtung von Interaktionsanalyse, Sprachgebrauch und Lebensweltbezug angenommen werden können. Im Anschluss an die ausführliche Interaktionsanalyse zur Sequenz *Kroko, der kleine Vielfraß* werden die Analysen der übrigen fünf Sequenzen vorgestellt. Die Darstellung dieser beschränkt sich auf die Einordnung der Sequenz in einen äußeren Rahmen, die Gliederung der Sequenz in Szenen, die Darbietung des Transkriptes sowie die zusammenfassende Analyse der Sequenz – die ihrerseits jeweils in drei Bereiche untergliedert ist.

8.1 Die Sequenz *Kroko, der kleine Vielfraß* – Klassenstufe 1

8.1.1 Äußerer Rahmen und allgemeine Beschreibung der Sequenz

Die folgende Sequenz entstammt dem Mathematikunterricht einer ersten Klasse und findet etwa drei Monate nach Schuljahresbeginn statt. Die Sequenz umfasst etwa vier Minuten und beginnt circa 30 Minuten nach Stundenbeginn der 45-minütigen Mathematikstunde. In den vorherigen Mathematikstunden haben die Schüler*innen Additionsaufgaben im Zahlenraum bis zehn geübt. Die Mathematikstunde, in der die Sequenz *Kroko, der kleine Vielfraß* stattfindet, wird durch die Lehrperson mit einem Ausblick auf ein neues Thema eröffnet: *Heute wollen wir uns mit einem neuen Rechenzeichen beschäftigen. Eigentlich ist es kein richtiges Rechenzeichen, sondern ein Zeichen. Ein mathematisches Zeichen.* Vor dem Einstieg in diese neue Thematik richtet die Lehrperson eine Frage zu den bisher bekannten mathematischen Zeichen an die Lernenden: *Welche Zeichen in der Mathematik kennt ihr denn schon?* Die Lernenden nennen *Plus* und *Ist-gleich*, die von der Lehrperson an der Tafel als Symbole notiert werden (+ sowie =). Zudem nennen einige Kinder das Minus- und das Mal-Zeichen. Diese werden jedoch nicht an der Tafel notiert. Dies begründet die Lehrperson damit, dass sie ‚noch nicht dran gewesen' und somit noch nicht allen Kindern bekannt sind. Daraufhin befestigt die Lehrperson unterhalb der notierten Zeichen Plus (+) und Ist-gleich (=) zwei Türme aus magnetisch haftenden Steckwürfeln an der Tafel. Der linke Turm besteht aus fünf blauen Steckwürfeln, der rechte Turm besteht aus zwei roten Steckwürfeln (siehe Abbildung 2).

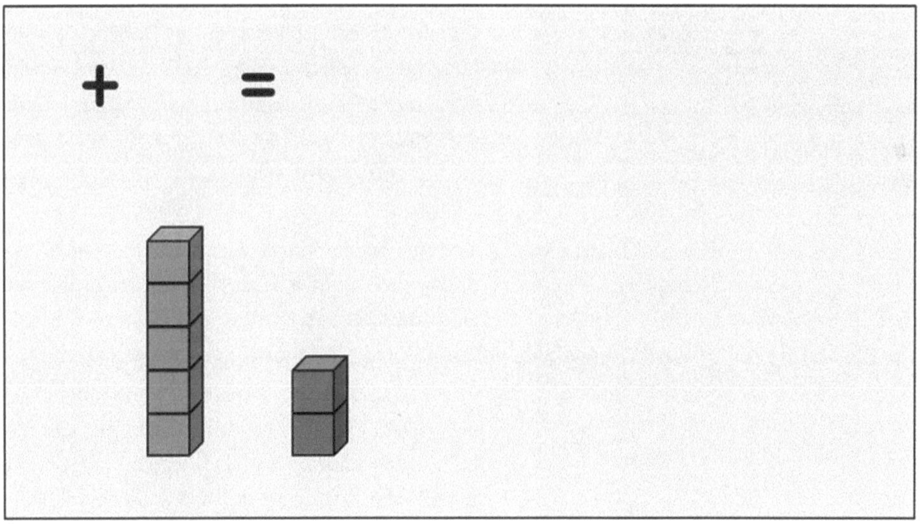

Abbildung 2: Tafelbild zu Beginn der Sequenz ‚Kroko, der kleine Vielfraß'

Nun setzt die Sequenz *Kroko, der kleine Vielfraß* ein, in der unter der Zuhilfenahme von Steckwürfeln und einem Plüsch-Krokodil das ‚neue mathematische Zeichen' eingeführt wird. Im Anschluss an die Sequenz werden zwei weitere Relationsaufgaben im Plenum gelöst. Einzelne Schüler*innen dürfen hierfür an die Tafel kommen und das Plüsch-Krokodil in die entsprechende Blickrichtung zwischen die beiden Steckwürfeltürme halten. Die Lehrperson ergänzt anschließend mit Kreide das entsprechende Relationszeichen Größer-als (>) oder Kleiner-als (<) zwischen den Steckwürfeltürmen. Anknüpfend an diese Plenumsphase setzt eine individuelle Übungsphase zu vergleichbaren Un-/Gleichungen im Arbeitsheft ein. Nach dem gemeinsamen Vergleich dieser Übungsaufgaben endet die Mathematikstunde.

8.1.2 Gliederung der Sequenz in Szenen

Für mehr Übersichtlichkeit wird die dargestellte Unterrichtssequenz in einzelne Handlungseinheiten – Szenen genannt – untergliedert. Der Spalte *Szene* ist zu entnehmen, in wie viele Szenen die analysierte Sequenz im Rahmen dieser Arbeit untergliedert wird. In der Spalte *Turn* wird angegeben, wie viele bzw. welche Turns des Transkriptes die jeweilige Szene umfasst. Darüber hinaus bekommt jede Szene einen knappen *Titel*. Die Spalte *Geschehen* enthält grundlegende Informationen zum Inhalt der jeweiligen Szene. Innerhalb der vorliegenden Arbeit orientiert sich die Gliederung der Sequenz in einzelne Szenen vor allem am Umgang mit dem Lebensweltbezug – also beispielsweise am methodischen Zugang zum Lebensweltbezug mithilfe verschiedener Sozialformen und Anschauungsmittel.

Szene	**Turn**	**Titel**	**Geschehen**
1	01	Die neuen Zeichen und Kroko	Die Lehrperson zeigt den Schüler*innen das Plüsch-Krokodil und erzählt die Geschichte vom hungrigen Vielfraß namens Kroko. Die Lehrkraft vollführt redebegleitend ein szenisches Spiel mit dem Plüschtier und fragt die Lernenden, wofür sich Kroko entscheiden wird – die Roten oder die Blauen.
2	02–18	Rot oder Blau? – das Ratespiel	Einzelne Schüler*innen äußern ihren Lösungsvorschlag für Rot oder Blau und begründen ihn auf Nachfrage der Lehrkraft.
3	19–23	*Blau* als richtige Antwort	Noemi begründet ihre Wahl für Blau unter Beachtung mathematischer Aspekte. Ohne explizit auf die Anzahl der Steckwürfel einzugehen, hebt die Lehrperson *Blau* als korrekte Antwort hervor und schreibt das Größer-als-Zeichen zwischen die beiden Steckwürfeltürme. Die Lehrkraft erläutert, warum *Blau* die korrekte Antwort ist.

8.1.3 Transkript zur Sequenz

Turn		Name	Verbale, paraverbale und nonverbale Aktivitäten
01		L	[geht mittig vor die Tafel und hält das Plüsch-Krokodil auf Kinnhöhe vor sich] a l l e Augen sind bei Kroko\ [schiebt mit dem Rücken zur Tafel die Tafel hinter sich nach oben] . unser kleines Kroko so **klein** wie der is/ is ganz schön gefräßig\ . der will immer ganz **v i e l** fressen deswegen steht dem sein Maul hier auf\ [zeigt mit dem rechten Zeigefinger auf das offene Maul des Plüsch-Krokodils] . und jetzt kommt Kroko angedackelt/ [bewegt das Plüsch-Krokodil wie in Tippelschritten von der unteren Tafelkante nach oben, sodass es zwischen dem blauen Fünferturm und den roten Zweierturm aus Steckwürfeln zum Stehen kommt. Dabei blickt es zur Tafel und dreht der Klasse den Rücken zu. Auch L dreht der Klasse den Rücken zu und spricht nun über ihre rechte Schulter] . so\ .. und jetzt überlegt der soll ich die **R o t e n** fressen/ [dreht das Krokodil mit offenem Maul zu den zwei roten Steckwürfeln] oder soll ich die **B l a u e n** fressen\ [dreht das Krokodil zu den fünf blauen Steckwürfeln] was denkt ihr [dreht sich zur Klasse und hält das Plüsch-Krokodil weiterhin zwischen den beiden Türmen. Das Plüsch-Krokodil schaut nun ebenfalls in die Klasse] wie wird sich Kroko entscheiden unser kleiner Vielfraß/ Ina/
02	*	Ina	ich glaub Rot\
03		L	du glaubst Rot [dreht das Plüsch-Krokodil mit dem offenen Maul zu den roten Steckwürfeln] warum/
04		Ina	... rot (wie) Fleisch
05		L	ah [schaut von Ina zum Plüsch-Krokodil und dann wieder zu Ina] das . wär mal nä Überlegung\ .. Nabil was denkst du was will der fressen/
06	*	Nabil	Blau/
07		L	du sagst Blau [dreht das Plüsch-Krokodil zu den blauen Steckwürfeln] will der fressen\ warum/
08		Nabil	.. ähm (5)
09		L	[schaut Nabil an und nickt] einfach weil Blau schön ist\ . okay . Richie/ . was sagst du [dreht das Plüsch-Krokodil wieder mit Blick zur Klasse]
10	*	Richie	ähm . der will#
11	#	L	was will er fressen/ Rot oder Blau/
12		Richie	**Rot** . der will Rot essen#
13	#	L	[dreht das Plüsch-Krokodil mit offenem Maul zum Turm aus zwei roten Steckwürfeln] w e i l /
14		Richie	weil es . wie . so . ähm . so wie von Fisch (*Schweinehaut*) aussieht
15		L	[schaut Richie an und nickt] Fisch und Fleisch\ .. [grinst und schaut sich in der Klasse um] .. mh/ . Noemi was denkst du/ [schaut erst zu Noemi, dann zum Plüsch-Krokodil]
16	*	Noemi	B l a u\
17		L	[dreht das Plüsch-Krokodil mit dem Maul zum blauen Fünferturm] warum/
18		Noemi	na weil das m e h r ist als Rot
19		L	k l a r das ist doch der kleine Vielfraß\ der will immer **das** essen was am **meisten** ist/ deshalb schaut

			der hier hin [steht mit dem Rücken zur Klasse und hält das Plüsch-Krokodil mit Blick zu den fünf blauen Steckwürfeln] . . d a s will ich fressen\ hier ist g a n z viel\ [hält das Plüsch-Krokodil in der linken Hand und berührt mit der rechten Hand kurz die 5 blauen Steckwürfel, nimmt anschließend mit der rechten Hand eine Kreide von der Ablage an der unteren Tafelseite]
20		Sm	[einige Lernende tuscheln oder kichern]
21		L	und deshalb/ [nimmt das Plüsch-Krokodil von der Tafel und schreibt ein Größer-als-Zeichen zwischen die Türme aus Steckwürfeln] macht der das Maul so rum auf [hält das Plüsch-Krokodil vor das das Größer-als-Zeichen] seht ihr das/
22		Erik	[ruft herein] ja weil der (das eine isst)#
23	#	L	weil er das . essen will was [dreht sich zur Klasse] **v i e l mehr** is\ [schaut erst zur Klasse, dann zum Plüsch-Krokodil] . nä/ gut\ [nimmt das Plüsch-Krokodil herunter und legt es auf die Ablage auf der unteren Tafelseite] schauen wir mal/ Kroko ist satt legt sich mal wieder kurz hin/

8.1.4 Interpretation der Einzeläußerungen mit integrierter Turn-by-Turn-Analyse

Turn 01 (Lehrperson): [geht mittig vor die Tafel und hält das Plüsch-Krokodil auf Kinnhöhe vor sich] a l l e Augen sind bei Kroko\ . unser kleines Kroko so **klein** wie der is/ is ganz schön gefräßig\ . der will immer ganz **v i e l** fressen deswegen steht dem sein Maul hier auf\ [zeigt mit dem rechten Zeigefinger auf das offene Maul des Plüsch-Krokodils] . und jetzt kommt Kroko angedackelt/ [bewegt das Plüsch-Krokodil wie in Tippelschritten von der unteren Tafelkante nach oben, sodass es zwischen dem blauen Fünferturm und den roten Zweierturm aus Steckwürfeln zum Stehen kommt] . so\ . . und jetzt überlegt der soll ich die **R o t e n** fressen/ [dreht das Krokodil zu den zwei roten Steckwürfeln] oder soll ich die **B l a u e n** fressen\ [dreht das Krokodil zu den fünf blauen Steckwürfeln] was denkt ihr [dreht sich zur Klasse und hält das Plüsch-Krokodil weiterhin zwischen den beiden Türmen] wie wird sich Kroko entscheiden unser kleiner Vielfraß/ Ina/

Der zu Beginn der Unterrichtsstunde angekündigte Einstieg in die neuen Rechenzeichen wird von der Lehrperson mithilfe des Plüsch-Krokodils wie ein szenisches Spiel gestaltet. So beginnt die Lehrperson ihre Aussage, indem sie mit a l l e Augen sind bei Kroko die Aufmerksamkeit der Lernenden auf sich bzw. das Plüsch-Krokodil zieht. Diese Aussage suggeriert, dass das Folgende mit den Augen aufgenommen werden muss bzw. kann und hebt das visuell Wahrnehmbare der aktuellen Situation hervor. Es kann gedeutet werden, dass sich die nachfolgende Aushandlung vor allem auf einer konkrethandelnden Ebene vollziehen wird, da *Kroko* sowie die farbigen Steckwürfel an der Tafel materiell und visuell in der Situation vorhanden sind und sich bereits zu Beginn auf diese bezogen wird. *Kroko* wird zudem verniedlicht (unser kleines Kroko) und personifiziert. Er bekommt wie bei Fabeln und Märchen menschliche Charakterzüge zugesprochen, da er sprechen und rational denken kann (jetzt überlegt der soll ich die **R o t e n** fressen/ oder soll ich die **B l a u e n** fressen).[20]

Mit der Bemerkung deswegen steht dem sein Maul hier auf und dem zeitgleichen Zeigen auf das offene Maul des Plüsch-Krokodils scheint die Lehrperson die Aufmerksamkeit der Lernenden auf das offenstehende Maul richten zu wollen. Hiermit könnte sie andeuten wollen, dass das offene Maul eine optische Ähnlichkeit zu den Relationszeichen Größer-als (>) und Kleiner-als (<) aufweist, versprachlicht diese optische Analogie jedoch nicht. Durch deiktische Mittel (das Zeigen auf das offene Maul sowie deiktische Ausdrücke wie hier und jetzt) sowie die Personifizierung Krokos, der angedackelt kommt und zwischen den beiden Türmen aus Steckwürfeln hin und her schaut, gestaltet die Lehrperson die Situation wie ein Puppenspiel. Die Aussagen der Lehrkraft in Turn 01 sind somit eng an den Interaktionskontext gebunden. Die Kontextgebundenheit wird neben der Zuhilfenahme von Materialien (Kroko, Steckwürfel) und der Nutzung deiktischer Ausdrücke (hier, jetzt) sowie Zeigegesten auch durch Mimik und Gestik bestärkt (z.B. Körperdrehungen und Blickrichtungs-Wechsel). Die einzelnen Aussagen der Lehrperson in Turn 01 weisen darüber hinaus sprachliche Verknappungen auf (z.B. is sowie der anstatt Kroko) und kommen bis auf die koordinierende Konjunktion und gänzlich ohne satzverbindende Konjunktionen aus. Die Lehrperson gestaltet das szenische Spiel zudem vorerst allein, indem sie die Handlungen und Gedanken von Kroko sowohl aus Ich-Perspektive Krokos als auch aus der Perspektive eines auktorialen Erzählers berichtet. Solch ein Wechsel der Erzählperspektive könnte den Lernenden aus der Unterhaltungsliteratur (z.B. aus Märchen und Comics) wie auch aus Filmen und Theaterstücken bekannt sein. Dies sorgt einerseits dafür, dass die Situation an Lebendigkeit und Anschaulichkeit gewinnt. Andererseits könnte der unvermittelte Wechsel der Erzählperspektiven eine Herausforderung für das Verständnis der Lernenden darstellen. Die sprachliche und szenische Gestaltung der Lehrperson legt den Fokus der Aufmerksamkeit bereits in Turn 01 auf die Geschichte des Krokodils und weniger auf die mathematisch notwendige Operation des Vergleichs der beiden Steckwürfeltürme hinsichtlich ihrer Mächtigkeit. Die Antworten der Lernenden könnten sich demnach nachfolgend stärker auf Kroko, dessen Futter sowie die Farbe der Steckwürfel beziehen und weniger auf die Anzahl der Steckwürfel. Zudem würde auch die Antwort, dass Kroko *beides* bzw. *alles* fressen würde, zur Geschichte passen, da er als Vielfraß charakterisiert wird. Sollten sich die Lernenden bei ihren Deutungen und Antworten an ihren Erfahrungen über echte Krokodile orientieren, könnten sie auch argumentieren, Kroko würde *gar nichts* fressen, da die Steckwürfel nicht eindeutig als bestimmte Nahrungsmittel definiert werden und

---

20 Nachfolgend wird für bessere Lesbarkeit auf die Markierung der gedehnten und betonten Sprechweise verzichtet und lediglich die Schriftart des Transkriptes beibehalten bei der Teilaussage soll ich die **R o t e n** fressen/ oder soll ich die **B l a u e n** fressen (soll ich die Roten fressen/ oder soll ich die Blauen fressen).

Krokodile keine Plastik-Steckwürfel fressen. Durch die sprachliche Vorgabe der Lehrperson scheinen sich die Lernenden jedoch zwingend für eine der von ihr verbalisierten Optionen (`die Roten` oder `die Blauen`) entscheiden zu müssen.

Abschließend richtet sich die Lehrperson in Turn 01 mit der Frage `was denkt ihr wie wird sich Kroko entscheiden` direkt an die Lernenden und dreht sich dabei zu ihnen um. Sie scheint mit dieser offenen Frage alle Lernenden gleichermaßen ansprechen zu wollen. Durch die vorausgegangene Aussage `soll ich die Roten fressen/ oder soll ich die Blauen fressen\` wurden die möglichen Antwortoptionen der Lernenden bereits eingeschränkt, was einerseits die Anforderung für die Lernenden reduzieren könnte, andererseits die durch die außermathematische Geschichte bedingten vielseitigen Antwortmöglichkeiten – z.B. Kroko frisst alles und Kroko frisst gar nichts – einschränkt. Die Nominalisierungen `die Roten` sowie `die Blauen` sind sprachliche Verknappungen, die den Fokus auf die Farbe der Steckwürfel legen und nicht auf deren Anzahl (*die Roten* anstatt *die zwei Steckwürfel*). Die Deutungen der Lernenden könnten sich folglich vordergründig an den Farben der Steckwürfel und weniger an deren Anzahlen orientieren. Die Bedeutung der Steckwürfelanzahl für die (mathematisch orientierte) Fragestellung der Lehrperson bleibt somit für die Lernenden im Verborgenen. Es ist denkbar, dass die Schüler*innen ebenfalls auf die Sprachverknappungen `die Roten` sowie `die Blauen` zurückgreifen und ihre Aussagen dadurch ein hohes Maß an Kontextgebundenheit aufweisen werden. So erscheint es während eines solchen narrativ und szenisch gestalteten Aushandlungsprozesses eher unpassend, mit einer formalen fachmathematischen Aussage zu antworten (z.B. *Weil fünf größer ist als zwei, wird sich Kroko für die fünf blauen Steckwürfel entscheiden*). Auch ohne bewusstes Auszählen der Steckwürfel ist visuell ersichtlich, dass der Turm aus fünf blauen Steckwürfeln deutlich größer ist als der Turm aus zwei roten Steckwürfeln. Inhaltlich wie auch sprachlich legt jedoch die Lehrperson in Turn 01 den Fokus auf die Farben der Steckwürfel bzw. den außermathematischen Sachverhalt, was den Zugang der Lernenden zum Mathematischen erschweren könnte.

<u>Turn 02 (Ina)</u>: `ich glaub Rot\`

Mit ihrer sprachlich knappen Aussage antwortet Ina auf die von der Lehrperson geäußerte Frage `was denkt ihr` (T. 01). Dabei scheint sie die vermeintliche Erwartung der Lehrperson zu erfüllen und entscheidet sich für eine der beiden Farben. Zudem reduziert sie die sprachliche Verknappung der Lehrperson `die Roten` (T. 01) und antwortet lediglich mit Nennung der Farbe Rot in Form einer Nominalisierung. Da Ina nicht auf die Anzahl der Steckwürfel eingeht und der Fokus ihrer Antwort ausschließlich auf der Farbe liegt, könnte sich ihre Deutung vordergründig am außermathematischen Sachverhalt orientieren – also der Geschichte über Kroko. Während `ich glaub` eher als Hinweis für die Unsicherheit Inas interpretiert werden kann, spricht die Stimmsenkung am Ende von ihrer Aussage eher dafür, dass sie sich mit ihrer Antwort sicher fühlt.

Turn 03 (Lehrperson): `du glaubst Rot` [dreht das Plüsch-Krokodil mit dem offenen Maul zu den roten Steckwürfeln] `warum/`

Zuerst imitiert die Lehrperson die Aussage Inas `du glaubst Rot` und ahmt Inas Aussage bezüglich Inhalt und Formulierung nach (Krummheuer & Brandt, 2001). Damit könnte sie die Absicht verfolgen, die Aussage von Ina für die gesamte Klasse laut und deutlich zu wiederholen. Zudem visualisiert sie redebegleitend die Antwort *Rot*, indem sie das Plüschtier zwischen den beiden Steckwürfeltürmen an der Tafel mit dem offenen Maul zu den zwei roten Steckwürfeln dreht. Sprachlich adaptiert die Lehrperson die zusätzliche Sprachverknappung und sagt ebenfalls `Rot` anstatt *die Roten*. Sie äußert sich vorerst nicht dazu, ob diese Antwort richtig oder falsch ist. Stattdessen fordert sie Ina mit `warum/` zu einer Begründung ihrer Antwort auf. Sollte Ina dem nachkommen, so könnte sie sich einerseits auf den außermathematischen Kontext zu Kroko beziehen. Es ist jedoch auch möglich, dass Ina bei ihrer Begründung auf mathematische Aspekte wie die Anzahl der Steckwürfel eingeht oder dass sie gar keine Begründung äußert.

Turn 04 (Ina): `... Rot (wie) Fleisch`

Bis Ina eine Begründung äußert, vergehen drei Sekunden, die als Bedenkzeit interpretiert werden können. Einerseits ist möglich, dass Ina intuitiv *Rot* als Antwort gewählt hat und sie sich erst durch die Nachfrage der Lehrperson bewusst Gedanken über eine Begründung macht. Andererseits ist ebenfalls denkbar, dass Ina zuerst überlegt, worauf sich die Nachfrage der Lehrperson bezieht. Ina könnte irritiert sein, dass sie über ihre Antwort in Turn 02 hinaus nach einer Begründung gefragt wird. Zwar ist der Verbund aus Antwort und Begründung typisch für schulische Interaktionen (Mehan, 1979; Naujok, Brandt & Krummheuer, 2008), doch die narrative Einbettung des aktuellen Unterrichtsgeschehens in die Geschichte über Kroko wirkt eher wie eine lockere und alltägliche Konversation – in diesen spielen derartige Begründungen eine untergeordnete Rolle, da mit dem Ziel einer raschen und reibungslosen Verständigung bedeutsame Aspekte unerwähnt bleiben, die die Interaktionsteilnehmenden aus der Situation heraus erschließen können (Tiedemann, 2015). Schließlich kommt Ina der diskursiven sprachlichen Aufforderung der Lehrperson nach und begründet ihre Antwort. Dabei geht sie auf die optische Analogie zwischen der roten Farbe der Steckwürfel und der Farbe von (rohem) Fleisch ein. Somit scheint sich Ina vordergründig am außermathematischen Sachverhalt zu orientieren, denn sie formuliert eine zur Geschichte passende Begründung und geht dabei nicht auf die Anzahl der Steckwürfel ein. Damit wird die durch die Lehrperson etablierte Geschichte weiterhin gestützt und bleibt im Fokus des Aushandlungsprozesses. Inas Begründung ist im Hinblick auf den außermathematischen Sachverhalt nachvollziehbar, da Krokodile sich ihrer Meinung nach vorzugsweise von rohem und somit rotem Fleisch ernähren. Aus mathematischer Perspektive passt weder die Antwort *Rot* noch die zugehörige Begründung zum mathematischen Konzept der Relationszeichen und es bleibt abzuwarten, wie die Lehrperson diese außermathematisch orientierte Begründung von Ina aufgreift und evaluiert.

Turn 05 (Lehrperson): `ah` [schaut von Ina zum Plüsch-Krokodil und dann wieder zu Ina] `das . wär mal ne Überlegung\ .. Nabil was denkst du was will der fressen/`

Die Lehrperson reagiert zuerst mit dem Füllwort `ah` auf Inas Begründung. Dies könnte sowohl als Zeichen des Verständnisses interpretiert werden als auch als Hinweis darauf, dass sie Inas Begründung nicht auf Anhieb nachvollzieht und somit kurz überlegt. Auch der Blickwechsel der Lehrperson von Ina zum Plüsch-Krokodil und wieder zurück zu Ina kann als ein Prozess des Nachdenkens der Lehrperson interpretiert werden, könnte jedoch auch ein bewusst eingesetztes nonverbales Kommunikationsmittel sein, mit dem die Lehrperson Ina zum Überdenken ihrer Begründung bewegen möchte. Anschließend geht die Lehrperson auf Inas Begründung ein, ohne jedoch deren Korrektheit zu evaluieren. Stattdessen nutzt sie den Konjunktiv `wär`, um zu unterstreichen, dass Inas Begründung als eine mögliche `Überlegung` betrachtet werden kann. Sprachlich knüpft Turn 05 an die Art der vorausgegangenen Interaktion an. Unpräzise Ausdrücke wie `ah`, Sprachverknappungen wie `wär mal ne` (anstatt *wäre mal eine*) und mehrere kurze Pausen sorgen dafür, dass die Aussage kontextgebunden ist. Es erscheint möglich, dass die Schüler*innen aus vorangegangenen Unterrichtssituationen (unbewusst) verinnerlicht haben, dass ein fehlendes Feedback der Lehrperson bezüglich der Richtigkeit einer Antwort für die Fehlerhaftigkeit dieser Antwort spricht. Die Lernenden könnten nun davon ausgehen, dass die Antwort und/oder die zugehörige Begründung von Ina nicht den Vorstellungen der Lehrperson entsprechen. Vor diesem Hintergrund erscheint es denkbar, dass nachfolgend die Antwortalternative *Blau* oder eine andere Begründung für *Rot* geäußert wird.

Bezüglich des Lebensweltbezugs fällt auf, dass die Lehrperson nun weder sprachlich noch handelnd an den szenisch inszenierten außermathematischen Sachverhalt anknüpft, obwohl Inas Begründung zur etablierten Narration passt und sich weniger aus einer mathematischen Logik heraus erklären ließe. Es ist denkbar, dass die Lehrperson selbst mathematische Aspekte fokussiert und darum eventuell auch von den Lernenden Antworten mit mathematischem Bezug erwartet – denn die Lehrperson scheint bereits zu diesem frühen Zeitpunkt der Aushandlung zu wissen, auf welche (mathematischen) Inhalte die Auseinandersetzung mit diesem Lebensweltbezug abzielt (siehe Neth & Voigt, 1991). Möglich ist auch, dass die Lehrperson bewusst nicht auf die außermathematisch orientierte Begründung von Ina eingeht, um ihr nicht zu viel Aufmerksamkeit zu widmen. Man könnte vermuten, dass die Lehrperson den Fokus nun nicht länger auf den außermathematischen Kontext und die szenische Gestaltung legt, da ihr durch Inas Begründung die Begrenztheit des Lebensweltbezugs hinsichtlich der mathematischen Reichhaltigkeit bewusst geworden sein könnte. Ohne eine explizite Evaluation von Inas Begründung bittet die Lehrperson anschließend mit `was denkst du` den sich meldenden Nabil, eine Vermutung zu äußern und vergibt damit das Rederecht an ihn. Nabil steht nun vor der diskursiven Anforderung, eine Antwort auf die Frage `was will der fressen/` hervorzubringen. Die Sprachverknappung `der` bezieht sich hierbei vermutlich auf *Kroko*.

Turn 06 (Nabil): `Blau/`

Während Ina in Turn 02 noch mit einem vollständigen Satz antwortet, beschränkt sich Nabil auf das vermeintlich Ausschlagebene und antwortet mit der Nennung einer Farbe in einer Ein-Wort-Aussage. Da es nur zwei zur Wahl stehende Antwortmöglichkeiten zu geben scheint, könnte Nabil die *Strategie der minimalen Veränderung* anwenden (Krummheuer, 2003).[21] Ina hat bereits eine der beiden Antwortalternativen geäußert, die jedoch durch die ausbleibende positiv-evaluierende Reaktion der Lehrperson von Nabil als fehlerhaft interpretiert werden könnte. Darum wählt er nun eventuell die alternative Antwort `Blau`. Die Stimmhebung am Ende seiner Antwort lässt vermuten, dass er sich bezüglich der Korrektheit seiner Antwort nicht sicher ist. Eventuell ist Nabil unsicher, ob `Blau` eine mögliche Antwort ist oder zweifelt an der Richtigkeit seiner Antwort. Offen ist bislang, ob sich Nabil eher am mathematischen oder eher am außermathematischen Sachverhalt orientiert.

Turn 07 (Lehrperson): `du sagst Blau` [dreht das Plüsch-Krokodil zu den blauen Steckwürfeln] `will der fressen\ warum/`

Die Lehrperson paraphrasiert die Antwort Nabils, indem sie sich inhaltlich an seiner Aussage orientiert, diese jedoch in eigenen Worten zu einem vollständigen Satz umformuliert (Krummheuer & Brandt, 2001). Wenngleich sie damit Nabils Aussage von Turn 06 sprachlich anreichert, scheint aus inhaltlicher Perspektive die alleinige Nennung der Farbe eine von ihr akzeptierte Antwortoption darzustellen. Ihre verbale Aussage in Turn 07 begleitet sie mit dem Drehen des Plüsch-Krokodils von der ‚neutralen' Stellung mit Blick zur Klasse nach rechts, sodass das offene Krokodilmaul zu den blauen Steckwürfel gewandt ist. Sie führt damit das szenische Spiel mit dem Plüsch-Krokodil – welches in Turn 05 kurzzeitig unterbrochen wurde – fort und könnte mit dem redebegleitenden Agieren mit dem Plüsch-Krokodil die Bedeutung der Antwort *Blau* an der Tafel verdeutlichen wollen. Auch das Verb `fressen` sowie das sprachlich verknappte `der` (als stellvertretendes Pronomen für *Kroko*) verdeutlichen, dass die Aufmerksamkeit weiterhin stärker auf dem außermathematischen Kontext und weniger auf dem zugrundeliegenden mathematischen Konzept des Vergleichs zweier Mengen hinsichtlich ihrer Mächtigkeit zu liegen scheint. Analog zu den vorausgegangenen Turns verbleibt die Aushandlung aufgrund des szenischen Spiels sowie der augenscheinlich vordergründigen Fokussierung auf die Geschichte und die Farben weiterhin auf einer konkret-handelnden Ebene und die Aussagen sind eng an den Kontext der aktuellen Interaktionssituation gebunden. Da bis zum aktuellen Zeitpunkt das Mathematische des Lebensweltbezugs – nämlich das Ermitteln und Vergleichen der Steckwürfel-Anzahl je Turm – nicht thematisiert wurde, ist naheliegend, dass sich die Deutungen und damit auch die daraus resultierenden Antworten der Lernenden weiterhin vordergründig an der Narration orientieren werden. Eine Analogie

21 Die Strategie des minimalen Veränderns ist ein taktisches Schülerverhalten bei dem ohne viel kognitiven Aufwand eine zuvor evaluierte Antwort nur leicht verändert und damit eine inhaltlich neue Antwort geäußert wird.

zu Turn 03 ist das Ausbleiben eines direkten Feedbacks bezüglich der Richtigkeit der gegebenen Antwort. Eventuell hat die Lehrperson die Intention, den Kindern ein aktiv-entdeckendes ‚Erkennen' des Lerninhaltes zu ermöglichen, indem sie (vorerst) die richtige Antwort bewusst offenlässt. So könnte die Lehrperson darauf abzielen, die Schüler*innen in ihrem Denken nicht zu stark zu beeinflussen und sie zu neuen Begründungsfindungen zu animieren. Oder sie möchte sich zuerst mögliche Begründungen anhören, um einen Zugang zu den Deutungen der Kinder zu erhalten.

Abschließend richtet sich die Lehrperson – ebenfalls analog zu Turn 03 – mit dem Fragewort `warum/` an Nabil und scheint ihn zu einer Begründung für *Blau* aufzufordern. Sie übergibt damit das Rederecht an Nabil, der dadurch in den diskursiven Zugzwang gerät, eine Begründung zu äußern (Hausendorf & Quasthoff, 2005). Es scheint der Lehrperson wichtig zu sein, dass die Schüler*innen ihren Lösungsvorschlag begründen. Damit könnte sie darauf abzielen, einen Einblick in die Erklärungsansätze der Lernenden zu erhalten und diese für die gesamte Klasse transparent zu machen. Die Lehrperson expliziert jedoch weder in Turn 03, noch in Turn 07, worauf sich das Fragewort `warum/` konkret bezieht. So könnte eine ausformulierte Frage beispielsweise lauten *Warum denkst du, dass Blau die richtige Antwort ist?* und auch die Frage *Warum frisst Kroko Blau?* ist denkbar. Während die erste Frage nicht mit Bezug zur Geschichte formuliert ist und damit eher mathematische Begründungen initiiert werden könnten, scheint die zweite Frage vielmehr die narrative Einbettung zu forcieren. Eine mögliche Konsequenz der knapp und unpräzise formulierten Frage `warum/` ist, dass sich die Schüler*innen weiterhin vordergründig an der Farbe und dem außermathematischen Sachverhalt orientieren und weniger an den mathematisch relevanten Aspekten, denn diese werden bis zum aktuellen Zeitpunkt der Aushandlung nicht als relevant markiert.

<u>Turn 08 (Nabil):</u> `.. ähm (5)`

Ähnlich wie bei Ina in Turn 04, äußert Nabil nicht unmittelbar eine Begründung, sondern scheint insgesamt sieben Sekunden lang zu überlegen, ob und wie er auf die Frage `warum/` der Lehrperson aus Turn 07 reagieren kann. Auch dass Füllwort `ähm` deutet auf den Prozess des Nachdenkens hin. Einerseits könnte es daran liegen, dass Nabil keine Erklärung für seinen Lösungsvorschlag *Blau* hat, da er sich aufgrund einer Ratestrategie oder der Strategie der minimalen Veränderung (Krummheuer, 2003) für die noch nicht genannte Antwort entschieden hat. Andererseits ist auch denkbar, dass Nabil seinen Gedankengang nicht ausreichend verbalisieren kann. Weiterhin ist möglich, dass Nabil sich nicht sicher ist, worauf sich die unpräzise Frage `warum/` bezieht. Die Deutung, dass die Stimmhebung am Ende von Nabils Aussage in Turn 06 als Unsicherheit und Frage interpretiert werden kann, wird somit durch das Ausbleiben einer Begründung in Turn 08 bekräftigt.

Turn 09 (Lehrperson): [schaut Nabil an und nickt] einfach weil Blau schön ist\ . okay . Richie/ . was sagst du/

Bevor die Lehrperson etwas sagt, nickt sie Nabil zu. Dies kann als Verständnis dafür gedeutet werden, dass Nabil keine Begründung geäußert hat. Zudem könnte das Nicken auch darauf hindeuten, dass die Lehrperson von vornherein keine (korrekte) Begründung von Nabil erwartet hat und sie sich nun in ihrer Annahme bestätigt fühlt. Unmittelbar an das Nicken anschließend äußert die Lehrperson eine weitere mögliche Begründung, die sie als einfach bezeichnet. Damit spricht die Lehrperson Nabil indirekt und vermutlich auch unbewusst die sprachlich-diskursiven und/oder mathematischen Kompetenzen ab, eine angemessene Antwort auf die Frage warum/ äußern zu können. Die von der Lehrperson vorgeschlagene Begründung weil Blau schön ist scheint sich weder am mathematischen Lerninhalt der Relationszeichen noch an der außermathematischen Geschichte über Kroko zu orientieren. Eventuell möchte die Lehrperson eine Begründung äußern, die einerseits nicht die mathematisch korrekte Begründung vorwegnimmt und die andererseits Raum für weitere Begründungen für *Blau* lässt. Weiterhin wirkt es, als wolle die Lehrperson das Thema der neuen Rechenzeichen (T. 01) aktiv-entdeckend gestalten, denn sie gibt vorerst kein Feedback bezüglich der Richtigkeit der Antworten und zugehörigen Begründungen der Lernenden. So scheint okay hier eher weniger einen positiv-evaluierenden Charakter zu haben, sondern könnte eher als Füll- und Übergangswort interpretiert werden, da nun ein weiteres Kind aufgefordert wird, seinen Lösungsvorschlag zu nennen. Mit Richie/ . was sagst du/ wird das Rederecht an den nächsten Schüler weitergegeben. Sprachlich orientiert sich die Lehrperson dabei an was denkt ihr (T. 01) sowie was denkst du/ (T. 05) aus ihren vorangegangenen Aussagen und verändert lediglich das Verb *denken* zu *sagen*. Vor diesem Hintergrund scheint sich hier ein Interaktionsmuster zu etablieren, welches sich folgendermaßen zusammensetzt: (1.) Die Lehrperson bittet ein Kind zur Stellungsname für Rot oder Blau (z.B. was sagst du/), (2.) das jeweilige Kind nennt eine Farbe, (3.) die Lehrperson wiederholt die Äußerung des Kindes und fordert eine Begründung für die genannte Farbe ein (z.B. warum/), (4.) das jeweilige Kind begründet seine Farbwahl, (5) ohne explizite Evaluation bezüglich der Korrektheit von Farbwahl und Begründung fordert die Lehrperson das nächste Kind zur Nennung einer Farbe auf und das Interaktionsmuster beginnt damit von vorn. Sollte es beispielsweise hierbei zu Leerstellen kommen, werden diese von der Lehrperson ausgefüllt – z.B. bei ausbleibender Begründung für die Farbwahl wie in Turn 08 und 09.

Turn 10 (Richie): ähm . der will#

Das ähm sowie die Pause von einer Sekunde können als Prozess des Nachdenkens interpretiert werden. Damit könnte Richie signalisieren wollen, dass er etwas sagen will bzw. sagen wird, ohne dabei stumm zu bleiben oder zu riskieren, dass die Lehrperson ein anderes Kind aufruft und ihm damit das Rederecht entzieht. Daraufhin scheint Richie eine Antwort zu beginnen, die sich sprachlich an vorherigen Aussagen und der Geschichte orientiert (T. 01 `der will immer ganz v i e l fressen` sowie T. 07 `du sagst Blau will der fressen`). Er wird jedoch vor Beendigung seiner Aussage durch die Lehrperson unterbrochen – obwohl trotz seiner Meldung angenommen werden kann, dass er seine Aussage beenden wird. Bereits seine begonnene Antwort `der will` unterscheidet sich sprachlich wie auch inhaltlich von den vorausgegangenen Antworten von Ina und Nabil in Turn 02 und 06. Anders als Ina und Nabil beginnt Richie einen Satz, der sich explizit an der Geschichte über Kroko orientiert, da der stellvertretend für Kroko genutzt wird. Während zudem die Antworten von Ina und Nabil aufgrund der Stimmhebung oder Formulierung (`ich glaub`, T. 02) eher einen fragenden und unsicheren Charakter haben, deutet die Wortstellung in Turn 10 an, dass Richie einen von Sicherheit zeugenden Aussagesatz formulieren wird.

Turn 11 (Lehrperson): `was will er fressen/ Rot oder Blau/`

Die Unterbrechung Richies durch die Lehrperson kann als Ungeduld interpretiert werden. Auffällig ist, dass Nabil insgesamt 7 Sekunden nichts gesagt hat, bis die Lehrperson ‚eingegriffen' hat (T. 08 und 09), während sie bei Richie nur wenige Sekunden vergehen lässt – in denen er sogar die Formulierung eines Antwortsatzes beginnt. Aus sprachlicher Sicht wird erkennbar, dass die Lehrperson die von Richie begonnene Antwort `der will` (T. 10) übernimmt und zu einem Fragesatz umformuliert `was will er fressen/`. Aus diskursiver Sicht nimmt sie das Rederecht an sich und scheint dabei keine Rücksicht auf den von Richie bereits begonnenen Antwortsatz zu nehmen. Wenngleich sie ihm mit der Formulierung einer Frage in Turn 11 eventuell eine Hilfe bereitstellen möchte, wird an dieser Stelle die Dominanz der Lehrperson bezüglich des unterrichtlichen Diskurses und insbesondere der Verteilung des Rederechts deutlich. So nehmen Lehrpersonen im Unterricht zumeist die *Rolle des primären Sprechers* ein und sind für die Verteilung des Rederechts zuständig, während die Lernenden eher in der Rolle der Zuhörenden sind und das Rederecht vordergründig durch die Lehrperson erhalten (Hausendorf & Quasthoff, 2005). Zudem gibt die Lehrperson Richie wiederholend die beiden Antwortoptionen `Rot oder Blau/` vor. Eine sich daraus ergebende Deutung ist, dass Richie aus Sicht der Lehrperson ein Schüler ist, der inhaltlich und/oder sprachlich stärker als andere Lernende unterstützt werden muss. Eventuell hat die Lehrperson bereits die Erwartungshaltung, dass Richie eine unpassende oder unvollständige Antwort geben wird. Andererseits könnte die voreilige Unterbrechung auch darauf hindeuten, dass die Lehrperson im Aushandlungsprozess voranschreiten möchte und nun nicht mehr so viel Bedenkzeit gewährt werden kann, da die Mathematikstunde in etwa 13 Minuten endet und vorher gegebenenfalls noch andere Unterrichtsaktivitäten geplant sind.

Turn 12 (Richie): **`Rot`** `. der will Rot essen#`

Der Beginn von Turn 12 ähnelt sprachlich der Ein-Wort-Aussage von Nabil in Turn 06. Anders als Nabil ergänzt Richie jedoch direkt im Anschluss einen vollständigen Aussagesatz. Eventuell äußert Richie zuerst lediglich laut die Farbe **`Rot`**, um der Lehrperson zu signalisieren, dass er eine Antwort auf ihre Frage geben wird. Darüber hinaus reagiert er nicht allein auf die Nachfrage der Lehrperson in Turn 11, sondern vervollständigt anschließend auch den von ihm selbst in Turn 10 begonnenen Antwortsatz. Hierbei ändert Richie das von der Lehreperson verwendete Verb `fressen` (T. 11) zu essen, was Kroko zusehends menschliche Züge verleiht. Auffällig ist, dass Richie bereits zum zweiten Mal von der Lehrperson unterbrochen wird – obwohl er zeitnah und inhaltlich wie auch sprachlich angemessen antwortet. Im Hinblick auf den Lebensweltbezug bleibt auch bei Richies Aussage der Fokus – wie auch bei Ina und Nabil – auf der Geschichte sowie der Farbe der Steckwürfel und nicht auf deren Anzahl. Dies spricht für eine vordergründige Orientierung am außermathematischen Kontext und weniger am mathematischen Inhalt. Die Relationsbegriffe und Relationszeichen bleiben somit weiterhin ‚unsichtbar' für die Lernenden und sind nicht präsent im interaktiven Aushandlungsprozess.

Turn 13 (Lehrperson): [dreht das Plüsch-Krokodil mit offenem Maul zum Turm aus zwei roten Steckwürfeln] `w e i l /`

Zum zweiten Mal unterbricht die Lehrperson Richie und nimmt ihm damit das Rederecht. Nach wie vor ist denkbar, dass sie inhaltlich voranschreiten will, weil sie in Zeitnot zu geraten scheint oder ungeduldig ist. Auch die Deutung, dass sie Richie als unterstützungsbedürftigen Schüler ansieht, erscheint weiterhin möglich. Das fragend formulierte `weil/` unterscheidet sich sprachlich zwar von `warum/` in Turn 03 und 07, zielt jedoch inhaltlich ebenfalls auf eine Begründung der geäußerten Farbe ab. Zudem beschränkt sich die Nachfrage weiterhin auf ein einziges Fragewort und es wird nicht expliziert, worauf sich das Fragewort *weil* bezieht. Das szenische Spiel an der Tafel mithilfe des Plüsch-Krokodils und dem ‚Futter' aus Steckwürfeln sowie die sprachliche Knappheit verdeutlichen, dass der Aushandlungsprozess weiterhin vordergründig auf einer konkret-handelnden Ebene und eng gebunden an den derzeitigen Kontext der Interaktion verbleibt. Analog zur ihren vorangegangenen Aussagen äußert die Lehrperson weiterhin kein explizites Feedback zur Richtigkeit der gegebenen Antwort. Die Situation wirkt zunehmend wie ein Frage-Antwort-Spiel. Die Lehrperson scheint jedoch weiterhin zu akzeptieren, dass der Fokus der Aushandlung auf der Geschichte liegen darf beziehungsweise eventuell sogar liegen soll, da sie die Aushandlung nach wie vor szenisch mit dem Plüsch-Krokodil begleitet.

Turn 14 (Richie): `weil es . wie . so . ähm . so wie von Fisch (`*`Schweinehaut`*`) aussieht`

Richie greift das Fragewort `weil` aus Turn 13 in seiner Begründung auf und nutzt diese subordinierende Konjunktion, um eine logische Beziehung zwischen Turn 12 und 14 herzustellen. Es bleibt offen, ob Richie auch ohne die Zwischenfrage der Lehrperson in Turn 13 eine Begründung geäußert und sich somit gemäß des etablierten Interaktionsmusters verhalten hätte. So können etwa die zahlreichen Pausen sowie die Füllwörter `na` und `ähm` als Unsicherheit Richies gedeutet werden. Wenngleich seine Begründung nicht zweifelsfrei in vollem Umfang verständlich ist, unterscheidet sich Richies Begründung aus sprachlicher Perspektive von der sprachlich knappen Begründung Inas `rot (wie) Fleisch` in Turn 04. Richies Aussage ist sprachlich ausführlicher und durch das Verb *aussehen* expliziert er, dass er sich auf eine optische Ähnlichkeit von Fisch und Steckwürfeln bezieht. Inhaltlich ähnelt seine Erklärung für *Rot* der von Ina. Während sie auf die Ähnlichkeit zu (rohem) Fleisch eingeht, begründet Richie die Antwort *Rot* mit der Ähnlichkeit zu (rohem) Fisch – beispielsweise Lachs. Bauersfeld und Voigt (1986) folgend ist ein solches Versuch-Irrtum-Verfahren typisch für schulische Interaktionssituationen, in denen es problematisch für die Lernenden ist, die Erwartungen der Lehrperson richtig einzuschätzen. Gemäß der *Strategie der minimalen Veränderung* (Krummheuer, 2003) wird die Begründung Inas `rot (wie) Fleisch` (T. 04) nur leicht verändert, denn die offenen Fragen warum/ und weil/ der Lehrperson setzen die Schüler*innen unter Zugzwang, weitere Antwort- und Begründungsversuche zu unternehmen (Bauersfeld & Voigt, 1986).

Bezogen auf den Lebensweltbezug begründen Ina und Richie ihre Farbwahl anscheinend mit Bezug zu ihren außermathematischen Erfahrungen, dass Krokodile Fisch und Fleisch fressen. Dieses Wissen haben sie gegebenenfalls bei Zoobesuchen, in Sach- und Kinderbüchern sowie durch Dokumentationen, TV-Sendungen oder Zeitungsartikel erlangt. Damit ist die Begründung Richies (und Inas) zwar anschlussfähig an die Geschichte zum `Vielfraß Kroko` (T. 01), passt jedoch nicht zum mathematischen Sachverhalt, da sie sich für den Steckwürfelturm mit der geringeren Anzahl an Steckwürfeln aussprechen. Ina und Richie vergleichen die beiden Steckwürfeltürme nicht bezüglich ihrer Größe bzw. Höhe, sondern sie ziehen einen Vergleich zwischen der Farbe der Steckwürfel und ihren außermathematischen Erfahrungen. Da Richies Aussage nicht zweifelsfrei in vollem Umfang verständlich ist, bleibt offen, ob er mit dem Begriff `Schweinehaut` eine optische Analogie der roten Steckwürfel zu der Farbe von Schweinefleisch bzw. Schweinehaut thematisiert.

<u>Turn 15 (Lehrperson)</u>: [schaut Richie an und nickt] `Fisch und Fleisch\ ..` [grinst und schaut sich in der Klasse um] `.. mh/ . Noemi was denkst du/`

Analog zu Turn 03, 07 und 11 wiederholt die Lehrperson die zuvor getroffene Aussage eines Kindes. Eventuell zielt die Lehrperson damit darauf ab, die vorausgegangene Aussage für die anderen Schüler*innen der Klasse noch einmal laut und deutlich auszusprechen. Da sie `Fisch und Fleisch` sagt, könnte sie Richies Aussage in Turn 14 akustisch verstanden haben oder interpretieren – dass er mit `Schweinehaut` Fleisch meint. Eventuell verbindet die Lehrperson in Turn 15 auch die Begründungen von Ina und Richie, weil sie diese Begründungen als zusammengehörig interpretiert. Dabei bildet sie jedoch – anders als Richie – keinen vollständigen Satz, sondern wiederholt vielmehr die zentralen Begriffe aus Richies (und Inas) Begründung in Form eines Satzfragments.

Weiterhin werden die Antworten und Begründungen der Lernenden nicht explizit von der Lehrperson evaluiert, wie es Mehan (1997) folgend eigentlich typisch für schulische Interaktionssituationen wäre – Initiierung, Antwort, Evaluation. Vielmehr setzt sich das hier etablierte Interaktionsmuster fort. Ihr Nicken kann zwar als positive Evaluation von Richies Begründung gewertet werden, andererseits kann das Nicken auch ein Signal für das akustische Verständnis sein. Nach wie vor äußert sich die Lehrperson somit nicht verbalsprachlich zur Richtigkeit der Antworten und zugehörigen Begründungen. So könnten das Grinsen und der Blick durch die Klasse einerseits bedeuten, dass das Rätsel zu Krokos Futter nun bald gelöst wird. Andererseits können diese nonverbalen kommunikativen Mittel auch als Hinweis auf die (Nicht-)Korrektheit der vorausgegangen Antwort-Begründungs-Kombination interpretiert werden. Des Weiteren könnten das Nicken und Sich-Umschauen der Lehrperson als Zeichen der Freude an den kreativen Äußerungen der Lernenden sowie dem vonstattengehenden Unterrichtsgespräch gedeutet werden. Auch das `mhm/` kann sowohl als positive Evaluation von Richies Begründung wie auch (aufgrund der Stimmhebung) als Frage interpretiert werden. Zudem könnte `mhm/` auch weitere Begründungen provozieren und den Lernenden signalisieren, dass weitere Begründungen nötig oder möglich sind. Die Aushandlung bleibt hierdurch weiterhin sehr eng gebunden an den Kontext der Interaktion.

Bei Betrachtung des etablierten Lebensweltbezugs fällt auf, dass das szenische Spiel mit dem Plüsch-Krokodil während des Voranschreitens der Interaktion immer wieder unterbrochen wird: Als Ina, Nabil und Richie ihre Antworten auf die Frage *Rot oder Blau* äußern (T. 02, 06, 12), dreht die Lehrperson das Plüsch-Krokodil an der Tafel mit Blick zur soeben genannten Farbe (T. 03, 07, 13). Dadurch wird der Fokus auf den außermathematischen Kontext – also die Geschichte des kleinen Vielfraß Kroko – untermauert. Als Ina und Richie jedoch auf Nachfrage der Lehrperson eine Begründung für die von ihnen genannte Farbe *Rot* äußern (T. 04, 14), scheint das szenische Spiel mit dem Plüsch-Krokodil zu pausieren – so ist es auch in Turn 09, als die Lehrperson stellvertretend für Nabil eine Begründung anbringt. Daraus ergibt sich die Annahme, dass die Begründung der Farbwahl aus Sicht der Lehrperson einen (mathematisch) inhaltlich wichtigen Moment darstellt, bei dem das mathematische Verständnis der Lernenden deutlich wird. An dieser Stelle ist für sie eventuell nicht länger der außermathematische Kontext von Interesse, sondern ihr Fokus liegt hierbei vielmehr auf dem mathematischen Lerninhalt – nämlich dem Vergleich zweier Mengen hinsichtlich ihrer Mächtigkeit. Wenn dem so ist, kann das fehlende Explizit-Machen der mathematischen Fokussierung der Lehrperson als besondere Herausforderung für die Lernenden interpretiert werden. Analog zu den vorangegangenen Begründungen äußert die Lehrperson nun erneut keine explizite Evaluation, sondern fordert ein weiteres sich meldendes Kind zur Nennung einer Farbe auf.

<u>Turn 16 (Noemi):</u> `Blau\`

Analog zu Nabil (T. 05) und Richie (T. 12) beantwortet Noemi die Frage `was denkst du` (T. 15) mit einer Ein-Wort-Aussage. Sprachlich orientiert sie sich damit an den vorherigen Aussagen des Aushandlungsprozesses und beschränkt ihre Antwort auf das, was in der aktuellen Situation das Wesentliche zu sein scheint – die Farbe der Steckwürfel. Die Stimmsenkung sowie ihre zügige Reaktion auf die Redeaufforderung durch die Lehrperson können auf Selbstsicherheit hinweisen. Es ist aber auch denkbar, dass Noemi aufgrund einer Ratestrategie oder der Strategie der minimalen Veränderung (Bauersfeld & Voigt, 1986; Krummheuer, 2003) diejenige Antwort äußert, sie bislang nicht bzw. nur von Nabil (T. 06) geäußert wurde – dort aber ohne eigene Begründung (T. 09). Obwohl die Lehrperson bislang von allen zuvor antwortenden Schüler*innen explizit eine Begründung gefordert hat und zu erwarten gewesen wäre, dass Noemi nun von allein ihre Antwort begründet, scheint sie es vorerst bei der Nennung der Farbe *Blau* zu belassen. Denkbar ist, dass Noemi das geteilte Interaktionsmuster (unbewusst) verinnerlicht hat und erst eine Begründung äußert, wenn sie von der Lehrperson dazu aufgefordert wird. Die Antwort *Blau* fokussiert ebenfalls die Farbe der Steckwürfel und es bleibt abzuwarten, ob Noemi ihre Farbwahl unter Beachtung mathematischer Aspekte begründen wird.

<u>Turn 17 (Lehrperson):</u> [dreht das Plüsch-Krokodil mit dem Maul zum blauen Fünferturm] `warum/`

Analog zu den vorausgegangenen Reaktionen der Lehrperson auf die Farb-Nennung durch die Lernenden (T. 03, 07, 13) dreht die Lehrperson auch in Turn 17 redebegleitend das Plüsch-Krokodil mit Blick in Richtung der genannten Farbe und fragt nach einer Begründung. In Anbetracht des vorausgegangenen Unterrichtsgesprächs und des etablierten Interaktionsmusters ist diese Nachfrage zu erwarten gewesen. Anders als zuvor wiederholt die Lehrperson die geäußerte Farbwahl jedoch nicht, sondern fragt begleitend zu ihrer Handlung mit dem Plüsch-Krokodil lediglich `warum/`. Da die Lehrperson erneut das Plüsch-Krokodil und die Steckwürfel an der Tafel zur Veranschaulichung wie in einem szenischen Spiel nutzt, verbleibt der Aushandlungsprozess weiterhin eng gebunden an den Kontext und auf konkret-handelnder Ebene.

<u>Turn 18 (Noemi):</u> `na weil das m e h r ist als Rot`

Die unvermittelt an die Nachfrage der Lehrperson anschließende Begründung spricht dafür, dass Noemi damit gerechnet hat, eine Begründung äußern zu müssen. Somit erfüllt sie diese situationsspezifische diskursive Erwartung, agiert gemäß des etablierten Interaktionsmusters und gewährleistet durch ihre Begründung somit ein reibungsloses Voranschreiten der Interaktion. Analog zu Richie in Turn 14 nutzt Noemi die subordinierende Konjunktion `weil`, um Ihre Aussagen (Turn 16 und 18) miteinander zu verbinden. Zudem begründet Noemi ihre Antwort *Blau* mit einem vollständigen Satz, der inhaltlich den Vergleich zwischen der Mächtigkeit der beiden Farbtürme zieht: `weil das` [Blau] `mehr ist als Rot`. Zwar nutzt auch Noemi lediglich die Farbe als Kennzeichen für den jeweiligen Steckwürfelturm, doch im Gegensatz zu den bisherigen Begründungen in Turn 04, 09 und 14, zieht sie einen Vergleich zur anderen Farbe und nicht zu einem außermathematischen Kontext z.B. der Vergleich der Steckwürfel-Farbe mit der Farbe von Fisch oder Fleisch. Noemi scheint sich stärker auf den mathematischen Sachverhalt zu konzentrieren und darauf einzugehen, dass eine Steckwürfel-Menge *mehr* ist als die andere – wenngleich auch Noemi die Anzahl der Steckwürfel nicht verbalisiert. Durch das langgezogene m e h r könnte Noemi zudem das Ausschlaggebende in ihrer Begründung zu betonen versuchen. Bezogen auf den Lebensweltbezug und wie dieser interaktiv ausgehandelt wird, könnte Turn 18 einen Bruch in der Interaktion darstellen, da nun nicht mehr allein die Geschichte zu Kroko und die farbliche Ähnlichkeit der roten Steckwürfel mit Fisch und Fleisch im Fokus zu stehen scheint, sondern auch der Vergleich beider Steckwürfeltürme hinsichtlich mathematischer Aspekte thematisiert wird.

Turn 19 (Lehrperson): k l a r das ist doch der kleine Vielfraß\ der will immer **das** essen was am **meisten** ist/ deshalb schaut der hier hin [hält das Plüsch-Krokodil mit Blick zu den fünf blauen Steckwürfeln] .. d a s will ich fressen\ hier ist g a n z viel\ [hält das Plüsch-Krokodil in der linken Hand und berührt mit der rechten Hand kurz die 5 blauen Steckwürfel]

Die Aussage der Lehrperson ist sprachlich und inhaltlich deutlich umfangreicher als ihre vorangegangenen Aussagen (mit Ausnahme von Turn 01). Darüber hinaus enthält Turn 19 die Nominalisierung bzw. den Superlativ am **meisten** sowie die subordinierende Konjunktion deshalb, was diese Aussage sprachlich ebenfalls von den übrigen Aussagen der Sequenz abhebt. In gleicher Weise wie in Turn 01 wechselt die Lehrperson zwischen Aussagen in Ich-Form aus Perspektive Krokos (d a s will ich fressen\) und Aussagen aus der Perspektive eines auktorialen Erzählers (der will immer **das** essen was am **meisten** ist). Zudem ist an der Wortwahl der Lehrperson auffällig, dass sie das von ihr vorgegebene fressen (T 01, 05, 07, 11) nun zu essen verändert. Ob sie Richies Wortwahl von Turn 12 bewusst aufgreift und Kroko damit zusehends vermenschlichen will oder ob dieser Wechsel des Verbs unbeabsichtigt geschieht, ist offen. Erneut unterstützt die Lehrperson ihre verbalen Aussagen durch das szenische Spiel mit dem Plüsch-Krokodil an der Tafel, weshalb deiktische Mittel wie hier und unpräzise Aussagen wie so rum zu einem hohen Grad an Kontextgebundenheit beitragen.

Das gedehnt gesprochene k l a r kann als erste eindeutige und positive Evaluation betrachtet werden. Es scheint, als wäre die Begründung Noemis aus Sicht der Lehrperson die erste akzeptable Begründung der Sequenz – obwohl auch Noemi nicht explizit auf die Anzahl der Steckwürfel je Turm eingeht. Vor diesem Hintergrund irritiert es, dass die Lehrperson in Turn 19 trotz der bislang einzigen als positiv zu bewertenden Evaluation nicht auf den vermeintlichen mathematischen Gehalt von Noemis Begründung Bezug nimmt und stattdessen erneut den außermathematischen Kontext in Form der Geschichte über Kroko hervorhebt. Während in der Begründung von Noemi kein expliziter Bezug zu Kroko deutlich wird, formuliert die Lehrperson diese Begründung so um, dass sie zur Geschichte passt: der will immer **das** essen was am **meisten** ist/ deshalb schaut der hier hin. Zudem wird bei der Begründung von Noemi deutlich stärker der Vergleich zweier Objekte fokussiert (mehr als). Die Lehrperson nutzt zwar am meisten und g a n z viel, doch bei diesen wird der mathematisch notwendige Prozess des Vergleichens nicht explizit thematisiert. Die mathematisch korrekte Formulierung *ist größer als* oder die von Noemi vorgegebene Variante (`ist mehr als`) bringt die Lehrperson nicht zur Sprache.

Turn 20: [einige Lernende tuscheln oder kichern]

Das Tuscheln und Kichern einiger Schüler*innen kann als Interesse und Aufmerksamkeit bezüglich des momentanen Aushandlungsprozesses interpretiert werden. Einige Lernende könnten auch verunsichert sein, weil sie die Begründungen von Noemi oder der Lehrperson für die Farbe *Blau* nicht nachvollziehen. Für einige Schüler*innen könnte *Rot* aufgrund der von Ina und Richie angesprochenen Ähnlichkeit zu Fleisch und Fisch als die passendere und nachvollziehbarere Antwort interpretiert werden, da dies auch ihren eigenen außermathematischen Erfahrungen entspricht. Andererseits könnten sie auch tuscheln, weil sie sich mit ihren Mitschüler*innen austauschen wollen. Das Kichern einiger Schüler*innen kann zudem ein Hinweis dafür sein, dass sie die Geschichte über Kroko und das szenische Spiel an der Tafel amüsant finden.

Turn 21 (Lehrperson): `und deshalb/` [nimmt das Plüsch-Krokodil von der Tafel und schreibt ein Größer-als-Zeichen zwischen die Türme aus Steckwürfeln] `macht der das Maul so rum auf` [hält das Plüsch-Krokodil vor das das Größer-als-Zeichen] `seht ihr das/`

Die Lehrperson scheint sich vom Kichern und Tuscheln der Lernenden nicht verunsichern zu lassen, es als nicht relevant zu erachten oder es nicht ausreichend mitzubekommen, da sie ihre Aussage von Turn 19 fortsetzt, ohne darauf einzugehen. Analog zu Turn 19 nutzt sie die subordinierende Konjunktion `deshalb` und stellt damit einen kausalen Zusammenhang zwischen den einzelnen Bestandteilen ihrer Aussage her. Mit Bezug zur Geschichte über Kroko und Turn 19 fortsetzend erläutert sie, dass Kroko `das Maul so rum auf` macht, weil `der will immer das essen was am meisten ist`, denn bei Blau `ist ganz viel` (T. 19). Da das Plüsch-Krokodil bereits die ganze Zeit ein offenes Maul hat, passt das Verb `macht` nur bedingt, da *machen* ein Handlungs- bzw. Prozessverb darstellt. Zusätzlich zu ihrer Aussage und dem szenischen Spiel mithilfe des Plüsch-Krokodils schreibt die Lehrperson nun das Relationszeichen Größer-als (>) zwischen die beiden Steckwürfeltürme. Anschließend hält sie das Plüsch-Krokodil so vor das Relationszeichen, dass sich dessen offenes Maul und das Größer-als-Zeichen direkt übereinander befinden. Damit könnte sie die optische Ähnlichkeit zwischen dem Größer-als-Zeichen und dem offenen Krokodilmaul für die Lernenden verdeutlichen wollen. Mit ihrer abschließenden Frage `seht ihr das/` könnte die Lehrperson das Verständnis der Lernenden erfragen wollen oder die optische Ähnlichkeit zwischen Krokos geöffnetem Maul und dem Größer-als-Zeichen sprachlich hervorheben. Ähnlich wie in Turn 01 spiel das Verb *sehen* eine bedeutsame Rolle in der Aussage der Lehrperson und erneut wird hierdurch der Eindruck vermittelt, dass der Sachverhalt mit den Augen wahrgenommen werden kann oder muss. Jedoch ist *sehen* nicht das gleiche wie *verstehen* und es ist denkbar, dass nachfolgend einige Lernende auf diese Frage mit *ja* antworten, da sie Kroko und das Relationszeichen zwar sehen, aber die Begründung für *Blau* bzw. die optische Ähnlichkeit nicht hinreichend erkennen oder verstehen.

Die Nachfrage der Lehrperson, das redebegleitende szenische Spiel mit dem Plüsch-Krokodil sowie das Tafelbild mit Steckwürfeltürmen und Relationszeichen führen dazu, dass die Aussage in Turn 21 eng gebunden an den aktuellen Interaktionskontext ist und die Aushandlung auf einer konkret-handelnden Ebene vollzogen wird. Bezogen auf den Lebensweltbezug fokussiert die Schilderung der Lehrperson nach wie vor eher die außermathematische Geschichte zum Vielfraß Kroko. Mathematische Aspekte wie die Anzahlen der Steckwürfel oder die Relationszeichen werden nicht verbalisiert, obwohl inzwischen ein Relationszeichen als Symbol an der Tafel sichtbar ist. Es ist daher durchaus denkbar, dass einige Lernenden das Größer-als-Zeichen als Symbol für das offene Krokodilmaul interpretieren und nicht als mathematisches Symbol. Da der außermathematische Sachverhalt in den Aussagen der Lehrperson weiterhin im Fokus steht, ist ebenso denkbar, dass einige nach wie vor eher *Rot* als die richtige Antwort betrachten, da sie besser zur Geschichte zu passen scheint. Das mathematische Konzept der Relationszeichen scheint nun aus Sicht der Lehrperson im Fokus der Aushandlung zu stehen, doch inwiefern die Lernenden diese Deutung teilen, bleibt in Anbetracht der sprachlich weiterhin starken Orientierung am außermathematischen Sachverhalt über Kroko fraglich.

Turn 22 (Erik): [ruft herein] `ja weil der (das eine isst)#`

Es ist denkbar, dass Erik vom Unterrichtsgespräch und der Geschichte Krokos derart gefesselt ist, dass er eine Meldung vergisst. Es ist ebenfalls möglich, dass er die aktuelle Aushandlung nicht als etwas typisch Schulisches interpretiert, da es nicht explizit um Mathematik, sondern vielmehr um das Krokodil geht, weshalb er sein Hereinrufen als legitim betrachten könnte. Mit der subordinierenden Konjunktion `weil` könnte Erik einen kausalen Zusammenhang zwischen Turn 21 und 22 herstellen und mit seinem Zwischenruf signalisieren wollen, dass er die Frage `seht ihr das/` (T. 21) der Lehrperson bejaht. Erik nutzt ebenfalls das Verb *essen*. Eventuell greift er damit die sprachliche Vorgabe von der Lehrperson oder von Richie auf und spricht Kroko damit menschliche Züge zu. Auch Erik scheint sich vordergründig am außermathematischen Kontext und somit an der Narration über Kroko zu orientieren. Seine Aussage bezieht sich ausschließlich auf die Geschichte und es sind keine Anzeichen dafür erkennbar, dass in der aktuellen Situation etwas Mathematisches für ihn relevant ist.

Turn 23 (Lehrperson): `weil er das . essen will was` [dreht sich zur Klasse] **`v i e l mehr`** `is\` [schaut erst zur Klasse, dann zum Plüsch-Krokodil] `. nä/ gut\` [nimmt das Plüsch-Krokodil herunter und legt es auf die Ablage auf der unteren Tafelseite] `schauen wir mal/ Kroko ist satt legt sich mal wieder kurz hin/`

Turn 23 beginnt mit der subordinierenden Konjunktion `weil`, mit der die Lehrperson an Ihre vorangegangene Aussage in Turn 21 anzuknüpfen scheint, jedoch auch auf Eriks Zwischenruf reagieren könnte. Wie Noemi in Turn 18 nutzt auch die Lehrperson anstelle des mathematisch korrekten Terms *Größer-als* den Begriff **mehr** und betont diesen sprachlich. Anders als Noemi sagt die Lehrperson jedoch nicht *mehr als*, obwohl dies den Prozess des Vergleichens für die Lernenden verdeutlichen könnte. Erneut zieht die Lehrperson damit eher indirekt einen Vergleich der beiden Steckwürfeltürme und geht darauf ein, auf welcher Seite **v i e l mehr** ist, ohne dabei die Anzahl der Steckwürfel zu verbalisieren oder an der Tafel festzuhalten. Zudem suggeriert `weil er das . essen will was` **v i e l mehr** `is\` (T. 23), dass ein deutlicher Unterschied zwischen beiden Teilmengen vorliegen muss. Beim Beispiel an der Tafel – fünf blaue und zwei rote Steckwürfel – trifft dies bezogen auf die Gesamtzahl der Steckwürfel auch zu. Hierdurch könnte die mathematisch fehlerhafte Deutung der Lernenden begünstigt werden, der Unterschied zwischen zwei Teilmengen müsse immer ‚besonders groß' oder ‚besonders deutlich' sein.

Das fragend formulierte `nä/` kann als Anzeichen einer Rückversicherung interpretiert werden, mit der die Lehrperson das Verständnis der Lernenden erfragen möchte. Auch die Blickbewegungen der Lehrperson vom Plüsch-Krokodil und dem Tafelbild zu den Schüler*innen kann darauf abzielen, etwas über das Verständnis der Lernenden zu erfahren oder sich zu versichern, dass sie dem Aushandlungsprozess folgen (können). Die Lehrperson scheint jedoch kein Kopfnicken, Kopfschütteln oder verbale Antworten der Lernenden auf ihre Rückfrage `nä/` zu erwarten, da sie ihr Ausführung direkt im Anschluss mit `gut\` zu beenden scheint. Eventuell geht sie davon aus, dass die Lernenden die Begründung für *Blau* nachvollziehen können. Ebenso kann `gut\` sowie das Ablegen des Plüsch-Krokodils als Hinweis dafür interpretiert werden, dass die aktuelle Situation bzw. Aufgabe aus Sicht der Lehrperson nun abgeschlossen ist. Auch die Handlungen von Turn 23 sind eng an den Interaktionskontext gebunden und eine angemessene Interpretation dieser verlangt Kenntnisse zur aktuellen Interaktionssituation – z.B. die Geschichte über Kroko, das Aussehen des Plüsch-Krokodils mit offenem Maul, die Visualisierung des ‚Futters' mit farbigen Steckwürfeln an der Tafel. Auch Ein-Wort-Aussagen wie `mehr\ nä/ gut\` sowie unvollständige Wörter und Sätze sorgen für Kontextgebundenheit. Zudem greift die Lehrperson zum dritten Mal in der Sequenz auf ein Verb zum Thema *sehen* zurück und könnte mit dem fragend formulierten Satz `schauen wir mal/` das Interesse der Lernenden für die weitere (Aus-)Handlung wecken wollen. Erneut impliziert diese Aussage, dass der Sachverhalt visuell wahrnehmbar ist.

Nach wie vor lehnen sich die Aussagen der Lehrperson an der Geschichte zu Kroko an, während der mathematische Sachverhalt nicht (explizit) verbalisiert wird. Aus mathematischer Sicht ist irrelevant, ob es **v i e l mehr** oder lediglich *mehr* blaue Steckwürfel sind. Insofern ist diese sprachliche Variation aus fachlicher Sicht eher irreführend, da die Schüler*innen dadurch weiterhin nicht explizit an das mathematische Konzept von *größer als* herangeführt werden. Auch die Begründung der Lehrperson für Blau (Turn 19, 21, 23), legt den Fokus weiterhin vorrangig auf den außermathematischen Sachverhalt.

So beendet die Lehrperson den Aushandlungsprozess zu dieser Einstiegsaufgabe, in welcher der blaue Fünferturm und der rote Zweierturm miteinander verglichen werden, indem sie das Plüsch-Krokodil an der Kreideablage der Tafel ‚schlafen legt' und handlungsbegleitend sagt, `Kroko ist satt legt sich mal wieder kurz hin/` – wenngleich offen ist, warum die Lehrperson bei diesem erstmaligen Hinlege-Ereignis von mal wieder spricht.

8.1.5 Zusammenfassende Analyse der Sequenz

Nachfolgend wird die vorausgegangene umfangreiche Analyse der Einzeläußerungen zuerst in einer zusammenfassenden Interaktionsanalyse dargestellt, bei der insbesondere die Merkmale und die Entwicklung des Lebensweltbezugs von besonderem Interesse sind. Daran anschließend erfolgt die zusammenfassende Darstellung der sprachlichen Analyse zur Sequenz *Kroko, der kleine Vielfraß*. Während die Analyseaspekte der Kategorien Sprache vor allem anhand von bestimmten Markern wie beispielsweise dem Vorkommen von Nominalisierungen oder deiktischen Mitteln, analysiert werden können, wird die Analyse des Lebensweltbezugs im Zuge der zusammenfassenden Interaktionsanalyse dargestellt, da der Lebensweltbezug unmittelbar mit der thematischen Entwicklung des Aushandlungsprozesses verbunden ist. Aus der Gesamtheit der Analyse von Sprache und Lebensweltbezug im Zuge der Interaktionsanalyse können darüber hinaus Annahmen über die angenommenen Lernprozesse der analysierten Sequenz getroffen werden, welche zuletzt dargestellt werden.

Zusammenfassende Interaktionsanalyse mit Fokus auf den Lebensweltbezug

Das Unterrichtsgespräch der Sequenz führt anhand der optischen Analogie zwischen dem offenen Maul eines Plüsch-Krokodils und den Relationszeichen Größer-als (>) und Kleiner-als (<) in die mathematische Thematik des Vergleichs zweier Mengen hinsichtlich ihrer Mächtigkeit ein. Die Lehrperson nutzt Türme aus roten und blauen Steckwürfeln sowie ein Plüsch-Krokodil mit geöffnetem Maul und führt mit diesen Anschauungsmitteln im Verlauf der Sequenz ein szenisches Spiel an der Tafel durch. Der mathematische Lerninhalt der Relationszeichen beziehungsweise des Vergleichs zweier Mengen hinsichtlich ihrer Mächtigkeit wird hierbei mit einem außermathematischen Kontext von imaginärem und fabelhaftem Charakter in Verbindung gebracht – nämlich mit einem personifizierten Plüsch-Krokodil namens *Kroko*, welches sich auf Futtersuche begibt und sich für eine von zwei ‚Futtermengen' entscheiden muss. Zu Beginn der Sequenz richtet die Lehrperson folgende Frage an die Lernenden: `was denkt ihr wie wird sich Kroko entscheiden unser kleiner Vielfraß/` (T. 01). Nun kommen insgesamt vier Lernende zu Wort und beantworten diese Fragestellung, indem sie sich für eine der beiden Farben (Rot oder Blau) aussprechen und ihre Farbwahl auch begründen – mit Ausnahme von Nabil. Ina und Richie antworten mit *Rot*, Nabil und Noemi antworten mit *Blau*. Bis zum Schluss dieser Sequenz scheint es ausreichend, eine Farbe sowie eine knappe Begründung für diese Farbe zu äußern. Diese Fokussierung auf die Farben wird bereits in Turn 01 durch die Lehrperson etabliert: `und jetzt überlegt der soll ich die` **`R o t e n`** `fressen/ oder soll ich die` **`B l a u e n`** `fressen\`. Die Sprachverknappung in Form der alleinigen Nennung der Farbe *Rot* oder *Blau* in Gestalt einer Nominalisierung (anstelle der Nennung der Anzahl der Steckwürfel je Turm oder einer kombinierten Nennung aus Farbe und Anzahl wie *zwei Rote*) scheint dazu beizutragen, dass der Fokus nicht auf mathematischen Aspekten liegt.

Die Begründungen von Ina und Richie für *Rot* scheinen sich daher vordergründig am außermathematischen Sachverhalt des Lebensweltbezugs zu orientieren, da sie die optische Ähnlichkeit der roten Steckwürfel mit (rohem) Fleisch und Fisch als Begründung anbringen (T. 04, 14). Diese Begründungen sind anschlussfähig an die Geschichte über Kroko. Auch die Äußerungen der Lehrperson sind vordergründig an der Geschichte orientiert und beinhalten keine mathematischen Angaben wie etwa die Anzahl der Steckwürfel je Turm oder die Verbalisierung der Relationszeichen. Vielmehr legt die Lehrperson bereits in Turn 01 den Fokus auf die Farbe der Steckwürfel, während das zweite Vergleichskriterium – nämlich die Anzahl der Steckwürfel je Turm – von ihr nicht angesprochen wird. Im gesamten Verlauf der Sequenz legt die Lehrperson in ihren Aussagen und Handlungen den Fokus eher auf den außermathematischen Sachverhalt, sodass die Begründungen von Ina und Richie für *Rot* anschlussfähig an diese narrativ-außermathematische Fokussierung sind. Ina und Richie scheinen demnach die Situation so zu deuten, als müssten zur Geschichte passende Antworten und Begründungen geäußert werden. Möglich ist auch, dass sie aufgrund der Fokussierung auf die Geschichte über Kroko *Rot* als die einzig plausible und realistische Farbwahl interpretieren, da ihren Erfahrungen folgend Krokodile (rotes) Fleisch und (roten) Fisch fressen. Nabil und Noemi hingegen antworten mit *Blau* (T. 06, 16), was aus mathematischer Perspektive die korrekte Antwort ist, jedoch weniger zum außermathematischen Kontext des Lebensweltbezugs passt. Da Nabil die Antwort *Blau* fragend formuliert und auch nach sieben Sekunden keine Begründung für seine Farbwahl äußert, bleibt offen, ob er sich aufgrund mathematischer Aspekte für *Blau* entschieden hat oder etwa aufgrund einer Ratestrategie wie der Strategie der minimalen Veränderung (Krummheuer, 2003). Auch die von der Lehrperson selbst angebrachte Begründung `einfach weil Blau schön ist` (T. 09) beinhaltet nichts Mathematisches und kann als Versuch interpretiert werden, die Interaktion aufrechtzuerhalten und Nabil eine Begründung vorzugeben, ohne bereits die von ihr vermutlich erwartete (mathematisch orientierte) Begründung auszusprechen. Erst die Begründung von Noemi `na weil das mehr ist als Rot` (T. 18) sowie die daran anknüpfende ausführliche Evaluation durch die Lehrperson (T. 19, 21, 23) beinhalten mathematische Aspekte. Doch vor allem in diesen Aussagen der Lehrperson wird erneut nicht explizit auf die Relationszeichen sowie die Anzahl der Steckwürfel eingegangen. Vielmehr erläutert die Lehrperson mit Bezug zur Geschichte, weshalb sich Kroko im analysierten Beispiel für *Blau* entscheidet und scheint sich dadurch von der eher mathematisch orientierten Begründung Noemis (T. 18) zu entfernen: `der will immer` **`das`** `essen was am` **`meisten`** `ist/ deshalb schaut der hier hin` (T. 19), `und deshalb/ macht der das Maul so rum auf` (T. 21), `weil er das . essen` will was **v i e l mehr** is\ (T. 23). Begriffe wie am **meisten**, g a n z viel (T. 19) sowie **v i e l mehr** (T. 23) deuten lediglich an, dass die Anzahl der Steckwürfel von Bedeutung ist. Einzig die Begründung Noemis na weil das m e h r ist als Rot (T. 18) stellt sprachlich wie auch inhaltlich einen expliziten Vergleich zwischen den beiden Steckwürfeltürmen her. Diese eher mathematisch orientierte Aussage wird von der Lehrperson jedoch nicht aufgegriffen – wenngleich sie selbst sich der inhaltlichen Bedeutsamkeit der mathematischen Anzahlbestimmung je Turm bewusst zu sein scheint.

Nachfolgend werden die hier analysierten Aspekte des Lebensweltbezugs – Anschlussfähigkeit, Reichhaltigkeit und Authentizität – näher beleuchtet und es wird dargestellt, wie sich der Lebensweltbezug im Verlauf der interaktiven Aushandlung entwickelt.

Anschlussfähigkeit

Es kann angenommen werden, dass sich die Lernenden mit der außermathematischen Geschichte über Kroko identifizieren, weil sie bereits Erfahrungen zu Krokodilen haben, sich für diese außermathematische Thematik interessieren oder weil der Sprachgebrauch der Sequenz an ihren eigenen (außerschulischen) Sprachgebrauch anschlussfähig ist. Eventuell mit dem Ziel, einen vermeintlich besseren oder einfacheren Zugang der Lernenden zum mathematischen oder außermathematischen Sachverhalt zu ermöglichen oder zum Auflockern der Situation, wird der Lebensweltbezug durch die Lehrperson narrativ und szenisch in Form einer Geschichte präsentiert und mit fabelhaften und irrealen Aspekten versehen. Echte Krokodile können nicht sprechen, treffen keine bewussten Entscheidungen für eine ‚größere' Futtermenge und könnten Kindern auch Angst einflößen. *Kroko* wird jedoch personifiziert und bekommt menschliche Züge zugesprochen. Hierdurch schätzen ihn die Lernenden gegebenenfalls als sympathisch und liebenswürdig ein. Der freundliche Charakter Krokos vermag zwar an kindliche Interessen und Erfahrungen anzuschließen, hat aber wenig mit echten Krokodilen gemein. Der Lebensweltbezug dieser Sequenz kann somit als amüsant und kindgerecht charakterisiert werden und weniger als realitätsgetreu. Insgesamt gibt es im Verlauf des interaktiven Aushandlungsprozesses jedoch keine Anzeichen dafür, dass die Kinder der Geschichte über Kroko nicht folgen können oder wollen. Im Gegenteil: Da sich beispielsweise die Begründungen von Ina und Richie sowie der Zwischenruf von Erik (T. 4, 14, 22) vordergründig an der Geschichte über Kroko zu orientieren scheinen, kann davon ausgegangen werden, dass sich viele Schüler*innen mit dem außermathematischen Sachverhalt identifizieren und dass er anschlussfähig für sie ist. Eventuell – so die Annahme – wird durch diesen imaginären und fantasievollen außermathematischen Sachverhalt des Lebensweltbezugs das Interesse der Lernenden für den neuen Lerninhalt geweckt, ihre Motivation zur Mitarbeit gesteigert und ein vermeintlich leichterer Zugang zum mathematischen Lerninhalt bereitgestellt (Boaler, 1993; Leuders et al., 2011; Wiest, 2001).

Reichhaltigkeit

Mit Blick auf den mathematischen Inhalt des Lebensweltbezugs ist der Aspekt der Reichhaltigkeit von besonderem Interesse. Es besteht eine optische Analogie zwischen dem offenen Maul des Plüsch-Krokodils und den Relationszeichen Größer-als (>) und Kleiner-als (<), sodass der Lebensweltbezugs das Verständnis der Lernenden potenziell positiv beeinflussen und ihnen einen visuell gestützten Zugang zum mathematischen Lerninhalt ermöglichen könnte (Leuders et al., 2011; Stoehr et al., 2015). Jedoch bildet der außermathematische Sachverhalt des Lebensweltbezugs das mathematische Konzept der Relationszeichen beziehungsweise den Vergleich zweier Mengen hinsichtlich ihrer Mächtigkeit nicht vollständig ab. So ist bereits in Klassenstufe 1 neben den Relationszeichen Größer-als und Kleiner-als auch das Gleichheitszeichen (=) bedeutsam für diesen mathematischen Sachverhalt. Eine Gleichung, bei der das Gleichheitszeichen eingetragen werden muss, wird jedoch auch in den gemeinsam besprochenen Beispielen während des Unterrichtsgesprächs im Anschluss an die Sequenz *Kroko, der kleine Vielfraß* nicht thematisiert. Innerhalb der hier dargestellten und analysierten Sequenz liegt der Fokus ausschließlich auf dem Größer-als-Zeichen. Dass das geöffnete Maul von Kroko optische Ähnlichkeit mit diesem Relationszeichen hat und dass diese Geschichte darum als eine Eselsbrücke bezüglich der Relationszeichen Größer-als und Kleiner-als fungieren kann, wird im interaktiven Aushandlungsprozess dieser Sequenz nicht verbalisiert. Während zudem mathematische Un-/Gleichungen immer von links nach rechts gelesen beziehungsweise verbalisiert werden (z.B. 3 < 6 – *drei ist kleiner als sechs*) provoziert der Fokus auf die Geschichte und das, was *mehr* ist, stets die mächtigere Menge zuerst zu nennen (sechs ist mehr als drei). Das offene Krokodilmaul würde demnach immer das Zeichen Größer-als (>) repräsentieren, welches in beide Richtungen zeigen kann. Auch die Aussage der Lehrperson, die dieser Sequenz vorangegangen ist, könnte die Deutung der Lernenden stützen, dass es sich bei Größer-als (>) und Kleiner-als (<) um ein und dasselbe Zeichen handelt. Denn auch zu Beginn spricht sie in der Singularform von einem neuen Rechenzeichen: *Heute wollen wir uns mit einem neuen Rechenzeichen beschäftigen. Eigentlich ist es kein richtiges Rechenzeichen sondern ein Zeichen. Ein mathematisches Zeichen.* Die Lehrperson deutet somit zu Stundenbeginn im Vorfeld der Sequenz an, dass die Schüler*innen in dieser Mathematikstunde lediglich ein neues ‚mathematisches Zeichen' kennenlernen. Die Deutung, dass > und < identisch sind, passt somit zwar zum außermathematischen Sachverhalt des Lebensweltbezugs (denn das Zeichen symbolisiert immer Krokos Maul und es ist irrelevant, ob Kroko nach rechts oder nach links schaut), aber nicht zum mathematischen Lerngegenstand. Darüber hinaus bleibt bis zum Ende der Sequenz offen, wie das Relationszeichen sowie die vollständige Ungleichung an der Tafel korrekt ausgesprochen werden. Ausschließlich bei der Begründung von Noemi `na weil das m e h r ist als rot` (T. 18) verdeutlicht der Vergleich (*mehr als*) auf sprachlicher Ebene, dass es um den direkten Vergleich zweier Teilmengen hinsichtlich ihrer Mächtigkeit geht. Doch auf diese mathematisch orientierte Begründung reagiert die Lehrperson, indem sie erneut Bezug auf den außermathematischen Kontext nimmt und Antwort sowie Begründung von Noemi an die Inhalte der außermathematischen Geschichte ‚anpasst' (T. 19, 21, 23). Hierdurch scheint das mathematische Konzept nicht vollständig und darüber hinaus ‚verzerrt' dargestellt zu werden. Vor diesem Hintergrund ist denkbar, dass einige Schüler*innen den mathematischen Kern der Sequenz aufgrund der kontinuierlichen Fokussierung auf die Geschichte über Kroko nicht hinreichend erkennen.

Authentizität

Zudem ist von Interesse, inwiefern der Lebensweltbezug der analysierten Sequenz dazu beiträgt, dass die Schüler*innen etwas über den außermathematischen Sachverhalt lernen und sich inhaltlich mit ihm auseinandersetzen. Es ist fraglich, inwiefern in der vorgestellten Sequenz – in welcher der außermathematische Sachverhalt eher kindlich und fantasievoll denn realitätsgetreu wiedergegeben wird – die Möglichkeit eröffnet wird, dass die Lernenden etwas über (echte) Krokodile lernen können. Vielmehr wirkt es so, als wäre der außermathematische Kontext zu didaktischen Zwecken verkürzt und auf wenige Aspekte beschränkt (siehe auch Gellert & Jablonka, 2007; Greefrath et al., 2013; Larina, 2016; Nesher, 1980; Zan, 2017). Nämlich darauf, dass Krokodile Hunger und ein großes Maul haben. An der Realität orientierte Fragen zum außermathematischen Kontext wie etwa *Was und wie viel frisst ein Krokodil tatsächlich?* werden in der analysierten Sequenz nicht angeregt und scheinen auch keinen Platz im Aushandlungsprozess zu haben. Der Lebensweltbezug scheint somit nicht darauf ausgerichtet zu sein, dass sich die Lernenden mit authentischen Fragen mit dem außermathematischen Kontext dieses Lebensweltbezugs auseinandersetzen.

Entwicklung

Der Fokus des Lebensweltbezugs in der der Sequenz scheint bis zum Ende der Sequenz vordergründig auf dem Aspekt der Anschlussfähigkeit zu liegen (Kindorientierung respektive Lernendenorientierung, Franke & Ruwisch, 2010). Eine denkbare didaktische Zielsetzung der Lehrperson in dieser Sequenz könnte sein, dass sie mithilfe einer den Lernenden zugänglichen und aufmerksamkeits-erregenden Geschichte einen kindgerechten und niedrigschwelligen Zugang zum neuen mathematischen Sachverhalt der Relationszeichen bereitstellen möchte. Vor diesem Hintergrund erscheint es nachvollziehbar, dass bei diesem Lebensweltbezug vor allem die Anschlussfähigkeit für die Lernenden fokussiert wird. Anhand des offenen Krokodilmauls und der zugehörigen Geschichte zum hungrigen Kroko vermag der Lebensweltbezug eine optische und inhaltliche Eselsbrücke für die Lernenden bereitzustellen, mithilfe derer sie bei vergleichbaren Aufgaben eine Entscheidung für eines der Relationszeichen Größer-als oder Kleiner-als treffen können. Im gesamten Verlauf der Aushandlung bleibt der außermathematische Sachverhalt sehr präsent in den Aussagen der Beteiligten (vor allem in den evaluierenden Aussagen der Lehrperson zum Abschluss der Sequenz), während mathematische Aspekte eher indirekt angeschnitten werden. Daraus ergibt sich die Annahme, dass die Lernenden das Mathematische dieses Lebensweltbezugs nicht hinreichend erkennen beziehungsweise *sehen* (um an die Wortwahl der Lehrperson von Turn 21 anzuknüpfen). Das Fantasievolle und Fabelhafte des Lebensweltbezugs dieser Sequenz könnte folglich das Interesse und die Motivation der Lernenden steigern (Wiest, 2001), könnte jedoch zugleich den Zugang zum mathematischen Lerngegenstand ‚hinter der Geschichte' erschweren (Zan, 2017).

Zusammenfassende Analyse der sprachlichen Aspekte

In diesem Abschnitt wird zusammengefasst, in welchem Umfang sich die im Rahmen dieser Arbeit hinzugezogenen sprachlichen Merkmale auf lexikalischer, syntaktischer und diskursiver Ebene nachweisen lassen. Fallen bei der Analyse darüber hinaus weitere sprachliche Besonderheiten auf, die nicht durch das Analyseraster abgebildet werden, werden sie zusätzlich thematisiert.

Die Sequenz weist einerseits die nominale Zusammensetzung `Vielfraß` (T. 01, 19) und darüber hinaus auch die Nominalisierungen `die` **`Roten`** sowie `die` **`Blauen`** (T. 01) auf. Alle diese Begriffe werden von der Lehrperson eingebracht und von den Lernenden nicht verwendet. Vielmehr ist es Ina, die die sprachverknappende Nominalisierung `die` **`Roten`** (statt *die roten Steckwürfel*) zusätzlich zu `Rot` verkürzt. Ab diesem Moment scheint es ausreichend allein auf die Nominalisierungen *Rot* und *Blau* zurückzugreifen, da sowohl die Lehrperson als auch die Lernenden fortan ausschließlich diese Sprachverknappungen äußern. Neben diesen Sprachverknappungen lassen sich zahlreiche weitere sprachliche Verkürzungen, Wortverschleifungen sowie dialektale Besonderheiten nachweisen: Die Bezeichnung für das Krokodil in Form einer konkreten Namensnennung `Kroko` (T. 01, 23) wird beispielsweise substituiert zum unpräzisen Artikel `der` (T. 01, 05, 07, 10, 12, 19, 21) sowie zum Personalpronomen `er` (T. 11, 23), was zusätzlich zu mangelnder sprachlicher Explizitheit und einer stärkeren Anbindung der jeweiligen Aussage an den Interaktionskontext beiträgt. Die Lehrperson verwendet zudem die sprachlichen Verknappungen `is` statt *ist* (T. 01, 23), `wär` statt *wäre* (T. 05) sowie `so rum` statt *so herum* (T. 21), welche eher auf das alltagssprachliche Register hinweisen (siehe Kapitel 3.1). Der umgangssprachliche und fragend formulierte Partikel `nä/` (T. 23) kann zudem als dialektale Besonderheit interpretiert werden, und hat im ostdeutschen Sprachraum zumeist den funktionalen Charakter einer Vergewisserung wie bei *Stimmt es?* (z.B. *Wir treffen uns heute, nä?*).

Im Verlauf der Sequenz fällt auf, dass sich das Unterrichtsgespräch zunehmend aus Ein-Wort-Äußerungen zusammensetzt. Während zu Beginn sowohl von der Lehrperson als auch von den Lernenden ganze Sätze oder zumindest Satzfragmente geäußert wurden, häufen sich im weiteren Verlauf des Aushandlungsprozesses Ein-Wort-Aussagen (T. 06, 13, 16, 17). Sprachlich scheint sich die Aushandlung immer stärker am Ziel einer schnellen, präzisen, einfachen und reibungslosen Verständigung zu orientieren. Die Begründung von Noemi für *Blau* in Turn 18 kann als Bruch in der Interaktion interpretiert werden – sprachlich wie auch inhaltlich. Die Aussagen der Lehrperson werden umfangreicher und scheinen nun stärker mathematische Aspekte zu fokussieren, wenngleich sie sprachlich wenig explizit auf das Mathematische eingeht. Eine mögliche Begründung hierfür ist, dass das mathematische Konzept des Lebensweltbezugs nun für die Lehrperson im Fokus steht. Dies könnte dazu beitragen, dass sie sich von sprachlich unpräzisen sowie szenisch inszenierten Aussagen entfernt und durch eine sprachlich umfangreichere Darstellung der Begründung von Noemi eine Annäherung an das Mathematische des Lebensweltbezugs anvisiert – da sie die Begründung von Noemi jedoch vor allem mit Bezug zur Geschichte über Kroko paraphrasiert, bleibt das Mathematische eventuell weiterhin für einige Schüler*innen ‚unsichtbar' oder unbedeutend.

Dass sich der Sprachgebrauch der Sequenz *Kroko, der kleine Vielfraß* eher am Alltagssprachlichen orientiert, zeigt sich auch darin, dass normierte Fachbegriffe und Symbole kaum eine Rolle spielen. Das mathematische Symbol Größer-als (>) wird zwar in Turn 21 von der Lehrperson an der Tafel notiert, jedoch wird es nicht verbalisiert. Weitere für die Situation mathematisch relevante Inhalte wie die Anzahl der Steckwürfel, der Begriff ‚Steckwürfel' sowie die vollständige Aussprache des beispielhaften Terms *fünf ist größer als zwei* werden ebenfalls nicht versprachlicht und bleiben somit eher implizit und im Verborgenen (Gellert, 2010; Schütte, 2009). Die Aushandlung während der Sequenz vollzieht sich vordergründig auf einer konkret-handelnden Ebene. Materialien wie die Steckwürfel und das Plüsch-Krokodil sowie ein szenisches Spiel mit dem Plüsch-Krokodil scheinen hinzugezogen zu werden, um den mathematischen Sachverhalt zu illustrieren. Hierdurch wird das Verständnis der meisten Aussagen dieser Sequenz jedoch an die Kenntnis der jeweiligen situativen Einbettung gebunden. Beispielsweise verbleibt implizit, dass sich *der* auf Kroko und *die Roten* auf den Turm aus zwei roten Steckwürfeln beziehen (T. 01 `jetzt überlegt der soll ich die` **`R o t e n`** `fressen/`). Die damit einhergehende mangelnde sprachliche Explizitheit beeinflusst die Kontextgebundenheit der analysierten Szenen maßgeblich. Der hohe Grad an Kontextgebundenheit wird auch durch nonverbale deiktische Mittel wie Zeigegesten (z.B. in Turn 01), Mimik, Gestik und Blicke (z.B. das Grinsen und Sich-Umschauen der Lehrperson in Turn 15) sowie deiktische Ausdrücke wie `hier` (T. 01, 19) und `jetzt` (T. 01) hervorgerufen. Die Aussagen der gesamten Sequenz sind dadurch zugleich aber auch weitestgehend konzeptionell mündlich geprägt und somit nah an alltäglichen, lockeren und informellen Kommunikationssituationen, was letztlich eine reibungslose und schnelle Verständigung zu ermöglichen scheint (Koch & Oesterreicher, 2007). Kenntnisse zur aktuellen Interaktionssituation scheinen bei derart kontextualisierten und häufig materialgebundenen Aussage zwingend zum Verständnis nötig zu sein (Tiedemann, 2015).

Auf syntaktischer Ebene fällt bezüglich der Herstellung eines Zusammenhangs zwischen einzelnen (Teil-)Sätzen auf, dass häufig Sätze gänzlich ohne Konjunktion aneinandergereiht werden – z.B. `a lle Augen sind bei Kroko\ . unser kleines Kroko so` **`klein`** `wie der is/ is ganz schön gefräßig\` (T. 01) sowie `schauen wir mal/ Kroko ist satt legt sich mal wieder kurz hin/` (T. 23). Insbesondere dort, wo Konjunktionen fehlen, stellen eingeschobene und inhaltlich irrelevante Füllwörter mehrfach eine Verbindung her und markieren eine Frage, Bestätigung oder Bewertung – beispielsweise `so\` (T. 01), `okay` (T. 09) sowie `mehr\`

nä/ gut\ (T. 23). Dennoch können einzelne Konjunktionen rekonstruiert werden, wie etwa die koordinierenden Konjunktionen und (T. 01, 21) sowie oder (T. 01), die zwei Sätze gleichwertig (also nebenordnend) miteinander verbinden. Weiterhin beinhaltet die Sequenz die subordinierenden Konjunktionen deswegen (T. 01), deshalb (T. 19, 21) sowie weil (T. 14, 18, 22, 23), die alle einen kausalen Zusammenhang ausdrücken und synonym genutzt werden können.

Bei Betrachtung des Diskurses ist auffällig, dass – mit Ausnahme von Nabil – alle zu Wort kommenden Lernenden die implizit geltende situationsspezifische Anforderung erfüllen, ihre Farbwahl zu begründen. Die Aussagen der analysierten Sequenzen folgen hierbei einem sich wiederholenden Schema: Zuerst erteilt die Lehrperson einem sich meldenden Kind das Rederecht. Dieses gibt daraufhin eine Antwort, bei der eine der beiden Farben der Steckwürfeltürme genannt wird – Rot oder Blau. Anschließend fordert die Lehrperson von ebendiesem Kind eine Begründung für diese Farbwahl ein. Daraufhin begründet das Kind seine Farbwahl. Ohne eine explizite Evaluation der Richtigkeit von Antwort und Begründung durch die Lehrperson wird das nächste Kind aufgefordert, sich für eine der beiden Farben zu äußern und das Interaktionsmuster beginnt von vorn. Dieses Schema kann als ein in der Klasse etabliertes Interaktionsmuster betrachtet werden und scheint keiner expliziten (Er-)Klärung zu bedürfen (T. 0–05, 05–09, 09–15, 15–19). Nach Voigt (1984) handelt es sich bei solch einem Interaktionsmuster um eine Struktur der Interaktion von zwei oder mehr Individuen, die eine Regelmäßigkeit aufweist, die nicht bewusst strategisch von den Interaktionsteilnehmenden erzeugt wird, in der sich die Interaktionsbeteiligten wechselseitig wahrnehmen und die nicht mit vorgegebenen Regeln erklärt werden kann. In Anlehnung an Voigt (ebd.) kann das Interaktionsmuster der Sequenz als *Erarbeitungsprozessmuster* bezeichnet werden, welches sich durch drei Phasen kennzeichnet: In der ersten Phase stellt die Lehrperson eine Aufgabe, die von den Lernenden nicht eindeutig beantwortet werden kann, sodass diese „anderen als formal-logischen Prinzipien folgend, Lösungsansätze anbieten“, die von der Lehrperson mehr oder minder direkt als ‚richtig‘ evaluiert werden (ebd., S. 128). In Phase zwei wird „von den Beteiligten ein offiziell geltendes Ergebnis gemeinsam produziert“, bevor in der dritten Phase „die Aufgabe, die Lösung oder der Lösungsweg selbst zum Gegenstand eines interpretierenden Gesprächs“ wird (ebd). Am Beispiel der analysierten Sequenz scheint die dritte Phase zu fehlen, was ein Hinweis darauf sein kann, dass die Lehrperson von einem *Deutungsinterim* (Schütte et al., 2021) aller Beteiligten ausgeht oder dass ein tieferes Verständnis der Lernenden vorerst nicht notwendig erscheint (Voigt, 1984). Einzig die Begründung von Noemi wird somit explizit bezüglich ihrer Korrektheit evaluiert und in ihren weiteren Ausführungen aufgegriffen – vermutlich, weil die Lehrperson diese mathematisch orientierte Begründung erwartet hat und das ‚Ratespiel‘ somit nun für beendet erklärt (T. 15–19).

Die (fehlende) Evaluation der Antworten beziehungsweise Begründungen der Lernenden durch die Lehrperson stellt eine weitere diskursive Besonderheit der analysierten Sequenz dar. Nach Mehan (1979) sind Interaktionsbeiträge im unterrichtlichen Kontext häufig nach einem bestimmten Schema sequenziell strukturiert: Initiierung – Reaktion –

Evaluation (im Original: Initiation – Response – Evaluation). Häufig reagiert die Lehrperson in der Sequenz auf die Schüler*innen, indem sie deren Aussage wiederholt (T. 03, 07, 15), einen nicht-mathematischen Kommentar äußert (T. 05, 09), mithilfe des Plüsch-Krokodils das szenische Spiel fortführt (T. 03, 07, 13, 17) oder indem sie zwischen den Lernenden und dem Plüsch-Krokodil an der Tafel hin und her schaut (T. 05, 09, 15). Während all diese Handlungen eher als implizite Formen der Evaluation betrachtet werden können, lassen sich auch explizitere Evaluationen rekonstruieren: Das Nicken in Turn 09 und 15 kann beispielsweise als Zeichen des Verständnisses interpretiert werden, wenn auch weniger als Bestätigung einer korrekten Aussage. Lediglich das gedehnt gesprochene `k l a r` (T. 19) sowie die weiteren Ausführungen in Turn 19, 21 und 23, die an die Begründung von Noemi (T. 18) anschließen, werden hier als explizite und bestätigende Formen der Evaluation interpretiert. In diesem Sinne könnte sich die Lehrperson aus Sicht der Lernenden ‚untypisch' verhalten, da explizite und für den Unterricht klassische Formen der Evaluation ausbleiben. Dies wiederum verleiht dem Aushandlungsprozess einen rätselartigen Charakter und könnte die Lernenden einerseits verunsichern, andererseits auch ihr Interesse und ihre Motivation zur Teilnehme am Interaktionsprozess steigern.

Überdies ist über die sprachlichen Aspekte das Analyserasters hinaus auffällig, dass die Begriffe `ganz viel` (T. 01, 19), `m e h r` (T. 18), `v i e l mehr` (T. 23) sowie `am` **`meisten`** (T. 19) als sprachliche Synonyme für *groß* bzw. *größer* interpretiert werden können. Der Begriff *groß* wäre einerseits im Hinblick auf den mathematischen Lerninhalt – fünf ist größer als zwei – als auch bezüglich der Höhe bzw. der Größe der Steckwürfeltürme ein treffender(er) Begriff. Ob und wie diese synonym genutzten Begriffe in Zusammenhang zueinander sowie in Verbindung zum Begriff *groß* stehen, wird jedoch nicht explizit thematisiert.

Weiterhin fällt mit Blick auf die gesamte Sequenz auf, dass die Lernenden eher wenig zu Wort kommen und sich ihre Aussagen auf die Nennung einer Farbe sowie einer knappen Begründung beschränken. Sie haben wenige Gelegenheiten, um (ausführliche) Fragen, Antworten, Begründungen oder Meinungen zu äußern – sei es zum Mathematischen oder zum Außermathematischen – und scheinen sich sprachlich an den Aussagen der Lehrperson zu orientieren. Diese gibt durch den kontinuierlichen Bezug zum außermathematischen Kontext in Form einer Geschichte über Kroko in gewisser Weise vor, dass sich die Äußerungen eher an der Geschichte und weniger am mathematischen Sachverhalt orientieren (sollen). Die sprachlich verknappten Aussagen der Lehrperson scheinen darüber hinaus die ebenfalls wenig expliziten Äußerungen der Lernenden zu beeinflussen. Die Geschichte über Kroko nimmt viel Raum im interaktiven Aushandlungsprozess ein und wird immer wieder aufgegriffen und fortgeführt. Insgesamt erreichen die Aussagen dadurch ein hohes Maß an Kontextgebundenheit und weisen häufig typische Merkmale von Narrationen auf (Bruner, 1996): Die Schilderung der Ereignisse geschieht sequenziell (Kroko kommt, guckt, entscheidet sich, legt sich wieder hin), es gibt Indifferenz zwischen wahren und fiktiven Elementen (z.B. ein sprechendes Krokodil) sowie eine gewisse Dramaturgie der Darstellung (Wofür wird sich Kroko entscheiden?).

Analyse der potenziellen Lernprozesse

Die an der Tafel fixierten Steckwürfeltürme unterscheiden sich bezüglich zweier Merkmale voneinander: Bezüglich der Farbe und bezüglich der Anzahl der Steckwürfel. Aus mathematischer Sicht – und auch passend zur außermathematischen Geschichte über Kroko – hätten es auch zwei Steckwürfeltürme der gleichen Farbe sein können. In diesem Fall läge der inhaltliche und auch sprachliche Fokus eventuell nicht auf der Farbe, sondern vielmehr auf der Anzahl der Steckwürfel. Es ist denkbar, dass die Lehrperson bewusst verschiedenfarbige Steckwürfel gewählt hat, um die Verwechslungsgefahr zu reduzieren. Doch ihre sprachliche Vorgabe in Turn 01 (`und jetzt überlegt der soll ich die` **`R o t e n`** `fressen/ oder soll ich die` **`B l a u e n`** `fressen\`) suggeriert, dass (ausschließlich) die Farbe und somit das nicht-mathematische Vergleichskriterium von Bedeutung ist. Für das Erkennen des mathematischen Konzepts scheint es jedoch eher hinderlich, wenn sich zwei zu vergleichende Mengen durch mehrere Merkmale voneinander unterscheiden. Darüber hinaus kann angenommen werden, dass die Anforderung des Vergleichs der beiden Steckwürfeltürme die Kompetenzen der Lernenden in gewisser Weise herabstuft. Da der Turm aus fünf blauen Steckwürfeln mehr als doppelt so groß ist wie der Turm aus zwei roten Steckwürfeln, erscheint die Anzahlbestimmung der Steckwürfel insofern obsolet, als dass auf den ersten Blick ersichtlich ist, welcher Turm *mehr* ist. Auch darum könnten die Deutungen und Aussagen einiger Schüler*innen stärker die Farbe und weniger die Anzahl der Steckwürfel fokussieren. So stehen im Verlauf des interaktiven Aushandlungsprozesses der dargestellten Sequenz vor allem solche Aussagen im Zentrum, die an die außermathematische Erzählung zu Kroko anschlussfähig sind, während mathematisch relevante Aspekte wie die Anzahl der Steckwürfel, die Relationszeichen sowie die Notwendigkeit des Vergleichens der beiden Steckwürfeltürme bezüglich ihrer Mächtigkeit nicht verbalisiert werden. Die Türme aus Steckwürfeln werden von der Lehrperson im Vorfeld der analysierten Sequenz eher beiläufig an der Tafel befestigt und es wird weder mündlich noch durch eine Notation festgehalten, aus wie vielen Einzelwürfeln sich diese zusammensetzen – erst im Anschluss an die analysierte Sequenz schreibt die Lehrperson die Ziffern 2 und 5 unter die Türme aus Steckwürfeln, ohne dabei die Lernenden explizit darauf hinzuweisen oder diese nach der Anzahl zu befragen. Die mathematische Operation des Vergleichs beider Steckwürfeltürme hinsichtlich ihrer Mächtigkeit, welche die Lernenden zur erfolgreichen Lösung der mathematischen Aufgabe bewältigen müssten und die von ihnen erwartet zu werden scheint, verbleibt im gesamten Aushandlungsprozess implizit (Schütte, 2009). Es obliegt vielmehr der individuellen kognitiven Leistung der Schüler*innen, der Anzahl der Steckwürfel (mehr) Aufmerksamkeit zu widmen. Vor diesem Hintergrund ist denkbar, dass die Lernenden ausschließlich kontextgebundenes Wissen aufbauen und sich ihre individuellen Situationsdefinitionen vordergründig an der außermathematischen Geschichte orientieren. Eine Übertragung des mathematischen Sachverhaltes auf andere Situationen, die nicht mit der Geschichte zusammenhängen, scheint durch den kontinuierlichen Bezug auf die Geschichte über Kroko erschwert und es ist fraglich, inwiefern die Lernenden den zugrundeliegenden mathematischen Sachverhalt generalisieren können.

Die wiederholte Bezugnahme auf den außermathematischen Kontext sowie das Ausbleiben der korrekten und vollständigen Aussprache des beispielhaften Terms (*fünf ist größer als zwei*) könnten folglich dazu führen, dass die Lernenden die Bedeutung der Relationszeichen Größer-als und Kleiner-als nicht erkennen, sie nicht ausreichend als bedeutsam erachten und sie auch nicht verbalisieren können. Dies wird beispielsweise an den Antworten derjenigen Schüler*innen deutlich, die ‚zur Geschichte passende' Aussagen tätigen und dabei die mathematischen Hintergründe außer Acht zu lassen scheinen (z.B. Ina und Richie). Auch, wenn sich im Rahmen der vorgestellten Sequenz lediglich vier Lernende für eine der beiden Farben ausgesprochen und diese begründet haben – davon zwei Mal *Blau* und zwei Mal *Rot* – so wird dennoch deutlich, dass sich die Frage wofür wird sich Kroko entscheiden/ (T. 01) aus Sicht der Lernenden anscheinend nicht so einfach beantworten lässt. Dieses Analyseergebnis ist an die Ausführungen von Radatz (1990), Puchalska und Semadeni (1987) sowie Neth und Voigt (1991) anschlussfähig. Hiernach orientieren sich insbesondere Schüler*innen der jüngeren Schuljahrgänge an ihren außermathematischen Kenntnissen, Erfahrungen und Interessen. Dies ist einerseits positiv zu bewerten, da jüngere Lernende die Geschichte hierdurch eventuell gründlicher analysieren – auch im Hinblick auf die Plausibilität ihrer Antworten. Andererseits kann dabei das mathematische Konzept in den Hintergrund geraten und es könnte – wie etwa bei Ina und Richie – zu Antworten kommen, die nicht an das mathematische Konzept anschlussfähig sind (Neth & Voigt 1991; Zan, 2017). Darüber hinaus könnten die außermathematische Geschichte und das redebegleitende szenische Spiel mit dem Plüsch-Krokodil das Interesse der Lernenden wecken, sie zum Mitdenken und Mitmachen motivieren und dadurch ebenso die vordergründig am außermathematischen Sachverhalt orientierten Aussagen wie auch Deutungen begünstigen (Karakoç & Alacacı, 2015; Lovell, 2016; Sullivan et al., 2003; Wiest, 2001). Diese Vermutung wird durch das Tuscheln, Kichern, Zwischenrufen und Melden einzelner Kinder bekräftigt (T. 20, 22). Es ist somit denkbar, dass der außermathematische Sachverhalt in Form der Geschichte des kleinen Vielfraß Kroko auf Futtersuche aufgrund seiner Lebendigkeit, Fantasie und Kindlichkeit positive Emotionen in den Schüler*innen hervorruft und in Folge ihre Lernprozesse positiv begünstigen kann (Hascher, 2010; Wiest, 2001).

Wenngleich der Lebensweltbezug somit einen hohen Grad an Anschlussfähigkeit aufzuweisen vermag, werden hierdurch essentiell bedeutsame mathematische Inhalte vernachlässigt. Dies ist nicht allein daran erkennbar, dass die Bedeutung des Vergleichs der beiden Steckwürfeltürme bezüglich ihrer Steckwürfelanzahl sowie die Relationszeichen und -gleichungen an keiner Stelle der Sequenz *Kroko, der kleine Vielfraß* verbalisiert werden. Darüber hinaus tragen ganz viel (T. 01, 19) sowie am **meisten** (T. 19) nicht die gleiche inhaltliche Bedeutung wie der mathematisch korrekte Term *Größer-als*. Während bei diesen in der Sequenz verwendeten Begriffen lediglich eine der beiden Mengen im Fokus steht (nämlich diejenige, die *mehr* ist), wird bei *größer/mehr als* hervorgehoben, dass es um den Vergleich zweier Mengen hinsichtlich ihrer Mächtigkeit geht. Auch die Aussage der Lehrperson zum Abschluss des einführenden Beispiels weil er das . essen will was **v i e l mehr** is\ (T. 23) passt nur bedingt zur mathematisch korrekten Formulierung *ist mehr/größer als*, da diese suggeriert, dass immer ein deutlicher Unterschied zwischen beiden Teilmengen vorliegen muss. Die Verwendung dieser zwar ähnlichen, aber inhaltlich anders ausgerichteten Begrifflichkeiten könnte mathematisch fehlerhafte Deutungen der Lernenden begünstigen. Während etwa Noemis Aussage in Turn 18 bereits erahnen lässt, dass sie beide Mengen hinsichtlich des mathematischen Merkmals der Anzahl vergleicht (`weil das m e h r ist als Rot`), greift die Lehrperson in Turn 19 diese Verbalisierung des Vergleichs nicht auf und kehrt erneut zur Geschichte über Kroko zurück (`k l a r das ist doch der kleine Vielfraß\ der will immer das essen was am meisten ist/`). Hierdurch – so die Annahme – wird der Aufbau einer mathematisch orientierten Deutung erschwert und die von Noemi initiierte Fokussierung auf mathematisch relevante Aspekte wird durch die erneute Bezugnahme auf die außermathematische Geschichte übergangen. Um jedoch die optische Analogie zwischen dem offenen Krokodilmaul und den Relationszeichen sowie damit auch die Bedeutung der Geschichte über Kroko für den neuen mathematischen Sachverhalt für die Lernenden greifbar(er) und transparent(er) zu machen, erscheint eine explizite Verbalisierung des Zusammenhangs zwischen Krokos offenem Maul und der mathematischen Aufgabe an der Tafel zwingend notwendig.

Zusammenfassend kann angenommen werden, dass die Lehrperson mit diesem Lebensweltbezug die Zielsetzung verfolgt, die Lernenden durch eine für sie interessante und anschlussfähige Weise an die Relationszeichen Größer-als (>) und Kleiner-als (<) heranzuführen. Problematisch erweisen sich dabei drei wesentliche Aspekte: Erstens tritt der außermathematische Kontext des Lebensweltbezugs zu Zwecken der didaktischen Eignung in den Hintergrund. Er wird verform, verfremdet und auf wenige mathematische Aspekte reduziert, wodurch er schlussendlich nur bedingt authentisch und anschlussfähig ist (Greefrath et al., 2013; Larina, 2016; Nesher, 1980). Zweitens ergibt sich aus dieser didaktischen Anpassung des außermathematischen Kontextes auch die Problematik, dass auch die mathematischen Aspekte des Lebensweltbezugs ‚aufgesetzt' wirken. Das mathematische Konstrukt wird auf einzelne Aspekte reduziert und somit nicht in seiner Vollständigkeit abgebildet, was wiederum zu mangelnder mathematischer Reichhaltigkeit führt. Drittens ‚kennt' allein die Lehrperson die didaktische Zielsetzung dieses Lebensweltbezugs von Beginn an. Ist den Lernenden der Zusammenhang zwischen außermathematischem Sachverhalt und mathematischem Lerngegenstand nicht ausreichend bewusst, fokussieren sie beim Lebensweltbezug eher ‚die Sache' (also die Geschichte über Kroko), während die Lehrperson diese ‚Sache' von Beginn des Aushandlungsprozesses an eher als Einkleidung für den fachlichen Lerngegenstand begreift (Neth & Voigt, 1991). Hierdurch werden Deutungsdifferenzen begünstigt, die den Aufbau eines Deutungsinterims eher erschweren und in zueinander konkurrierenden Deutungen zwischen Lernenden und Lehrperson resultieren können, wenn sie nicht ausgehandelt werden. So scheint die Lehrperson von den Lernenden die Antwort *Blau* zu erwarten. Diese passt zwar zum fachlichen Inhalt, nicht aber zur außermathematischen Geschichte über Kroko. Vor dem Hintergrund, dass in zahlreichen Lehrwerken und auch bei Empfehlungen im Internet auf die Verwendung eines solchen Krokodils bei der Einführung der Relationszeichen Größer-als und Kleiner-als zurückgegriffen wird, scheint eine Sensibilisierung Lehrender für die Chancen und Grenzen dieses Lebensweltbezugs umso notwendiger.

8.2 Die Sequenz *Üben mit Kroko* – Klassenstufe 1

8.2.1 Äußerer Rahmen und allgemeine Beschreibung der Sequenz

Die Sequenz *Üben mit Kroko* schließt an die Sequenz *Kroko, der kleine Vielfraß* an und findet in der gleichen Mathematikstunde statt. Die Sequenz umfasst etwa fünf Minuten und findet unmittelbar vor dem Pausenklingeln zum Ende der Mathematikstunde statt. Zwischen der Sequenz *Kroko, der kleine Vielfraß* und der nachfolgend analysierten Sequenz *Üben mit Kroko* findet ein kurzes Unterrichtsgespräch statt, in dem weitere Steckwürfeltürme an der Tafel beispielhaft miteinander verglichen werden. Dabei unterscheiden sich die zwei zu vergleichenden Türme – analog zur Sequenz *Kroko, der kleine Vielfraß* – bezüglich Farbe und Anzahl voneinander und die Relationszeichen werden unter Zuhilfenahme des Plüsch-Krokodils eingetragen. Auch während dieses Aushandlungsprozesses werden die ‚neuen' Zeichen Größer-als und Kleiner-als nicht verbalisiert, sondern lediglich als Symbole zwischen den Steckwürfeln an der Tafel notiert (siehe Kapitel 8.1). In der daran anschließenden Sequenz *Üben mit Kroko* bearbeiten die Schüler*innen individuell Aufgaben in ihrem Arbeitsheft, die zu dieser neuen mathematischen Thematik passen (siehe Abbildung 3).

Etwa drei Minuten nach Beginn dieser Übungsphase ist Dani, die Tischnachbarin von Nabil, bereits mit allen Aufgaben fertig. Sie beugt sich über Nabils Heft und bietet ihm Hilfe an. Dieser lehnt zuerst ab, nimmt die Hilfe jedoch schließlich an. Er hat zu diesem Zeitpunkt bereits Aufgabe 2 gelöst und befindet sich nun bei Aufgabe 3. Bei dieser sollen laut Aufgabenstellungen Türme (aus Steckwürfeln) gebaut und verglichen werden, ohne dass dabei ein konkretes Vergleichskriterium benannt wird. Jedoch hat während der Aufgabenbearbeitung kein Kind dieser Klasse Steckwürfel vor sich liegen. Da die Lehrperson sich dazu im Verlauf der Sequenz nicht äußert, ist unklar, ob die Schüler*innen freien Zugriff auf dieses Material hätten. Im Verlauf des Aushandlungsprozesses der Sequenz *Üben mit Kroko* tauschen sich die Lernenden Nabil, Dani, Baila und auch die Lehrperson über die Un-/Gleichungen der dritten Aufgabe aus. Nach der insgesamt etwa achtminütigen Arbeitsphase kündigt die Lehrperson den bevorstehenden Vergleich der Aufgaben an, bevor die Mathematikstunde schließlich durch das Pausenklingeln beendet wird.

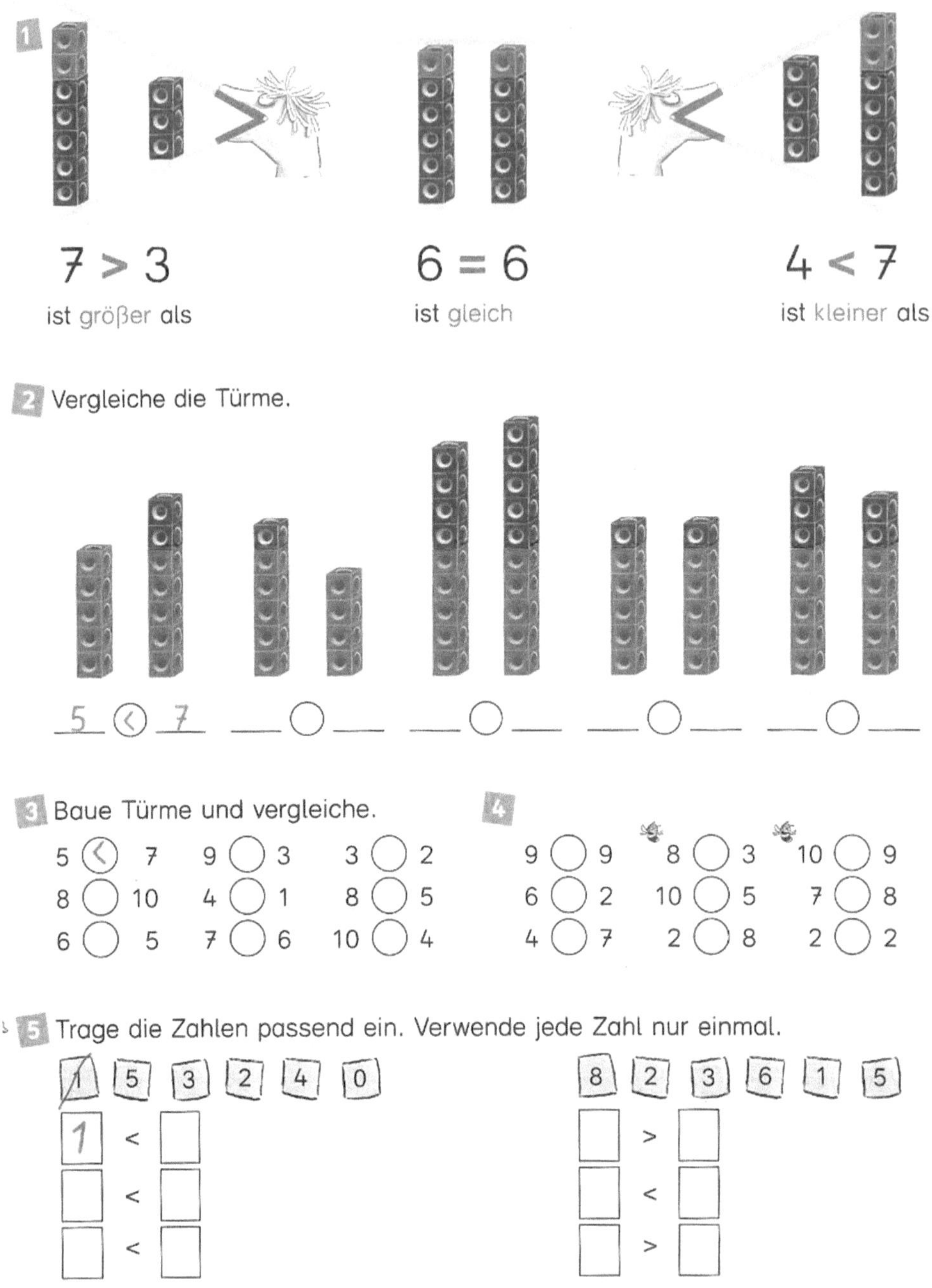

Abbildung 3: Denken und Rechnen 1 (Gans et al., 2014, S. 26).

8.2.2 Gliederung der Sequenz in Szenen

Aufgrund verschiedener Arten der Hilfestellungen, bei denen die Helfenden jeweils unterschiedlich auf den Lebensweltbezug der vorangegangenen Sequenz *Kroko, der kleine Vielfraß* zurückgreifen, wird die Sequenz *Üben mit Kroko* hier in insgesamt sieben einzelne Szenen untergliedert.

Szene	**Turn**	**Titel**	**Geschehen**
1	01–08	Unterstützungsangebot durch Dani	Dani ist mit den Aufgaben fertig und bietet Nabil Hilfe an. Dieser lehnt zuerst ab, nimmt die Unterstützung jedoch schließlich an.
2	09–15	Dani unterstützt Nabil	Dani und Nabil bearbeiten 6__5. Dani notiert das Größer-als-Zeichen in Nabils Heft.
3	16–24	Unterstützung durch Baila	Baila kommt zu Nabil und bietet ebenfalls Hilfe an, die von ihm angenommen wird.
4	25–47	Dani und Baila unterstützen Nabil	Gemeinsam mit Baila und Dani löst Nabil weitere Ungleichungen und trägt Relationszeichen in sein Heft ein.
5	48–49	Unterstützungsangebot durch die Lehrperson	Die Lehrperson kommt für kurze Zeit dazu und lässt das Plüsch-Krokodil an Nabils Platz zurück.
6	50–61	Gleichung 9__9	Nabil, Dani und Baila tauschen sich zu Gleichung 9__9 aus.
7	62–83	Weitere Un-/Gleichungen bis zum Ende der Arbeitsphase	Zu dritt bearbeiten Nabil, Dani und Baila weitere Un-/Gleichungen in Nabils Heft, bis die Lehrperson das Ende der Arbeitsphase verkündet.

8.2.3 Transkript zur Sequenz

Turn		**Name**	**Verbale, paraverbale und nonverbale Aktivitäten**
01		Dani	[Legt ihren Bleistift weg und stellt sich hinter ihren Stuhl. Bleibt stehen, schaut sich im Klassenraum um und meldet sich dabei]
02		Nabil	[wirft einen kurzen Blick auf Dani, dann auf ihr Heft. Schaut anschließend wieder in sein eigenes Heft. Bislang hat er bei Nummer drei in die Lücken der ersten beiden Ungleichungen ein Relationszeichen eingetragen]
03		Dani	[beugt sich von links hinunter zu Nabil, schaut in sein Arbeitsheft und tippt ihm auf die Schulter]
04		Nabil	`w a s` [schaut Dani an]
05		Dani	`sch bin schon fertig\ sch kann dir jetz helfn/`
06		Nabil	`und was is/ ..` < [lehnt sich nach hinten, den Bleistift in der rechten Hand] `warum willst du mir helfn/`

07	<	Dani	du kommst (doch sonst dran) [nimmt Nabil den Stift aus der Hand und legt ihn auf sein Heft]
08		Nabil	[nimmt seinen Bleistift wieder in die Hand]
09		Dani	na hier/ [zeigt in Nabils Heft auf 6__5] hier guck ma hier/ .. w welches würde der gern fressen/ sechs oder fünf/ 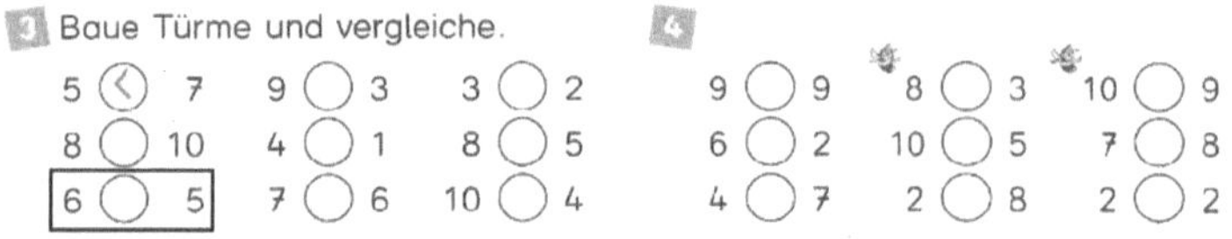
10		Nabil	sieben [hält die Spitze des Bleistiftes über 7__6]
11		Dani	nein hier [zeigt weiterhin in Nabils Heft auf 6__5]
12		Nabil	(achso warte) .. sechs\
13		Dani	ja mh dann mach das .
14		Nabil	[setzt zum Schreiben an bei 6__5]
15		Dani	[nimmt Nabil den Stift aus der Hand und schreibt ein Größer-als-Zeichen bei 6__5]
16	<	L	a l l e Kinder die s t e h n/ . dürfen gern jetz bisschen rumgehn und den anderen helfen/
17	<	Nabil	[nimmt den Stift aus Danis Hand an sich zurück]
18	<	Dani	[schaut zu L und sieht sich im Klassenraum um]
19		L	aber n u r/ wenn die Kinder das möchten\ wenn die sagen nein ich brauche keine Hilfe > dann geht ihr einfach\ (*unverständlich*)
20	>	Baila	[kommt dazu und steht nun rechts von Nabil] brauchst du Hilfe Nabil/
21		Nabil	nö\ [schaut erst in sein Heft, dann zu Baila] . oder doch . [grinst] ich hab zwei Hilfe
22		Dani	[grinst] mh na klar\
23		Baila	. äh
24		Dani und Baila	[schauen sich gegenseitig 2 Sekunden lang an. Dani beugt sich nun von links und Baila von rechts über Nabils Heft. Beide stehen, während Nabil sitzt]
25		Baila	ähm (4) du bist hier\ [zeigt auf 9__3]... ähm überleg ma [zeigt mit der rechten Hand fünf Finger] neun/ [zeigt nun außerdem mit der linken Hand drei Finger] und drei\ . was ähm wa was sind m mehr/ 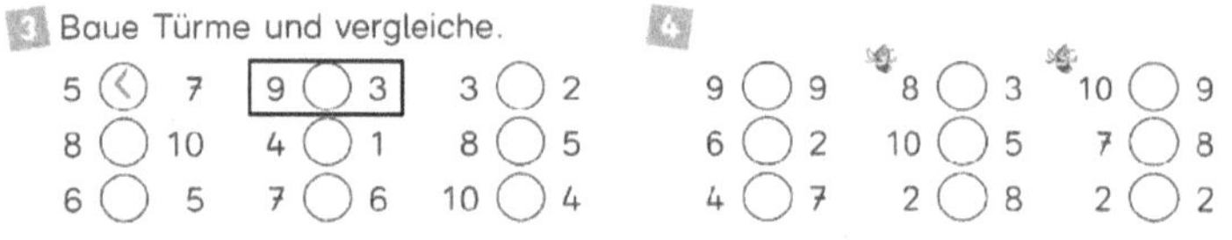
26		Nabil	[schreibt ein Größer-als-Zeichen bei 9__3]
27		Baila	genau\ [bestätigend]
28		Dani	[zeigt auf 4__1] ok jetz vier oder eins/ was würde der gern fressen/ 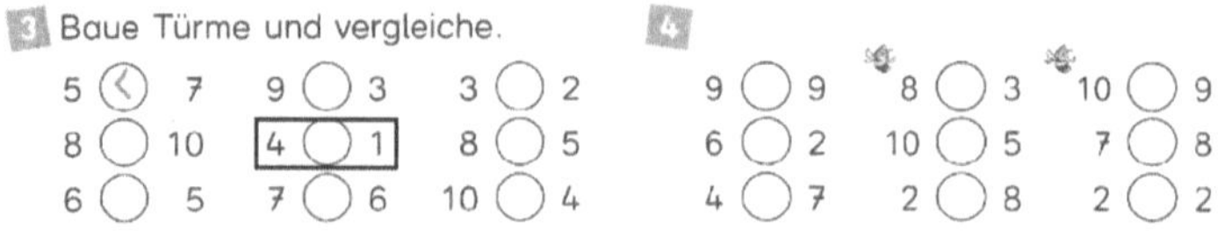
29		Nabil	[schreibt ein Größer-als-Zeichen bei 4__1]

30		Baila	was will der Kroko fressn .. und hier/ [zeigt auf 7__6]
31		Nabil	hier die sieben [schreibt ein Größer-als-Zeichen bei 7__6]
32	<	S?	[nicht im Blickfeld der Kamera, kommt von Hinten an Baila und tippt ihr auf die Schulter] Baila . einer is (schon gut)
33		Baila	[Baila dreht sich zu S? um]
34		S?	Dani is schon dort
35		Baila	n e i n\ [dreht sich zurück zu Nabil und Dani]
36		Dani	[schaut Baila an und runzelt die Stirn] doch guck ma\ ich steh hier schon/ [schaut wieder in Nabils Heft] .. guck ma [zeigt auf 3__2] .. die drei
37		Nabil	[schreibt ein Größer-als-Zeichen bei 3__2]
38		Dani	.. ja richtig [zeigt auf 10__4] und jetz hier die zehn\
39		Baila	du sagst ihm ja alles vor\ er soll das ja überlegen\
40		Dani	und hier/ [zeigt auf 9__9] was sollst du hier machn/ 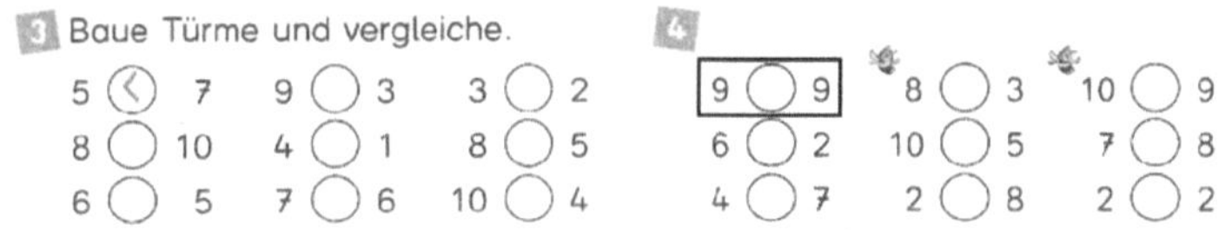
41		Nabil	[schreibt ein Größer-als Zeichen bei 9__9]
42		Dani	[schlägt sich mit der linken Hand an die Stirn. Nimmt Nabil den Stift aus der Hand] nein Nabil .. du brauchst jetz ma dein Radierer [nimmt einen Radiergummi von Nabil und radiert in seinem Heft] das is ein (*unverständlich*)
43		L	[aus dem Hintergrund zum Tisch von Nabil und Dani kommend. Steht nun vor den drei Kindern] im B u c h macht nur das Kind etwas dem das Buch gehört . > du kannst ihm sagen/ radiers weg und brings nochmal in Ordnung\
44	>	Dani	[schaut L an, hört auf zu Radieren und legt Bleistift sowie Radiergummi aus der Hand]
45	>	Nabil	[schaut zu L]
46		Dani	[schaut wieder in Nabils Heft]
47		Nabil	[wischt mit der rechten Hand, in welcher er seinen Stift hält, über sein Heft]
48	<	L	denk mal immer hier an den kleinen Kroko [setzt das Plüsch-Krokodil auf den Tisch oberhalb von Nabils Heft mit Blickrichtung nach rechts] ü b e r lege wo in welche Richtung würde der sich drehn da kannste hier abschrei abguckn\ [geht wieder weg, lässt das Plüsch-Krokodil vor Nabils Heft stehen]
49	<	Nabil	[schaut zu L und zum Plüsch-Krokodil. Hält den Stift über Aufgabe 4]
50		Dani	[zeigt auf 9__9] also guck
51		Baila	zwei Striche musst du da machen
52		Dani	nein . radiers nochma weg\ das war schon wieder falsch\
53		Nabil	[legt seinen Stift hin und nimmt den Radierer]
54		Baila	zwei Striche musst du machen [hält beide Zeigefinger parallel zueinander über Nabils Heft]
55		Dani	scht weil wenn zwei Zahln . o [zeigt auf 9__9] Ist-gleich
56		Baila	Ist-gleich
57		Dani	weil eigentlich musst du s Ist-gleich machen

58		Nabil	.. mhm ..
59		Dani	zwei Striche\
60		Baila	dip und dip\ [zeigt ihre beiden Zeigefinger parallel zueinander über Nabils Heft]
61		Nabil	[schaut auf Bailas Finger und grinst] a c h s o/ [schreibt das Gleich-heits-Zeichen bei 9__9 in sein Heft]
62		Dani	du müsstest ma dein Bleistift echt spitzen
63		Nabil	[schaut vom Heft auf zu Dani]
64		Baila	und/ .. jetz musst du die a cht (4) s e c h s .. (die acht)
65	<	Nabil	[schreibt ein Größer-als-Zeichen bei 6__2]
66	<	Baila	[geht weg]
67		Dani	un jetz die siebn/ . andersrum\ > (8) ja richtig
68	>	Nabil	[schreibt im Heft]
69		Dani	so und jetz hier [zeigt auf 8__3] die acht 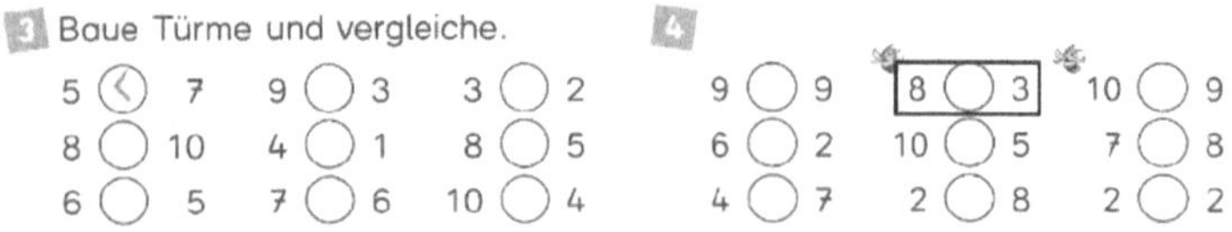
70		Nabil	[schreibt ein Größer-als-Zeichen bei 8__3]
71		Baila	[kommt zurück zum Tisch von Dani und Nabil]
72		Dani	(und jetz) wieder die acht\ [zeigt in Nabils Heft auf 2__8]
73		Nabil	hää/ es muss doch (nein nein) [schreibt erst, dann richtet er sich auf und nimmt die rechte Hand an seinen Kopf]
74		Dani	[schaut Baila an] ne richtig
75		L	[im Hintergrund zur gesamten Klasse sprechend] so/
76		Dani	und jetz hier die zehn\ [zeigt auf 10__9]
77		L	a l l e Kinder gehn jetzt an ihren Platz zurück/
78		Baila	[zu Dani] (müssn alle an n Platz) [geht weg]
79		Dani	[zu Baila] ich bin an meinm Platz ..
80		L	[zur ganzen Klasse] gut gemacht
81	>	Dani	so\ und jetzt bist du fertsch [Dani setzt sich neben Nabil auf ihren Platz]
82	<	Nabil	[räumt seinen Stift in die Federmappe]
83	<	L	[zur ganzen Klasse] und jetzt . legt ihr die Stifte bitte hin . wir wollen vergleichen und richtig vorlesn wir wollen die Zeichen richtig lesen

8.2.4 Zusammenfassende Analyse der Sequenz

Zusammenfassende Interaktionsanalyse mit Fokus auf den Lebensweltbezug

Die Sequenz *Üben mit Kroko* folgt wenige Minuten später auf das in die Relationszeichen einführende Unterrichtsgespräch der Sequenz *Kroko, der kleine Vielfraß* (Kapitel 8.1) und weist zahlreiche Ähnlichkeiten zu dieser auf. Im Anschluss an die gemeinsame Erkundung beispielhafter Ungleichungen an der Tafel bearbeiten die Lernenden eigenständig zugehörige Aufgaben in ihrem Arbeitsheft (siehe Abbildung 3). Bei Aufgabe 1 dieser Seite im Arbeitsheft sind sowohl Türme aus roten und blauen Steckwürfeln als auch Socken- beziehungsweise Handpuppen mit geöffnetem Mund dargestellt. Die Puppen visualisieren gleichsam wie das offene Maul Krokos die Relationszeichen Größer-als und Kleiner-als – mit dem Unterschied, dass die Relationszeichen im Arbeitsheft farbig in der Maul-Darstellung visualisiert und ‚gestreckt' werden. Während auch bei Aufgabe 2 Steckwürfeltürme als visuelle Stütze illustriert werden, kommen Aufgabe 3 und 4 ohne derartige Visualisierungen aus.[22] Im Rahmen der zusammenfassenden Interaktionsanalyse liegt der Fokus neben der Analyse des Lebensweltbezugs vor allem auf zwei weiteren Aspekten: Erstens auf den unterschiedlichen Formen der Unterstützung, die Nabil durch Dani, Baila und die Lehrperson erfährt, und zweitens auf dem Aushandlungsprozess während der zu lösenden Gleichung 9__9 in Szene 6 dieser Sequenz (T. 50–61).

Unterschiedliche Formen der Unterstützung

Nabil erhält im Verlauf der Sequenz *Üben mit Kroko* unterschiedliche Formen der Unterstützung bei der Bearbeitung der Un-/Gleichungen der dritten und vierten Aufgabe. Dabei greifen alle drei Unterstützenden, Dani, Baila und die Lehrperson, auf den außermathematischen Kontext des etablierten Lebensweltbezugs der vorausgegangenen Sequenz *Kroko, der kleine Vielfraß* zurück. Dennoch unterscheiden sich die drei Unterstützungsangebote wesentlich voneinander:

Dani verweist vor allem zu Beginn der Sequenz auf die außermathematische Geschichte über Kroko, indem sie Nabil mit der Frage `welches` beziehungsweise `was würde der gern fressen` (T. 09, 28) eine gedankliche Stütze und eine Anbindung an das Vorausgegangene anzubieten versucht. Darüber hinaus verbalisiert Dani teilweise die beiden zu vergleichenden Zahlen (T. 09, 28) oder zeigt auf diese (bspw. T. 09, 15, 36, 40, 55, 72). Damit bietet sie Nabil verbal und nonverbal eine weitere Form der Unterstützung an. Weiterhin nennt Dani vor allem im späteren Verlauf der Sequenz häufig die mächtigere Zahl einer Ungleichung (T. 36, 38, 67, 72, 76), was von Baila als *Vorsagen* gedeutet zu werden scheint. Dies bringt Baila in Turn 39 auch zur Sprache: `du sagst ihm ja alles vor\ er soll das ja überlegen\`. Die Verantwortung für das Ermitteln und Eintragen des jeweiligen Relationszeichens bei dieser eher vorsagenden Form der Unterstützung liegt damit eher bei Dani und weniger bei Nabil – so trägt Dani auch Zeichen in das Heft von Nabil ein und greift ungefragt zu seinem Bleistift (T. 7, 15)

Auch bei Bailas Unterstützungsangebot wird ein Bezug zur Geschichte über Kroko aus dem vorangegangenen Unterrichtsgespräch deutlich (T. 30, `was will der Kroko fressn`). Insgesamt kann das Unterstützungsangebot Bailas jedoch vordergründig als ‚mathematisch orientiert' charakterisiert werden, da sich ihre Aussagen und

22 Zwar lautet die Aufgabenstellung von Aufgabe 3 „Baue Türme und Vergleiche", doch die Lernenden greifen bei der Bearbeitung der Aufgaben im Heft nicht auf das Steckwürfel-Material zurück und es ist unklar, ob sie freien Zugang zu einem solchen Material gehabt hätten.

auch Zeigegesten vor allem an mathematischen Inhalten zu orientieren scheinen. Beispielsweise verbalisiert Baila direkt zu Beginn ihrer Hilfestellung die beiden zu vergleichenden Zahlen und das gültige Vergleichskriterium. Im Zuge dessen zeigt sie zuerst auf die zu lösende Ungleichung und versucht im Anschluss die beiden zu vergleichenden Zahlen mithilfe ihrer Finger zu visualisieren: du bist hier\ [zeigt auf 9_3] ... ähm überleg ma [zeigt mit der rechten Hand fünf Finger] neun/ [zeigt nun außerdem mit der linken Hand drei Finger] und drei\ . was ähm wa was sind m mehr/ (T. 25). Dieses Unterstützungsangebot kann als mathematisch reichhaltig und multimodal charakterisiert werden. Baila verbalisiert nicht nur die zu vergleichenden Zahlen und betont, dass die entscheidende Frage ist was sind mehr, sondern sie nutzt auch Gesten als kommunikative Ressource, indem sie auf die Ungleichung zeigt oder die Zahlen mithilfe ihrer Finger zu veranschaulichen versucht. Interessant ist an dieser Stelle die Darstellung der Zahl 9 mit den Fingern (T. 25). Es scheint, als wäre sich Baila bewusst, dass sie nicht gleichzeitig die beiden zu vergleichenden Zahlen 9 und 3 mit den Fingern ihrer beiden Hände darstellen kann. Eventuell zeigt sie mit der ersten Hand lediglich die Zahl 5 um zu verdeutlichen, dass bei der Zahl 9 durch das Zerlegen in 4 und 5 ein Fünfer ‚voll' ist (zur *Kraft der 5* siehe Krauthausen, 1995), während dies bei der Zahl 3 nicht der Fall ist. Im Gegensatz zu den eng an die außermathematische Narration über Kroko gebundenen Hilfestellungen von Dani und der Lehrperson hat Bailas Unterstützungsangebot somit eher einen universellen und weniger an den außermathematischen Kontext gebundenen Charakter. Während sich das Rekurrieren auf die Geschichte über Kroko eher auf den mathematischen Sachverhalt der Relationszeichen beschränkt und Kenntnisse über das vorausgegangene Unterrichtsgespräch voraussetzt, können die Finger auch in anderen Situationen des Mathematikunterrichts hinzugezogen werden (sowohl bei Relationsaufgaben wie etwa auch bei der Addition und Subtraktion von niedrigen Zahlen). Da sich die Lernenden bislang im Zahlenraum bis zehn bewegen und ausschließlich Additionsaufgaben gerechnet haben, kann die Zuhilfenahme der Finger folglich als ein nützliches und den Lernenden jederzeit zugängliches Hilfsmittel betrachtet werden.

Am deutlichsten äußert sich der Bezug zum außermathematischen Sachverhalt des Lebensweltbezugs aus der vorausgegangenen Sequenz *Kroko, der kleine Vielfraß* am Unterstützungsangebot der Lehrperson (T. 48). Sie verweist sprachlich explizit auf *Kroko* und nimmt zur visuellen Stützung ihrer Aussage das Plüsch-Krokodil zur Hilfe. Wie bei der Sequenz *Kroko, der kleine Vielfraß* gestaltet sie ihr Unterstützungsangebot wie ein szenisches Spiel und verdeutlicht Nabil explizit, sich an Kroko zu erinnern: denk mal immer hier an den kleinen Kroko [setzt das Plüsch-Krokodil auf den Tisch oberhalb von Nabils Heft mit Blickrichtung nach rechts] ü b e r lege wo in welche Richtung würde der sich drehn da kannste hier abschrei abguckn\ (T. 48). Wo genau Nabil jedoch abschreiben oder abgucken soll, wird von ihr nicht verbalisiert. Eventuell bezieht sich die Lehrperson damit auf die noch an der Tafel stehenden beispielhaften Ungleichungen des vorausgegangenen Unterrichtsgesprächs oder die bei Aufgabe 1 im Arbeitsheft dargestellten Figuren mit offenem Mund.

Denkbar ist weiterhin, dass Nabil anhand des offenen Mauls des Plüsch-Krokodils – dieses lässt sie auch am Platz von Nabil zurück – aufgrund der optischen Analogie *sehen* kann, wie das jeweilige Relationszeichen aussieht. Dass diese Hilfestellung mit Fokus auf den außermathematischen Kontext – also die Geschichte des hungrigen Kroko, der sich immer für die Menge entscheidet, die *mehr* ist – weder bezüglich der Geschichte noch mathematisch zur aktuell zu bearbeitenden Gleichung 9__9 passt, scheint von der Lehrperson nicht bemerkt bzw. aufgegriffen zu werden. So verlässt sie den Aushandlungsprozess zwischen den drei Kindern wieder, bevor Nabil bei Gleichung 9__9 ein Zeichen eingetragen hat.

Aushandlungsprozess zu Gleichung 9__9

Der Moment, in dem bei Gleichung 9__9 zwei gleichmächtige Mengen miteinander verglichen werden sollen (T. 40–61), ist bezüglich des Interaktionsgeschehens sowie des etablierten Lebensweltbezugs besonders interessant und eröffnet im Zuge der Interaktionsanalyse zahlreiche Deutungsalternativen. An dieser Stelle kommt es zu einem Bruch im logischen Zusammenhang zwischen der Geschichte über Kroko und dem mathematischen Lerninhalt der Relationszeichen. Im vorausgegangenen Unterrichtsgespräch sowie bei allen bisher zu lösenden Ungleichungen im Arbeitsheft ist stets eine Zahl mächtiger als die andere. Somit konnte dort mit Bezug zur Geschichte über Kroko eindeutig eine Aussage getroffen werden, wofür sich Kroko entscheidet – denn `der will immer das essen was am meisten ist/ deshalb schaut der hier hin` (Turn 19 im Transkript *Kroko, der kleine Vielfraß*, Kapitel 8.1). Bei Gleichung 9__9 hingegen scheint es notwendig, das mathematische Problem zu fokussieren und sich vom außermathematischen Kontext zu lösen. An dieser Stelle der Interaktion wird deutlich, dass der etablierte Lebensweltbezug, der die optischen Analogie zwischen Krokos offenem Maul und den Relationszeichen Größer-als (>) und Kleiner-als (<) verbindet, zwar anschlussfähig an die Erfahrungen und Interessen der Lernenden zu sein scheint, bezüglich seiner mathematischen Reichhaltigkeit jedoch nicht ausreichend das mathematische Konzept des Vergleichs zweier Mengen hinsichtlich ihrer Mächtigkeit abbildet (die mangelnde mathematische Reichhaltigkeit des Lebensweltbezugs der Sequenz *Kroko, der kleine Vielfraß* wurde bereits in Kapitel 8.1.5 beleuchtet). So greifen auch in der Sequenz *Üben mit Kroko* weder Dani noch Baila auf den außermathematischen Kontext zurück, als sie Nabil auf das Gleichheitszeichen hinweisen: Nachdem Nabil zuerst das Größer-als-Zeichen bei 9__9 eingetragen hat (T. 41), verbalisiert Baila das Gleichheitszeichen zuerst als `zwei Striche` (T. 51, 54), während Dani neben der Formulierung `zwei Striche` (T. 59) auch den Fachbegriff `Ist-gleich` äußert (T. 55, 57). Baila deutet die Situation eventuell so, als würde Nabil nicht nachvollziehen, was die beiden damit meinen, weshalb sie unter erneuter Zuhilfenahme ihrer Finger das Gleichheitszeichen zu visualisieren versucht – sie hält beide Zeigefinger parallel zueinander über Nabils Heft (T. 54, 60). Es scheint, als würde Nabil entweder anhand dieser Zeigegeste oder durch die Verbalisierungen von Dani und Baila erkennen, dass das Gleichheitszeichen bei 9__9 eingetragen werden muss. Diese Deutung wird durch seinem Ausruf `a c h s o/` sowie seinem Grinsen während des Blicks auf Bailas Finger bestärkt (T. 61). Die Bearbeitung von Gleichung 9__9 kann somit als Bruch in der Interaktion sowie in den Deutungsprozessen der Lernenden interpretiert werden, da ab diesem Zeitpunkt nicht mehr auf die Geschichte über Kroko – also den außermathematischen Kontext – verwiesen wird und die Unterstützungsangebote von Dani und Baila von nun an allein mathematische Aspekte zu fokussieren scheinen.

Bei Betrachtung des Lebensweltbezugs fällt auf, dass die in Sequenz *Kroko, der kleine Vielfraß* etablierte Verbindung zwischen dem offenen Krokodilmaul und den Relationszeichen Größer-als (>) und Kleiner-als (<) in der Sequenz *Üben mit Kroko* fortgeführt beziehungsweise aufgegriffen wird. Die zu lösenden Un-/Gleichungen der dritten und vierten Aufgabe im Arbeitsheft scheinen jedoch ohne die Zuhilfenahme von Steckwürfeln oder Illustrationen wie einem Krokodilmaul auszukommen. Nachfolgend wird der Lebensweltbezug der Sequenz bezüglich der Analysekriterien und seiner Entwicklung beleuchtet.

Anschlussfähigkeit

Der Lebensweltbezug in Form einer Geschichte eines personifizierten Krokodils auf Futtersuche birgt das Potenzial, das Interesse sowie die Aufmerksamkeit der Lernenden für die neue Thematik der Relationszeichen zu wecken und sie zur Partizipation am Unterricht zu motivieren (siehe Kapitel 8.1.5 – Fokus Lernendenorientierung und ein hoher Grad von Anschlussfähigkeit). Aufgrund von Erfahrungen mit sprechenden und personifizierten Tieren aus Kinderserien oder Büchern können sich die Lernenden – so scheint es – mit *Kroko* identifizieren und beziehen sich auch während der Aufgabenbearbeitung im darauffolgenden Unterrichtsgeschehen auf die Geschichte (so z.B. Dani). Für die zu lösenden Aufgaben in der Sequenz *Üben mit Kroko* könnte jedoch die zu starke Betonung beziehungsweise Rückbesinnung auf den außermathematischen Sachverhalt der vorangegangenen Sequenz *Kroko, der kleine Vielfraß* hinderlich sein. Die aktuell zu lösenden Aufgaben sollen ohne die visuelle Stütze eines geöffnetes Krokodilmauls gelöst werden und zielen stattdessen vermutlich vielmehr auf die Abstraktion und Generalisierung des mathematischen Konzeptes ab.

Reichhaltigkeit

Der mathematische Sachverhalt des Vergleichs zweier Mengen hinsichtlich ihrer Mächtigkeit beziehungsweise die Relationszeichen Größer-als (>) und Kleiner-als (<) werden durch die optische Ähnlichkeit mit dem offenen Krokodilmaul bzw. der Handpuppe im Arbeitsheft anschaulich dargestellt und der Zugang zu diesen neuen mathematischen Lerninhalten könnte den Lernenden dadurch leichter fallen. Auf der anderen Seite wird vor allem bei Gleichung 9__9 deutlich, dass der Lebensweltbezug den mathematischen Inhalt nicht vollständig abbildet und inhaltlich an seine Grenzen stößt. Auch in der vorangegangenen Sequenz *Kroko, der kleine Vielfraß* wurde nicht thematisiert, was bei zwei gleichmächtigen Mengen passiert – weder aus mathematischer Perspektive noch unter Beachtung der Geschichte über das Krokodil. Der Lebensweltbezug bzw. der außermathematische Kontext in Form der Geschichte Krokos passt aus mathematischer Perspektive nur dann zum fachlichen Sachverhalt, wenn eine der beiden Mengen *mehr* ist als die andere und somit eindeutig bestimmt werden kann, wofür sich Kroko entscheidet. Bezogen auf die Geschichte könnten die Lernenden bei 9__9 auch interpretieren, dass Kroko bei zwei gleichmächtigen Mengen beide Mengen frisst oder dass er gar keine frisst. Diese Begründungen passen zwar zum außermathematischen Kontext in Form der Geschichte über Kroko, nicht jedoch zum mathematischen Gleichheitszeichen. Folglich werden insbesondere bei Betrachtung der interaktiven Aushandlung zur Gleichung 9__9 die Grenzen des Lebensweltbezugs bezüglich seiner mathematischen Reichhaltigkeit deutlich und scheinen etwa Dani und Baila auch bewusst zu werden.

Authentizität

Analog zur Sequenz *Kroko, der kleine Vielfraß* scheint auch in der Sequenz *Üben mit Kroko* keine tiefgründige Auseinandersetzung mit dem außermathematischen Sachverhalt intendiert oder ermöglicht zu werden. Dies ist dahingehend nachvollziehbar, da das offene Krokodilmaul eher aufgrund seiner optischen Ähnlichkeit mit dem mathematischen Sachverhalt der Relationszeichen verbunden wird und weniger mit dem Ziel, ein mathematisches Konzept in einer außermathematischen Situation anzuwenden. Zudem verlangen die zu bearbeitenden Aufgaben der Sequenz *Üben mit Kroko* eigentlich keinen Rückbezug auf die Krokodil-Thematik der vorangegangenen Situation der Sequenz *Kroko, der kleine Vielfraß*.

Entwicklung

Sowohl die Betrachtung der unterschiedlichen Unterstützungsformen wie auch die Analyse des Aushandlungsprozesses von Gleichung 9__9 in der sechsten Szene dieser Sequenz verdeutlichen, dass der außermathematische Sachverhalt über Kroko im Verlauf des Aushandlungsprozesses an Bedeutung verliert. So sind es zunehmend mathematische Aspekte, die im Vordergrund stehen. Dies könnte maßgeblich daran liegen, dass Aufgabe 3 und 4 im Arbeitsheft ohne Visualisierungen und Materialien auskommen und die zu bearbeitenden Un-/Gleichungen dieser Aufgaben somit einen weniger anschaulichen, sondern eher einen abstrakt-symbolischen Charakter haben. Darüber hinaus könnten sich die beteiligten Schüler*innen während der Sequenz *Üben mit Kroko* der mathematischen Begrenztheit des außermathematischen Sachverhaltes der Kroko-Geschichte bewusstwerden – beispielsweise bei Gleichung 9__9.

Die Lehrperson beendet den Arbeitsprozess der Lernenden, indem sie der gesamten Klasse ankündigt, dass die Stifte nun abgelegt und die Zeichen richtig vorgelesen werden sollen (T. 83). Während Baila und Dani sich eher bemüht zu haben scheinen, Nabil das mathematische Konzept des Vergleichs zweier Mengen hinsichtlich ihrer Mächtigkeit zu vermitteln, legt die Lehrperson nun den Fokus auf die Verbalisierung der Un-/Gleichungen und somit weniger auf den Prozess des Ermittelns der korrekten Relationszeichen. Am Ende der Sequenz wird folglich vorrangig der mathematische Sachverhalt der Relationsbegriffe hervorgehoben, was bei Betrachtung der vorangegangenen und vordergründig am außermathematischen Kontext orientierten Aussagen der Lehrperson – sowohl während der Sequenz *Kroko, der kleine Vielfraß* wie auch während ihrer Hilfestellung in der Sequenz *Üben mit Kroko* – zu Irritationen bei den Lernenden führen könnte. Sollte die Lehrperson voraussetzen, dass den Lernenden der Wechsel von der Betonung des außermathematischen Kontextes in Form der Geschichte über Kroko hin zur Fokussierung des mathematischen Sachverhalts ohne explizite Versprachlichung bewusst ist, weist der Abschluss der Sequenz Merkmale einer impliziten Pädagogik auf (Schütte, 2010). Die Bedeutung der Begriffe *Größer-als* und *Kleiner-als* sowie inhaltliche Bezüge, wie etwa die Beziehung zwischen dem geöffneten Krokodilmaul und den Relationszeichen, werden implizit hergestellt und nicht explizit zur Sprache gebracht. Hierdurch besteht die Gefahr, dass das, was der Lebensweltbezug eigentlich leisten soll und kann – nämlich den mathematischen Sachverhalt zu veranschaulichen und zugänglich(er) zu machen – nicht ausgeschöpft wird, da der außermathematische Kontext und der mathematische Lerngegenstand für einige Lernende unverbunden nebeneinanderstehend verbleiben könnten. Die Versprachlichung einer vollständig ‚ausgefüllten' Un-/Gleichung erscheint bis zu dem Zeitpunkt, in dem die Lehrperson die Lernenden explizit dazu auffordert (T. 83) nicht notwendig. Es ist folglich denkbar, dass Nabil, Baila und Dani sowie die anderen Lernenden für sie bis zum aktuellen Zeitpunkt nicht verbalisierbare Zeichen (> und <) in ihr Arbeitsheft eintragen.

Das intendierte Vorgehen der Lehrperson scheint eher induktiver Natur zu sein: Zuerst sollen die Lernenden mithilfe einer illustrativen Geschichte an den neuen mathematischen Sachverhalt herangeführt werden und die Relationszeichen Größer-als (>) und Kleiner-als (<) als Symbol(e) für ein offenes Krokodilmaul kennenlernen (dies geschieht in der Sequenz *Kroko, der kleine Vielfraß*). Daran anschließend wird diesen Zeichen ein mathematischer Fachbegriff zugeordnet und das mathematische Konzept wird näher erläutert. Im Anschluss an die Sequenz *Üben mit Kroko* scheinen – so die Vermutung – mathematische Aspekte wie die korrekte Aussprache der bearbeiteten Un-/Gleichungen sowie der darin enthaltenen Relationszeichen von besonderem Interesse zu sein, während die außermathematische Geschichte über Kroko nun kaum noch oder nicht mehr von Bedeutung sein könnte. Dieses allmähliche Verschwinden des außermathematischen Kontextes im Zuge der unterrichtlichen Auseinandersetzung mit einem fachlichen Lerngegenstand beschreibt Gellert (2010) als „rigorose Unterordnung von Alltagshandlungen unter mathematische Prinzipien und Strukturen" (S. 11). Es scheint, als würde der außermathematische Kontext (der von der Sequenz *Kroko, der kleine Vielfraß* in die aktuelle Situation übernommen wurde) vorrangig als veranschaulichender und erfahrungsweltlicher Ausgangspunkt für die mathematische Auseinandersetzung hinzugezogen und im Verlauf des Interaktionsgeschehens mehr und mehr zugunsten der didaktischen Zielsetzung vernachlässigt werden (siehe auch Greefrath et al., 2013; Neth & Voigt, 1991).

Analyse der sprachlichen Aspekte

Viele Aussagen der Sequenz *Üben mit Kroko* sind aufgrund sprachlicher Verknappungen, fehlender Präzision und der Zuhilfenahme deiktischer Mittel eng an die momentane Situation der Interaktion gebunden. Aussagen wie `du bist hier\` (T. 25), `hier die sieben` (T. 31) `sowie dip und dip\` (T. 60) verdeutlichen dies. Solche Aussagen haben einen weiten Interpretationsraum und verlangen Kenntnisse des jeweiligen Verwendungskontextes, um angemessen von den Interaktionsteilnehmenden gedeutet zu werden (Meyer & Prediger, 2012; Tiedemann, 2015; Tietze et al., 2016). Die Sequenz beinhaltet keine Nominalisierungen oder nominale Zusammensetzungen und auch keine Passivkonstruktionen. Ebenso spielen normierte Fachbegriffe kaum eine Rolle, da lediglich die Bezeichnung `Ist-gleich` (T. 55, 56, 57) als normierter mathematischer Fachbegriff identifiziert werden kann. Die Relationszeichen Größer-als (>) und Kleiner-als (<) werden zwar als Symbole im Heft abgebildet und auch selbst von den Lernenden verschriftlicht, jedoch werden sie nicht von Baila, Dani, Nabil oder der Lehrperson versprachlicht. Darüber hinaus lassen sich in der Sequenz *Üben mit Kroko* mehrfach Sprachverknappungen nachweisen. Zum Beispiel in den Aussagen Danis in Turn 05 `sch bin schon fertig\ ich kann dir jetz helfn/` (statt *Ich bin schon fertig. Ich kann dir jetzt helfen.*) sowie in Turn 81 `und jetzt bist du fertsch` (statt *Und jetzt bist du fertig*). Diese Sprachverknappungen sind typisch für die mündliche Interaktion und erscheinen aufgrund der räumlichen Nähe der Interaktionsteilnehmenden zueinander hier nachvollziehbar (Koch & Oesterreicher, 2007).

Bei Betrachtung der Satzverbindungen fällt auf, dass viele Aussagen ohne Konjunktionen aneinandergereiht werden – z.B. `na hier/ hier guck ma hier/ .. w welches würde der gern fressen/ sechs oder fünf/` (T. 09). Wird eine Konjunktion verwendet, um zwei (Teil-)Sätze miteinander zu verbinden, geschieht dies vorwiegend mithilfe koordinierender Konjunktionen. So kann die Konjunktion `und` mehrfach rekonstruiert werden (bspw. T. 38, 64, 81) und auch die koordinierende Konjunktion `oder` taucht auf (T. 21). Die Sequenz weist vereinzelt auch subordinierende Konjunktionen auf, die Aussagen bzw. Teilsätze unterordnen – beispielsweise `dann` (T. 13, 19), `weil` (T. 55, 57) sowie `wenn` (T. 19). Während das Fehlen von Konjunktionen sowie die vermehrte Verwendung koordinierender Konjunktionen eher auf Alltagssprache hinweisen, werden subordinierende Konjunktionen eher dem bildungssprachlichen Register zugeordnet (z.B. Bochnik, 2017; Gogolin & Lange, 2011). Die scheint folglich auf lexikalischer Ebene vorrangig Merkmale von Alltagssprache aufzuweisen, während auf syntaktischer Ebene alltagssprachliche wie auch bildungssprachliche Aspekte gemeinsam auftreten.

Es scheint, als würde sich der Lebensweltbezug weiterhin – wie bereits in der vorausgegangenen Sequenz *Kroko, der kleine Vielfraß* – auf die vorwiegend kontextgebundenen und sprachlich wenig expliziten Beiträge der Beteiligten auswirken. Auch die räumliche Nähe der Beteiligten zueinander sowie die Darstellung der zu bearbeitenden Un-/Gleichungen im Arbeitsheft der Lernenden scheinen dazu beizutragen, dass die sprachlichen

Aussagen zumeist eng an die Situation der Interaktion gebunden sind. Deiktische Ausdrücke mit Verweis auf die konkrete Situation wie `hier` und `da` (bspw. T. 09, 11, 30, 51), Zeigegesten wie das Zeigen auf Un-/Gleichungen im Arbeitsheft (bspw. T. 09, 25, 50), die Andeutung von Zahlen und mathematischen Zeichen mithilfe der Finger (T. 25, 54, 60) sowie Mimik und Gestik wie Grinsen, Stirnrunzeln und Blickwechsel (bspw. T. 21, 36, 42) durchziehen die gesamte Sequenz. Während der mathematische Anspruch der dritten und vierten Aufgabe im Arbeitsheft eher darauf liegt, den mathematischen Sachverhalt des Vergleichs zweier Mengen hinsichtlich ihrer Mächtigkeit losgelöst von Anschauungsmitteln und einer illustrierenden Geschichte zu generalisieren (also inhaltlich und auch sprachlich zu Dekontextualisieren), sind die sprachlichen Beiträge sowie redebegleitenden Handlungen weiterhin eng an die konkrete Interaktionssituation gebunden. Der hohe Grad der Kontextgebundenheit manifestiert sich auch in den Unterstützungsangeboten Danis, Bailas und der Lehrperson, die – trotz unterschiedlicher Formen der Unterstützung – allesamt nur mit Kenntnissen zur aktuellen Interaktionssituation angemessen interpretiert werden können.

Darüber hinaus ergeben sich diverse situationsspezifische sprachlich-diskursive Erwartungen und Anforderungen an die Interaktionsteilnehmenden: Dani scheint sich verpflichtet zu fühlen, dass Nabil am Ende der Arbeitsphase alle Aufgaben vollständig und fehlerfrei bearbeitet hat. Dafür schlüpft sie gewissermaßen in die Rolle der Lehrperson: Sie diktiert Nabil kleinschrittig die zu bearbeitenden Un-/Gleichungen oder sagt ihm im späteren Verlauf des Aushandlungsprozesses sogar die ‚Lösung' vor. Baila hingegen scheint *Hilfe* eher als *Unterstützung* zu interpretieren. Auch sie schlüpft in die Rolle der Lehrperson und sagt Nabil die zu bearbeitenden Un-/Gleichungen an. Zudem visualisiert Baila Zahlen mithilfe ihrer Finger. Den Denkprozess und das Eintragen des korrekten Relationszeichens scheint sie jedoch Nabil zu überlassen. Die Lehrperson als dritte helfende Instanz kommt unaufgefordert zu den drei Kindern und unterstützt Nabil ungefragt. Eventuell, weil sie Nabil als Schüler betrachtet, der Unterstützung bedarf. Darüber hinaus könnte sie die Interaktion zwischen Nabil, Dani und Baila als offenen Konflikt interpretieren und davon ausgehen, dass in diesem Fall ihre Unterstützung nötig sei. Zum Ende der analysierten Sequenz scheint die Lehrperson zudem davon auszugehen, dass alle Lernenden die Aufgaben im Arbeitsheft vollständig bearbeitet haben, da sie ohne Nachfragen den Arbeitsprozess für alle beendet (T. 83). Bezüglich Nabil kann angenommen werden, dass von ihm in der Sequenz *Üben mit Kroko* erwartet wird, entsprechend der Hilfestellungen ein Relationszeichen zu notieren. Weder Dani und Baila noch die Lehrperson scheinen von ihm zu erwarten, eigenständig und selbstbestimmt an den Aufgaben zu arbeiten. Niemand fragt Nabil, ob und inwiefern er allein in der Lage wäre, die Aufgaben zu bearbeiten oder ob er nochmals eine Erklärung der zu bearbeitenden Aufgaben benötigt. Es wirkt vielmehr so, als müsse Nabil die Unterstützungsangebote annehmen wie sie sind und geleitet von Dani, Baila und der Lehrperson chronologisch und nach ihren Vorgaben die Aufgaben ‚abarbeiten'.

Analyse der möglichen Lernprozesse

Bezüglich der potenziellen Lernprozesse der Sequenz *Üben mit Kroko* liegt der Fokus dieser Analyse auf Dani, Baila und Nabil.

Für den Lernprozess Danis ist denkbar, dass ihr beim kollektiven Aushandlungsprozess zur Gleichung 9__9 (erstmals) bewusstwird, dass der außermathematische Sachverhalt in Form der Geschichte über Kroko den mathematischen Sachverhalt nicht vollständig abbildet. Während sie zu Beginn der Sequenz auf die Geschichte rekurriert (T. 09, 28), sagt sie Nabil im Anschluss an die Bearbeitung der Gleichung 9__9 lediglich die größere Zahl vor (T. 67, 69, 72, 76). Es scheint, als hätte Dani beim Bearbeiten der Aufgaben im eigenen Arbeitsheft nicht auf den Lebensweltbezug und insbesondere den außermathematischen Sachverhalt der vorangegangenen Sequenz *Kroko, der kleine Vielfraß* zurückgreifen müssen. Vielmehr scheint sie in der Sequenz *Üben mit Kroko* unter Rückgriff auf die außermathematische Geschichte zu versuchen, die Aufgaben für Nabil möglichst zugänglich und ‚einfach' mit einem ihm bekannten Lösungsansatz – nämlich Kroko und sein offenes Maul – erklären zu wollen.

Bezogen auf den Lernprozess Bailas ist denkbar, dass sie ihre Form der mathematischorientierten und nicht-geschichtenhaften Hilfestellung als passend interpretiert. Im Gegensatz zu einer Hilfestellung, bei der auf den außermathematischen Kontext des vorausgegangenen Unterrichtsgesprächs rekurriert wird, kann das Veranschaulichen von Zahlen mithilfe der Finger als universale Form der visuellen Stütze interpretiert werden, die – zumindest im Zahlenraum bis zehn – auch bei einer Vielzahl von Additions- und Subtraktionsaufgaben hinzugezogen werden kann und immer ‚griffbereit' ist. Darüber hinaus könnte insbesondere ihre Unterstützung Nabils bei Ungleichung 9__3 (T. 25) einen Lernprozess bei Baila initiieren: Als sie beide Zahlen der Ungleichung zu visualisieren versucht, könnte ihr bewusstwerden, dass die simultane Darstellung zweier Zahlen nicht immer möglich ist – nämlich dann nicht, sobald eine der beiden Zahlen größer als fünf ist. Eventuell zerlegt Baila in Turn 25 die Zahl 9 gedanklich in 5 und 4. Schließlich zeigt sie mit der einen Hand 5 Finger, um Nabil zu verdeutlichen, dass bei der Zahl 9 bereits ein Fünfer voll ist (zur *Kraft der 5* siehe Krauthausen, 1995). Da Baila direkt bei ihrer ersten Hilfestellung für Nabil auf diese Form der Zahldarstellung und Zahlzerlegung zurückgreift, bleibt offen, ob sie dieses Vorgehen bereits in vorherigen Situationen angewendet hat oder ob der Aushandlungsprozess der Sequenz diesen Lernprozess initiiert.

Auch für Nabil ergeben sich in der Sequenz *Üben mit Kroko* mehrere Deutungen bezüglich seiner potenziellen Lernprozesse: Er wird von drei unterschiedlichen Personen auf unterschiedliche Weise bei der Bearbeitung der Un-/Gleichungen unterstützt. Hierbei fokussieren die unterschiedlichen Unterstützungsangebote mal mehr und mal weniger explizit den mathematischen Sachverhalt, wodurch der Zugang Nabils zum mathematischen Lerngegenstand und in Folge der Aufbau einer mathematisch orientierten Deutung erschwert werden könnte. Bei Konzepten wie dem Übergang von der Zone der aktuellen Entwicklung in die Zone der nächsten Entwicklung (Wygotsky, 1964) oder dem Scaffolding (Gibbons, 2015) wird eine anfänglich umfassende Hilfeleistung allmählich reduziert, damit die Unterstützung erhaltende Person zusehends zur selbstständigen Problemlösung ermächtigt wird. In der Sequenz *Üben mit Kroko* scheinen die Unterstützungen jedoch vielmehr konkreter und präziser zu werden und Nabil den Denkprozess zusehends abzunehmen – Nabil bekommt von Dani am Ende der Sequenz die mächtigere Zahl vorgesagt und die mathematischen Zeichen werden von Baila mit den Fingern visualisiert. Am Ende der Sequenz hat Nabil zwar bei allen Un-/Gleichungen etwas eingetragen, doch es bleibt offen, ob und inwiefern er das mathematische Konzept verstanden hat und weiß, unter welchen Bedingungen Größer-als (>), Kleiner-als (<) und Ist-gleich (=) eingetragen werden müssen. Offen bleibt zudem, ob er auch ohne diese verschiedenen Unterstützungsangebote in der Lage gewesen wäre, die Aufgaben eigenständig und korrekt zu bearbeiten.

Die Rekonstruktion möglicher Lernprozesse, die sich für alle Lernenden dieser ersten Klasse ergeben, beschränkt sich an dieser Stelle auf die Beachtung der Aufgaben im Arbeitsheft, da die Kamera ausschließlich den Aushandlungsprozess am Tisch von Dani und Nabil aufgezeichnet hat. Insgesamt steht bei den 18 zu ermittelnden Un-/Gleichungen der dritten und vierten Aufgabe im Arbeitsheft nur fünf Mal die kleinere Zahl vorn, sodass nur bei weniger als einem Drittel aller Un-/Gleichungen das Kleiner-als-Zeichen (<) eingetragen werden muss. Auch das Gleichheitszeichen (=) wird lediglich zwei Mal verlangt.[23] Bei Betrachtung der Aufgaben im Arbeitsheft fällt darüber hinaus auf, dass die bildlichen Stützen von Aufgabe 1 zu Aufgabe 5 hin reduziert werden: Während bei Aufgabe 1 sowohl Türme aus Steckwürfeln als auch Figuren mit geöffnetem Mund abgebildet sind, sind bei Aufgabe 2 lediglich Steckwürfeltürme abgebildet. Die Aufgaben 3, 4 und 5 kommen gänzlich ohne diese visuellen Stützen aus, sodass wie beim Konzept des Scaffolding (Gibbons, 2015) die Hilfestellungen nach und nach reduziert werden. Einerseits verhilft dies den Lernenden zu zunehmender Handlungsautonomie. Darüber hinaus kann es das Generalisieren des mathematischen Sachverhalts begünstigen. Im Rahmen der Analyse der Sequenzen *Kroko, der kleine Vielfraß* und *Üben mit Kroko* wird jedoch angenommen, dass der mathematische Sachverhalt aufgrund der Überhand der außermathematischen Geschichte Krokos in den Aussagen der Lehrperson sowie aufgrund der bislang fehlenden Versprachlichung der Relationszeichen und Relationsgleichungen für einige Lernende ‚verschleiert' bleibt.

23 Betrachtet man die Un/-Gleichungen also in Lesrichtung von links nach rechts, passt die verbalisierte Un-/Gleichung in den meisten Fällen zur Geschichte über Kroko. Wenn der Fokus bei dieser darauf liegt, dass Kroko das essen will, was mehr ist, müsste bei der Versprachlichung immer die mächtigere Zahl zuerst genannt werden.

8.3 Die Sequenz *Menschenkreis* – Klassenstufe 2

8.3.1 Äußerer Rahmen und allgemeine Beschreibung der Sequenz

Die Sequenz *Menschenkreis* entstammt dem Mathematikunterricht einer zweiten Klasse. Die Sequenz findet zum Beginn der Mathematikstunde statt und dauert etwa sechs Minuten. Vor Stundenbeginn hat die Lehrperson ein Tafelbild erstellt, das während der Sequenz für alle sichtbar ist (siehe Abbildung 4).

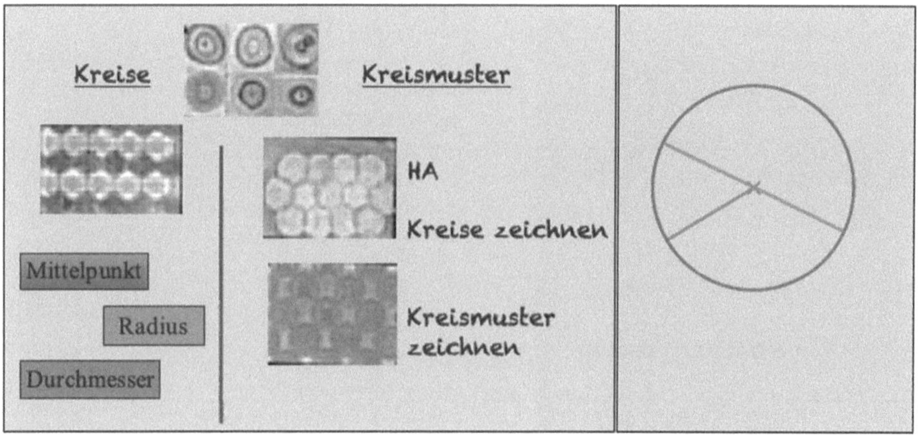

Abbildung 4: Tafelbild zu Beginn der Unterrichtsstunde zur Sequenz ‚Menschenkreis'

Unmittelbar nach der Begrüßung zum Stundenbeginn dieser 45-minütigen Mathematikstunde bittet die Lehrperson die Lernenden einen Kreis zu bilden und sich dabei die Hände zu reichen. Nachdem sich alle um zwei der drei Tischreihen als ‚Kreis' formatiert haben, beginnt die Lehrperson den (Wieder-)Einstieg in das Thema Kreise mit einer Frage an die Schüler*innen: `Ist das jetzt ein richtiger Kreis/` (T. 03). Im Verlauf des Unterrichtsgesprächs der Sequenz *Menschenkreis* werden die Bestandteile eines Kreises – Kreislinie, Mittelpunkt und Radius – thematisiert und von der Lehrperson am rechten Tafelbild gezeigt (siehe Abbildung 4). Am Ende dieser Sequenz erteilt die Lehrperson den Lernenden einen Auftrag: Sie sollen Zuhause nach Kreisen und Kreismustern Ausschau halten. Im Anschluss an die Sequenz gehen die Lernenden wieder an ihre Plätze und die Lehrperson teilt Lernhefte zum Thema Kreise und Kreismuster aus, die die Lernenden bis zum Ende der Mathematikstunde bearbeiten. Die Lehrperson geht während dieser Arbeitsphase durch den Klassenraum und kommt mit einzelnen Lernenden ins Gespräch.

8.3.2 Gliederung der Sequenz in Szenen

Szene	Turn	Titel	Geschehen
1	01–02	Bildung eines Menschenkreises	Die Lehrperson und die Lernenden formen einen Menschenkreis im Klassenraum und fassen sich dabei an den Händen.
2	03–40	Ein (richtiger) Kreis	Die Unterschiede zwischen einem ‚richtigen' Kreis und dem Menschenkreis werden erörtert. Die Schüler*innen argumentieren, warum der Menschenkreis kein ‚richtiger' Kreis ist.
3	41–59	Mittelpunkt und Radius	Die Begriffe Mitte bzw. Mittelpunkt (T. 41, 43) und Radius (T. 53) werden genannt und als bedeutsam für die Konstruktion eines ‚richtigen' Kreises markiert.
4	60–62	Kreise, Kreismuster und Kunst	Anhand des Tafelbildes hebt die Lehrperson hervor, dass Kreise etwas mit Kunst zu tun haben. Die Schüler*innen sollen Zuhause nach Kreisen und Kreismustern Ausschau halten.

8.3.3 Transkript zur Sequenz

Turn		Name	Verbale, paraverbale und nonverbale Aktivitäten
01		L	was wir heute vorhaben/ hab ich schon mal hier vorbereitet das ist unser Thema [zeigt auf das Wort „Kreise" an der Tafel] . wir wollen heute . zuerst mal alle zusammen einen großen Kreis [streckt die Arme zu den Seiten aus und stellt sich näher vor den Tisch in der ersten Reihe] um unsere Tische hier in der Mitte (4) [spricht schneller] schnell ganz schnell wie schnell ist der Kreis fertig/ <(7) los los los anfassen
02	<	Sm	[Die Lernenden bilden einen Kreis um die Tische in der Mitte indem sie sich an den Händen fassen. Reden dabei durcheinander] 
03		L	**j a/ super/** so **ist das** . ist das jetzt ein richtiger Kreis/

04	>	Sm	n e i n [die meisten Lernende]
05	>	Sm	j a [einzelne Lernende]
06		L	so und jetzt wollen wir mal **nur** es darf nur immer einer reden . wir haben jetzt einen Kreis und sagen das ist ein Kreis . weil das ist für uns jetzt ein Kreis\ natürlich gibts für einen richtigen Kreis in Mathematik ein paar Voraussetzungen\ die haben wir schon gelernt was ein richtiger Kreis ist nä/ und/ vielleicht kriegen wir das jetzt mal zusammen warum ist das kein richtiger Kreis in der Mathematik/
07	*	Nico	[Meldet sich, ohne die Hand seines Kreisnachbarn Benjamin dabei loszulassen.] ich weiß es
08		L	bin ich ja mal gespannt ob wir das schon wissen und uns gemerkt haben\ . der Nico darf mal . sagen was was hier fehlt
09	*	Nico	hier fehln n bisschen die rundn Kanten hier so die (runden) [Zeigt entlang des Menschenkreises.]
10		L	die . ja wie nennt man denn das im Kreis/.. das hab ich euch schonmal gefragt\ was ist denn das rings-herum [malt mit der Hand einen Kreis in die Luft] wie nennt man das beim Kreis/ . eine/ [nickt Franz zu]
11	*	Franz	ähm also was das [zeigt entlang des Schülerkreises] gerade ist das ist eher ein Rechteck
12		L	ja das ist ja kein Kreis\ wir haben bloß ges wir sagen es **bloß** dazu [Zuckt mit den Schultern.] das is ein Kreis für uns nä/ aber in Mathematik ist das kein richtiger Kreis\ . was is denn ein richtiger Kreis/ was fehltn da/ wie sieht denn das in Mathematik aus/ was wir jetzt hier ringsherum [Zeichnet einen großen Kreis in die Luft.] bilden mit den Kindern/
13		Sm	ein Oval [2-3 Kinder]
14		L	.. wir bilden eigentlich/ mit unserem Kreis [Geht zur Tafel und fährt entlang der Kreislinie des Kreises auf der rechten Tafelseite] .. d i e/ . **K r e i s** > linie\
15	>	Sm	Linie
16		L	wir habn nämlich den Kreis zugemacht mit unsern/
17		Sm	Händen\
18		L	so und warum ist das noch kein richtiger Kreis/ was fehlt nämlich hier eigentlich **noch**/ . Ivy/
19	*	Ivy	naja aber die Tische die stehen ja auch so also das ist ja auch insgesamt ein Viereck\ [Zeigt zuerst auf die Tische innerhalb des Menschenkreises und zeichnet danach einen Kreis in die Luft.]. da kann man ja kein **Kreis** bilden\
20		L	warum denn nich/ . wir können doch uns jezt so hinstellen dass es genau ein Kreis wird > warum kann das denn nie so ein richtiger Kreis werden wie in Mathematik/
21	>	Sm	[Der Kreis wird „optimiert“, indem alle ein Stück weiter nach außen gehen. Die Form bleibt trotzdem eher ein Oval.]
22		Ivy	weil dahinten die Tische stehen und da ist die Wand# [Zeigt auf Tische und Wand.]
23	#	L	**j a** aber wenn das jetzt funktionieren würde wissen

			wirs immer noch nicht . was ham wir denn eigentlich falsch gemacht/ .. Franz/
24	*	Franz	ähm immer wenn wir uns anfassen (wie hier jetze)
25	<	L	j a/
26		Franz	wird zum Beispiel ne Ecke nach hinten wenn man jetzt so macht [Schlägt leicht mit seiner rechten Hand an die Wand direkt hinter sich.] ne Ecke nach hinten#
27	#	L	ja . das das ist ok\ wir sind jetz einfach mal die Kreilinie\ aber was fehlt denn noch/ [Hebt die Schultern.] .. wir wissen doch gar nicht ob das eine richtige Kreislinie is ... wa Lars/
28	*	Lars	äh der Platz fehlt\ weil man kann weil (wie hier ist ja gar nich zu wenig Platz da könnte man höchstens) zick zack Muster machen oder nä gra grade Linie weil es kann nie grade sein
29		L	mhm [zustimmend] es kann nie ein Kreis werden
30		Lars	oder es müsste an allen Seiten gleich sein also nicht dass da wenig stehen und an der Seite viel mehr\
31		L	dann machen wirs mal so/ wir denken uns mal wir sind alle Punkte auf der Kreislinie\ .. vielleicht kommt ihr jetzt drauf/ **ist** denn der Abstand überall gleich/
32		Sm	nein
33		L	was **fehlt** denn hier was ganz **Wichtiges**/
34		Ivy	[ruft] **Lineal**
35	<	L	naja (wenn du den)
36	<	S?	nein das Lineal doch nicht#
37	<	Sm	[einige kichern]
38	#	Ivy	naja aber man kann ja mit dem Lineal (*unverständlich*)
39		L	[Zeigt mit beiden Armen in die Mitte des Menschenkreises.] was **ganz** Entscheidendes fehlt
40	>	Ivy	[ruft] **Zirkel**
41	>	Nele	[ruft] **die Mitte**
42		L	ah [Klatscht in die Hände und macht große Augen.] warum brauch ich denn eine Mitte/
43		Ivy	sonst weiß man nicht wo der Mittelpunkt is\
44		L	[Hebt eine Hand mit ausgestrecktem Zeigefinger.] warum brauch ich denn eine Mitte/ . Milli
45	*	Milli	weil sonst weiß man nicht wo die Mitte ist und dann wird er ungenau\
46		L	ja wie ham wir denn festgestellt was . dass überall der gleiche Abstand is/
47		Georg	mit nem Lineal\
48		Ivy	L i n e **a l**
49		L	vom Mittelpunkt/ [Zeigt auf den Mittelpunkt des Kreises an der Tafel.] . wie haben wir denn das gemacht/
50	<	S?	L i n e a l (4) Lineal
51	<	Sm	[einige tuscheln]
52		L	wir haben vom Mittelpunkt aus/ . immer/ . Lars
53	*	Lars	das Lineal genommen und dann den Zirkel halt an den

			Radius gehalten und dann den Kreis gezogen\
54		L	jetzt hast du schon einen ganz wichtigen Begriff genannt/ [hebt beide Zeigefinger in Kopfhöhe und bewegt diese voneinander weg und aufeinander zu] der Radius ist der/ sozusagen der Stab oder die Speiche der Abstand vom Mittelpunkt zur Kreislinie der überall gleich sein muss\ und wenn wir hier keinen Mittelpunkt haben wissen wir gar nicht ob wir alle gleich weg vom Mittelpunkt stehen\ . das geht leider in unserem Zimmer nicht da müssten wir jetzt eigentlich rausgehen . das hätten wir nämlich dann mal gemacht\ . und mit dem Kreidestrich alles abgemessen ringsrum und dann den Kreis gezogen\ aber es regnet ja\
55		Ivy	mit Kreide draußen/
56		L	das stellen wir uns jetzt einfach mal so vor nä/
57		Ivy	jup\
58		L	[nickt] so jetzt gehen wir mal auf unseren Platz
59		Sm	[gehen an ihren Platz zurück, einige reden dabei]
60		L	[zeigt auf die Bilder an der Mitteltafel] ja\ und ihr seht **ich** liebe wirklich Kreise\ .. deswegen hab ich heute auch mal ein paar Sachen mitgebracht die ich schonmal mit den Kindern in **Kunst** gemacht hab\ und ihr **seht**/ in **Kunst** steckt auch **Mathematik** drin\ was hab ich denn hier gemacht mit den Kreisen/ .. oder was haben denn die Kinder hier gemacht mit den Kreisen/ Paco/
61	*	Paco	Muster\
62		L	die haben mit den Kreisen experimentiert und ausprobiert was kann man denn mit den Kreisen für schöne tolle Muster machen\ . und . **wo** findet man denn tolle Muster in unsrer Umwelt/ . da hab ich leider keine Beispiele jetzt mitgebracht\ eins aus der Natur [zeigt auf ein Bild mit zwei Sonnenblumen an der linken Tafelseite] hab ich (gefunden wo man auch) Kreise findet\ die schönen Blumen\ die auch so einen schönen Kreis ergeben\ um die sich alle Blütenblätter anordnen so\ und vielleicht habt ihr Zuhause .. eine Tapete ein Bild einen Teppich/ oder irgendetwas anderes eine Bettwäsche eine Tischdecke/ wo ihr schöne Kreismuster findet\ geht mal Zuhause auf die Suche/ jetzt über Pfingsten vielleicht/ .. das habt ihr noch nie so gesehn\ .. ob ihr irgendetwas mit Kreisen entdeckt\ ich bin gespannt ob jemand zuhause was findet\

8.3.4 Zusammenfassende Analyse der Sequenz

Zusammenfassende Interaktionsanalyse mit Fokus auf den Lebensweltbezug

Die Lehrperson beginnt die Mathematikstunde, indem sie die Lernenden aktiviert und alle Beteiligten einen gemeinsamen Stehkreis bilden lässt. Sie stellt dabei einen Bezug zu zurückliegenden Mathematikstunden her und es scheint, als hätten sich die Schüler*innen bereits im vorausgegangenen Schuljahr mit dem mathematischen Lerngegenstand Kreis auseinandergesetzt. Diese Deutung wird durch die in die Sequenz einführenden Aussagen der Lehrperson bestärkt `das haben wir schon gelernt` (T. 06) und `bin ich ja mal gespannt ob wir das schon wissen und uns gemerkt haben` (T. 08). Bereits bei der Formierung des Kreises etabliert die Lehrperson die Frage `ist das jetzt ein richtiger Kreis/` (T. 03) und deutet damit implizit an, dass das, was sie selbst in Turn 01 als *Kreis* bezeichnet hat, eventuell kein ‚richtiger' Kreis sei. Der Lebensweltbezug der Sequenz *Menschenkreis* verbindet folglich die Thematik der Kreise im Mathematikunterricht (welche im Aushandlungsprozess stets als *richtige* oder *mathematische* Kreise bezeichnet werden) mit Kreisen des Alltags bzw. dem Aufstellen im Kreis.

Im Verlauf des Interaktionsgeschehens stellt die Lehrperson mehrere Fragen, die auf unterschiedliche Antwortmöglichkeiten abzielen. Einerseits fragt die Lehrperson wiederholt danach, *was* bei dem Menschenkreis fehlt (T. 08, 12, 18, 27, 33, 39). Diese Frage zielt eher darauf ab, Fachbegriffe und Merkmale zu nennen, die einen ‚richtigen' Kreis kennzeichnen. Die Lehrperson scheint vor allem diese Frage zu fokussieren und von den Lernenden Fachbegriffe zu erwarten, was beispielsweise durch ihre Aussagen in Turn 06, 10 und 14 bekräftigt wird. Andererseits steht auch mehrfach die Frage im Raum, *warum* dieser Menschenkreis kein ‚richtiger' Kreis sei (T. 03, 06, 12, 18, 20). Diese Frage intendiert eher Antworten, die auf die Unterschiede zwischen einem ‚richtigen' Kreis und dem Menschenkreis eingehen und fokussiert somit vor allem, was in der aktuellen Situation beim Menschenkreis `falsch gemacht` wurde (T. 23). Es scheint, als würden die Lernenden vorrangig diese Frage fokussieren. Dies wird beispielsweise an den Antworten von Franz (T. 11, 24, 25), Ivy (T. 19, 22) und Lars (T. 28, 30) deutlich. So gehen diese Lernenden in ihren Argumenten primär darauf ein, dass der Menschenkreis nicht ebenmäßig und gleichförmig ist, wodurch ‚richtige' Kreise indirekt als ebenmäßig und gleichförmig charakterisiert werden. Der mathematische Gehalt in den Aussagen der Lernenden äußert sich nicht zuletzt auch in der Nennung von Fachbegriffen wie `rund` (T. 09), `Kante` (T. 09) `Rechteck` (T. 11), `Oval` (T. 13), `Viereck` (T. 19) und `Ecke` (T. 26). Beispielhaft hierfür scheint Lars zu argumentieren, dass der Menschenkreis nicht ebenmäßig ist und dies auch nie werden könne: `da könnte man höchstens zick zack Muster machen weil es kann nie grade sein` (T. 28, gekürzt) sowie `es müsste an allen Seiten gleich sein also nicht dass da wenig stehen und an der Seite viel mehr` (T. 39). Einigen Lernenden scheint demnach bewusst zu sein, dass ein ‚richtiger' Kreis der Mathematik eher ideell und symbolisch ist und dass Dinge des Alltags zwar als *Kreis* bezeichnet werden (z.B. Sitzkreis, Kreisverkehr, Umkreis), obwohl diese nicht immer alle Voraussetzungen erfüllen, um aus mathematischer Perspektive als korrekte Kreise bezeichnet zu werden.

Bei der Analyse des Aushandlungsprozesses der Sequenz kann jedoch gedeutet werden, dass die Lehrperson die mathematisch reichhaltigen und korrekten Antworten der Lernenden nicht als richtige Antworten interpretiert, da sie selbst eher die Nennung von Fachbegriffen eines Kreises zu erwarten scheint. Denkbar ist, dass sie aus diesem Grund im Verlauf des Aushandlungsprozesses zunehmend fragend-geleitet vorgeht und die Antwortmöglichkeiten der Lernenden zusehends einschränkt – so kann hier das Trichtermuster rekonstruiert werden (Bauersfeld, 1978): Durch das zunehmende Eingrenzen der Handlungsoptionen der Lernenden – dies wird vor allem ab Turn 31 deutlich – erreicht die Lehrperson ihr vermeintliches Ziel, dass die Fachbegriffe eines ‚richtigen' Kreises zunehmend ins Zentrum der Aushandlung treten. Eventuell ist dies auch ein Grund dafür, dass eine positive Evaluation der vorangegangenen und fachlich korrekten Aussagen der Lernenden ausbleibt (bspw. T. 09, 11, 19, 28). Gleichzeitig schränkt die zunehmende Einengung der Lernenden im Zuge des Trichtermusters auch ihre sprachliche wie auch inhaltliche Handlungsautonomie ein.

Anschlussfähigkeit

Der Lebensweltbezug dieser Sequenz verbindet den außermathematischen Kontext von Kreisen des Alltags sowie dem Aufstellen in einem Kreis mit dem mathematischen Lerngegenstand von Kreisen und ihren (fachlich normierten) Bestandteilen. Der haptisch und optisch erfahrbare Menschenkreis wird mit einem ‚richtigen' Kreis in der Mathematik verglichen und dieser Vergleich wird auch explizit durch die Lehrperson versprachlicht (bspw. T. 03, 06, 12, 20). Die Lernenden scheinen ‚mathematische' Kreise bereits aus vergangenen Mathematikstunden zu kennen, die Tätigkeit des gemeinsamen Aufstellens im Kreis scheint ihnen vertraut zu sein und es ist anzunehmen, dass ihnen auch Begriffe des Alltags bekannt sind, die das Wort *Kreis* enthalten (z.B. Landkreis, Umkreis, Sitzkreis, Farbkreis, einkreisen, Kreisel). Insgesamt kann der Lebensweltbezug demnach sowohl aus mathematischer wie auch aus außermathematischer Perspektive als anschlussfähig an die Erfahrungen der Lernenden charakterisiert werden.

Reichhaltigkeit

Der Menschenkreis beansprucht zwar, die Kreislinie eines Kreises zu visualisieren, doch Bestandteile wie Mittelpunkt und Radius werden nicht ersichtlich und auch nicht haptisch erfahrbar – und dass, obwohl sie in Anbetracht des Aushandlungsprozesses zum Teil als elementare Bestandteile eines Kreises hervorgehoben und auch am Tafelbild in schriftlicher wie auch symbolischer Form visualisiert werden (siehe Abbildung 4). Auch Kreise des Alltags wie ein Sitzkreis oder ein Kreisverkehr visualisieren vordergründig die Kreislinie, während Mittelpunkt und Radius bei ‚alltäglichen' Kreisen kaum visualisiert werden (eine Ausnahme ist beispielsweise eine Uhr mit Zeigern). Vor diesem Hintergrund werden nur einzelne Aspekte des mathematischen Sachverhalts beim gemeinsam gebildeten Menschenkreis abgebildet, sodass der Lebensweltbezug dieser Sequenz nur bedingt reichhaltig ist.

Authentizität

Vielmehr könnte die Thematisierung dieses Lebensweltbezugs dazu beitragen, dass die Lernenden die (mathematische) Korrektheit von Kreis-Begriffen des Alltags hinterfragen und reflektieren. Es ist durchaus denkbar, dass durch den Vergleich eines ‚mathematischen' Kreises mit dem Menschenkreis ein Prozess des Nachdenkens darüber angeregt wird, inwiefern Handlungen und Dinge mit dem Wortbestandteil *Kreis* tatsächlich die Merkmale eines mathematisch korrekten Kreises aufweisen. Kreis-Begriffe des Alltags (z.B. Landkreis, Sitzkreis, Kreisel, umkreisen) und auch das gemeinsame Aufstellen in einem Kreis während der Sequenz *Menschenkreis* bilden die Merkmale und vor allem die Bestandteile eines ‚mathematischen Kreises' selten korrekt und vollständig ab. Die Aussagen von Lehrperson wie auch Schüler*innen weisen darauf hin, dass allen Beteiligten bewusst zu sein scheint, dass der Menschenkreis nicht ‚richtig' ist und auch niemals ein ‚richtiger' Kreis werden könne (bspw. T. 19, 20, 28). Dieser Lebensweltbezug könnte somit als authentisch charakterisiert werden, wenn das Hinterfragen von Kreis-Begriffen des Alltags (stärker) von der Lehrperson initiiert worden wäre. Dieses wird jedoch nur indirekt anregt und der Fokus liegt vorrangig auf der Nennung von mathematischen Fachbegriffen zum Lerngegenstand Kreis. Die außermathematischen Erfahrungen der Lernenden (wie etwa das Aufstellen im Kreis) werden somit in dieser Sequenz primär hinzugezogen, um einen mathematischen Sachverhalt zu illustrieren und scheinen eher zweitrangig ein Hinterfragen der Verwendung des Kreisbegriffs außerhalb des Mathematikunterrichts anzuregen.

Entwicklung

Während zu Beginn des Aushandlungsprozesses vor allem der außermathematische Sachverhalt des Lebensweltbezugs fokussiert wird, nehmen im Verlauf des Aushandlungsprozesses am mathematischen Sachverhalt orientierte Aussagen zu. So geht es zu Beginn der Sequenz *Menschenkreis* eher darum, anhand des ‚falschen' Menschenkreises zu argumentieren, hinsichtlich welcher Aspekte sich dieser von einem ‚richtigen' bzw. mathematischem Kreis unterscheidet. Der im Klassenraum gebildete Menschenkreis ist hierbei ein zentraler Aushandlungsgegenstand der Interaktion. Vor allem ab Szene 3 (T. 41–59) fokussieren die Aussagen vorrangig die Merkmale und Bestandteile eines ‚richtigen' Kreises, da Fachbegriffe wie Kreislinie, Mittelpunkt, Radius und Zirkel als ‚wichtige' Begriffe von der Lehrperson markiert werden (T. 54). Der außermathematische Sachverhalt – also der gebildete Menschenkreis – ist zwar noch in der Interaktionssituation vorhanden und für alle Beteiligten optisch wie auch haptisch ‚erfahrbar', doch ist er nicht länger im Zentrum der Aushandlung. Somit scheint sich der Fokus vom Außermathematischen zum Mathematischen zu verschieben.

Analyse der sprachlichen Aspekte

In der Sequenz wird die Mischung von sprachlichen Merkmalen besonders deutlich. Vor allem Nominalisierungen, nominale Zusammensetzung und die vermehrte Verwendung normierter Fachbegriffe deuten eher auf Fach- beziehungsweise Bildungssprache hin, während Sprachverknappungen und deiktische Mittel eher als alltagssprachlich charakterisiert werden können (z.B. Gogolin & Lange, 2011; Heppt, 2016; siehe Kapitel 3).

So beinhaltet die Sequenz die Nominalisierungen `was ganz` **`Wichtiges`** (T. 33) sowie `was` **`ganz`** `Entscheidendes` (T. 39), die jedoch ausschließlich von der Lehrperson verwendet werden. Anders verhält es sich mit fachlich normierten Begriffen und Symbolen. Diese werden in beachtlichem Umfang von den Lernenden in die Interaktion eingebracht oder – falls sie von der Lehrperson eingebracht werden – von ihnen aufgegriffen. Beispielsweise die fachlich normierten Begriffe (und zugleich nominalen Zusammensetzungen) `Kreislinie` (T. 14, 15, 27, 31, 54) und `Mittelpunkt` (T. 43, 49, 52, 54) sowie die mathematisch-geometrischen Fachbegriffe `Kanten` (T. 09), `Rechteck` (T. 11), `Oval` (T. 13), `Viereck` (T. 19), `Ecke` (T. 26) und `Lineal` (T. 34, 47, 48, 50). Weitere Fachbegriffe dieser Sequenz hängen ebenfalls eng mit dem mathematischen Sachverhalt *Kreis* zusammen. Dies sind neben Kreislinie und Mittelpunkt die Begriffe `Zirkel` (T. 40, 53) und `Radius` (T. 53, 54). Der Fachbegriff *Durchmesser* wird hingegen nicht verbalisiert, obwohl er als Begriff und als Visualisierung an der Tafel sichtbar ist (siehe Abbildung 4). Auffällig ist bezüglich der Nutzung von Fachbegriffen in der Sequenz *Menschenkreis*, dass Fachbegriffe, auf die die Lehrperson zu warten scheint – also Kreislinie, Mittelpunkt und Radius – erst durch das wiederholte Nachfragen von den Lernenden geäußert werden, während die Lehrperson auf die von den Lernenden eingebrachten Fachbegriffe Kanten, Viereck, Rechteck und Oval nicht explizit eingeht. Dies bestärkt die Deutung, dass die Lernenden die Situation anders deuten und folglich andere mathematische Aspekte fokussieren als die Lehrperson. Während die Lehrperson mathematische Fachbegriffe zum Thema *Kreis* zu erwarten scheint, vergleichen die Lernenden den ‚falschen' Menschenkreis mit anderen geometrischen Figuren wie Rechteck, Viereck und Oval und stellen somit Beziehungen zwischen diesen geometrischen Figuren und einem Kreis her. Vermutlich aufgrund der zugrundeliegenden didaktischen Zielsetzung der Lehrperson (nämlich die Wiederholung der Bestandteile eines mathematischen Kreises), scheint sie dieses In-Beziehung-Setzen nicht hinreichend als ‚mathematisch richtig' und relevant zu interpretieren und darum die mathematisch korrekten Aussagen der Lernenden (bspw. T. 11, 19, 28) vielmehr zu übergehen, als dass sie diese würdigt. Zudem kann das Drängen auf die Nennung von Fachbegriffen als Wunsch der Lehrperson interpretiert werden, einen mathematisch fachlich-normierten Sprachgebrauch in der Klasse zu etablieren.

Auf der anderen Seite können zahlreiche Sprachverknappungen sowie die vermehrte Verwendung deiktischer Mittel dazu beitragen, dass die Aussagen eng an den Interaktionskontext gebunden werden und somit eher als ‚alltagssprachlich' und konzeptionell mündlich charakterisiert werden können (Koch & Oesterreicher, 2007). Beispielhafte Aussagen hierfür sind `hier fehln n bisschen die rundn Kanten hier` so die (runden) [zeigt entlang des Schülerkreises] von Nico in Turn 09, [zuckt mit den Schultern] das is ein Kreis für uns nä/ aber in Mathematik ist das kein richtiger Kreis\ . was is denn ein richtiger Kreis/ was fehltn da/ von der Lehrperson in Turn 12 sowie ähm immer wenn wir uns anfassen (wie hier jetze) wird zum Beispiel ne Ecke nach hinten wenn man jetzt so macht [schlägt leicht mit seiner rechten Hand an die Wand direkt hinter sich] von Franz in Turn 24 und 26. Diese Aussagen verdeutlichen beispielhaft, dass Sprachverknappungen, deiktische Begriffe, Mimik, Gestik und andere Handlungen dazu beitragen, dass derart kontextgebundene Aussagen nicht ohne Kenntnis der jeweiligen Interaktionssituation angemessen interpretiert werden können. Neben deiktischen Ausdrücken wie hier (bspw. T. 09, 12, 28, 54) und jetzt (bspw. T. 06, 26, 31, 54) durchziehen auch Zeigegesten die gesamte Sequenz (bspw. T. 09, 11, 19, 22, 26, 39, 49) und tragen damit zur Kontextgebundenheit des Aushandlungsprozesses bei. Die Kontextgebundenheit wird nicht zuletzt maßgeblich durch den optisch und haptisch erfahrbaren Menschenkreis im Klassenraum beeinflusst, auf den sich die Mehrheit der Aussagen bezieht. Vor diesem Hintergrund kann hinterfragt werden, ob durch den Menschenkreis dekontextualisierte Aussagen eventuell sogar verhindert werden, da dieser anscheinend maßgeblich dazu beiträgt, dass sich die Aushandlung vorrangig auf einer konkret-handelnden und kontextgebundenen Ebene vollzieht. Viele Aussagen und (Teil-)Sätze kommen zudem ohne Konjunktionen aus und werden ohne diese aneinandergereiht (bspw. T. 03, 10, 23), was ebenso eher für typisch für das alltagssprachliche Register ist (Gogolin & Lange, 2011). Die koordinierenden Konjunktionen und, oder sowie aber (bspw. T. 06, 12, 19, 27, 28, 38, 54) durchziehen die gesamte Interaktion. Dennoch könne auch subordinierende Konjunktionen wie also (T. 11, 19, 30), weil (T. 06, 22, 28, 45) und wenn (T. 23, 24, 26, 35, 54) identifiziert werden. Auffällig hierbei ist, dass die Mehrzahl der subordinierenden Konjunktionen von den Lernenden geäußert wird, während die Lehrperson vornehmlich koordinierende Konjunktionen verwendet – die eventuell das sprachliche Niveau herabsetzen (sollen).

Bei Betrachtung des gesamten Aushandlungsprozesses dieser Sequenz fällt zudem auf, dass die Aussagen der Lernenden vielfach darauf abzuzielen scheinen, den Sachverhalt zu generalisieren, während sich die Aussagen der Lehrperson vordergründig auf die aktuelle Interaktionssituation beziehen. Dies äußert sich beispielsweise daran, dass mehrere Schüler*innen das unpersönliche und generalisierende Pronomen man nutzen (T. 19, 28, 38, 43, 45), was zu einer abstrakteren und stärker von der Situation gelösten Sprache führt (Heppt, 2016). Die Lehrperson hingegen greift in der gesamten Sequenz vordergründig auf kontextgebundene Begriffe wie wir und uns zurück (bspw. T. 06, 12, 20, 27, 46, 54). Auch durch Begriffe wie ich (bspw. T. 08, 42, 44), hier (bspw. T. 08, 12) und jetzt (bspw. T. 03, 06, 12) stellt die Lehrperson einen Bezug zur konkreten Interaktionssituation her.

In der Sequenz *Menschenkreis* scheinen die Lernenden zwar nicht entsprechend der Erwartungen der Lehrperson zu antworten, da sie eventuell eine andere Fragestellung als diese fokussieren, dennoch (inter-)agieren die Lernenden gemäß den angenommenen diskursiven Erwartungen und Anforderungen: Die Schüler*innen greifen auf bestehende mathematische Kenntnisse zu Kreisen und anderen geometrischen Figuren der Ebene zurück und argumentieren, warum der von ihnen gebildete Menschenkreis aus mathematischer Perspektive nicht als ‚richtiger' Kreis bezeichnet werden kann. Zur Unterstützung ihrer verbalsprachlichen Aussagen greifen sie auf Zeigegesten sowie deiktische Begriffe zurück und bringen somit multimodale Begründungen für ihre Argumente hervor. Zudem sprechen die Lernenden nicht durcheinander, sondern warten auf die Erteilung des Rederechts durch die Lehrperson, obwohl sie sich in der Sequenz nicht auf ihren Sitzplätzen befinden. Den Lernenden scheint somit ‚klar' zu sein, dass auch bei Sitz- bzw. Stehkreisen das Interaktionsgeschehen im schulischen Kontext maßgeblich durch die Lehrperson moderiert und gelenkt wird (Hausendorf & Quasthoff, 2005).

Analyse der möglichen Lernprozesse

Der Lebensweltbezug der Sequenz *Menschenkreis* birgt das Potenzial, einen mathematischen Sachverhalt mit einer den Lernenden vertrauten Handlung (das Aufstellen im Kreis) zu verbinden und sie zum Hinterfragen der Unterschiede zwischen Menschenkreis und ‚richtigem' Kreis anzuregen. So ist denkbar, dass die Lernenden Kreise des Alltags bezüglich ihrer mathematischen Korrektheit hinterfragen und somit reflektieren, ob beispielsweise ein Sitzkreis und ein Landkreis aus mathematischer Perspektive betrachtet als ‚richtige' Kreise bezeichnet werden können. Auf der anderen Seite besteht die Gefahr, dass es aufgrund der mangelnden (sprachlichen) Explizitheit und Transparenz bezüglich dessen, was die Lehrperson von den Lernenden erwartet, zu Deutungsdifferenzen zwischen Lehrperson und Lernenden kommen kann. So scheint die Lehrperson eher auf Fachbegriffe zu warten (*Was* fehlt hier?), während die Lernenden eventuell vordergründig die Unterschiede zwischen einem mathematisch korrekten Kreis und dem ‚fehlerhaften' Menschenkreis fokussieren (*Warum* ist das kein richtiger Kreis?). Weiterhin ist auffällig, dass die Aussagen der Lernenden – vor allem die von Ivy – eher einen generalisierenden Charakter aufweisen. Dies wird z.B. an der mehrfachen Verwendung von `man` deutlich (T. 19, 38, 43). Die Lehrperson hingegen verankert ihre Aussagen durch `wir`, `uns`, `hier` und `jetzt` stärker in der konkreten Situation (bspw. T. 14, 23, 31, 46). Dadurch ist offen, ob und in welchem Ausmaß die Lernenden die fachlichen Inhalte dieser Sequenz auf andere Situationen übertragen und somit der Transfer und die Generalisierung des mathematischen Sachverhalts ermöglicht werden.

Die Sequenz hat den Charakter eines Ratespiels, da wie bei einem Trichter die Antwort- und Handlungsoptionen im Verlauf des Aushandlungsprozesses zunehmend eingeengt werden (Bauersfeld, 1978). Einige Lernende – wie Ivy und Franz – partizipieren an dieser Ratespiel-Situation und melden sich mehrfach zu Wort, während andere Lernende wiederum verunsichert sein könnten, da nicht expliziert wird, was von ihnen verlangt wird und worauf der Fokus liegt. Weiterhin veranschaulicht der visuell und haptisch erfahrbare Menschenkreis zwar die Thematik für die Lernenden und könnte dazu führen, dass der Lerngegenstand anschlussfähig an ihre bisherigen Erfahrungen wird und sie zur Partizipation am Aushandlungsprozess motivieren. Andererseits visualisiert der Menschenkreis vor allem die Kreislinie (und diese wird bei ihm mehrfach als ‚falsch' bzw.

fehlerhaft herausgestellt), während die weiteren Bestandteile des Kreises (Mittelpunkt, Radius und Durchmesser) nicht im Menschenkreis sichtbar werden. Auch dies scheint den Ratespiel-Charakter des Aushandlungsprozesses zu begünstigen. Da auch zahlreiche Kreise bzw. Kreisbegriffe des Alltags ausschließlich die Kreislinie abbilden (z.B. Umkreis, Sitzkreis) könnten sich die Antworten der Lernenden eher auf diese konzentrieren (T. 09, 11, 13, 19, 26, 28, 30). In diesem Zusammenhang kann die Gegenüberstellung eines ‚richtigen' Kreises in der Mathematik und dem Menschenkreis auch eine Quelle fehlerhafter Vorstellungen der Lernenden sein. Da die Lehrperson die fachlich richtigen Antworten der Lernenden aus einer mathematikdidaktisch motivierten Perspektive heraus zu deuten scheint und hierbei auf konkrete Aussagen zu den Bestandteilen eines Kreises wartet, misst sie den Antworten der Lernenden eventuell nicht ausreichend Bedeutung bei. Durch die ausbleibende positive Evaluation der (fachlich korrekten) Aussagen der Lernenden (bspw. T. 09, 11, 13, 19, 28) könnten die Schüler*innen diese wiederum als ‚falsch' interpretieren. Die Sequenz verdeutlicht somit exemplarisch, dass Lernende Lebensweltbezüge eventuell anders interpretieren als die Lehrenden. Die daraus resultierenden Deutungsdifferenzen können in den Aussagen und Handlungen der Beteiligten ‚sichtbar' werden und sich auf den interaktiven Aushandlungsprozess auswirken. Werden diese Deutungsdifferenzen jedoch nicht ausreichend im Verlauf des interaktiven Aushandlungsprozesses erkannt oder ‚repariert', wirken sie nicht *Motor des Lernens* (Krummheuer, 1992), sondern könnten vielmehr die Genese eines Deutungsinterims erschweren.

8.4 Die Sequenz *Buchkauf* – Klassenstufe 3

8.4.1 Äußerer Rahmen und allgemeine Beschreibung der Sequenz

Die Sequenz *Buchkauf* entstammt dem Unterricht einer dritten Klasse. Sie setzt circa 20 Minuten nach dem Beginn dieser 45-minütigen Mathematikstunde ein und dauert etwa sechs Minuten. Im Vorfeld der Sequenz werden in einem 10-minütigen Unterrichtsgespräch verschiedene Währungen, die Notwendigkeit von Geld sowie die Bedeutung des Kommas bei Preisangaben thematisiert. Daraufhin bearbeiteten die Lernenden allein in Stillarbeit Aufgaben aus dem Mathematikbuch, bei denen Geldbeträge mit Kommaschreibweise im Fokus stehen. Nach dem Vergleich dieser Aufgaben im Plenum bittet die Lehrperson die Lernenden nach vorn. An dieser Stelle setzt die Sequenz *Buchkauf* ein. In dieser initiiert die Lehrperson einen Lebensweltbezug, der den mathematischen Sachverhalt der schriftlichen Subtraktion von Geldbeträgen in Kommaschreibweise mit dem außermathematischen Sachverhalt eines Buchkaufs verbindet. Die Lernenden stehen während der Sequenz vorn an der Tafel versammelt und erarbeiten gemeinsam mit der Lehrperson ein Beispiel, bei dem der Preis eines Buches vom fiktiven `Osternestergeld` (T. 05) subtrahiert wird. Nach erfolgreicher Differenzermittlung hebt die Lehrperson die Bedeutung des Kommas hervor und schickt die Schüler*innen anschließend wieder an ihre Sitzplätze (T. 58 und 60). Im Anschluss an die Sequenz bearbeiten die Lernenden individuell bis zum Ende der Unterrichtsstunde Aufgaben zur schriftlichen Subtraktion von Geldbeträgen in Kommaschreibweise.

8.4.2 Gliederung der Sequenz in Szenen

Szene	Turn	Titel	Geschehen
1	01–16	Buchvorstellung und Auswahl	Die Lernenden kommen zur Lehrperson an die Tafel. Oskar sucht sich von den dort stehenden Büchern eines aus und hält es fest.
2	17–50	Ermitteln und Notieren des Geldbetrags	Die Lernenden äußern mehrere Vorschläge zur Höhe des Geldbetrags an der Tafel. Die Lehrperson hält den Geldbetrag in einer Tabelle fest.
3	51–57	Ermitteln der Differenz	Die Lehrperson notiert den Preis des Buches unterhalb des zuvor ermittelten Geldbetrags an der Tafel. Eine Schülerin löst die Subtraktionsaufgabe nach dem Algorithmus der schriftlichen Subtraktion. Die Lehrperson schreibt das Ergebnis an der Tafel in die Tabelle.
4	57–60	Zusammenfassung und Arbeitsauftrag	Die Lehrperson fasst das, was bei der schriftlichen Subtraktion von Geldbeträgen mit Kommaschreibweise zu beachten ist, zusammen und gibt den Lernenden einen Arbeitsauftrag. Diese sollen nachfolgend wie beim gemeinsamen Beispiel ein Buch wählen und die Differenz schriftlich ermitteln.

8.4.3 Transkript zur Sequenz

Turn		Name	Verbale, paraverbale und nonverbale Aktivitäten
01		L	Bücher zu alles zu machen\ ihr kommt mal alle zu mir vor\
02		alle	[klappen ihre Bücher und Hefte zu und kommen zu L an die Tafel]
03		L	so [stellt vier Kinderbücher auf die Ablage an der Tafel und klebt an jedes ein handgeschriebenes Preisschild; Preise der Bücher: 9,45€ (statt 12,35€); 9,65€; 8,25€; sowie 7,55€] **wer** warn denn diejenigen die ein Buch zu Ostern bekommn haben/
04		Sm	[einzelne Lernende melden sich]
05		L	das waren **vier** Kinder\ so [rückt die Bücher näher zusammen] und **manche** haben sich nicht gemeldet die haben Geld bekommn\ sie wollen gern ein Buch sich von ihrem Geld kaufen\ und ich hab schonmal einfach [schaut zu den Büchern] vier verschiedene Bücher ausgesucht/ .. davon gibts sogar eins im Sonderang e b o t\ . u n d mal angenommn der O s k a r [schaut erst zu Oskar, dann zu den Büchern, dann wieder zu Oskar] hat jetzt von seinem Osternestergeld was er gefunden hat .. neun Euro .. [zuckt mit den Schultern] fünfzig bekommn\ und möchte sich dafür ein Buch kaufen [schaut auf die Bücher] (4) wenn man dann so guckt hat

			er überall was übrig\ . stimmts/ . [schaut Lernende an] aber wie **v i e l** er dann übrig hat [schaut zu den Büchern] ..
06		Uwe	(*unverständlich*)
07		L	[schaut Uwe an] nee überall nich [schüttelt den Kopf] stimmt\ genau\ < [nickt] das eine Buch geht **gar nicht**/ das andre geht vielleicht auch nich aber bei manchen hat er was übrig\ . [schaut von den Lernenden zu den Büchern und wieder zu den Lernenden] u n d wie kann ich nun **schriftlich** das mit den Kommazahln **rechnen**/ das ham wir ja noch nie gemacht\ (*unverständlich*) das ist das was wir heute uns angucken wolln\ . [schaut Oskar an] welches Buch würdest du denn von > denen hier jetzt wenn du dir von den vier Büchern [zeigt auf die Bücher] jetzt eins aussuchen dürftest nehmn/ Oskar/
08	<	Uwe	(*unverständlich*) das eine Buch geht nich da is
09	>	Chris	[meldet sich 3 Sek.]
10		Bela	[steht neben Oskar und flüstert ihm etwas ins Ohr]
11		Oskar	[flüstert Bela etwas ins Ohr]
12		L	hast du ein . eins was vielleicht dir hier gefällt von den Büchern/ . komm mal vor
13		Oskar	das im Sonderangebot [geht an die Tafel und zeigt ein Buch. Buchtitel: ??? Fragen & Antworten – Länder & Völker; Preis: *12,35 €* in blauer Schrift, darüber steht *Angebot* in roter Schrift; darunter steht in roter Schrift *9,45 €*]
14		L	.. das Buch im Sonderangebot . . . kostet wieviel/
15		Oskar	neun Euro (*unverständlich*)
16		S?	(*unverständlich*) entweder neun (fünfundvierzig)
17		L	[reicht Oskar das Buch] du darfst du es mal halten . du darfst es mal halten .. so und jetzt hab ich hier für den Oskar nämlich schon das **G e l d** . angenommen das ist jetzt das Geld\ [klappt die linke Seite der Tafel zu] ich drehs mal um .. das was er gekriegt hat/ [zeigt auf das Spielgeld an der nun sichtbaren Tafelseite] mhm [bejahend] . . . wie viel ist es denn/ [schaut zu den Lernenden] .. Urs 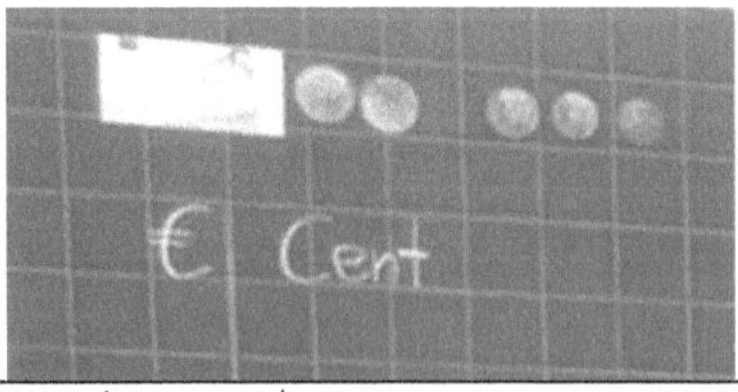 Tafelbild: (5€, 2€, 2€, 50ct, 20ct, 5ct, darunter stehen *€* und *Cent*)
18	*	Urs	drei Euro/
19		L	[schaut zur Tafel] zähl mal alles zusammen [zeigt mit der Hand auf das angeheftete Geld] was hat er denn für Geld gekriegt/ [holt Kreide vom Lehrertisch und kommt zurück]
20	>	Sm	[tuscheln]
21	>	Mia	[meldet sich und hüpft dabei] hier hier

22	>	L	[schaut zu Urs] wie viel Euro und Cents sind es denn/ [schaut zu Mia und Wanda] . . Wanda
23	*	Wanda	das sind < sieben Euro und fünfundsiebzig Cent\
24	<	Uwe	vier Euro fünfundsiebzig
25		Sm	[einige murmeln; Uwe, Mia, Manu und Rosalia melden sich]
26	*	Oskar	[schaut zu den Büchern an der Tafel und meldet sich]
27		L	stimmt sind alle einverstanden/ . > s i e b e n Euro/ . . du sagst [zu Urs]
28	>	Oskar	[schüttelt den Kopf und meldet sich weiterhin]
29		Urs	neun Euro fünfundsiebzig\
30		L	[zeigt erst auf den 5€-Schein an der Tafel dann auf die beiden 2€-Münzen] dann zähl tus doch mal zusammen . zusammen addiern
31		Sm	[Lernende, die sich gemeldet haben, nehmen die Arme runter]
32		Urs	[zuckt mit den Schultern] fünf\ sechs sieben\ < acht neun\ . und dann
33	<	L	[zeigt auf die Centmünzen an der Tafel und schaut wieder zu Urs]
34		Urs	(äh) und dann [verschränkt die Arme hinter dem Kopf] das plus fünf Euro fünfzig
35		L	[kreist den 5€-Schein und die zwei 2€-Münzen mit weißer Kreide ein] das sind die/ [schaut zu Urs] . . < Euro/
36	<	Urs	(*unverständlich*)
37		L	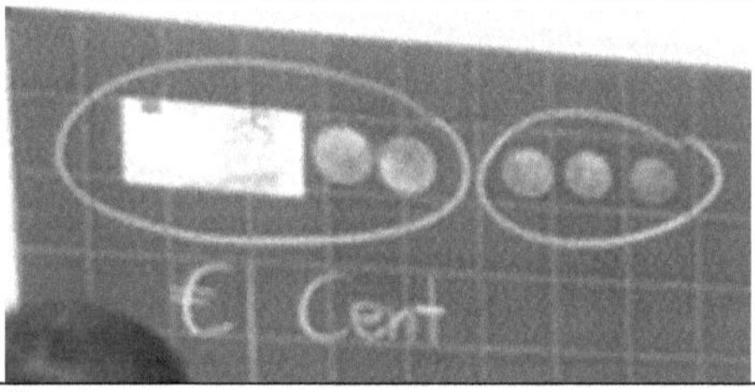 [kreist Centmünzen mit weißer Kreide ein] und das sind die/
38		Urs	Cents
39		L	Cent\ . . so [hält Urs die Kreide hin] und jetzt darf mal der Urs das eintragen in der Tabelle/
40		Urs	hä/
41		L	hier [zeigt auf die Tabelle an der Tafel] . wo kommn die Euro hin und wo kommen Cent hin [schiebt die Tafel nach unten]
42		Urs	[kommt zur Tafel und schreibt eine *9* unter das €-Symbol]
43		L	jawoll
44		Urs	und dann weiß ich nicht keine Ahnung [zuckt mit den Schultern]
45		L	na was steht denn hier/ [zeigt auf das Wort *Cent*]
46		Urs	Cent/ [zuckt wieder mit den Schultern und schüttelt den Kopf]
47		L	und wie viel hast du denn gezählt/ wieviel warns denn/
48		Urs	[schaut L an] fünfundsiebzig/
49		L	na dann schreibs hier rein [zeigt unter *Cent*] genau\
50		Urs	[schreibt *75* in die Tabelle unter *Cent*, gibt L die Kreide und geht wieder in die Gruppe der Lernenden]

51		L	so . . ok . neun Euro fünfundsiebzig/ **u n d**. [schiebt die Tafel nach oben] das Buch k o s t e t/ O s k a r/ . jetzt sollen wir ja rauskriegen wie viel Oskar noch übrig hat > . wie viel/
52	>	Oskar	neun Euro fünfundneunzig\ . neun Euro fünfundvier#
53	#	Sm	neun Euro fünfundvierzig
54		L	Sonderangebot\ [schreibt *9* sowie *45* unter den Betrag von Urs in die Tabelle] neun Euro f ü n f u n d v i e r z i g [dreht sich zur Klasse um] so/ [nimmt das Tafellinieal] (8) und die **Marie**/ darf mal ausrechnen wie viel Geld hat denn 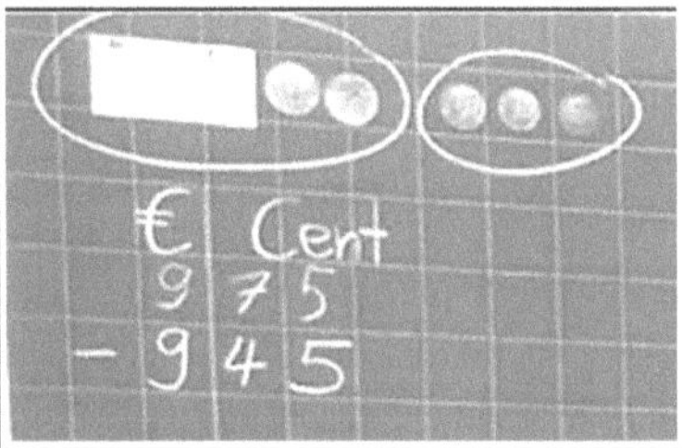 [zieht einen waagerechten Strich unter die zwei Beträge] Oskar übrig/ .. jetzt passen wir mal auf ob die Marie richtig rechnet\ [schaut Marie an] . na du kannst mal laut rechnen rechne mal laut bitte
55		Marie	fünf minus fünf das ist null . ähm sieben minus vier < das ist drei . neun minus neun das ist null
56	<	L	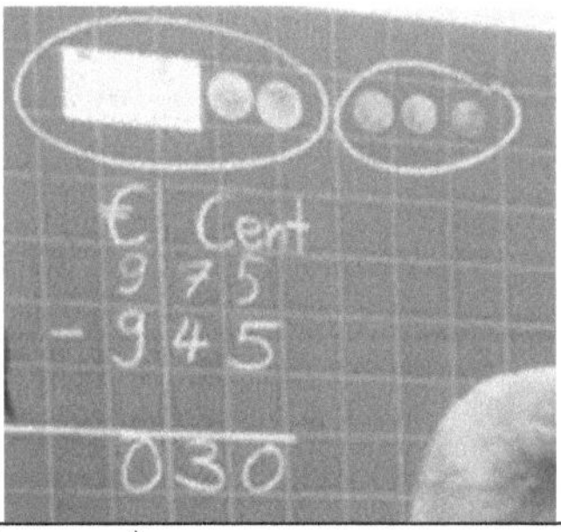 [schreibt das Ergebnis unterhalb des Striches an der Tafel mit. In der Zeile steht nun *030*. Dabei ist zwischen der ersten 0 und der 3 der rote Strich, der auch zwischen *€* und *Cent* steht]
57		Marie	genau\
58		L	so und wie schreiben wir uns das auf/ wir machen das natürlich **dann** . [zeigt auf die Tabelle] nicht immer mit den Tabellen\ wir machen das einfacher und die Komma wie wir es gerade gemacht haben . daneben schreibe ich es jetzt nochmal mit Komma auf ja/ (4) so n e u n [schreibt *9* rechts neben die Tabelle] K o m m a [schreibt ein rotes Komma] . f ü n f u n d s i e b z i g [schreibt *75* und ein €-Symbol] . . minus/ . n e u n [schreibt darunter – 9] . . K o m m a [schreibt ein rotes Komma] . fünfundvierzig [schreibt *45* und ein €-Symbol und zieht einen waagerechten Strich darunter] (5) **K o m m a unter Komma** [zeigt auf die Kommastellen] **E u r o unter Euro** [schaut in die Klasse und zeigt auf *9* und *9*] Zehnercent unter Zehnercent [zeigt auf die *7* und *4*] Einercent unter Einercent [zeigt auf *5* und *5*] so das ist . das Komma was [zeigt nacheinander auf jedes Komma] . die beiden trennt . so und dann auch

			beim Ergebnis **Komma unter Komma** so [schreibt *0,30 €* unter den Strich] Oskar dreißig Cent hast du noch übrig [zeigt auf das Ergebnis und nickt] 
59		Oskar	ja dreißig Cent
60		L	gut [öffnet die Tafel wieder] (6) s o **jetzt hab ich hier vier Bücher stehen** und jeder darf sich jetzt mal aussuchen von den vier Büchern welches vielleicht . [zeigt auf die Bücher] wenns nur die zur Auswahl gibt in Frage käme .. den Preis merkt ihr euch jetzt guckt euch das an .. und wir stellen uns jetzt mal vor wir sind alle Oskar ... haben also die gleiche Summe Geld aber kaufen jetzt vielleicht eins von den anderen Büchern oder auch das gleiche was sich Oskar ausgesucht hat\ und das wollen wir jetzt mal alle zusammen [nickt] . im Heft ausrechnen . was meint ihr bei den verschiedenen Büchern
61		alle	[Alle gehen an ihre Sitzplätze zurück. Einige melden sich, tuscheln oder nicken.]

8.4.4 Zusammenfassende Analyse der Sequenz

Zusammenfassende Interaktionsanalyse mit Fokus auf den Lebensweltbezug

Die Sequenz *Buchkauf* stellt den Einstieg in die Thematik der schriftlichen Subtraktion von Geldbeträgen in Kommaschreibweise dar. Die Lernenden versammeln sich an der Tafel und die Lehrperson etabliert direkt zum Beginn dieser Sequenz einen Lebensweltbezug. Dieser verbindet den außermathematischen Kontext des Buchkaufs vom Osternestergeld (T. 05) mit dem mathematischen Sachverhalt der schriftlichen Subtraktion von Geldbeträgen in Kommaschreibweise. Kurz vor dem Einsetzen dieser Sequenz hat die Lehrperson bereits erfragt, welche Kinder Geld und welche Kinder ein Buch zu Ostern bekommen haben. Diese Abfrage greift sie zu Beginn der Sequenz auf und scheint die aktuelle Situation im Mathematikunterricht dadurch anschlussfähig an die Erfahrungen und Interessen der Kinder gestalten zu wollen (T. 03, 05). Sie wählt Oskar als denjenigen Schüler, der sich von seinem zu Ostern erhaltenen fiktiven Geldbetrag von 9,50 € (später 9,75 €) ein Buch aussuchen und dieses *kaufen* soll. Von den vier bereitgestellten Büchern sucht sich Oskar anschließend eines aus, welches für die nachfolgende schriftliche Subtraktionsaufgabe genutzt wird. Während die Lehrperson zu Beginn der Sequenz behauptet, Oskar habe 9,50 € zu Ostern bekommen (T. 05), wird im weiteren Verlauf der Sequenz mit dem an der Tafel mittels Spielgelds visualisierten Betrag von 9,75 € gearbeitet (T. 17). Der Wechsel des Geldbetrages wird jedoch übergangen und führt anscheinend nicht zu einem erkennbaren Konflikt im Aushandlungsprozess. Möglich ist, dass die Beteiligten den Unterschied nicht bemerken, da 9,50 € lediglich einmal mündlich in Turn 05 genannt wird, während 9,75 € schriftlich an der Tafel fixiert ist. Möglich ist auch, dass den Beteiligten bewusst ist, dass dieser ‚Fehler' nun nicht relevant ist und sie betrachten 9,75 € als den ‚richtigen' Betrag. Dieser ist erstens an der Tafel abgebildet und hat somit einen ‚abgesicherteren' Charakter als die mündliche Nennung des Geldbetrages zuvor. Zweitens wirkt sich der größere Betrag von 9,75 € positiv auf die Situation aus, da mit diesem Betrag – im Gegensatz zum mündlich genannten Betrag von 9,50 € – jedes der vier Bücher erworben werden kann, was unter anderem von Uwe bemerkt worden zu sein scheint (das eine Buch geht nich, T. 08). Denkbar ist, dass die Lehrperson in Folge von Uwes Bemerkung ihren vermeintlichen Fehler korrigiert und fortan ausschließlich auf den an der Tafel visualisierten Geldbetrag von 9,75 € eingeht.

Im weiteren Verlauf des Aushandlungsprozesses stehen zunehmend mathematische Aspekte im Fokus. Mithilfe eines kleinschrittigen und lehrergelenkten Vorgehens wird der Betrag des Spielgeldes an der Tafel ermittelt (T. 17–38) und in der Tabelle festgehalten (T. 39–50). Daraufhin wird in diese Tabelle auch der Preis des Buches eingetragen, das sich Oskar ausgesucht hat (T. 51–54). Die nun entstandene Subtraktionsaufgabe wird mithilfe des Algorithmus der schriftlichen Subtraktion von Marie gelöst und von der Lehrperson an der Tafel schriftlich fixiert (T. 55, 56). Während die Ermittlung des Geldbetrages an der Tafel sowie das Eintragen dieses Betrages in die vorbereitete Tabelle die Lernenden – insbesondere Urs – herauszufordern scheint, vollzieht zumindest Marie das mündliche Lösen der entstandenen Subtraktionsaufgabe anscheinend ohne Probleme. Obwohl im Aushandlungsprozess für alle Beteiligten und vor allem für die Lehrperson deutlich wird, dass das Ermitteln des Geldbetrages an der Tafel in Form von Spielgeld für einige Lernende herausfordernd zu sein scheint – wie es etwa in den Aussagen von Urs, Wanda und Uwe in Turn 18, 23 und 34 erkenntlich wird – und obwohl vor allem Urs auf eine kleinschrittige Unterstützung beim Eintragen in die Tabelle angewiesen zu sein scheint (T. 40–50), fährt die Lehrperson mit ihrem vermeintlichen Ablaufplan fort: Sie lässt Marie – eventuell eine von ihr als mathematisch leistungsstark betrachtete Schülerin – die entstandene Subtraktionsaufgabe lösen. Erst, nachdem Marie die Subtraktionsaufgabe mithilfe des Algorithmus der schriftlichen Subtraktion korrekt mündlich gelöst und die Lehrperson die ermittelte Differenz an der Tafel notiert hat, nennt die Lehrperson den für diese Sequenz mathematisch bedeutsamen Begriff *Komma* und geht dabei erstmals explizit auf den neuen mathematischen Sachverhalt ein: **K o m m a unter Komma** [zeigt auf die Kommastellen] **E u r o unter Euro** (...) so das ist . das

Komma was [zeigt nacheinander auf jedes Komma] . die beiden trennt . so und dann auch beim Ergebnis **Komma unter Komma** (T. 58). Eventuell übergeht die Lehrperson die vorausgegangenen Probleme der Lernenden beim Ermitteln des Geldbetrages und beim Eintragen in der Tabelle bewusst, da diese Tätigkeiten mehr Zeit als von ihr geplant in Anspruch genommen haben. Vielleicht hat die Lehrkraft auch durch den unerwartet langen Aushandlungsprozess zum Betrag des Spielgeldes an der Tafel sowie dem Eintragen in die Tabelle ihr vermeintlich ursprüngliches didaktisches Ziel – die Einführung in die schriftliche Subtraktion von Geldbeträgen in Kommaschreibweise – für diese Zeit aus den Augen verloren und möchte nun zum eigentlich bedeutsamen mathematischen Sachverhalt zurückkehren. Weiterhin ist denkbar, dass die Lehrperson den fehlerhaften Aussagen der Lernenden zum Geldbetrag auch keine bzw. nicht ausreichend Relevanz beimisst, da diese aus ihrer Perspektive nicht das eigentlich Bedeutsame der aktuellen Sequenz betreffen. Die inhaltlich und sprachlich umfangreiche Aussage der Lehrperson in Turn 58 kann als Zusammenfassung des mathematischen Sachverhalts interpretiert werden. Durch sprachliche Betonungen scheint die Lehrperson das Wesentliche hervorheben zu wollen: **K o m m a unter Komma** sowie **E u r o unter Euro** (T. 58). Darüber hinaus begleitet sie ihre abschließenden Ausführungen zu den Regeln der Notation bei algorithmisch zu lösenden Subtraktionsaufgaben in Kommaschreibweise, indem sie auf das Gesagte zeigt. Sie scheint damit den Lernenden sprachlich und auch visuell signalisieren zu wollen, worüber sie gerade spricht. Das im Verlauf der Sequenz *Buchkauf* entstandene Tafelbild stellt folglich einen elementaren Bestandteil des interaktiven Aushandlungsprozesses dar.

Die Lehrperson schließt die erste gemeinsame Beispielrechnung in Turn 58 damit ab, indem sie sich nochmals auf die zu Beginn der Sequenz etablierte außermathematische Situation bezieht, bei der sich Oskar ein Buch vom Osternestergeld (T. 05) kauft. Der Rückbezug auf das Außermathematische fällt jedoch eher knapp aus, da sie lediglich Oskar mitteilt: dreißig Cent hast du noch übrig. Ähnlich wie zu Beginn des Aushandlungsprozesses der Sequenz wird Oskar auch an dieser Stelle nicht nach seiner Meinung gefragt, sondern die Lehrperson setzt ihren vermeintliche Ablaufplan der Mathematikstunde fort. Denn obwohl die Lehrperson Oskar von Beginn an und ohne ihn zu fragen als aktiven Teilnehmer der szenisch inszenierten Situation des Buchkaufs involviert (T. 05), kommt Oskar im Aushandlungsprozess der Sequenz kaum zu Wort. Seine Rolle beschränkt sich darauf, eines der vier Bücher auszuwählen und dieses zu halten (T. 13, 17). Am Prozess des Ermittelns des Geldbetrages an der Tafel oder gar an der Subtraktion des Buchpreises vom Osternestergeld (T. 05) ist Oskar nicht aktiv beteiligt. Im Anschluss an dieses erste einführende Beispiel schickt die Lehrperson die Lernenden zurück an ihre Sitzplätze. Die Schüler*innen sollen nun analog zum soeben an der Tafel besprochenen Beispiel eines der vier Bücher auswählen und die schriftliche Subtraktion von Geldbeträgen mit Komma durchführen.

Anschlussfähigkeit

Der außermathematische Sachverhalt des Lebensweltbezugs der Sequenz scheint an die Erfahrungen, Interessen und den Sprachgebrauch der (meisten) Lernenden anzuknüpfen. Das Aufgreifen der kürzlich zurückliegenden Osterferien und dem, was die Kinder zu Ostern geschenkt bekommen haben, wirkt sich potenziell positiv auf ihr Interesse und ihre Teilnahmebereitschaft aus. Allerdings haben eventuell nicht alle Kinder Ostern gefeiert oder (Geld-)Geschenke zu Ostern bekommen. Eher untypisch ist auch ein derart ‚krummer' Betrag für ein Geldgeschenk (9,75 €). Naheliegender und vermutlich näher an den Erfahrungen der Lernenden wären Beträge wie 10 € oder 15 € gewesen. Die von der Lehrperson mitgebrachten Kinderbücher könnten den Interessen der Lernenden entsprechen, doch die Auswahl ist im Vergleich zu einem richtigen Buchgeschäft gering und auch durch die handgeschriebenen und übergroßen Preisschilder verliert die Situation an Realitätsnähe. Vor diesem Hintergrund ist der Lebensweltbezug der Sequenz *Buchkauf* eventuell nur bedingt anschlussfähig für die Lernenden und es ist denkbar, dass sie den außermathematischen Sachverhalt eher als ‚Einkleidung' für den mathematischen Sachverhalt interpretieren und weniger als persönlich bedeutsam. Auch der Aushandlungsprozess zwischen Urs und der Lehrperson (T. 27–50) und insbesondere seine sichtbar werdende Unsicherheit beim Eintragen des Geldbetrages in die Tabelle können als Indizien dafür interpretiert werden, dass sich für Urs der Zusammenhang zwischen mathematischem und außermathematischem Sachverhalt nicht (ausreichend) erschließt. So werden beispielsweise im ‚echten' Problemkontext keine Beträge von Kaufobjekten in Tabellen eingetragen, wenn ein Restbetrag ermittelt werden soll (beispielsweise auf einem Kassenzettel oder bei einer noch nicht aufgebrauchten Gutscheinkarte). Auch der mathematische Sachverhalt des Lebensweltbezugs scheint anschlussfähig an die Erfahrungen der Lernenden zu sein, da sie bereits mit Geldbeträgen gerechnet und schriftlich subtrahiert haben. So sind ihnen Geldbeträge mit Kommaschreibweise bereits aus dem Mathematikunterricht wie auch aus ihrer persönlichen Erfahrungswelt bekannt, sodass sie beim neuen mathematischen Sachverhalt der Sequenz – der schriftlichen Subtraktion von Geldbeträgen in Kommaschreibweise – auf ihre bisherigen Erfahrungen und Kenntnisse zurückgreifen können.

Reichhaltigkeit

Der mathematische Sachverhalt der schriftlichen Subtraktion von Geldbeträgen in Kommaschreibweise wird korrekt und vollständig abgebildet. Zwar müssen bei dieser beispielhaften Subtraktionsaufgabe keine Überträge vollzogen und berücksichtigt werden, obwohl diese zur fachlichen Thematik dazugehören, doch könnte dies damit begründet werden, dass es sich um ein Einstiegsbeispiel in einen zumindest partiell neuen mathematischen Sachverhalt handelt und der Zugang zum mathematischen Sachverhalt somit für die Lernenden erleichtern werden könnte. Es kann angenommen werden, dass das geschenkte `Osternestergeld` (T. 05) darum auch 9,75 € und nicht etwa 10,00 € beträgt, da so die schriftliche Subtraktion ohne Übertrag bei allen vier Buchpreisen möglich ist.

Die Neologismen `Einercent` und `Zehnercent` (T. 58) könnten zudem dazu beitragen, dass für die Lernenden transparent wird, worüber die Lehrperson spricht. Eventuell möchte sie damit einen Bezug zu den Begriffen *Einer(-stelle)* und *Zehner(-stelle)* andeuten, die bei den Algorithmen der schriftlichen Rechenverfahren von Bedeutung sind.

Weiterhin trägt zur Reichhaltigkeit des Lebensweltbezugs bei, dass der mathematische Sachverhalt auf mehreren Darstellungsebenen realisiert wird. Neben der mündlichen Kommunikation werden die Bücher und ihre Preise, das verfügbare Geld in Form von Spielgeld und als geschriebener Geldbetrag sowie die Rechnung in tabellarischer Form und als ‚klassische' schriftliche Subtraktionsaufgabe visualisiert. Durch farbige Hervorhebungen des Trennungsstriches in der Tabelle sowie der Kommata in der schriftlichen Subtraktionsaufgabe mit roter Kreide könnte die Lehrperson zudem den Fokus der Lernenden bewusst darauf lenken wollen, dass dies in der aktuellen Situation das *Neue* und *Wichtige* ist. Bezüglich der mathematischen Reichhaltigkeit könnte der Aushandlungsprozess der Sequenz *Buchkauf* jedoch die Fehlerstrategie begünstigen, dass das Komma zwei Einheiten voneinander trennt. Hierbei wird die Nachkommastelle als natürliche Zahl und nicht als Dezimalbruch wahrgenommen (z.B. beim Geldbetrag 9,75 € werden 75 Cent als eigene Einheit und natürliche Zahl wahrgenommen, nicht als Dezimalbruch 0,75 von 1 Euro). Diese Fehlvorstellungen können sich sowohl auf das Lösen von Rechenaufgaben wie auch auf die Interpretation und das Bearbeiten von ähnlichen Lebensweltbezügen auswirken (Padberg & Wartha, 2017).

Authentizität

Da die Lernenden in der Sequenz nur wenig zu Wort kommen bzw. vorrangig auf die kleinschrittigen Fragen der Lehrperson reagieren, können anhand des interaktiven Aushandlungsprozesses nur wenig Annahmen zur Authentizität des Lebensweltbezugs aufgestellt werden. Aufgrund der geringen Anzahl der Bücher und des stark durch die Lehrperson gelenkten, szenisch inszenierten Charakters der Aushandlung kann jedoch angenommen werden, dass die Schüler*innen die Sequenz *Buchkauf* als wenig realitätsnah empfinden. Der Lebensweltbezug scheint die Lernenden nicht dazu anzuregen, sich ernsthaft mit der außermathematischen Handlung des Kaufens oder den Inhalten der präsentierten Kinderbücher auseinanderzusetzen. Der außermathematische Kontext des Buchkaufs wird auf sehr wenige Aspekte reduziert und mathematische Aspekte scheinen wichtiger als das vermeintlich ‚echte' Interesse Oskars für eines der Bücher. Auch haben die Lernenden kein (Spiel-)Geld zur Hand und der Geldbetrag des Buches, für das sich Oskar entscheidet, wird nicht mittels Spielgeldes visualisiert. Hierdurch verliert der Lebensweltbezug an Authentizität und nicht zuletzt auch an Anschlussfähigkeit.

Von Bedeutung scheinen vorrangig die Kosten der Bücher zu sein. Diese werden zur zusätzlichen Betonung ihrer Wichtigkeit auf einem übergroßen Preisschild festgehalten und zeichnen sich zu Zwecken der Passung an die vermeintliche mathematische Zielsetzung der Lehrperson durch ein Komma aus. Ob der Preis eines Buches auf dem selbst geschriebenen Preisschild mit der unverbindlichen Preisempfehlung auf der Rückseite übereinstimmt und wo diese Bücher gekauft werden, spielt in der Sequenz keine Rolle.

Auch die Frage, was Oskar mit dem restlichen Geld macht, findet in der Sequenz *Buchkauf* keinen Platz. Dies scheint die Lernenden jedoch nicht zu irritieren oder zu stören. Vielmehr kann angenommen werden, dass sie im dritten Schuljahr bereits hinreichend in das schulische Genre Lebensweltbezüge sozialisiert sind, sodass sie den Lebensweltbezug dieser Sequenz mit Fokus auf das Mathematische interpretieren (Gerofsky, 1996; Neth & Voigt, 1991).

Entwicklung

Während der ersten Szene der Sequenz steht vor allem der außermathematische Kontext im Fokus und es wird die fiktive Handlung von Oskar inszeniert, der sich von seinem `Osternestergeld` (T. 05) ein Buch kauft. Das Außermathematische scheint somit als ‚thematischer Aufhänger' für die mathematische Auseinandersetzung zu fungieren. Im Verlauf des Aushandlungsprozesses der Sequenz *Buchkauf* nimmt die Bedeutung des Außermathematischen zugunsten einer zunehmenden Betonung mathematischer Inhalte stückweise ab. Der Wechsel vom Fokus auf den außermathematischen Kontext hin zum Fokus auf mathematische Aspekte scheint eher unvermittelt und abrupt zu kommen. So können Fragepartikel wie `hä/` (T. 40) sowie die vom Schulterzucken begleitete Aussage `und dann weiß ich nich keine Ahnung` (T. 44) von Urs als Indizien dafür interpretiert werden, dass er etwas anderes erwartet haben könnte oder dass er nicht weiß, was die Lehrperson meint mit `eintragen in der Tabelle` (T. 39), da er sich gegebenenfalls (zu stark) am außermathematischen Sachverhalt orientiert.

Dass der außermathematische Kontext vor allem während der Ermittlung des Geldbetrages, dem Eintragen in die Tabelle sowie der Differenzermittlung kaum bis gar nicht von Interesse zu sein scheint, wird auch an der Nicht-Involviertheit Oskars in diesen Phasen der Aushandlung deutlich. Obwohl er ungefragt von der Lehrperson zum ‚Mitspieler' der inszenierten außermathematischen Situation des Buchkaufs auserwählt wird, ist er am mathematisch orientierten Aushandlungsprozess der zweiten und dritten Szene der Sequenz (T. 17–57) nicht beteiligt. Erst am Ende der Sequenz wird der außermathematische Sachverhalt wieder explizit aufgegriffen, indem die Lehrperson Oskar verkündet: `so Oskar dreißig Cent hast du noch übrig` (T. 58). Im Anschluss an die Sequenz wird von den Lernenden verlangt, analog zum einführenden Beispiel der Sequenz *Buchkauf* eines der vier präsentierten Bücher auszuwählen und die Differenz des Buches zum Betrag von 9,75 € zu ermitteln. Bis auf die vier Kinderbücher mit selbstgeschriebenen Preisschildern scheinen am Ende wie auch im Nachgang der Sequenz keine außermathematischen Aspekte des Lebensweltbezugs mehr von Relevanz zu sein.

Analyse der sprachlichen Aspekte

In der Sequenz können Nominalisierungen und nominale Zusammensetzungen rekonstruiert werden, die jedoch ausschließlich von der Lehrperson geäußert werden: `Osternes-`

tergeld (T. 05), Sonderangebot (T. 05, 14) sowie Einercent und Zehnercent (T. 58), die gleichzeitig als Neologismen charakterisiert werden können. Ähnlich verhält es sich bei den Fachbegriffen und fachlich normierten Symbolen: Die Lehrperson ist es, die mathematische Fachbegriffe in den Aushandlungsprozess einbringt – wenngleich sie von den Lernenden teilweise aufgegriffen werden. So sagt die Lehrperson, dass in der aktuellen Mathematikstunde **schriftlich** das mit den Kommazahln **rechnen** im Fokus steht (T. 07) und sie ist es, die die Verben zählen und rechnen sowie damit zusammenhängende Begrifflichkeiten wie zusammenzählen und ausrechnen (T. 19, 30, 47, 54, 60) wie auch die mathematischen Fachbegriffe addieren (T. 30), Tabelle (T. 39, 58) Komma (T. 58), Ergebnis (T. 58) sowie Summe (T. 60) verwendet. Dies kann daran liegen, dass die Lernenden während der Sequenz *Buchkauf* vergleichsweise wenige sprachliche Anteile besitzen und sich ihre Aussagen häufig auf eine knappe Beantwortung der Fragen der Lehrperson beschränken. So werden allein die Fachbegriffe Euro und Cent – die ebenfalls zuerst von der Lehrperson geäußert werden (T. 06, 22) – auch von den Lernenden genutzt (T. 15, 18, 23, 38). Darüber hinaus werden das €-Symbol (T. 03, 17, 58) sowie der Fachbegriff *Cent* (T. 17, 45) an der Tafel notiert und auch in Form von Spielgeld visualisiert (T. 17). Auch die Tabelle an der Tafel stellt ein mathematisches Symbol dar und kann demnach der mathematischen Fachsprache zugeordnet werden (Maier & Schweiger, 1999). Die Tabelle wird zudem im Verlauf des interaktiven Aushandlungsprozesses der Sequenz ausgefüllt beziehungsweise erweitert (T. 17, 54, 56). Die verschiedenen Darstellungsmodi der Fachbegriffe Euro, Cent sowie die Tabelle (mündlich, schriftlich sowie ikonisch beziehungsweise symbolisch) könnten den sprachlichen wie auch inhaltlichen Zugang der Lernenden zum fachlichen Lerngegenstand erleichtern und ihr Verständnis fördern (Prediger & Wessel, 2012). Auf lexikalischer Ebene lassen sich vor allem in den Aussagen der Lehrperson zudem einige Sprachverknappungen rekonstruieren, wie z.B. zähl tus (T. 30) und wieviel warns (T. 47), die jedoch zum Ende der Sequenz hin weniger zu werden scheinen. So enthalten etwa Turn 58 und 60 keine Sprachverknappungen oder dialektalen Besonderheiten, was als Indiz dafür betrachtet werden kann, dass sich die Lehrperson bei diesen vordergründig mathematischen und organisatorischen Aussagen präzise und fachlich auszudrücken versucht.

Auf syntaktischer Ebene lassen sich vor allem die koordinierenden Konjunktionen und (bspw. T. 05, 17, 22, 41, 54), oder (T. 60) sowie aber (T. 05, 07, 60) mehrfach rekonstruieren. Diese Konjunktionen verbinden zwei (Teil-)Sätze gleichrangig miteinander und stellen in der Sequenz fortlaufend Bezüge zum Vorangegangenen her. So greift Urs mehrfach auf die Konjunktion und dann (T. 32, 34, 44) zurück, womit er die Prozesshaftigkeit und das sequenzielle Vorgehen bei den von ihm vollzogenen Teilschritte beim Addieren des Geldes und beim Eintragen des Geldbetrages in die Tabelle sprachlich verdeutlicht. Die Anzahl der identifizierbaren subordinierende Konjunktionen der Sequenz ist geringer und beschränkt sich auf die Nennung von wenn (T. 05, 07, 60), dann (T. 30, 49) und ob (T. 54). Vielfach werden die einzelnen (Teil-)Sätze dieser Sequenz gar nicht explizit miteinander verbunden und kommen somit ohne Konjunktionen aus (z.B. T. 17). In dieser und weiteren Aussagen greift die Lehrperson auf den sprachlichen

Partikel so zurück und untergliedert damit den Ablauf der Interaktion sowie ihre eigenen Aussagen in einzelne Segmente (bspw. T. 03, 05, 39, 51, 60).

Zahlreiche deiktische Mittel wie Zeigegesten, Mimik, Gestik und auch Handlungen mit und am Material sorgen darüber hinaus für einen hohen Grad an Kontextgebundenheit und sind im gesamten Aushandlungsprozess nachweisbar. Zugleich bewirken diese kontextstiftenden kommunikativen Mittel, dass sich der Aushandlungsprozess auf einer konkret-handelnden Ebene abspielt und das Verständnis der verbalen Aussagen Kenntnisse der aktuellen Interaktionssituation voraussetzt. Auch deiktische Ausdrücke wie hier (bspw. T. 07, 17, 49), da (T. 08) und jetzt (bspw. T. 05, 39, 60) durchziehen den gesamten Aushandlungsprozess und sorgen für Kontextgebundenheit. Zusätzlich tragen Gesten wie Kopfschütteln (T. 07, 28, 46), Schulterzucken (T. 05, 32, 44, 46), Nicken (T. 07, 58) sowie Blickwechsel (bspw. T. 05, 17, 54) dazu bei, dass die Aussagen ohne Kenntnis der aktuellen Interaktionssituation von den Beteiligten nicht hinreichend interpretiert werden können.

Der hohe Grad der Kontextgebundenheit steht in gewissem Widerspruch dazu, dass die Lehrperson in dieser Sequenz eine für die Schüler*innen neue mathematische Regel einführt (nämlich die Beachtung des stellengerechten Notierens beim schriftlichen Algorithmus der Subtraktion von Dezimalbrüchen). Es kann angenommen werden, dass vor allem das Vorhandensein des Tafelbildes den Grad der Kontextgebundenheit der Aussagen beeinflusst, da insbesondere die Lehrperson mehrfach redebegleitend auf einzelne Elemente des Tafelbildes zeigt (z.B. **K o m m a unter** Komma [zeigt auf die Kommastellen] **E u r o unter Euro** [schaut in die Klasse und zeigt auf 9 und 9], T. 58). Hierdurch – so die Annahme – bietet sie den Lernenden neben einem sprachlich-akustischen Zugang auch einen visuellen Zugang zum mathematischen Lerngegenstand an, was sich positiv auf das Verständnis der Lernenden auswirken könnte. Auch die multimodale Darstellung mathematisch relevanter Inhalte (z.B. *Euro* sowohl als verbaler Begriff, als €-Symbol sowie ikonisch in Form von Spielgeld) sorgt zwar für Kontextgebundenheit und könnte zugleich den inhaltlichen wie sprachlichen Zugang der Lernenden zum mathematischen Lerngegenstand erleichtern (Prediger & Wessel, 2012). Vor diesem Hintergrund kann die Kontextgebundenheit in der Sequenz *Buchkauf* auch als lernförderlich betrachtet werden.

Bezüglich der situationsspezifischen Erwartungen und Anforderungen ergibt sich der Eindruck, dass die Lernenden und vor allem Oskar nicht davon irritiert scheinen, dass der außermathematische Sachverhalt des Lebensweltbezugs im Verlauf des Aushandlungsprozesses zunehmend an Bedeutung verliert, während mathematische Aspekte mehr und mehr in den Fokus der Aushandlung rücken. Die Lernenden scheinen bereits derart vertraut mit schulischen Situationen dieser Art, dass sie die Sinnhaftigkeit des außermathematischen Sachverhaltes und den Verlust des Außermathematischen bei diesem Lebensweltbezug kaum hinterfragen. Einzig die Interaktion zwischen Urs und der Lehrperson (T. 18–50) deutet darauf hin, dass Urs vom Verlauf des Aushandlungsprozesses irritiert sein könnte, da er beispielsweise nicht erwartet hat, nach der Ermittlung des Geldbetrages an der Tafel auch etwas in eine Tabelle eintragen zu müssen (hä/, T. 40). Jedoch scheint Urs – mit kleinschrittiger Unterstützung durch die Lehrperson – schließlich die Erwartung der Lehrperson zu erfüllen und trägt den Geldbetrag richtig in die Tabelle ein. Vor allem Marie scheint die Erwartung der Lehrperson ‚besonders gut‘ zu erfüllen, da sie die schriftliche Subtraktionsaufgabe auf Anhieb korrekt mündlich mit dem Algorithmus der schriftlichen Subtraktion löst und die einzelnen Teilschritte verbalisiert. Da diese erfolgreiche Differenzermittlung jedoch kaum von der Lehrperson evaluiert wird (T. 58 enthält keine Rückmeldungen wie *richtig* oder *gut gemacht*), könnte die Lehrperson auch davon ausgehen, dass das schriftliche Lösen einer Subtraktionsaufgabe keine Herausforderung für die Lernenden und insbesondere nicht für Marie darstellt. So fragt die Lehrperson am Ende der Sequenz auch nicht, ob die Schüler*innen die Subtraktionsaufgabe an der Tafel sowie die Regeln zur Kommaschreibweise nachvollziehen können und verstanden haben. Vielmehr schickt sie die Lernenden zurück an ihre Plätze, wo sie individuell strukturgleiche Aufgaben rechnen sollen. Die Lehrperson scheint somit von allen Schüler*innen zu erwarten, dass sie die neue mathematische Regel **`K o m m a unter Komma`** (T. 58) anhand dieses ersten einführenden Beispiels der Sequenz verstehen und anwenden.

Analyse der möglichen Lernprozesse

Da die Lernenden eher wenig zu Wort kommen und ihre Aussagen zumeist kurz sind, können anhand ihrer verbalen Aktivitäten nicht viele Annahmen zu ihren Lernprozessen aufgestellt werden. Mit Blick auf den Lebensweltbezug sowie den Verlauf des interaktiven Aushandlungsprozesses insgesamt können dennoch einige Annahmen darüber geäußert werden, inwiefern Lernprozesse in dieser Sequenz gefördert oder gehemmt werden könnten: Während der außermathematische Kontext des Lebensweltbezugs – Oskar kauft sich ein Buch vom `Osternestergeld` (T. 05) – vor allem zu Beginn der Sequenz *Buchkauf* von Bedeutung ist, steht im weiteren Aushandlungsprozess zunehmend der mathematische Sachverhalt im Fokus – die schriftliche Subtraktion von Geldbeträgen in Kommaschreibweise. Zuerst scheint die Lehrperson den außermathematischen Kontext besonders herauszuheben und knüpft dabei an das vorangegangene Unterrichtsgeschehen an, in dem über verschiedene Währungen sowie die Ostergeschenke der Lernenden gesprochen wurde. Doch nachdem sich Oskar für eines der vier Bücher entschieden hat und es *halten darf* (T. 13, 17), scheinen außermathematische Aspekte vorerst nebensächlich und treten zugunsten mathematischer Aspekte in den Hintergrund. Der Wechsel vom Fokus auf den außermathematischen Kontext hin zum Fokus auf mathematische Aspekte, der sich ab Turn 17 vollzieht, kommt unvermittelt und wird nicht durch die Lehrperson transparent gemacht oder ankündigt. Dennoch scheinen sich die Lernenden nicht von diesem Fokuswechsel irritieren zu lassen und der Aushandlungsprozess verläuft weiterhin ‚glatt‘ und ohne ersichtliche Brüche. Dies kann ein Hinweis darauf sein, dass die Schüler*innen bereits hinreichend an derartige schulische Situationen ‚gewöhnt‘ sind und sie insbesondere Situationen mit Lebensweltbezug im Mathematikunterricht vielmehr als ‚Einkleidungen‘ denn als authentische Beispiele verstehen. Bei diesen sind weniger die außermathematischen Erfahrungen wichtig, sondern vor allem die mathematischen Aspekte (Greefrath et al., 2013; Neth & Voigt, 1991; Gellert, 2010; Zan, 2017). Die mangelnde Authentizität und Anschlussfähigkeit des Lebensweltbezugs könnte sich negativ auf die Deutungs- und Lernprozesse der Schüler*innen auswirken: Die Potenziale von Lebensweltbezügen – z.B. eine Brücke zwischen Mathematik und außermathematischen Erfahrungen zu schlagen und den Lernenden den Zugang zum mathematischen Lerngegenstand zu erleichtern (siehe Kapitel 1.3) – scheinen somit in der Sequenz nicht ausgeschöpft zu werden. Vielmehr wirkt der außermathematische Kontext des Buchkaufs vom `Osternestergeld` (T. 05) wie eine ‚Verkleidung' für das, was aus Perspektive der Lehrperson in dieser Sequenz wichtiger zu sein scheint – nämlich die mathematische Berechnung der Differenz zweier Geldbeträge in Kommaschreibweise mithilfe des Algorithmus der schriftlichen Subtraktion. Vor allem Oskar scheint ungefragt für diese Einkleidung als ‚Darsteller' hinzugezogen zu werden und wirkt, gelenkt und geleitet durch die ‚Regieanweisungen' der Lehrperson, an der Inszenierung mit.

Darüber hinaus könnte vor allem die abschließende Ausführung der Lehrperson `so das ist . das Komma was` [zeigt nacheinander auf jedes Komma] `. die beiden trennt` (Ausschnitt aus T. 58) die Fehlvorstellung der Lernenden begünstigen, dass ein Komma zwei Einheiten voneinander trennt. Vor diesem Hintergrund könnten die Lernenden die fehlerhafte Deutung entwickeln, dass die Nachkommastelle als natürliche Zahl und eigene Einheit wahrgenommen wird und nicht als Dezimalbruch. Diese potenziell in der Sequenz emergierenden Fehlvorstellungen der Lernenden werden maßgeblich dadurch begünstigt, dass die Lehrperson explizit thematisiert, dass der Euro-Wert in die linke Tabellenspalte und der Cent-Wert in die rechte Tabellenspalte eingetragen werden muss (T. 35, 37, 39). Hierdurch besteht die Gefahr, dass die Lernenden die *75* im Geldbetrag 9,75 € als eigene Einheit (75 Cent) interpretieren und ihnen nicht ausreichend bewusstwird, dass diese 75 Cent zugleich 0,75 von einem Euro darstellen (Padberg & Wartha, 2017).

Insgesamt erscheint der Aushandlungsprozess der Sequenz aufgrund des kleinschrittigen und lehrergelenkten Vorgehens wenig förderlich zum Aufbau der Handlungsautonomie der Lernenden. Dies betrifft zum einen den außermathematischen Sachverhalt, da der Lebensweltbezug aufgrund mangelnder Authentizität und Anschlussfähigkeit eher nicht dazu zu führen scheint, dass sich die Schüler*innen mit dem Prozess des Kaufens auseinandersetzen oder etwas über den Umgang mit Geld lernen. Zum anderen scheint auch die mathematisch-inhaltliche Handlungsautonomie der Lernenden nicht maßgeblich zuzunehmen, da sie vorwiegend auf kleinschrittige Fragen und Aufforderungen der Lehrperson reagieren, anstelle den neuen mathematischen Sachverhalt eigenaktiv auf individuellen Wegen und explorativ zu entdecken. Zuletzt scheinen die Schüler*innen im und durch den Aushandlungsprozess der Sequenz *Buchkauf* auch in sprachlicher Hinsicht nicht autonom(er) handeln zu können, da sich ihre Redebeiträge meist auf kurze Aussagen beschränken, mit denen sie sich konkret auf eine Frage oder Aufforderung der Lehrperson beziehen. Wenngleich der Lebensweltbezug dieser Sequenz somit leisten kann, einen mathematischen Sachverhalt an einem außermathematischen Beispiel anzuwenden und ihn somit an einer den Lernenden potenziell vertrauten außermathematischen Situation zu illustrieren, so bleiben sprachlich wie auch inhaltlich zahlreiche Potenziale für Lernprozesse unausgeschöpft.

8.5 Die Sequenz *Computerkauf* – Klassenstufe 4

8.5.1 Äußerer Rahmen und allgemeine Beschreibung der Sequenz

Die Sequenz *Computerkauf* stammt aus dem Mathematikunterricht einer vierten Klasse. Diese Sequenz findet unmittelbar vor dem Ende der 45-minütigen Mathematikstunde statt und dauert etwa acht Minuten. In den vorausgegangenen Mathematikstunden war vor allem das schriftliche Subtrahieren von Bedeutung. Dabei wurden gleichermaßen das Abzieh- sowie das Ergänzungsverfahren thematisiert und von den Schüler*innen geübt. Auch in der aktuellen Mathematikstunde werden zuerst Subtraktionsaufgaben mithilfe des schriftlichen Rechenverfahrens im Zahlenraum bis 1.000.000 gelöst. Die Kinder sitzen dabei paarweise nebeneinander – ein Kind nutzt das Abziehverfahren und ein Kind das Ergänzungsverfahren. Anschließend werden die Aufgaben im Plenum verglichen. Die Lehrperson erteilt den Lernenden daraufhin den Auftrag, sich paarweise die Abbildungen sowie zugehörigen Rechnungen im Lehrbuch Seite 81 anzuschauen (siehe Abbildung 5). Wie die Überschrift verlauten lässt, steht nun das schriftliche Subtrahieren mit mehreren Summanden im Fokus.[24]

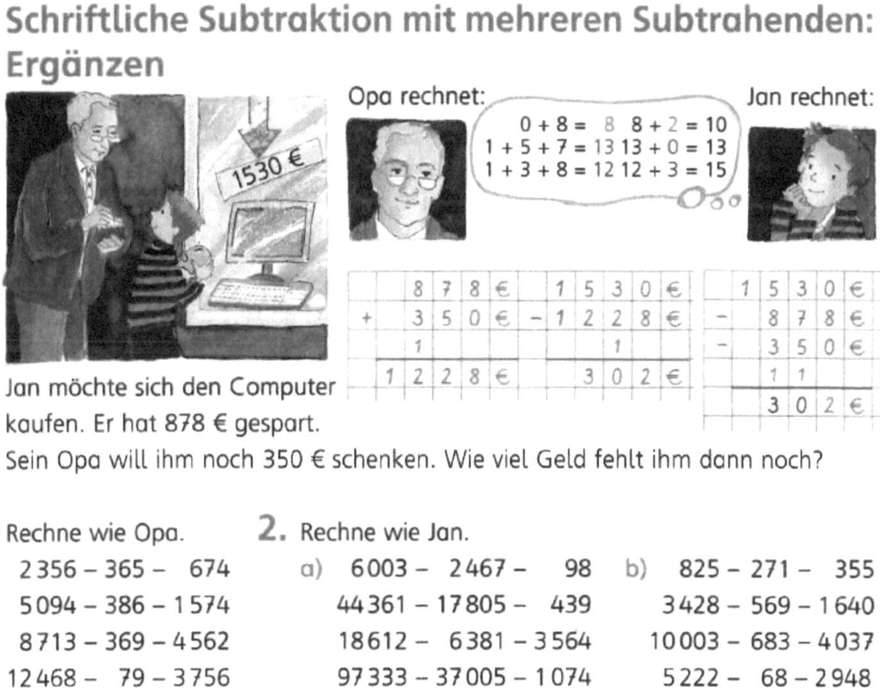

Schriftliche Subtraktion mit mehreren Subtrahenden: Ergänzen

1530 €

Opa rechnet:

Jan rechnet:

0 + 8 = 8 8 + 2 = 10
1 + 5 + 7 = 13 13 + 0 = 13
1 + 3 + 8 = 12 12 + 3 = 15

		8	7	8	€		1	5	3	0	€		1	5	3	0	€
+		3	5	0	€	−	1	2	2	8	€	−		8	7	8	€
		1							1			−		3	5	0	€
	1	2	2	8	€			3	0	2	€			1	1		
														3	0	2	€

Jan möchte sich den Computer kaufen. Er hat 878 € gespart.
Sein Opa will ihm noch 350 € schenken. Wie viel Geld fehlt ihm dann noch?

1. Rechne wie Opa.
2356 – 365 – 674
5094 – 386 – 1574
8713 – 369 – 4562
12468 – 79 – 3756

2. Rechne wie Jan.
a) 6003 – 2467 – 98
44361 – 17805 – 439
18612 – 6381 – 3564
97333 – 37005 – 1074

b) 825 – 271 – 355
3428 – 569 – 1640
10003 – 683 – 4037
5222 – 68 – 2948

Abbildung 5: Ausschnitt vom Schülerbuch Mathematikus 4 (Lorenz et al., 2007, S. 81)

24 Auf Seite 81 steht *Ergänzen* in der Überschrift. Auf Seite 80 befindet sich die gleiche Abbildung mit dem Zusatz *Abziehen*. Die Rechenwege unterscheiden sich demnach punktuell. Laut Auftrag der Lehrperson sollen in der Sequenz *Computerkauf* alle auf Seite 81 schauen.

In der Abbildung im Lehrbuch werden zwei Rechenwege gegenübergestellt: Opas Rechenweg, bei dem zuerst die beiden Subtrahenden addiert und anschließend vom Minuenden subtrahiert werden (zwei Schritte) sowie Jans Rechenweg, bei dem beide Subtrahenden simultan vom Minuenden subtrahiert werden (ein Schritt). Eine Kamera steht während dieser Partnerarbeit vor Oda und Mila, weshalb diese beiden Kinder im Fokus der Analyse zur Sequenz *Computerkauf* stehen. Während dieser Partnerarbeitsphase geht die Lehrperson durch den Klassenraum und kommt mit einigen Paaren ins Gespräch – so auch mit Oda und Mila. Nach etwa drei Minuten dieses paarweisen Austauschs beginnt ein Unterrichtsgespräch, bei dem über die Abbildungen im Buch gesprochen wird. Zum Abschluss der Sequenz erteilt die Lehrperson eine Hausaufgabe zur schriftlichen Subtraktion und der Unterricht wird durch das Pausenklingeln beendet.

8.5.2 Gliederung der Sequenz in Szenen

Szene	Turn	Titel	Geschehen
1	01 – 17	Mila und Oda	Mila und Oda tauschen sich zu den zwei verschiedenen Rechenwegen aus.
2	18 –31	Mila, Oda und die Lehrperson	Die Lehrperson kommt zu den Mädchen und spricht mit ihnen über die zwei unterschiedlichen Rechenwege.
3	32 – 66	Austausch im Plenum über Opas Rechenweg	Im Unterrichtsgespräch wird der Rechenweg von *Opa* besprochen. Dieser ist den Kindern bereits bekannt.
4	67 – 75	Ankündigung der Hausaufgabe	Die Lehrperson kündigt die Hausaufgabe an. Bei dieser sollen die Subtraktionsaufgaben gerechnet werden wie bei *Opa*.

8.5.3 Transkript der Sequenz

Turn		Name	Verbale, paraverbale und nonverbale Aktivitäten
			Situationsbeschreibung: Oda und Mila sitzen gemeinsam am Tisch und betrachten folgende Abbildungen im Mathematikbuch S. 81. 
01		Oda	[zeigt in das Buch von Mila] `der rechnet s o . der Opa der rechnet richtig schriftlich`

02		Mila	stimmt ..
03		Oda	(das ist immer anders) [schaut 4 Sekunden in ihr Buch. Dreht sich dann zu Mila und schaut sie grinsend an] wollen wir mal in die Kamera winken/
04		beide	[schauen sich 7 Sekunden grinsend an und kichern]
05		Mila	[zeigt in ihr eigenes Buch] der will ja eigentlich den Computer und (*unverständlich*)
06		Oda	ja und also [liest die Aufgabe im Buch vor] Jan möchte sich den Computer kaufen\ er hat achthundertachtundsiebzig Euro gespart\ sein Opa will ihm dreihundertfünfzig Euro schenken\ wie viel Geld fehlt ihm dann noch [schaut weiterhin in ihr Buch] ... so der Opa der kommt also sind ja er braucht ja dann noch dreihundertzwei dreihundert und zwei Euro [schaut in die Kamera und winkt ginsend]
07		Mila	(wie viel fehlt ihm dann noch)
08		beide	[Oda und Mila schauen jeweils in ihr eigenes Buch. Als die Lehrperson anderen Lernenden etwas sagt, drehen sie sich um und schauen in Richtung der Lehrperson. Dann schauen sie wieder in ihr eigenes Buch]
09		Mila	[zu Oda] na der Opa der rechnet ja schriftlich
10		Oda	ja der Opa der rechnet schrift also [rückt ihr Buch näher zu Mila] der Opa kommt kommt auf das Ergebnis weil er schriftlich subtra . abzieht .. oder/
11		Mila	[schaut von ihrem Buch in das Heft von Oda] (*unverständlich*)
12		Oda	ja der Jan der ... der Jan weiß ich nicht wie der Jan rechnet .. [schaut von ihrem Buch zu Mila und grinst] wie rechnet der Jan/ ... was rechnet der hier e i g e n t l i c h zusammn .. **a c h s o** jetzt versteh ichs .
13		Mila	was denn/ [schaut in Odas Buch]
14		Oda	[zeigt auf die mittlere schriftliche Rechnung im Buch] na der rechnet erstmal das\ das sind drei/ dann rechnet er das\ das sind insgesamt null/ und dann rechnet er das\ und das sind zwei/ und dann kommt er auf das Ergebnis dreihundertzwei [schaut Mila an] .. jetzt versteh ichs auch ..
15		Mila	achso ... [zeigt in Odas Buch] aber . der hat das verkehrt rum gerechnet falls dus nä siehst
16		Oda	[schaut in ihr Buch und kichert] ich weiß zwei oder drei naja aber dann (muss der hier hoch) . bestimmt
17		beide	[Oda und Mila schauen jeweils in ihr eigenes Buch]
18		L	[kommt an den Tisch, stellt sich hinter Oda und schaut in Odas Buch. Beugt sich dabei etwas über sie] und was habt ihr rausgekriegt/
19		Oda	[zeigt in Ihr Buch] also der Opa der rechnet s c h r i f t l i c h im Kopf und de also#
20	#	L	schriftlich im Kopf/ [zeigt ins Buch von Oda] was macht der Opa/
21		Oda	der sub . der addi .. der a d d i ..
22		L	mhm [bejahend] ja [tippt Oda auf die Schulter] sags mal [zeigt in Odas Buch auf die Rechnung unter „Opa rechnet“] der/
23		Oda	der addiert\

24		L	der addiert zuerst [zeigt in Odas Buch] die beiden Zahlen nä/ . und was macht er dann/
25		Oda	und dann subtrahiert er\
26		L	und was macht der Jan/
27		Mila	der tut nur subtrahieren\
28		L	[schaut Mila an] der macht das in einer Aufgabe nä/ [beugt sich wieder über Oda und schaut in ihr Buch] was isn jetzt das Neue/
29		Oda	also . dass der . zwei Aufgaben [zeigt auf die zwei Rechnungen unter „Opa rechnet“] in einer Aufgabe löst [zeigt auf die Rechnung unter „Jan rechnet“]
30		L	nä/ . die zwei nä [zeigt auf die Rechnung unter „Jan rechnet“ in Odas Buch] das ist das Neue mh [geht vom Tisch weg] (8)
31		beide	[Oda und Mila legen ihr Buch auf den Tisch und schauen sich im Raum um]
32		L	[Steht vor der Tafel und läutet eine kleine Glocke. Als es ruhig ist, spricht sie zur gesamten Klasse] so jetzt .. wer kann denn nochmal die Situation erzählen in der der Jan und der Opa sind/ <.. Ole
33	<	beide	[Oda und Mila melden sich]
34	*	Ole	also die der Jan der will sich ein Computer kaufen .. der eintausendfünfhundertdreißig Euro kostet\ .. er hat sich aber bloß achthundertachtundsiebzig g e s p a r t/#
35	#	L	was Äpfel/
36		Ole	n e Euro/ und sein Opa will ihm noch dreihundertfünfzig Euro schenken\
37		L	mhm [bejahend]
38		Ole	und er braucht noch dreihundertzwei\#
39	#	L	das wissen wir ja noch nicht am Anfang\ was was isn da jetzt sein **Problem**/
40		Ole	er braucht noch Geld\
41		L	a h a . so und jetzt haben b e i d e gerechnet . wie hat denn der **Opa** gerechnet/ > Mia/
42	>	beide	[Oda und Mila melden sich]
43	*	Mia	so wie wir es rechnen\
44		L	aha wie wir es rechnen . denn nämlich/ . aha kannst du es noch genauer sagen/ was hat der Opa zuerst gemacht/ genau zuhören . **beide** Gruppen passen auf was hat der Opa . hm/
45		Mia	er hat bei . also beide . wie viel die haben/ zusammengerechnet beide/ . Ergebnisse
46		L	j a
47		Mia	und dann ham sie das Ergeb hat er das Ergebnis mit dem wie viel der C o m p u t e r kostet minus gerechnet\
48		L	aha genau\ . war das bei beiden das Gleiche/ auf beiden Seiten/ hat der Opa auf beiden Seiten so gerechnet wie es die . Mia grad erklärt hat/ < . Nic/
49	<	Oda	[meldet sich]

50		Nic	nein\
51		L	nein/
52		Nic	doch\
53		L	aha . sag nochmal was hat der Opa zuerst gemacht/ erster Schritt beim Opa/
54		Nic	er hat zuerst beide also er hat zuerst das Ersparte von Jan und seine sozusagen Spende zusammengerechnet
55		L	zusammenrechnen h e i ß t/
56		Nic	.. heißt addieren
57		L	jawoll und dann/
58		Nic	dann hat er nochmal die tausendfünfhundertdreißig Euro die der Computer kostet von der Summe die sie zusammen haben abgezogen also subtrahiert\
59		L	aber er hat nicht die Summe also er hat nicht die tausendfünfhundert abgezogen . sondern/
60		Nic	achso ja . er hat die tausendzweihundertachtundzwanzig Euro von der tausendfünfhundertdreißig abgezogen\
61		L	und jetzt hat die Mia was ganz Wichtiges gesagt\ Mia du hast einen Satz gesagt der Opa hat so gerechnet . wie/ weißt dus noch/ wie du es gesagt hast/
62		Mia	[schaut L wortlos an]
63		L	doch/ . kommt euch das wie der Opa gerechnet hat unbekannt vor/
64		Mia	[schau L an und schüttelt dabei leicht mit dem Kopf] (5) achso
65		L	nö/ sags nochmal ganz laut wie du gesagt hast der Opa/
66		Mia	der Opa hat so gerechnet wie wir\
67		L	wie wir es schon **k ö n n e n**\ nä/ und **das** soll nämlich . eure Hausaufgabe sein . guckt mal bei der Aufgabe e i n s egal ob ihr nun abzieht oder ergänzt\ guckt mal bei der Aufgabe **e i n s .** rechnen wie der Opa\ ließ mal die erste Aufgabe vor Zoran\ diktiers mir mal\
68		Zoran	ähm zweitausenddreihundertsechsundfünfzig minus dreihundertfünfundsechzig minus sechshundertvierundsiebzig
69		L	[schreibt an die Tafel in eine Reihe: 2356 – 365 – 674] wir wollen so rechnen wie der O p a was hat der O p a denn gemacht/.. Nic/
70	*	Nic	er hat zuerst die dreihundertfünfundsechzig/ und die sechshundervierundsiebzig addiert/
71		L	[schreibt untereinander an die Tafel: 365 + 674 = ?] jawoll .. dann hat er das ausgerechnet das weiß ich noch nicht das sollt ihr nämlich machen und d a n n/
72		Nic	dann hat er das Ergebnis mit der zweitausenddreihundertsechsundfünfzig abgezogen und dann kam das Ergebnis heraus
73		L	[schreibt untereinander an die Tafel: 2356 – ?] was hat denn der Opa also hier mit dieser Zahl gemacht/ . wenn er das addiert hat was hatn der da gebildet/ .. was

			isn das dann/ ... was isn das Ergebnis wenn man zwei Zahlen addiert/ hm/ [schaut zu Feli]
74	*	Feli	eine Additionsaufgabe oder eine also der . die Summe
75		L	genau der hat die Summe gebildet\ . [die Pausenklingel ertönt] und eure Hausaufgabe ist es die ersten beiden Aufgaben von der Aufgabe e i n s **egal** welche Seite du hast so zu lösen wie es der **O p a** gemacht hat\ und wir denken alle an den Satz\ die Mia hat gesagt so können wir schon rechnen das wissen wir ja schon wie es der Opa gemacht hat\ ihr schreibt genau wie **ich** die Aufgabe erst so auf und dann macht ihr die schriftlichen Aufgaben dazu die ersten beiden Aufgaben sind **Pflicht** und jetzt ergibt sich bestimmt bei einigen die Frage\ . alle Schüler die erst noch keine Hausaufgabe aufgeschrieben haben schreiben sich das ein/ für die Schüler die schon eine Aufgabe heute drinne haben ist das freiwillig

8.5.4 Zusammenfassende Analyse der Sequenz

Zusammenfassende Interaktionsanalyse mit Fokus auf den Lebensweltbezug

Der Lebensweltbezug der dargestellten Unterrichtssequenz verbindet den mathematischen Sachverhalt der schriftlichen Subtraktion mit mehreren Subtrahenden in zwei Schritten sowie in einem Schritt mit dem außermathematischen Kontext des Computerkaufs. Zu Beginn der Sequenz tauschen sich Mila und Oda über die beiden im Buch abgebildeten Rechenwege aus und gehen dabei auch auf den außermathematischen Sachverhalt ein (der will ja eigentlich den Computer, T. 05). Oda liest den zur Abbildung im Buch zugehörigen Text vor (T. 06) und wird hierbei durch Mila ergänzt (T. 07). Nach einer anfänglichen Phase, in der die beiden sich angrinsen, kichern und im Klassenraum umschauen (T. 03–08), tauschen sie sich anschließend zum Rechenweg von Opa (T. 10, 11) sowie zum Rechenweg von Jan aus (T. 12–16). Obgleich sie die beiden Rechenwege nicht vollständig versprachlichen, scheinen sie sich bezüglich des Vorgehens bei beiden Rechenwegen zuerst einig zu sein. Opas Rechenweg scheint von Oda als schriftliche Subtraktion (mithilfe des Abziehverfahrens) interpretiert zu werden (T. 10). Der Rechenweg von Jan scheint zuerst nicht von Oda nachvollzogen zu werden, was sie auch zur Sprache bringt wie rechnet der Jan/ ... was rechnet der hier e i g e n t l i c h zusammn (T. 12). Daraufhin scheint Oda den Rechenweg von Jan jedoch nachzuvollziehen, denn sie verbalisiert die mittlere schriftliche Rechnung im Buch mit redebegleitetem Zeigen darauf und schildert, dass sie Jans Rechnung nun verstehen würde – jetzt versteh ichs auch (T. 14). Die von Oda verbalisierte schriftliche Rechnung stellt jedoch den zweiten Rechenschritt von Opa dar und nicht den Rechenweg von Jan. Ob sich Oda und Mila dessen bewusst sind, wird im weiteren Verlauf der Interaktion nicht sichtbar. So könnte sich Milas darauffolgende Äußerung aber . der hat das verkehrt rum gerechnet falls dus nä siehst (T. 15) zum einen darauf beziehen, dass sie Mila auf ihren Irrtum bei der Interpretation der Rechenwege aufmerksam machen möchte. Zum anderen könnte Mila selbst an dieser Stelle bewusstwerden, dass Opa zuerst addiert und anschließend subtrahiert hat, was sie als verkehrt rum bezeichnet, da eine Additionsaufgabe die Umkehrung einer Subtraktionsaufgabe darstellt. Auch, weil die geschilderte Situation von Jan und Opa eigentlich auf eine Subtraktionsaufgabe hinausläuft (und auch in der bisherigen Unterrichtsstunde ausschließlich subtrahiert wurde), könnte sie dieses Vorgehen als verkehrt rum bezeichnen. Ob Oda den Einwurf Milas in Turn 15 ebenso deutet oder ob sie verkehrt rum eventuell anders interpretiert, wird in ihrer Aussage in Turn 16 nicht ausreichend deutlich. Sie sagt zwar ich weiß, doch ist ihre weitere Aussage zwei oder drei naja aber dann (muss der hier hoch) . bestimmt nicht eindeutig verständlich und kann vielseitig interpretiert werden. So kann sich zwei oder drei sowohl auf Ziffern aus der mittleren oder rechten schriftlichen Rechnung beziehen (z.B. bei der Differenz 302), könnte aber auch als ‚zwei oder drei Schritte' gedeutet werden. Im Anschluss schauen Oda und Mila stumm in ihr eigenes Buch (T. 17), was als Zeichen dafür interpretiert werden kann, dass sie sich einen oder beide Rechenwege noch einmal anschauen, da sie ihnen vielleicht doch nicht so klar sind, wie es zuerst schien. In diesem Moment kommt die Lehrperson an den Tisch der beiden und erkundigt sich, was die beiden rausgekriegt haben (T. 18).

Oda schildert nun zuerst den Rechenweg von Opa: also der Opa der rechnet s c h r i f t l i c h im Kopf (T. 19). Schriftlich zu rechnen und im Kopf zu rechnen sind zwei verschiedene Möglichkeiten der Differenzermittlung, die sich wesentlich voneinander unterscheiden. Bei den schriftlichen Rechenverfahren wird das Ergebnis auf Basis der Stellenwertsystematik nach festgelegten Regeln (Algorithmen) ziffernweise ermittelt und notiert. Beim Kopfrechnen hingegen erfolgt keine Notation von (Zwischen-)Schritten und es existieren keine festgelegten Regeln oder Vorgehensweisen zur Ermittlung des Ergebnisses (Krauthausen, 1993). Eventuell könnte Oda mit ihrer Aussage in Turn 19 zum Ausdruck bringen wollen, dass der Rechenweg von Opa von dem abweicht, was die Lernenden bereits kennen und können – nämlich die schriftliche Subtraktion mit lediglich einem Subtrahenden. Eine mögliche Deutung ist, dass Oda die beiden verschiedenen Rechenmethoden schriftlich Rechnen und Kopfrechnen miteinander kombiniert, um die Neuartigkeit von Opas Rechenweg zur Sprache zu bringen. Eventuell interpretiert Oda den ersten Schritt bei Opas Rechenweg (die Addition der beiden Subtrahenden) auch als Kopfrechnung. Die Lehrperson wiederholt daraufhin die Aussage von Oda zum Teil und hebt ihre Stimme dabei schriftlich im Kopf/ (T. 20). Diese fragend intonierte Wiederholung von Odas Aussage könnte darauf hindeuten, dass die Lehrperson Oda darauf hinweisen möchte, dass diese Beschreibung von Opas Rechenweg nicht korrekt oder unvollständig ist. Möglich ist auch, dass die Lehrperson diese Beschreibung nicht nachvollziehen kann oder dass sie Oda damit auffordern möchte, ihre Beschreibung weiter auszuführen. Darüber hinaus zeigt die Lehrperson auf den Rechenweg von Opa in Odas Heft und fordert Oda (und auch Mila) mit was macht der Opa/

(T. 20) dazu auf, das Vorgehen von Opa näher zu beschreiben. Die nachfolgende Aussage von Oda `der sub . der addi .. der a d d i ..` (T. 21) kann als Indiz für ihre Unsicherheit interpretiert werden. Eventuell fällt es Oda schwer, das Vorgehen von Opa sprachlich zu fassen. Eventuell kann Oda den Rechenweg von Opa auch inhaltlich nicht (gänzlich) nachvollziehen. Obwohl Oda die Begriffe ihrer Aussage nicht vollständig verbalisiert, scheint die Lehrperson die mathematischen Fachbegriffe für die Grundrechenarten *Subtrahieren* und *Addieren* in Odas Aussage zu erkennen. Durch ein zustimmendes `mhm` sowie das Tippen auf Odas Schulter könnte die Lehrperson Oda ermutigen wollen, die Begriffe ihrer Aussage zu Ende zu führen (T. 22). Oda scheint die Aussage und Handlung der Lehrperson in Turn 22 in ähnlicher Weise zu interpretieren und vollendet daraufhin zumindest den von ihr in Turn 21 begonnenen Fachbegriff *addieren* (T. 24). Die Lehrperson greift diesen Fachbegriff auf und könnte durch ihre Aussage `der addiert zuerst` [zeigt in Odas Buch] `die beiden Zahlen nä/ . und was macht er dann/` (T. 24) Oda (und Mila) darauf hinweisen, dass der Rechenweg von Opa aus zwei Schritten besteht. Dieser zweite Schritt wird daraufhin von Oda genannt `und dann subtrahiert er\` (T. 25). Damit scheint der Rechenweg von Opa aus Sicht der Lehrperson geklärt zu sein – zuerst addiert er und danach subtrahiert er. Ein Bezug zum außermathematischen Kontext und somit zu dem, was jeweils addiert und subtrahiert wird, wird hierbei nicht hergestellt.
Anschließend erläutert Mila auf Nachfrage der Lehrperson den Rechenweg von Jan: `der tut nur subtrahieren\` (T. 27). Obwohl die Lehrperson bislang vor allem mit Oda gesprochen hat, beteiligt sich Mila aktiv am Gespräch und scheint einen bedeutsamen Unterschied zwischen dem Rechenweg von Opa und dem Rechenweg von Jan zu erkennen. Die Lehrperson scheint die Aussage von Mila so zu deuten, als könne Mila den Rechenweg von Jan gänzlich nachvollziehen (was bei Betrachtung der Aushandlung in Turn 12 – 16 fraglich erscheint) und ergänzt `der macht das in einer Aufgabe nä/` (T. 28). Indem sie sich über Oda beugt und auf die Abbildung in Odas Buch zeigt, fragt sie: `was isn jetzt das Neue/` (T. 28). Oda könnte dies als Aufforderung zum Reden interpretieren und fasst zusammen, dass Opa zwei Aufgaben rechnet, während Jan lediglich eine Aufgabe löst und zeigt dabei redebegleitend auf die schriftlichen Rechnungen in ihrem Heft (T. 29). Dieser Erklärung des *Neuen* scheint der Lehrperson auszureichen und sie verlässt den Tisch von Oda und Mila, um daraufhin mit einer Glocke das Ende der Partnerarbeitsphase einzuläuten (T. 30, 32).

Das gemeinsame Unterrichtsgespräch wie auch die Szene, in der die Lehrperson bei Mila und Oda am Tisch ist, können als fragend-geleitet charakterisiert werden. Wie bei einem Trichtermuster (Bauersfeld, 1978) leitet und lenkt die Lehrperson den Aushandlungsprozess maßgeblich durch zunehmend kleinschrittigere und engere Fragen, wodurch die Lernenden zunehmen weniger interaktiven Handlungsspielraum haben, um ausführliche Antworten zu geben oder eigene Fragen zu stellen – Bauersfeld bezeichnet dies als „Handlungsverengung durch Antworterwartung“ (ebd., S. 162). Der Trichter wird in zweierlei Hinsicht auch bezüglich der Auseinandersetzung mit dem Lebensweltbezug deutlich. Zum einen bezüglich der Betrachtung der beiden verschiedenen Rechenwege und zum anderen bezüglich der Beachtung des außermathematischen Sachverhalts des

Lebensweltbezugs. Während die Lehrperson die Lernenden zu Beginn der Sequenz *Computerkauf* dazu anregt, sich sowohl den Rechenweg von Opa wie auch den Rechenweg von Jan vergleichend anzuschauen, wird vor allem im Plenumsgespräch sowie bei der erteilten Hausaufgabe ausschließlich der Rechenweg von Opa thematisiert. So wird – anders als beim Austausch der Lehrperson mit Mila und Oda – im gemeinsamen Unterrichtsgespräch auf den ‚neuen' Rechenweg von Jan gar nicht eingegangen und es geht ausschließlich um den Rechenweg von Opa (beispielsweise in Turn 45–61). Opa rechnet den Aussagen der Lehrperson zufolge so, `wie wir es schön können` (T. 67). Dies kann bedeuten, dass die Lernenden bereits Subtraktionsaufgaben mit zwei Subtrahenden gerechnet haben und dabei analog zu Opa die Subtrahenden zuerst addiert und anschließend vom Minuenden subtrahiert haben. Es liegt zudem nahe, dass den Lernenden die schriftliche Addition von zwei Summanden sowie die schriftliche Subtraktion mit lediglich einem Subtrahenden bekannt sind, wenngleich sie diese beiden Algorithmen bislang jedoch noch nicht miteinander kombiniert haben. Auch die zum Stundenabschluss erteilten Hausaufgabe fokussiert das zweischrittige Vorgehen Opas. Das vermeintlich Neue – also das simultane Subtrahieren mehrerer Subtrahenden in einem Rechenschritt – wird demnach nicht im Plenum thematisiert, sondern verbleibt vielmehr implizit und wird nicht zur Sprache gebracht. Nachfolgend werden zuerst die Merkmale des Lebensweltbezugs erörtert, bevor im Anschluss die zweite oben angesprochene Verengung thematisiert wird: Die Be(tr)achtung des außermathematischen Sachverhalts des Lebensweltbezugs im Verlauf des interaktiven Aushandlungsprozesses.

Anschlussfähigkeit

Anhand der Aussagen der Lernenden lässt sich nur wenig über ihre persönliche Einstellung zum Lebensweltbezug annehmen, da sie beispielsweise keine Fragen zu diesem stellen. Folglich beziehen sich nachfolgende Deutungen zur Authentizität, Reichhaltigkeit und Anschlussfähigkeit vor allem darauf, wie sich der interaktive Aushandlungsprozess gestaltet und welche Deutungen und Deutungsalternativen im Zuge der Interaktionsanalyse aufgestellt worden sind. So scheint beim Lebensweltbezug der Sequenz davon ausgegangen zu werden, dass alle Lernenden dieser Klasse bereits Erfahrungen dazu haben, einen Computer (oder einen ähnlich preisintensiven Gegenstand) zu kaufen. Die Situation von Jan und Opa scheint von den Lernenden nachvollzogen zu werden, da keine Verständnisfragen oder Verwunderungen geäußert werden. Jedoch ist denkbar, dass die Lernenden diese Rechenaufgabe im ‚echten' Leben eher mit ihrem Smartphone oder einem Taschenrechner lösen würden als mithilfe der schriftlichen Subtraktion. So kann davon ausgegangen werden, dass in der heutigen Zeit die Mehrheit der Lernenden Zugang zu einem Taschenrechner oder einem Smartphone hat und auf diese schnellen wie auch ‚sicheren' Hilfsmittel zurückgreifen kann (mehr zum Taschenrechner in der Grundschule in Krauthausen, 1993). Zudem erscheint es wenig realistisch, dass ein Kind der vierten Klasse im Alter von etwa 10 Jahren einen derart großen Geldbetrag wie Jan bei sich trägt und darüber hinaus scheinbar spontan von Verwandten zusätzlich mehrere hundert Euro geschenkt bekommt. Als nachvollziehbar und somit anschlussfähig an die Interessen der

Lernenden kann jedoch der Wunsch nach einem eigenen Computer interpretiert werden. Thematisch und auch sprachlich ist der etablierte Lebensweltbezug demnach zwar im Kern anschlussfähig an die Erfahrungen, Interessen und das Sprachrepertoire der Lernenden, es können aber zahlreiche Aspekte vermutet werden, hinsichtlich derer sich der geschilderte außermathematische Kontext des Lebensweltbezugs von der ‚Echtsituationen' und den vermeintlichen Erfahrungen der Lernenden unterscheiden könnte.

Reichhaltigkeit

Mit Blick auf die mathematische Reichhaltigkeit werden in der Sequenz zwei Rechenwege gegenübergestellt, um Subtraktionsaufgaben mit mehreren Subtrahenden unter Rückgriff auf die schriftlichen Rechenverfahren zu lösen. Darüber hinaus existieren weitere Möglichkeiten der Differenz-Ermittlung wie das Nacheinander-Abziehen der beiden Subtrahenden vom Gesamtpreis in zwei Schritten. Die im Buch abgebildeten Rechnungen von Opa und Jan sind inhaltlich korrekt und bilden zudem durch das Sichtbarmachen von Kopfrechnungen und Merkzahlen das mathematische Konstrukt vollständig, korrekt, farblich gestützt und anschaulich ab. Wenngleich in der Sequenz vor allem der Rechenweg von Opa im Fokus steht und der Rechenweg von Jan im Plenum gar nicht zur Sprache kommt, werden im Aushandlungsprozess – vor allem zum Ende hin – vor allem mathematische Aspekte fokussiert. Insgesamt kann der Lebensweltbezug somit als reichhaltig charakterisiert werden und weist vor allem Fachorientierung auf (Franke & Ruwisch, 2010).

Authentizität

Zwar eröffnet der Lebensweltbezug zahlreiche Fragen zum außermathematischen Sachverhalt (z.B. *Wo bekommt Jan das restliche Geld her? Wofür braucht Jan den Computer?*), doch keine dieser Fragen scheint durch die mathematische Auseinandersetzung beantwortet zu werden oder kommt in der Sequenz *Computerkauf* zur Sprache. So liefert der im Mathematikbuch illustrierte und unter anderem textlich vermittelte Lebensweltbezug nur wenige Informationen zum außermathematischen Sachverhalt: Jan will sich einen Computer kaufen. Er hat Geld gespart und bekommt von seinem Opa zusätzlich Geld geschenkt. Der außermathematische Kontext dieses Lebensweltbezugs ist somit von nicht-notwendigen Informationen bereinigt und konzentriert sich lediglich auf die grundlegenden Informationen, die für das Verständnis der (mathematischen) Aufgabe nötig sind (Greefrath et al., 2013; Larina, 2016; Nesher, 1980). Insofern ist der Lebensweltbezug nur bedingt authentisch, da die außermathematische Thematik den Lernenden zwar bekannt sein dürfte (siehe Anschlussfähigkeit), sich jedoch keine Möglichkeiten für sie eröffnen, durch die mathematische Auseinandersetzung etwas über den außermathematischen Sachverhalt zu lernen. Vielmehr wirkt der außermathematische Kontext der Sequenz wie eine Einkleidung für den mathematischen Sachverhalt. Dass der außermathematische Kontext nur eine beispielhafte Einkleidung ist, scheint von den Lernenden auch erkannt und von ihnen akzeptiert zu werden: Sie stellen keine Fragen, warum Jan diesen Computer kaufen möchte, woher Jan so viel Geld hat, aus welchem Anlass sein Opa Jan so viel Geld schenkt und wie Jan an das noch fehlende Geld kommt.

Die Quelle des Lebensweltbezugs der Sequenz ist zudem das Lehrbuch. Nicht die Lehrperson oder gar die Lernenden selbst haben den außermathematischen Sachverhalt des Computerkaufs mit dem Algorithmus der schriftlichen Subtraktion mehrerer Subtrahenden in Verbindung gebracht, sondern eine unbekannte dritte Instanz. Es bleibt offen, inwiefern der außermathematische Sachverhalt des Computerkaufs im Schaufenster tatsächlich bedeutsam und relevant für die Lernenden ist, da die Aufgabe fremd-initiiert (*hetero-posed*) ist und somit gegebenenfalls nicht an die tatsächlichen Erfahrungen und Interessen der Lernenden anknüpft (Zan, 2017) – dies resultiert in mangelnder Authentizität und auch mangelnder Anschlussfähigkeit. Zudem ist der Text im Schülerbuch wie eine klassische Sachaufgabe aufgebaut und besteht aus drei Teilen Gerofsky, 1996; Greer, 1997): Zuerst ein Einleitungssatz, der in den außermathematischen Sachverhalt einführt, jedoch keine mathematisch relevanten Informationen beinhaltet – Jan möchte sich den Computer kaufen. Im zweiten Teil werden die mathematisch notwendigen Informationen zur Aufgabenbearbeitung gegeben – Er [Jan] hat 878 € gespart. Sein Opa will ihm noch 350 € schenken.[25] Im dritten Teil folgt eine Fragestellung, die den Fokus auf eine mathematische Aufgabenbearbeitung legt – Wie viel Geld fehlt ihm dann noch? In Anlehnung an die Ausführungen zahlreicher Autor*innen (z.B. Frankenstein, 2009; Greer, 1997; Greefrath et al., 2013; Nesher, 1980; Toom, 1999) ist demnach anzunehmen, dass die Lernenden diesen stereotypen textlich basierten Lebensweltbezug eher als etwas typisch Schulisches interpretieren, der für ihre persönlichen Erfahrungen außerhalb des Mathematikunterrichts kaum bis keine Relevanz aufweist.

Entwicklung

Während der Plenumsphase der Sequenz liegt der Fokus der Aushandlung zuerst vor allem auf dem außermathematischen Kontext: Die Lehrperson leitet die Plenumsphase damit ein, indem sie die Lernenden auffordert, den außermathematischen Sachverhalt zu schildern – `wer kann denn nochmal die Situation erzählen in der der Jan und der Opa sind/` (T. 32). Damit legt sie den Fokus auf den außermathematischen Sachverhalt des Lebensweltbezugs. Ole schildert die *Situation* und wird dabei mehrfach durch die Lehrperson ergänzt oder unterbrochen (T. 34–40). Die Situationsbeschreibung von Ole enthält bereits zahlreiche mathematisch relevante Informationen wie etwa die Nennung des Computerpreises und den Betrag des gesparten Geldes von Jan (T. 34). Die Lehrperson scheint hingegen – obwohl sie in Turn 32 nicht explizit darum gebeten hat, die ‚mathematische Situation' zu schildern – Wert auf eine (mathematisch)

25 Eine wichtige Information, die aus mathematischer Perspektive zentral für das erfolgreiche Lösen der Aufgabe ist, wird im Text jedoch weggelassen: Der Preis des Computers. Dieser muss der bildlichen Abbildung entnommen werden. Die Herausforderung für die Lernenden besteht demnach darin, die (mathematisch) notwendigen Informationen sowohl dem Bild wie auch dem Text zu entnehmen.

vollständige und korrekte Wiedergabe zu legen. Dies wird z.B. in Turn 35 deutlich, als sie Ole ins Wort fällt und sich erkundigt, ob Jan 875 Äpfel gespart habe. Als Ole den noch fehlenden Geldbetrag 302 (€) nennt (T. 38), unterbricht ihn die Lehrperson erneut und betont, dass dieser Betrag zu Beginn noch nicht bekannt sei (T. 39). Durch die Frage, was das *Problem* von Jan sei (T. 39), scheint die Lehrperson den Fokus nun wieder stärker auf den außermathematischen Kontext zu legen. Im weiteren Verlauf der Plenumsphase rückt der außermathematische Kontext des Computerkaufs nun jedoch Stück für Stück in den Hintergrund und es scheinen zunehmend die Zahlen und Rechnungen im Fokus des Aushandlungsprozesses zu stehen (T. 61–75). Am Ende der Sequenz *Computerkauf* ist vom ursprünglichen außermathematischen Sachverhalt nicht mehr viel in der Interaktion enthalten. Lediglich der Begriff *Opa* steht wie ein Codewort stellvertretend für die Methode der schriftlichen Subtraktion mehrerer Subtrahenden in zwei Schritten. Der zu Beginn der Sequenz bzw. zu Beginn des Plenumsgespräches thematisierte außermathematische Sachverhalt des Lebensweltbezugs rückt im Verlauf der Aushandlung zugunsten einer zunehmenden Betonung mathematischer Inhalte in den Hintergrund. Dies zeigt sich sowohl während der Partnerarbeitsphase von Oda und Mila wie auch während der Plenumsphase. So scheinen Oda und Mila sich zuerst über ein geteiltes Verständnis des außermathematischen Settings auszutauschen (T. 05–07), indem Oda den zugehörigen Text aus dem Buch abliest. Daraufhin beziehen sich Mila und Oda zwar immer wieder auf Opa und Jan, wenn sie über die beiden Rechenwege sprechen, scheinen inhaltlich aber vor allem mathematische Aspekte zu fokussieren, was sich zum Beispiel in der Verwendung zahlreicher mathematischer Fachbegriffe zeigt (z.B. `der Opa kommt kommt auf das Ergebnis weil er schriftlich subtra . abzieht`, T. 10). Auch im gemeinsamen Austausch von Mila und Oda mit der Lehrperson scheint der mathematische Sachverhalt präsenter zu sein als das Außermathematische, was sich ebenfalls in zahlreichen mathematischen Fachbegriffen äußert, während sich das Außermathematische auf Begriffe wie *Jan* und *Opa* beschränkt. Analog dazu ‚verblasst' der außermathematische Sachverhalt auch in der Plenumsphase der Sequenz. Schlüsselworte des außermathematischen Kontextes wie *Computer* und *Euro* fallen weg, während der Begriff *Opa* am Ende der Sequenz noch von zentraler Bedeutung ist. Während der Plenumsphase scheint sich der Verlust des Außermathematischen somit sogar weiter zuzuspitzen, da lediglich auf den Rechenweg von Opa eingegangen wird und *Opa* am Ende der Sequenz wie ein Codewort für die Methode der schriftlichen Subtraktion mehrerer Subtrahenden in zwei Schritten genutzt wird. Ein Rückbezug auf den außermathematischen Sachverhalt findet am Ende der Sequenz *Computerkauf* nicht statt. Vielmehr endet die Sequenz und die gesamte Unterrichtsstunde damit, dass die Lehrperson den Schüler*innen die Hausaufgabe erteilt, so zu rechnen wie Opa: `und eure Hausaufgabe ist es die ersten beiden Aufgaben von der Aufgabe e i n s` **`egal`** `welche Seite du hast so zu lösen wie es der` **`O p a`** `gemacht hat\` (T. 75). Dadurch wird der außermathematische Sachverhalt – oder zumindest der Begriff *Opa* – an den mathematischen Sachverhalt dieses Lebensweltbezugs gebunden, was das Generalisieren und Verallgemeinern des Mathematischen erschweren könnte.

Analyse der sprachlichen Aspekte

In der Sequenz können die Nominalisierungen das Neue (T. 28, 30), das Gleiche (T. 48), das Ersparte (T. 54) sowie etwas ganz Wichtiges (T. 61) nachgewiesen werden. Diese werden – bis auf das Ersparte – von der Lehrperson hervorgebracht. Zudem stellt der von Feli in Turn 74 geäußerte Begriff Additionsaufgabe eine nominale Zusammensetzung dar. Darüber hinaus durchziehen die Sequenz zahlreiche normierte Fachbegriffe und Symbole. Beispielhafte Fachbegriffe sind subtrahieren (T. 10, 21, 23, 24, 58), addieren (T. 21, 23, 24, 56, 70, 73), schriftlich Rechnen (T. 01, 09, 19, 29) sowie Summe (T. 58, 59, 74, 75), die sowohl von der Lehrperson wie auch von den Schüler*innen genutzt werden. Weiterhin wird der Fachbegriff Euro verbalisiert (T. 06, 34, 36, 58, 60) und ist als €-Symbol im Buch abgebildet. Auch die Algorithmen der schriftlichen Addition und der schriftlichen Subtraktion sind gemeinsam mit den Rechenzeichen Minus, Plus und Ist-gleich im Mathematikbuch sowie teilweise an der Tafel abgebildet (T. 69, 71). Weiterhin ziehen sich Sprachverknappungen und dialektale Besonderheiten durch die gesamte Sequenz, werden jedoch vor allem von der Lehrperson geäußert. Beispiele hierfür sind nä (im Sinne von *Stimmt das?*, T. 24, 28, 30, 67), ham (statt *haben*, T. 47) sowie drinne (statt *(im Hausaufgabenheft) drin*, T. 75). Passivkonstruktionen können in der Sequenz *Computerkauf* nicht nachgewiesen werden. Was sich jedoch auf sprachlicher Ebene zeigt, ist eine breite Palette koordinierender und subordinierender Konjunktionen, die sowohl von der Lehrperson wie auch von den Lernenden geäußert werden. Neben oder (T. 74) sowie aber (T. 15, 16, 59) wird vor allem die koordinierende Konjunktion und bzw. und dann sehr häufig geäußert (bspw. T. 05, 14, 24, 36, 47, 57, 67, 72). Ebenso vielseitig und die gesamte Sequenz durchziehend werden subordinierende Konjunktionen genutzt: weil (T. 10), dann (T. 16, 58, 71, 72), falls (T. 15), denn (T. 44), wenn (T. 73) und wie (T. 48, 75).

Insgesamt können die meisten Aussagen der Sequenz als kontextgebunden charakterisiert werden. Dies wird vor allem durch den vermehrten Gebrauch deiktischer Mittel wie Zeigegesten und deiktischer Ausdrücke wie da (T. 39, 67) und hier (T. 12, 16, 73) beeinflusst. Auch Mimik, Gestik und weitere paraverbale Aspekte tragen zu einer erhöhten Kontextgebundenheit bei – beispielsweise das Grinsen und Kichern von Oda und Mila (T. 03, 04, 06, 12, 16) sowie das Kopfschütteln Mias während der Plenumsphase (T. 62, 64). Weiterhin bewirken auch Anschauungsmittel wie die Abbildungen im Schülerbuch sowie die Notizen der Lehrperson an der Tafel (T. 69, 71, 73), dass die sprachlichen Aussagen eng an den Interaktionskontext gebunden und teilweise nicht ohne Kenntnisse der jeweiligen Situation nachvollziehbar sind. Während des paarweisen Austauschs von Oda und Mila (mit der Lehrperson) scheinen die Aussagen besonders eng an die Interaktionssituation gebunden zu sein. Dies wird durch die verstärkte Bezugnahme auf die Abbildungen im Schülerbuch, Blickwechsel und Zeigegesten deutlich und ‚funktioniert' aufgrund der räumlichen Nähe der Interaktionsteilnehmenden. Im gemeinsamen Unterrichtsgespräch wird Kontextgebundenheit vor allem durch die Mitschriften der Lehrperson an der Tafel, Mimik und Gestik (wie Blickrichtungen, Meldungen und Kopfschütteln) sowie durch deiktische Ausdrücke hergestellt.

Es kann angenommen werden, dass der an den Erfahrungen und dem Sprachgebrauch der Lernenden angelehnte außermathematische Sachverhalt des Lebensweltbezugs zu eher alltagssprachlichen und an den Interaktionskontext gebundenen Äußerungen führt. Diese Annahme wird insbesondere durch das vermehrte Vorkommen von Sprachverknappungen, Zeigegesten sowie deiktischen Ausdrücken bekräftigt. Gleichzeitig lassen sich aber vor allem auf lexikalischer Sprachebene zahlreiche Merkmale nachweisen, die eher der Bildungssprache zugeordnet werden können. Hierzu zählen z.B. Nominalisierungen, nominale Zusammensetzungen, Fachbegriffe und Symbole sowie die Verwendung von subordinierenden Konjunktionen (z.B. Gogolin & Lange, 2011; Heppt, 2016; Tietze et al., 2016). Darüber hinaus lassen sich sowohl in Phasen der Fokussierung auf das Außermathematische wie auch in mathematisch fokussierten Phasen Fachbegriffe rekonstruieren. Weiterhin ist zu verzeichnen, dass Oda und Mila während ihres gemeinsamen Austausches in Szene 1 weniger mathematisch normierte Fachbegriffe nutzen als beim Austausch mit der Lehrperson (Szene 2). Dies kann daran liegen, dass die Lehrperson die beiden durch ihre Nachfragen (stärker) zum Verbalisieren der Rechenwege von Opa und Jan anregt. Denkbar ist auch, dass die beiden sich profilieren und ihre mathematischen Kenntnisse vorführen wollen. Insgesamt scheint sich Kontextgebundenheit der sprachlichen Aussagen jedoch nicht analog zur zunehmenden Fokussierung mathematischer Inhalte zu verhalten, da die im Interaktionsverlauf zunehmende Betonung der mathematischen Aspekte des Lebensweltbezugs nicht maßgeblich zu einer kontextgelösteren Sprachverwendung zu führen scheint. So werden die Aussagen der Beteiligten mittels Deixis, Mimik und Gestik während der gesamten Sequenz an den Interaktionskontext gebunden. Vor allem die beiden Methoden der schriftlichen Subtraktion mehrerer Subtrahenden werden kontinuierlich an die im Lebensweltbezug thematisierten Figuren Opa und Jan gebunden und nicht von ihnen getrennt, was das Generalisieren und die Abstraktion des mathematischen Lerngegenstandes erschweren könnte. Zuletzt kann aufgrund der zumeist eher kontextgebundenen Aussagen der Sequenz keineswegs darauf geschlossen werden, das fachliche und auch sprachliche Lernprozesse dadurch verhindert werden. Auch bei einer stärkeren Betonung des Außermathematischen – beispielsweise während der Paarszene von Mila und Oda und zu Beginn des Plenumsgespräches – gehen ‚bildungssprachliche' Aspekte nicht verloren. Umgekehrt führen die stärkere Betonung mathematischer Aspekte und die Reduzierung außermathematischer Bestandteile nicht per se zu einem kontextgelösteren Sprachgebrauch.

Die Rekonstruktion der situationsspezifischen Erwartungen und Anforderungen an die Interaktionsteilnehmenden konzentriert sich im Rahmen dieser Analyse vor allem auf Oda und Mila, die sich für den gesamten Zeitraum der Sequenz *Computerkauf* im Sichtfeld der Kamera befinden. Die beiden tauschen sich in der Phase der Partnerarbeit (Szene 1) über die Rechenwege von Opa und Jan aus und scheinen damit der Aufgabenstellung der Lehrperson Folge zu leisten. Im Austausch mit der Lehrperson (Szene 2) fokussieren Mila und Oda vor allem mathematische Aspekte des Lebensweltbezugs, was sich auch in ihrem Sprachgebrauch zeigt, da sie auf mathematisch normierte Fachbegriffe wie `schriftlich Rechnen` (T. 19), `addieren` (T. 21, 23) und `subtrahieren` (T.

25, 27) zurückgreifen. Mila und Oda scheinen die Frage der Lehrperson, was sie `raus-gekriegt` haben (T. 18) folglich so zu deuten, als müssten ihre Entdeckungen mathematischer Natur sein. Da die Lehrperson die von Oda und Mila geäußerten mathematischen ‚Entdeckungen' nicht explizit kritisiert und auch keine weiteren (außermathematisch fokussierten) Entdeckungen erfragt, könnte das von Mila und Oda Geschilderte ihren Erwartungen entsprechen. Oda und Mila sowie die anderen Lernenden dieser Lerngruppe sind bereits in der vierten Schuljahrgangsstufe und haben somit vermutlich bereits zahlreiche Erfahrungen zu Situationen des Mathematikunterrichtes mit derartigen Lebensweltbezügen gesammelt. Sie scheinen Lebensweltbezüge als etwas ‚typisch Schulisches' zu interpretieren und davon auszugehen, dass bei (schriftbasierten) Lebensweltbezügen im Mathematikunterricht zumeist – wenn nicht sogar ausschließlich – mathematische Aspekte im Fokus stehen, wenngleich diese in einen außermathematischen Sachverhalt ‚eingekleidet' sind, der ebenfalls verstanden werden muss (Stephany, 2018). Die Antworten der Lernenden in der Sequenz passen folglich vor allem zum aktuellen Unterrichtsgegenstand und das, was sie selbst als interessant, wichtig und fraglich erachten, findet keine Beachtung (siehe auch Neth & Voigt, 1991; Zan, 2017).

Analyse der möglichen Lernprozesse

Die Aspekte der Authentizität und Anschlussfähigkeit des Lebensweltbezugs in der Sequenz scheinen sich dem Anspruch der mathematischen Reichhaltigkeit unterzuordnen. Insbesondere Lernenden der älteren Schuljahrgänge scheinen das sogenannte „language game of arithmetic instruction" (Nesher, 1980, S. 42) und die stereotypen Eigenschaften von (textlich basierten) Lebensweltbezügen bereits verinnerlicht zu haben und in schulische Situationen dieser Art sozialisiert zu sein. Sie hinterfragen die Bedeutsamkeit des zugrundeliegenden außermathematischen Kontextes dann kaum mehr (Gellert, 2010; Neth & Voigt, 1991). Dies scheint in der Sequenz *Computerkauf* ähnlich zu sein: Mila und Oda wie auch die anderen Lernenden scheinen die offenen außermathematisch orientierten Fragen des Lebensweltbezugs sowie mögliche Widersprüche zum ‚echten' außermathematischen Problemkontext nicht zu hinterfragen und ihre Aussagen und Handlungen stattdessen an dem auszurichten, was in dieser Unterrichtssituation mathematisch relevant ist und von ihnen erwartet zu werden scheint. Etwaige Deutungsdifferenzen bleiben hierdurch eher im Verborgenen, da Lehrende und Lernende im Unterricht derart „eingespielt im Umgang miteinander" sind, dass der interaktive Aushandlungsprozess zwar erleichtert wird und reibungslos verläuft, obwohl die didaktischen Zielsetzungen der Lehrperson „nur gebrochen zum Zuge kommen" (Bauersfeld & Voigt, 1986, S. 19).

Weiterhin stellt sich die Frage, ob in einer vergleichbaren Alltagssituation tatsächlich die schriftliche Subtraktion durchgeführt worden wäre. Vielmehr erscheint es naheliegend, die Differenz mittels Taschenrechner, einer halbschriftlichen Variante oder im Kopf zu ermitteln, da für die schriftliche Subtraktion zwingend Zettel und Stift nötig sind. Somit wird die Strategie der schriftlichen Subtraktion beim Lebensweltbezug der Sequenz als für den Alltag relevant markiert, findet dort jedoch nie oder nur sehr selten

Anwendung. Einerseits bestechen die auf dem Stellenwertsystem basierenden Algorithmen der schriftlichen Rechenverfahren (im Gegensatz zu Kopfrechnungen und halbschriftlichen Verfahren) zwar dadurch, dass sie standardisiert, aufgrund ihrer symbolischen Repräsentation eher vorstellungsneutral und durch die Verschriftlichung dauerhaft und korrigierbar sind, doch müssen diese vermeintlichen Vorteile aus didaktischer Perspektive hinterfragt werden (Krauthausen, 1993). So verlangen Alltagssituationen häufig kein präzises Ergebnis und außerschulische Anwendungssituationen für schriftliche Rechenverfahren sind drastisch zurückgegangen (ebd.).

Darüber hinaus scheint es für das Verständnis der Lernenden und in Folge für ihre potenziellen Lernprozesse hinderlich, wenn ein Einstiegsbeispiel in die neue Thematik derart komplex und kompliziert ist: Die Abbildung im Mathematikbuch ist aufgrund der vielen und zudem nahe beieinander liegenden Bestandteile *komplex* – Bild vor dem Schaufenster, Porträts von Jan und Opa, Rechenweg von Opa und Jan, Jans Kopfrechnung in Form einer Gedankenblase, farbliche Markierungen sowie die textliche Darstellung des Sachverhalts (siehe Abbildung 5). Die relevanten Informationen sind diesen verschiedenen Bestandteilen zu entnehmen und Zusammenhänge zwischen ihnen werden weder im Buch noch im gemeinsamen Aushandlungsprozess während der Sequenz expliziert: So ist der Preis für den Computer im Bild enthalten, während die beiden Subtrahenden – Jans Erspartes und Opas Schenkung – dem Text zu entnehmen sind. Es wird weder im Mathematikbuch noch während der Interaktion im Unterricht darauf eingegangen, wie die Kopfrechnung von Jan zu verstehen ist und inwiefern die Zahlen von Text, Bild und Kopfrechnung mit den schriftlichen Rechnungen zusammenhängen. Zudem ist das einführende Beispiel *kompliziert*, da die Geldbeträge des Beispiels aufgrund der hohen Zahlenwerte eventuell abstrakt für die Lernenden sind und es zudem mehrfach zu Überträgen bei den schriftlichen Rechnungen kommt. Hierdurch – so die Annahme – erhöht sich der Anspruch für die Lernenden (unnötig) und der Lebensweltbezug insgesamt könnte dadurch auch weniger attraktiv und anschaulich für die Lernenden sein. Dies könnte nicht zuletzt auch Fehler und Fehlvorstellungen seitens der Lernenden begünstigen.

Zudem verwundert es, dass die Lehrperson die Lernenden zuerst paarweise die Rechenwege von Jan und Opa betrachten lässt, in der Plenumsphase jedoch lediglich die ‚Opa-Methode' thematisiert wird. Als sie zu Oda und Mila kommt, fragt die Lehrperson explizit nach, was bei Jans Rechenweg `das Neue` (T. 28, 30) ist – nämlich `dass der . zwei Aufgaben in einer Aufgabe löst` (Oda, T. 29). Beim fragendgeleiteten Unterrichtsgespräch im Plenum sowie bei der abschließend erteilten Hausaufgabe hingegen wird nicht mehr explizit auf den Rechenweg von Jan eingegangen. Das Neue ist demnach entweder in der aktuellen Situation doch nicht so wichtig und wird vertagt oder die Lehrperson geht davon aus, dass allen Lernenden klar ist, was das Neue ist. Weiterhin ist denkbar, dass die Lehrperson aufgrund von Zeitnot den Fokus auf das bereits Bekannte legt – die ‚Opa-Methode'. Demnach bleibt offen, inwiefern den Lernenden das Neue bewusst ist und sie die schriftliche Subtraktion mit mehreren Subtrahenden in einem Schritt verstehen. Aus Perspektive der Lernenden ist unklar, weshalb sie sich während der Partnerarbeit beide Rechenwege vergleichend angeschaut haben, wenn doch während der Plenumsphase ausschließlich die bereits bekannte Methode von Opa thematisiert wird. Diese Methode hat eher einen sukzessiven Charakter (erst Addieren, dann Subtrahieren) und erfordert eine geringere Gedächtnisleistung, sodass sie für die Lernenden zugänglicher und attraktiver sein könnte als Jans Rechenweg. Die Methode von Jan erfordert zwar weniger Schreibaufwand, scheint aber aufgrund des hohen Anteils von Kopfrechnungen und Überträgen eher anfällig für Fehler zu sein.

Da die außermathematische Situation des Computerkaufs im Verlauf des Unterrichtsgesprächs mehr und mehr in den Hintergrund rückt, scheint sie vordergründig als illustratives Element eine gedankliche Stütze zu bieten, die auch weggelassen werden könnte. Die Sequenz *Computerkauf* illustriert die „rigorose Unterordnung von Alltagshandlungen unter mathematische Prinzipien und Strukturen“ (Gellert, 2010, S.11). Es scheint, als würde der außermathematische Kontext lediglich als Ausgangspunkt für die mathematische Auseinandersetzung hinzugezogen und im Verlauf des Interaktionsgeschehens mehr und mehr vernachlässigt werden (Greefrath et al., 2013; Neth & Voigt, 1991). So deutet die Analyse darauf hin, dass der hier hinzugezogene (schriftlich basierte) Lebensweltbezug einerseits dazu beitragen kann, dass der neue mathematische Sachverhalt anhand eines außermathematischen Sachverhaltes illustriert wird. Da das Neue jedoch nicht ausreichend im interaktiven Aushandlungsprozess (vor allem während der Plenumsphase) thematisiert wird, könnte der neue mathematische Sachverhalt andererseits für die Lernenden verborgen bleiben.

8.6 Die Sequenz *Was ist ein Auto?* – Klassenstufe 8

8.6.1 Äußerer Rahmen und allgemeine Beschreibung der Sequenz

Die Sequenz *Was ist ein Auto?* entstammt dem Mathematikunterricht einer jahrgangsgemischten Lerngruppe mit Lernenden der siebten und achten Klassenstufe. Die Sequenz dauert etwa acht Minuten und ereignet sich zum Beginn einer 90-minütigen Doppelstunde Mathematik. Zu Beginn der Unterrichtsstunde bittet die Lehrperson die Lernenden der achten Klassenstufe, sich mit ihren Skripten[26] und einem Stuhl im vorderen Teil des Klassenraumes zu versammeln und einen Sitzkreis vor der Tafel zu bilden. In der vorangegangenen Mathematikstunde haben sich die Lernenden bereits mit (linearen) Funktionen beschäftigt. Hierbei wurde der Funktionsbegriff definiert und es wurden die verschiedenen Darstellungsformen einer Funktion (Gleichung, Wertetabelle, Graph im Koordinatensystem) thematisiert. Während der Sequenz *Was ist ein Auto?* sitzen die Schüler*innen im Halbkreis vor der Tafel und sprechen mit der Lehrperson über die Bedeutung beziehungsweise Definition von einem Auto sowie von Funktionen. Zudem werden die einzelnen Bestandteile von Funktionen eingeführt und an einem funktionalen Zusammenhang in Worten an der Tafel illustriert. Im Anschluss an die Sequenz gehen die Lernenden

26 Beim Skript handelt es sich um eine Sammlung von zusammengehefteten Übungen, einführenden Texten, Grafiken und Definitionen zum Themenkomplex lineare Funktionen. Die Skripte werden anstelle von Lehrwerken genutzt und von der Lehrperson selbst erstellt.

wieder an ihre Plätze und arbeiten von nun an bis zum Ende der Doppelstunde individuell an Aufgaben zu linearen Funktionen. Während dieser Übungsphase wird das im Aushandlungsprozess der Sequenz entstandene Tafelbild erweitert, indem die Lehrperson einen Funktionsgraphen sowie die zugehörige Funktionsgleichung an der Tafel ergänzt.

8.6.2 Gliederung der Sequenz in Szenen

Szene	Turn	Titel	Geschehen
1	01–27	Definition des Wortes Auto(-mobil)	Die Frage *Was ist ein Auto?* und die Definition des Wortes Automobil werden geklärt.
2	28–43	Bestandteile von Autos und Funktionen	Der Zusammenhang zwischen einem Auto bzw. den Teilen eines Autos und einer Funktion bzw. den Teilen einer Funktion wird thematisiert.
3	44–58	Ein beispielhafter funktionaler Zusammenhang	Das von einem Schüler selbstgewählte Beispiel mit Tischen und Tischbeinen wird als funktionaler Zusammenhang diskutiert.
4	59–92	Beschriftung der Tafel	Der funktionale Zusammenhang wird an der Tafel festgehalten und die zugehörigen Teile einer Funktion werden zugeordnet.

8.6.3 Transkript der Sequenz

Turn		Name	Verbale, paraverbale und nonverbale Aktivitäten
01		L	ok . gut \ dann wolln wir durchstarten meine Damen und Herrn\ .. ähm.. und . ähm .. flink\ mit eurer Anleitung damit ihr in die Anleitung Ergänzungen machen könnt\ . Federmappe Schreibunterlage\
02		Sm	[Lernende von Klassenstufe 8 bringen Material und Stühle mit und bilden einen Halbkreis vor der Tafel. Lernende von 7 bleiben arbeiten still an ihrem Platz] Sitzplan zu diesem Zeitpunkt: 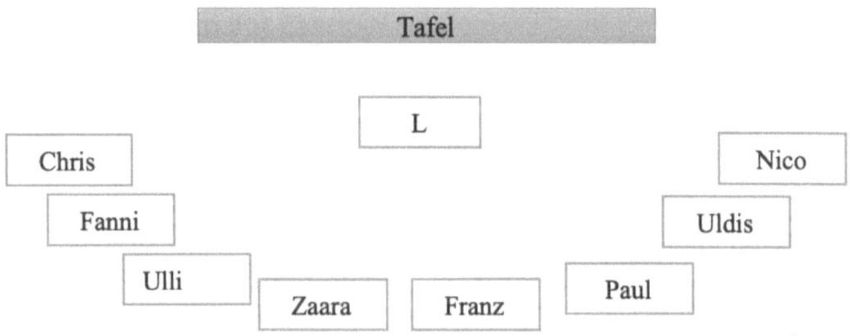
03		L	so\ .. ähm . ihr schlagt bitte die . ähm die **S e i t e**/ .. die Seite **zwölf**\ so
04		Sm	[Lernende der 8. Klasse blättern in ihren Skripten und tuscheln miteinander]
05		L	ich möchte nur dass du das Ganze noch einmal hörst\ .. genau\ .. also was eine Funktion **ist**/ habn wir besprochen\ diese eindeutige Zuordnung . ja/ ..

			Beispiel äh jetz also äh also ne Adaption/ (5) ich frage dich jetzt was ist ein .. **Auto**/ (6) ja/
06		Uldis	was ist ein Auto/
07		L	was ist ein Auto [nickt]
08		Franz	eine Funktion
09		L	nein nein nein also was ist ein Auto\ du versuchst mir jetzt zu erklärn isch hab keene Ahnung\ Auto\ also so jetzt sagst du mir weil ich ja keene Ahnung hab ich komm hier [zuckt mit den Schultern] keene Ahnung ausm (*unverständlich*)
10	<	Ulli	ein Fahrzeug\ [nickt]
11	<	Sm	ein Fahrzeug
12		L	das reicht nich [hebt den rechten Zeigefinger]
13		Ulli	zur Fortbewegung (auf dem)
14		L	na reicht immer noch nicht
15		Ulli	da könn Leute drin sitzen#
16	#	Paul	[ruft] ein **motorisiertes** Fahrzeug mit
17		Chris	da könn Leute drin sitzen
18		L	[lacht kurz auf, nickt und trinkt einen Schluck aus seiner Tasse]
19		Chris	das transportiert mehrere Leute
20		L	ist noch kein . sondern **Auto** heißt übersetzt .. Automobil\ [stellt Tasse auf dem Tisch neben sich ab] also Automobil äh heißt es vollständig und jetzt übersetzt [hebt den rechten Zeigefinger] mobil für fahren das habt ihr erfasst\ Fahrzeug\ aber wofür steht Auto/
21		Nico	automatisch\
22		L	ja na da is es ja keene Übersetzung [schüttelt mit dem Kopf]
23		Nico	ja also Automobil steht eigentlich für . automatisches Fahrzeug sozusagen . so selbst . selbst [kreist Hände ineinander]
24		L	das is derselbe Wortstamm Auto automatisch
25		Nico	selbstfahrend [macht mit Zeigefinger eine Kreisbewegung]
26		L	[zeigt auf Nico] ja . da hastes genau\ . das is die Übersetzung\ Auto selbst\. also . das heißt/ . automatisch heißt es geschieht von selbst\ ja/ Automobil/ selbst fahrendes oder äh ja sich selbst bewegendes Gefährt\ oder so\ ja/ so . selbstfahrend\ jetz wissen wir was ein Auto mobil ist\
27		Sm	[mehrere Lernende nicken]
28		L	bei ner Funktion was ist **d a s**/. eine eindeutige Zuordnung einer Menge . der Elemente ener Menge [zeigt nach rechts] zu den Elementen ner andern Menge\ [zeigt nach links] . und darum gehts jetzt aber **nicht** in der Frage .. nachdem wir wissen was es ist wird jetzt gefragt/
29		Uldis	was macht es/
30		Paul	nee\ aus was besteht eine Funktion/
31		L	joa jetzt würdest du sagen **wieder** adaptiert hieße das/ woraus besteht ein/
32		Uldis	Auto\
33		L	[nickt und lehnt sich auf seinem Stuhl zurück] is klar/

34		Sm	[mehrere Lernende nicken]
35		L	jetzt zählst du off hier eben Karosse und weiter pi pa po [Auf- und Ab-Bewegungen mit der rechten Hand] nä is klar nennst die einzelnen Teile/ und **das** [zeigt auf Uldis und Nico] wolln wir jetz für die Funktionen tun\ **darum** gehts [hebt den linken Zeigefinger] es geht nich mehr darum hier jetz die Funktion zu definiern [zeigt auf Chris] festzulegn was das sein soll\ das ham wir vorneweg gemacht\ ja/ [nickt] jetzt gehts nachdem wir wissen was das is/ ein selbstfahrendes Mobil [nickt] nä/ es ist eine eindeutige Zuordnung/ . klärn wir jetzt aus welchen Einzelteiln besteht sie\ . ja/ **darum** gehts in dem Kapitel [nickt Paul und Uldis zu] ja/ so und da stellst du fest aus wie vielen Teilen besteht so eine . Funktion/ [schaut Paul an]
36	*	Paul	[schaut in sein Skript] aus drei
37		L	[nickt Paul zu] nämlich/
38		Paul	[schaut in sein Skript] der der Definitions#
39	#	Chris	Grundmenge\ [schaut in sein Skript]
40		Paul	dem Definitionsbereich/ (die Grundmenge)
41		L	[nickt Paul zu] das heißt/ genau das\ richtig und jetz
42		Paul	und der zugeordneten Menge . und der Zuordnungsvorschrift
43		L	[nickt und hebt den Zeigefinger] da ham wirs\ die drei und was äh also is gut genau\ die drei Teile\ und **die** tauchen in und diese drei Teile erkennst du in jeder Darstellungsform\ [nickt Zaara und Ulli zu] . gehn wir die einzelnen Darstellungsformen durch [steht auf und geht zu Uldis] nehmen wir uns ein Beispiel/ das **nicht** da drin [zeigt auf das Skript von Uldis] aufgeführt ist\ [geht zur Tafel] fällt dir schnell ein funktionaler Zusammenhang in Worten ein/ . [schreibt *Teile* oben mittig an die Tafel]
44		Chris	... der Tisch wird den Tischbeinen zugeordnet\
45		L	ja fast . oke ich kürze jetz ma ab hier woraus besteht ne Funktion hast du#
46	#	Uldis	nich wieder sowas mit den Tischen also (*unverständlich*)
47	>	Sm	[mehrere Lernende nicken oder murmeln]
48	>	L	mh . was äh [geht zu Uldis] ruhig ein Beispiel
49		Uldis	das Auto wird den Rädern zugeordnet\
50		Paul	[grinst] hä aber das is was andres
51		L	jaja das würd auch funktioniern also die Menge der Autos wird
52		Paul	[grinsend zu Uldis] das is das Gleiche
53		Uldis	ja Paul [verschränkt die Arme vor der Brust]
54		Franz	[schaut in sein Skript] hier die Menge der Erbsen wird der Menge der
55		L	nein das is äh
56		Franz	der Menge der äh
57		L	nein das is ein pscht ma bitte ruhig verwendet

			bitte ein Beispiel in dem du das dann och tatsächlich als Gleichung darstellst\ . gibt ja welche da lohnt nie wirklich so ne Gleichung\ . obwohl bei dir wirds ne Gleichung [zeigt auf Chris] . doch / es wird ne Gleichung Chris wenn du so eene wenn du so bissl doch . das wird ne Gleichung\
58		Uldis	nich schon wieder Alter
59		L	[geht zur Tafel] ja nämlich/ sagen wir mal an du hattest gesagt
60		Chris	die Menge der der Tische wird der Menge der Tischbeine zugeordnet\
61		L	genau \ [Schreibt an Tafel: *Bsp. Die Menge der Tische wird der Menge der Tischbeine zugeordnet.* Dreht sich um und geht zu Zaara, Franz und Ulli, welche tuscheln] äh hier Zaara einfach einfach hinsetzen sagen nee ich bin nä in der Lage hier zu folgen ich setz mich dahin\ is oke [zeigt auf den Sitzplatz von Zaara weiter hinten im Klassenraum] . . weil du hast den kompletten Gedankengang ausgelassen\. das hast du alles nä mitgeschrieben
62		Zaara	(*unverständlich*)
63		L	na da lass es doch weg\ da da setz dich doch einfach auf deinen Platz und fertig\ is doch oke (5) [zuckt mit den Schultern] so also die Menge der Tische **wird** der Menge/ der . Tisch**beine** . zugeordnet\ oke . jetz kannst du natürlich sagen oke . äh also wir müssen uns jetzt auf **eine Sorte** beschränken sonst
64	>	Chris	vier Beine
65	>	L	wirds nich ganz\ oke [schreibt *(vierbeinig)* unter *Tische*] das **muss** hin .. also nee es muss nich unbedingt hin aber es lässt sich einfacher darstelln\ sagen wir mal so\ obwohl/ ja jetz is es vollständig so\ [zu Uldis] jetzt nennst du bitte die einzelnen Teile . los gehts .
66		Uldis	ähm . . [schaut in sein Skript] die die Grundmenge/
67		L	jaa wären/
68		Uldis	Tischbeine äh sind die äh .
69	<	Paul	Grundmenge
70	<	Uldis	Grundmenge
71		L	joah [unterstreicht *Tischbeine* grün]
72		Uldis	und die Tische sind die zugeordnete Menge\
73		L	[unterstreicht *Tische* blau] genau . und jetzt fehlt was noch/ das dritte Teil
74		Franz	Zuordnungsvorschrift
75			[nickt] genau und dann sag ma bitte/ . was würdest du als Zuordnungsvorschrift hier identifiziern/
76	>	Franz	Tisch
77	>	Chris	sind viermal so viele Tischbeine wie Tische
78		L	also / . was soll ich unterstreichen [schaut zu Chris]
79		Franz	Tisch mal vier
80		Chris	vierbeinig\
81		L	ja oke [unterstreicht *vierbeinig* rot]
82		Franz	ach da oke

83		L	genau\ also . jetzt könnten wir alle drei Teile benennen\ ja/ **Grundmenge**\ [schreibt *Grundmenge* in grün unter *Tischbeine*] also hier fürs Beispiel du hast es ja im Heft alles stehn nä/ **zu**geordnete Menge [schreibt *zugeordnete Menge* in blau unter *Tische*] . **und**/ wo soll ich die wo soll ich die Zuordnungsvorschrift hinschreiben
84		Paul	dazwischen
85		L	ja also [schreibt *Zuordnungsvorschrift* in rot unter *(vierbeinig)*] Tafelbild: 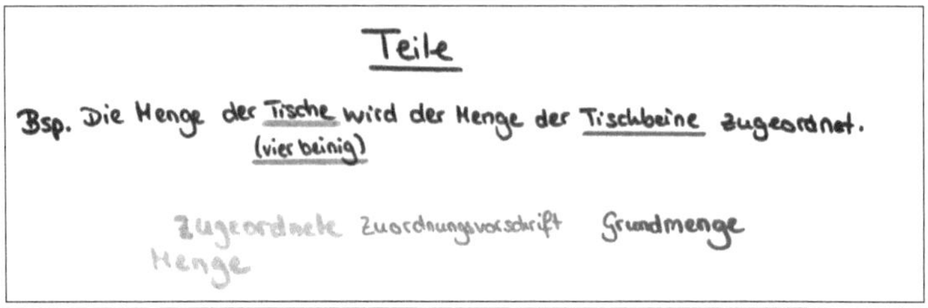
86		Uldis	ich versteh aber nich ganz warum jetz die Tische die zugeordnete Menge sind und die Grundmenge die Tisch**beine**
87		L	gucke [zeigt auf *Die Menge der Tische*]
88		Uldis	weil die Menge der **Tische** wird ja der Menge der Tischb
89		L	wird [zeigt auf *wird* im Beispielsatz an der Tafel]
90		Chris	[zu Uldis] **Tische** ordnet man den Beinen zu
91		L	genau das . [zeigt auf *wird*] lies es ganz in Ruhe
92		Uldis	achso jaja

8.6.4 Zusammenfassende Analyse der Sequenz

Zusammenfassende Interaktionsanalyse mit Fokus auf den Lebensweltbezug

In der Sequenz *Was ist ein Auto?* stellt die Verbindung zwischen der Definition sowie den zugehörigen Bestandteilen eines Autos und der Definition sowie den Bestandteilen einer mathematischen Funktion den Lebensweltbezug dar. Zu Beginn der Sequenz fordert die Lehrperson die Lernenden auf, sich mit ihrer Anleitung (Skripten) sowie Schreibzubehör vor der Tafel einzufinden und deutet darauf hin, dass nachfolgend Ergänzungen von den Lernenden in ihren Anleitungen vorgenommen werden sollen (T. 01). Hierdurch wird bei den Lernenden eventuell die Erwartungshaltung aufgebaut, dass die nachfolgende Aushandlung einen mathematischen Sachverhalt aus ihrem Skript fokussiert und sie in der Pflicht sind, die mündlich formulierten Sachverhalte schriftlich in diesem zu ergänzen. Bei dem Begriff Anleitung (T. 01) könnten die Lernenden zudem davon ausgehen, dass es nachfolgend um ein kleinschrittiges und präzise angeleitetes Vorgehen geht, da sie die Textsorte Anleitung beispielsweise aus Benutzerhandbüchern kennen. Dementsprechend könnte es die Lernenden verwundern, dass die Lehrperson kurz darauf betont, dass es nachfolgend eher darum geht, das Ganze – also etwas bereits Bekanntes – wiederholt zu hören (T. 05). Wenngleich die Lehrperson dies nicht präzisiert, scheint sie hiermit auf die Definition einer mathematischen Funktion zu verweisen, die bereits in der vorangegangenen Mathematikstunde als `eindeutige Zuordnung` beschrieben wurde (T. 05). Daraufhin bezeichnet die Lehrperson die Frage `was ist ein .. Auto/` als `Adaption` für diesen mathematischen Sachverhalt (T. 05). Der Begriff Adaption bedeutet vordergründig Anpassung und könnte den Lernenden aus dem Biologieunterricht im Kontext der Adaption des Auges zur Anpassung an Helligkeitsunterschiede bekannt sein. Bei der unmittelbar an die Lernenden gerichtete Frage `Was ist ein Auto/` bleibt vorerst offen, inwiefern diese Frage eine Anpassung beziehungsweise Adaption an den mathematischen Lerngegenstand (linearer) Funktionen darstellt. Mehrere kurze wie auch lange Pausen in den Aussagen der Lehrperson bereits zu Beginn der Sequenz (T. 01, 03, 05) können als Hinweis dafür interpretiert werden, dass die Lehrperson diese `Adaption` beziehungsweise diesen Lebensweltbezug spontan in den Unterricht einbringt und hierbei nicht auf einen vorbereiteten Unterrichtsentwurf zurückgreift. Uldis scheint von der Frage der Lehrperson zuerst verunsichert, da er sie wiederholt (`was ist ein Auto/`, T. 06). Nach der erneuten Wiederholung der Frage durch die Lehrperson (T. 07) äußert Franz leise eine an den Inhalten des Mathematikunterrichts orientierte Antwort: `eine Funktion` (T. 08). Das mehrfache `nein` sowie die weitere Aussage der Lehrperson in Turn 09 können als Hinweis dafür interpretiert werden, dass vorerst nicht Funktionen beziehungsweise mathematische Inhalte im Vordergrund stehen, sondern vielmehr eine an der außermathematischen Erfahrungswelt orientierte Erklärung von den Lernenden verlangt wird. Die nachfolgenden Aussagen der Beteiligten sind knapp, folgen dicht aufeinander und wirken wie ein Ratespiel auf der Suche nach der von der Lehrperson erwarteten Antwort (T. 10–19). Die Lernenden leisten der Aufforderung der Lehrperson Folge und `erklärn` (T. 09) den Alltagsgegenstand Auto. Hierfür bringen sie zum Beispiel an, dass es sich bei einem Auto um `ein` **`motorisiertes`** `Fahrzeug` (T. 16) handelt, in dem `Leute drin sitzen können` (T. 15) und `das mehrere Leute transportiert` (T. 19). Diese Antworten sind vordergründig außermathematisch orientiert und eine Verbindung zur mathematischen Thematik von Funktionen wird hierbei nicht deutlich. Die Lehrperson scheint jedoch andere als die bisher von den Lernenden angebrachten Antworten zu erwarten und präzisiert ihre Frage darum eventuell: `also Automobil heißt es vollständig und jetzt übersetzt` [hebt den rechten Zeigefinger] `mobil für fahren das habt ihr erfasst\ Fahrzeug\ aber wofür steht Auto/` (T. 20). Es scheint demnach nicht länger um eine Erklärung des Autos zu gehen (T. 09), sondern vielmehr um eine *Übersetzung* (T. 20, 22, 26). Eine solche Übersetzung zielt eher darauf ab, auf die semantische Bedeutung des Begriffes *Automobil* einzugehen und weniger darauf, das Objekt Auto zu beschreiben. Nachdem der Begriff Automobil schließlich als `selbst fahrendes oder äh ja sich selbst bewegendes Gefährt` übersetzt wurde (T. 26), bringt die Lehrperson diese Übersetzung mit dem mathematischen Thema Funktionen in Verbindung. In Turn 28 betont sie, dass es nun analog zur Auto-Thematik nicht darum gehe, was eine Funktion ist – es geht demnach nicht darum, eine Funktion zu erklären, zu definieren oder zu ‚übersetzen'. Vielmehr richtet die Lehrperson die Frage nach dem, was nachfolgend bedeutsam ist, an die Lernenden: `nachdem wir wissen was` es ist wird jetzt gefragt/ (T. 28). Daraufhin äußert Uldis die vordergründig außermathematisch am Auto-Sachverhalt orientierte Frage was macht es/ (T. 29), während Paul direkt im Anschluss die eher am mathematischen Funktions-Sachverhalt orientierte Frage äußert aus was besteht eine Funktion/ (T. 30). Die Lehrperson reagiert mit joa (T. 31) positiv evaluierend darauf und scheint bei der erneuten ‚Adaption' beiden geäußerten Fragestellungen etwas zu entnehmen: adaptiert hieße das/ woraus besteht ein/ (T. 31), was von Uldis mit dem Begriff Auto/ (T. 32) zu einer vollständigen Frage ergänzt wird. Daraufhin fasst die Lehrperson zusammen, dass durch die Fragestellung einzelne Teile eines Autos genannt werden sollten: jetzt zählst du off hier eben Karosse und weiter pi pa po [Auf- und Ab-Bewegungen mit der rechten Hand] nä is klar nennst die einzelnen Teile/ (T. 35). Anstelle, dass die Lernenden nun jedoch einzelne Autoteile benennen, fährt die Lehrperson eigenständig fort und bringt die Auto-Thematik erneut in Verbindung mit dem Thema der mathematischen Funktionen: und **das** wolln wir jetz für die Funktionen tun\ [...] **darum** gehts in dem Kapitel (T. 35). Mit Kapitel könnte die Lehrperson sowohl die aktuelle Mathematikstunde wie auch einen bestimmten Abschnitt im Skript der Lernenden meinen.

Nachdem die Teile einer Funktion – Grundmenge beziehungsweise Definitionsbereich, Zuordnungsvorschrift sowie zugeordnete Menge – von Chris und Paul anhand des Skriptes genannt wurden (T. 38, 39, 40, 42), fragt die Lehrperson die Lernenden, ob ihnen schnell ein funktionaler Zusammenhang in Worten einfällt (T. 43). Von den Lernenden scheint demnach erwartet zu werden, eigenständig einen außermathematischen Sachverhalt mit dem mathematischen Thema einer Funktion beziehungsweise einer funktionalen Zuordnung zu verbinden und diesen zu verbalisieren – die Lernenden sollen somit scheinbar selbst zu den Urheber*innen eines Lebensweltbezugs werden. Chris schlägt vor: der Tisch wird den Tischbeinen zugeordnet (T. 44). Dieser funktionale Zusammenhang wird nach einer kurzen Diskussion (T. 45–58) von der Lehrperson als korrektes Beispiel anerkannt (T. 57, 59). Dieses Beispiel scheint den Lernenden bereits bekannt zu sein, was anhand der Reaktionen von Uldis (T. 46, 58) sowie der schnellen Reaktion von Chris auf den Hinweis der Lehrperson, man müsse sich bei den Tischen auf **eine Sorte** beschränken (T. 63, 64) naheliegend erscheint. Zudem sind die Lernenden bereits mit dem Verbalisieren solcher funktionalen Zusammenhänge vertraut, da diese in den vorangegangenen Mathematikstunden bereits eine Rolle gespielt haben. Auch Uldis bringt ein Beispiel ein, das inhaltlich sehr nah an der Aussage von Chris aus Turn 44 ist und darüber hinaus die vorausgegangene Auseinandersetzung mit dem Thema Auto aufgreift: das Auto wird den Rädern zugeordnet\ (T. 49). Dieses Beispiel scheint die Lehrperson zuerst aufgreifen zu wollen (T. 51), verschriftlicht jedoch schließlich das von Chris angebrachte – bereits erprobte – Tisch-Tischbeine-Beispiel an der Tafel (T. 61).

Nach einer kurzen Unterbrechung, in der die Lehrperson Zaara für das Tuscheln ermahnt (T. 61–63) wird der in einem Satz formulierte funktionale Zusammenhang an der Tafel vervollständigt, indem durch die Ergänzung vierbeinig die Sorte der Tische eingegrenzt wird (T. 63–65). An dieser Stelle des Aushandlungsprozesses scheint die Lehrperson unsicher, da sie zuerst äußert, diese Einschränkung (vierbeinige Tische) `muss hin`, daraufhin jedoch meint `es muss nicht unbedingt hin aber es lässt sich einfacher darstelln` und nach einem eventuell eher zu sich selbst gerichteten `obwohl/` resümiert `ja jetz is es vollständig so\` (T. 65). Am Ende der Sequenz *Was ist ein Auto?* fordert die Lehrperson die Schüler*innen dazu auf, die drei Teile einer Funktion zu nennen und dem an der Tafel fixierten funktionalen Zusammenhang zuzuordnen, woraufhin Uldis, Paul, Franz und Chris die jeweiligen Bestandteile nennen und zuordnen (T. 65–80). Die Lehrperson hebt durch die Nutzung unterschiedlicher Kreidefarben diese Bestandteile durch Unterstreichungen hervor und ergänzt die Begriffe für die drei Teile einer Funktion in der zugehörigen Farbe an der Tafel (T. 81, 83, 85). Die Sequenz endet nach einer Zwischenfrage von Uldis, warum die Tischbeine die Grundmenge sind (T. 86), für dessen Klärung die Lehrperson auf das Wort *wird* an der Tafel zeigt (T. 89) und Chris äußert **`Tische`** `ordnet man den Beinen zu` (T. 90). Inwiefern sich die Frage für Uldis damit klärt, bleibt offen, da das von ihm abschließend geäußerte `achso jaja` (T. 92) vielseitig interpretierbar ist und beispielsweise auch als Indiz gedeutet werden kann, dass Uldis sich weiterhin unsicher ist, aber seine Unwissenheit nicht weiter offenbaren möchte. Daraufhin werden die Lernenden von der Lehrperson an ihre Plätze zurückgeschickt und bearbeiten individuell zugehörige Aufgaben in ihrem Skript.

Anschlussfähigkeit

Sowohl der mathematische wie auch der außermathematische Sachverhalt scheinen an die Erfahrungen und Kenntnisse der Lernenden anzuschließen. In der vorausgegangenen Mathematikstunde haben sich die Lernenden bereits mit linearen Funktionen und ihren Darstellungsmöglichkeiten beschäftigt (Tabelle, Funktionsgleichung, Graph im Koordinatensystem, verbal formulierter funktionaler Zusammenhang). Darüber hinaus ist anzunehmen, dass die Schüler*innen wissen, was ein Auto ist. Auch der Sprachgebrauch scheint anschlussfähig an die Erfahrungen und Gewohnheiten der Lernenden zu sein, da sowohl die Lehrperson wie auch die Lernenden vordergründig eine informelle und am Alltag orientierte Sprache nutzen. Weniger anschlussfähig an die Erwartungen und Erfahrungen der Lernenden scheint jedoch die Auseinandersetzung damit zu sein, was ein Auto ist und wie der Begriff *Automobil* übersetzt wird. Diese Deutung wird durch die Rückfrage von Uldis in Turn 06 sowie die vielseitigen Erklärungsvorschläge der Lernenden zum Begriff Auto deutlich (bspw. T. 10, 13, 15, 17, 19). Insbesondere die erste Szene der Sequenz hat eher den Charakter eines Ratespiels, bei dem die Lernenden durch inhaltliche und sprachliche Variationen mehrere Versuche unternehmen, die von der Lehrperson erwartete Antwort zu erraten. Die Fragen zum Thema Auto provozieren eigentlich keine mathematisch orientierten Antworten. Doch die Aussagen von Franz in Turn 08 (`eine Funktion`) sowie von Paul in Turn 30 (`aus was besteht eine Funktion`) deuten darauf hin, dass einige Schüler*innen – aufgrund ihrer jahrelangen Sozialisierung in den Mathematikunterricht und die damit einhergehenden Erfahrungen mit

Lebensweltbezügen – auch bei einer außermathematisch orientierten Fragestellung etwas Mathematisches zu erwarten scheinen, sofern diese Frage innerhalb des Mathematikunterrichts gestellt wird. Darüber hinaus expliziert die Lehrperson nicht, inwiefern die Erklärung des Begriffs Automobil mit dem Thema linearer Funktionen zusammenhängt und zur Veranschaulichung oder Vertiefung dieses mathematischen Lerngegenstandes beitragen kann. Zudem ist ein Auto im Vergleich zu einer Funktion – insbesondere was die einzelnen Bestandteile betrifft – ein komplexer(er) Gegenstand, der sich aus deutlich mehr als nur drei Teilen zusammensetzt, weshalb eine Erklärung und Definition von Auto beziehungsweise Automobil für die Lernenden besonders herausfordernd sein könnten, da für die Lernenden nicht klar zu sein scheint, worauf die Lehrperson mit den Fragestellungen zum Thema Auto abzielt.

Reichhaltigkeit

Bezüglich der Reichhaltigkeit des Lebensweltbezugs der Sequenz liegt der mathematische Fokus vordergründig auf den drei Bestandteilen einer mathematischen Funktion. Diese können die Lernenden ihrem Skript entnehmen: Grundmenge, zugeordnete Menge sowie Zuordnungsvorschrift. Darüber hinaus scheint im Skript außerdem der Begriff *Definitionsbereich* vorzukommen, da er von Paul geäußert wird (T. 40). Die außermathematische Auto-Thematik scheint in einigen Aspekten zum mathematischen Sachverhalt zu passen, widerspricht sich in anderen Aspekten jedoch: Sowohl ein Auto wie auch eine mathematische Funktion können definiert werden – beispielsweise unter Rückgriff auf die Übersetzung ihres fremdsprachigen Wortstammes. Eine Funktion wie auch ein Auto setzen sich aus mehreren Bestandteilen zusammen und können verschiedene Erscheinungsformen haben (z.B. lineare Funktion, quadratische Funktion, Graph, Wertetabelle, beziehungsweise Cabriolet, Geländewagen, Limousine). Eine Deutung für die Verbindung des Auto-Sachverhalts mit dem mathematischen Thema von Funktionen ist, dass die Lehrperson mithilfe dieses Lebensweltbezugs zu veranschaulichen versucht, dass Objekte der Mathematik wie auch Objekte des Alltags zum einen erklärt beziehungsweise definiert werden können und dass sie sich zum anderen aus einzelnen Bestandteilen zusammensetzen. Eventuell wird in der Sequenz neben der Definition darum nun auch die Aufzählung von Bestandteilen gefordert, weil eine Definition für ein tiefes und ‚echtes' Verständnis nicht ausreicht. So scheint das Verständnis von mathematischen Funktionen aus Sicht der Lehrperson auch die Kenntnis ihrer Bestandteile und Darstellungsformen zu erfordern, denn `diese drei Teile erkennst du in jeder Darstellungsform` (T. 43). Diese Aussage ist aus mathematischer Perspektive fehlerhaft: So muss etwa die Zuordnungsvorschrift bei einer Wertetabelle oder einer im Koordinatensystem dargestellten Funktion zuerst anhand der Daten ermittelt werden. Aus mathematischer Perspektive erscheint zudem die von Uldis in Turn 86 geäußerte Frage berechtigt (`ich versteh aber nich ganz warum jetz die Tische die zugeordnete Menge sind und die Grundmenge die Tisch`**`beine`**). Anstelle jeder Gruppe aus vier Tischbeinen einen Tisch zuzuordnen, könnten auch jedem Tisch vier Tischbeine zugeordnet werden. Insgesamt liegt der Fokus des Lebensweltbezugs der

Sequenz seitens der Lehrperson nicht auf der Definition eines Automobils oder einer Funktion, sondern vielmehr auf den Bestandteilen einer Funktion, was in Turn 35 auch explizit von ihr betont wird (**darum** gehts [hebt den linken Zeigefinger] es geht nich mehr darum hier jetz die Funktion zu definiern [zeigt auf Chris] festzulegn was das sein soll\ das ham wir vorneweg gemacht\). Inwiefern auch die Lernenden den Fokus auf die Bestandteile einer mathematischen Funktion legen und inwiefern sich die Frage von Chris aus Turn 86 für ihn geklärt hat, bleibt offen.

Authentizität

Durch die Auseinandersetzung mit den Fragestellungen sowie *Was heißt Automobil übersetzt?* könnten die Lernenden zum Nachdenken und Reflektieren über einen bekannten Gegenstand des Alltags sowie dessen Wortbedeutung angeregt werden. Der Lebensweltbezug der Sequenz ist somit dahingehend authentisch, da er authentische Fragen zum außermathematischen Sachverhalt initiieren könnte. Inwiefern die von der Lehrperson sogenannte *Übersetzung* (T. 20, 22, 26) des Wortes Automobil einen Beitrag für die Annäherung an den mathematischen Sachverhalt linearer Funktionen leistet, bleibt jedoch offen. Denkbar ist, dass die Lernenden den Auto-Sachverhalt als schmückendes Beiwerk für den mathematischen Sachverhalt deuten und dass dieser beliebig mit anderen außermathematischen Sachverhalten ausgetauscht werden könnte. Diese Deutung wird dadurch bekräftigt, dass nicht das von Uldis aufgeführte Auto-Räder-Beispiel hinzugezogen wird (T. 49), sondern das (vermutlich bereits bekannte) Tisch-Tischbeine-Beispiel von Chris (T. 44). Ab diesem Zeitpunkt ist die Begriffsklärung des Wortes Automobil sowie das Nennen von Teilen eines Autos nicht länger von Bedeutung im interaktiven Aushandlungsprozess. Da die Auseinandersetzung mit dem außermathematischen Auto-Sachverhalt insgesamt kaum angeregt wird, ist der Lebensweltbezug der Sequenz nur bedingt authentisch. Zwar haben die Lernenden in der Sequenz die Chance, selbst zu den Urheber*innen eines Lebensweltbezugs zu werden (fällt dir schnell ein funktionaler Zusammenhang in Worten ein/, T. 43), doch sie scheinen sich hierbei vordergründig an vorausgegangenen Aushandlungen des Mathematikunterrichts zu orientieren. Denn es ist fraglich, ob der Tisch-Tischbeine-Sachverhalt oder der Auto-Räder-Sachverhalt tatsächlich interessant und relevant für die Lernenden sind.

Entwicklung

Die vor allem zu Beginn des Aushandlungsgeschehens sehr präsente Auto-Thematik spielt am Ende der Sequenz keine Rolle mehr im Aushandlungsprozess. Das Außermathematische scheint somit im Verlauf der Aushandlung an Bedeutung zu verlieren. Bei der Fokussierung auf mathematische Aspekte scheint die Interaktion in dieser Sequenz zudem reibungsloser und ‚glatter' zu verlaufen als bei der Fokussierung auf den außermathematischen Auto-Sachverhalt. So wirkt die Phase der Fokussierung des Außermathematischen im Zusammenhang mit der Klärung des Autobegriffs eher wie ein Ratespiel (T. 01–35), während die Lernenden auf die mathematisch orientierten Fragestellungen schnell(er) die anscheinend von der Lehrperson erwarteten Antworten äußern (T. 36–92). Vor allem im Zusammenhang mit dem Auto-Sachverhalt zu Beginn der Sequenz wird deutlich: „Der Versuch, gemäß dem Verstehenshorizont und den Erwartungen des jeweils Anderen zu handeln, gelingt jedoch nicht immer" (Neth & Voigt, 1991, S. 83). Bei der Fokussierung mathematischer Inhalte scheinen Lehrperson und Lernende sicher(er) zu sein und wirken besser aufeinander eingespielt, was sich auch im Sprachgebrauch niederschlägt.

Analyse der sprachlichen Aspekte

Der Sprachgebrauch der Sequenz kennzeichnet sich vor allem durch eine alltagsnahe und stark an den Kontext der Interaktion gebundene Sprache, weist gleichzeitig aber auch einige Merkmale auf, die vielfach eher einer schulischen Bildungssprache zugeschrieben werden. So können in der Sequenz neben der Nominalisierung `das Ganze` (T. 05) einige nominale Zusammensetzungen rekonstruiert werden, die bis auf die letztgenannte ausschließlich von der Lehrperson verbalisiert werden: `Automobil` (T. 20, 26), `Darstellungsformen` (T. 43) sowie `Tischbeine` (bspw. T. 44, 60, 63). Ähnlich wie bei den nominalen Zusammensetzungen können auch die in der Sequenz verwendeten Fachbegriffe sowohl dem mathematischen Kontext wie auch dem außermathematischen Kontext zugeschrieben werden. An der außermathematischen Thematik orientierte Fachbegriffe sind beispielsweise **`motorisiert`** (T. 16), `transportiert` (T. 19), `automatisch` (T. 21) sowie `Karosse` (T. 35), die bis auf den zuletzt genannten Begriff von den Lernenden in den interaktiven Aushandlungsprozess eingebracht werden. Im Kontext des mathematischen Lerngegenstandes werden deutlich mehr Fachbegriffe geäußert. Diese werden jedoch zumeist zuerst von der Lehrperson in die Interaktion eingebracht: `Funktionen` (bspw. T. 01, 05, 35), `eindeutige Zuordnung` (T. 05, 28, 35), `Elemente ener Menge/Elemente ner andern Menge` (T. 28), `Darstellungsform` (T. 43) sowie `Gleichung` (T. 57). Werden mathematische Fachbegriffe von den Lernenden in die Interaktion eingebracht, geschieht dies ausschließlich im Anschluss an eine explizite Aufforderung durch die Lehrperson zur Nennung dieser Fachbegriffe: `Grundmenge` (T. 39, 66, 69, 70), `Definitionsbereich` (T. 38, 40), `zugeordnete Menge` (T. 42, 72) sowie `Zuordnungsvorschrift` (T. 42, 74). Weiter Fachbegriffe, die auch über den Mathematikunterricht hinaus in anderen Kontexten verwendet werden, sind `Adaption` (T. 05) bzw. `adaptiert` (T. 31), `Übersetzung` (T. 22, 26) und `definieren` (T. 35), die allesamt ausschließlich von der Lehrperson genutzt werden. Die Anzahl der identifizierbaren mathematisch wie auch außermathematisch orientierten Fachbegriffe in der Sequenz ist somit hoch. Darüber hinaus können in der Sequenz auch Passivkonstruktionen rekonstruiert werden. Das Passiv wird von den Beteiligten in der Sequenz in solchen Momenten der Interaktion genutzt, in denen ein funktionaler Zusammenhang in Worten formuliert werden soll: `der Tisch wird den`

Tischbeinen zugeordnet (Chris, T. 44) sowie das Auto wird den Rädern zugeordnet (Uldis, T. 49). Der von Chris nochmals in Turn 60 geäußerte Tisch-Tischbeine-Zusammenhang wird darüber hinaus unter Verwendung des Passivs von der Lehrperson an der Tafel notiert (T. 61): Die Menge der Tische wird der Menge der Tischbeine zugeordnet. Im Bereich der Konjunktionen können sowohl die koordinierenden Konjunktionen und (bspw. T. 28, 35, 43, 83), oder (26) sowie aber (T. 20, 50, 65) wie auch die subordinierenden Konjunktionen dann (T. 01), damit (T. 01), weil (T. 09, 61, 88), sondern (T. 20), nachdem (T. 28, 35), obwohl (57, 65) sowie also (bspw. T. 05, 20, 23, 51, 83) identifiziert werden. Es werden demnach vielseitige und vor allem subordinierende Konjunktionen verwendet, um zwei Aussagen beziehungsweise Sätze und Satzteile miteinander zu verbinden, was auf die Verwendung von Bildungssprache hindeutet (Gogolin & Lange, 2011; Heppt, 2016).

Neben diesen eher bildungs- beziehungsweise fachsprachlichen Merkmalen kennzeichnet sich der Sprachgebrauch zugleich durch eine in hohem Grad von Kontextgebundenheit, der eher typisch für alltagsnahe und informelle Kommunikationsanlässe ist. Dies wird vor allem durch die Verwendung deiktischer Ausdrücke wie hier (T. 09, 35, 61), jetzt (bspw. T. 05, 26, 35, 45, 63, 73, 86) und da (T. 15, 17, 26, 43) beeinflusst, durch die eine Aussage sprachlich an den Interaktionskontext gebunden wird. Weiterhin tragen auch die Verwendung von Mimik und Gestik wie Nicken (bspw. T. 07, 10, 27, 34, 37), Kopfschütteln (T. 22), Schulterzucken (T. 09, 63), Zeigegesten mit den Händen oder Fingern (bspw. T. 12, 23, 25, 28, 35, 61, 89) sowie Blicke und Blickwechsel (T. 50, 52) zur Kontextgebundenheit bei. Hierbei greifen die Beteiligten auf nonverbale und paraverbale kommunikative Mittel zurück, um den anderen Beteiligten etwas mitzuteilen. Insgesamt – so die Annahme – wäre eine Vielzahl der verbalen Aussagen der Sequenz auch ohne Kenntnisse zur Mimik und Gestik weitestgehend von den Beteiligten nachvollziehbar. Diese in der Sequenz hinzugezogenen nonverbalen kommunikativen Ressourcen beeinflussen einerseits einen hohen Grad an Kontextgebundenheit, scheinen jedoch auf sprachlich-inhaltlicher Ebene kaum einen Beitrag zur Auseinandersetzung mit dem fachlichen Lerngegenstand zu liefern. Vielmehr scheinen sie als Verstärker oder Stütze für die verbalen Aussagen zu fungieren. Ab dem Zeitpunkt, in dem die Lehrperson den funktionalen Zusammenhang sowie die Bestandteile einer Funktion an der Tafel notiert (T. 61) verlangt ein inhaltliches Verständnis des Aushandlungsprozesses jedoch Kenntnisse zum Tafelbild der aktuellen Interaktionssituation. Die Beteiligten tauschen sich über das aus, was visuell an der Tafel sichtbar ist und auch para- und nonverbale kommunikative Mittel transportieren in dieser Phase der Aushandlung eine inhaltliche Botschaft.

Vor allem der Sprachgebrauch der Lehrperson kennzeichnet sich darüber hinaus durch zahlreiche Sprachverknappungen, dialektale Ausdrücke sowie unvollständige Aussagen, was ebenfalls eher Merkmale von außerschulischen und alltäglichen Interaktionen sind (Heppt, 2016). Aussagen der Lehrperson, die dies beispielhaft verdeutlichen, sind Turn 09 sowie Turn. Auch einige Aussagen der Lernenden weisen Sprachverknappungen wie Wortverschleifungen, Wortverkürzungen und unvollständige Aussagen auf (bspw. T. 23, 50), doch die Mehrzahl der von den Lernenden getätigten verbalen Aussagen orientiert sich an der Bildungs- beziehungsweise Standardsprache. Vor allem die kontextstiftenden Sprachverknappungen und deiktischen Begriffe in den Aussagen der Lehrperson scheinen somit in gewissem Widerspruch zur hohen Anzahl der von ihr verwendeten Fachbegriffe zu stehen und verdeutlichen die Koexistenz verschiedener Sprachregister innerhalb einer Aushandlung oder gar innerhalb einer einzelnen Aussage.

Zuletzt soll bei der Analyse der sprachlichen Aspekte auf situationsspezifische diskursive Anforderungen und Erwartungen eingegangen werden. So wird von den Lernenden in der ersten Szene (T. 01–27) verlangt, den Begriff Auto(-mobil) zu erklären beziehungsweise zu definieren. Dieser Aufforderung leisten die zu Wort kommenden Schüler*innen Folge und bringen vielseitige Erklärungsversuche ein (bspw. T. 10, 13, 16, 19, 21, 25). Wenngleich die Lehrperson anfangs nach einer ‚Erklärung' eines Autos gefragt hat, scheint es ihr im späteren Verlauf der Sequenz eher um eine ‚Übersetzung' des Begriffes Automobil zu gehen. Die von der Lehrperson zu Beginn der Aushandlung geäußerte Frage was ist ein Auto (T. 05, 07) zielt jedoch auf andere Antworten ab als die Frage `was heißt Automobil übersetzt/` (T. 20). Während der Klärung dieser beiden Fragestellungen hat die Interaktion den explorativen Charakter eines Ratespiels, bei dem die Lernenden schnell hintereinander unterschiedliche Vorschläge einbringen, die von der Lehrperson evaluiert werden (T. 09, 12, 14, 20, 22, 24, 26). Die Lernenden scheinen von der außermathematischen Fragestellung verunsichert, was beispielsweise an der Wiederholung der Frage durch Chris (T. 06) sowie einer mathematisch orientierten Antwort von Franz (T. 08) deutlich wird. Nach der Klärung dieser außermathematisch orientierten Fragestellung wechselt der Fokus scheinbar abrupt, da ab Turn 35 vor allem der mathematische Sachverhalt von Funktionen thematisiert wird: `jetzt gehts nachdem wir wissen was das is/ ein selbstfahrendes Mobil` [nickt] `nä/ es ist eine eindeutige Zuordnung/ . klärn wir jetzt aus welchen Einzelteiln besteht sie\ . ja/` **`darum`** `gehts in dem Kapitel` [nickt Paul und Uldis zu] `ja/ so und da stellst du fest aus wie vielen Teilen besteht so eine . Funktion/.`

Der übergangslose Wechsel von der Auto-Thematik hin zum mathematischen Lerngegenstand linearer Funktionen (T. 35) scheint jedoch bei den Lernenden nicht für Irritationen zu sorgen, da die Interaktion reibungslos fortgeführt wird und die Lernenden auf die Aufforderung der Lehrperson hin die Bestandteile einer Funktion nennen (T. 36–42). Auch das Aufstellen eines eigenen funktionalen Zusammenhangs in Worten scheint die Lernenden nicht zu verunsichern, da Chris, Uldis und Franz drei verschiedene Beispiele formulieren beziehungsweise zu formulieren beginnen (T. 44, 49, 54). In der vierten und letzten Szene der Sequenz (T. 59–92) scheinen die Aussagen der zu Wort kommenden Lernenden schneller den Erwartungen der Lehrperson zu entsprechen und die Interaktion verläuft tendenziell glatt und reibungslos: Die Schüler*innen beschränken ihre verbalen Aussagen auf wenige (Fach-)Begriffe, welche daraufhin von der Lehrperson an der Tafel notiert werden.

Analyse der möglichen Lernprozesse

In der Sequenz etabliert die Lehrperson mündlich einen Lebensweltbezug, bei dem der reale Alltagsgegenstand Auto mit dem abstrakt-symbolischen Objekt einer mathematischen Funktion verbunden wird. Eine Annahme ist, dass die Lehrperson durch die Thematisierung des allseits bekannten Objektes Auto die Lernenden ‚abzuholen' und ihnen damit einen erleichterten Zugang zu dem abstrakten Lerngegenstand linearer Funktionen bereitzustellen versucht. Es scheint der Lehrperson hierbei zuerst um eine angemessene Klärung der Fragen `was ist ein Auto/` (T. 05) und `wofür steht Auto/` [übersetzt] (T. 20) zu gehen, wenngleich die Klärung dieser Fragen für das Verständnis des mathematischen Sachverhalts Funktion nicht notwendig erscheint. Zudem betont die Lehrperson zu Beginn des Aushandlungsprozesses der Sequenz mehrfach, dass die von den Lernenden geäußerten Erklärungen und Übersetzungen nicht präzise oder aussagekräftig genug seien (`das reicht nich`, T. 12; `das reicht immer noch nicht`, T. 14; `da is es ja keene Übersetzung`, T. 22). Die Lernenden scheinen von den außermathematisch orientierten Fragestellungen der Sequenz *Was ist ein Auto?* irritiert und verunsichert. Die Verunsicherung einiger Schüler*innen, worauf die Lehrperson mit der Frage *Was ist ein Auto?* sowie der *Übersetzung* von Automobil abzielt, wird beispielsweise daran deutlich, dass sie mathematisch orientierte Antworten auf erfahrungsweltlich orientierte Fragen geben: `was ist ein Auto/` (Frage der Lehrperson in Turn 07), `eine Funktion` (Antwort von Franz in Turn 08) sowie `nachdem wir wissen was es ist wird jetzt gefragt/` (Frage der Lehrperson in Turn 28), `aus was besteht eine Funktion/` (Antwort von Paul in Turn 30).

Zu Beginn des Aushandlungsprozesses betont die Lehrperson zwar einerseits, dass es nun nicht darum gehe, eine Funktion zu definieren (T. 05, 28), verlangt andererseits im Folgenden eine Definition zu *Auto(-mobil)* (T. 09–26), was widersprüchlich erscheint. Im weiteren Verlauf der Sequenz stehen jedoch weder die Definition zu Funktionen noch die Definition (beziehungsweise Übersetzung) zum Begriff Auto(-mobil) im Vordergrund. Vielmehr scheint der inhaltliche Fokus der Aushandlung ab Turn 35 auf den Bestandteilen von (linearen) mathematischen Funktionen zu liegen, die in den Skripten der Lernenden aufgezählt werden und laut Aussage der Lehrperson in jeder Darstellungsform einer Funktion ‚erkannt' werden können (T. 35). Eine Deutung für das Vorgehen der Lehrperson ist, dass sie den Lernenden zu verdeutlichen versucht, dass ein Begriff oder Objekt zuerst definiert wird, bevor die Auseinandersetzung mit den einzelnen Bestandteilen erfolgen kann. Für den mathematischen Kern dieser Sequenz – also die Definition und insbesondere das Kennenlernen sowie Zuordnen der Bestandteile einer mathematischen Funktion – scheint es irrelevant, dass die Lernenden die Bedeutung und Definition von *Auto* kennen oder dass ihnen vergegenwärtigt wird, dass sich ein Auto sich aus mehreren Teilen zusammensetzt.

Vor allem in den Momenten des interaktiven Aushandlungsprozesses, in denen der außermathematische Auto-Sachverhalt sehr präsent ist, hat die Interaktion einen explorativen und quizartigen Charakter (T. 05–34). Hierbei werden die Antwortmöglichkeiten der Lernenden – und somit auch ihre sprachliche und inhaltliche Handlungsautonomie – wie bei einem Trichter durch immer expliziteres Nachfragen der Lehrperson zusehends einengt (zum *Trichtermuster* siehe Bauersfeld, 1978). Vor allem am Ende der Sequenz spielt der außermathematische Sachverhalt eines Autos keine Rolle mehr im interaktiven Aushandlungsprozess und ein Rückbezug auf das Außermathematische findet nicht statt. Vielmehr rücken in der dritten und vierten Szene der Sequenz das Aufstellen eines funktionalen Zusammenhangs in Worten sowie die Illustration der drei Bestandteile einer mathematischen Funktion in den Vordergrund. Obwohl Uldis einen funktionalen Zusammenhang äußert, der zum Auto-Sachverhalt passt und somit an das vorangegangene außermathematische Beispiel anzuschließen vermag (T. 49, `das Auto wird den Rädern zugeordnet`), fokussiert die Lehrperson das von Chris geäußerte Tisch-Tischbeine-Beispiel. Dies bekräftigt die Deutung, dass der außermathematische Sachverhalt dieser Sequenz vorrangig als einführendes Beispiel und als illustratives Element für den mathematischen Sachverhalt herangezogen wird und beliebig durch andere außermathematische Sachverhalte austauschbar ist – diese Deutung scheint die Lehrperson mit einigen Lernenden zu teilen.

Inwiefern die Lernenden während dieser Sequenz nachvollziehen können, warum zuerst der Begriff Auto erklärt und übersetzt wurde, bleibt offen. Einerseits ist denkbar, dass die Lernenden am Ende der Sequenz *Was ist ein Auto?* die drei Bestandteile einer mathematischen Funktion kennen und diese in einem verbal formulierten funktionalen Zusammenhang identifizieren können (sodass die Lehrperson ihr vermeintliches Lernziel erreicht hätte). Auf der anderen Seite ist fraglich, inwiefern die Lernenden den Bezug zur Auto-Thematik nachvollziehen können, inwiefern dieser überhaupt einen Beitrag zur Auseinandersetzung mit dem neuen mathematischen Sachverhalt (Teile einer mathematischen Funktion) liefert und inwiefern sie den an der Tafel formulierten funktionalen Zusammenhang auch als mathematische Funktion interpretieren. Es scheint, als würden lediglich einige Lernende wie Franz, Paul und Chris dem Unterrichtsgeschehen aus fachlicher Perspektive folgen (können), da sie anscheinend entsprechend den Erwartungen der Lehrperson antworten und kontinuierlich aktiv am Aushandlungsprozess partizipieren (bspw. T. 77, 79, 80, 84, 88). Bezüglich der anderen Lernenden wie Zaara und Uldis erscheint das inhaltliche Verständnis eher unwahrscheinlich und ihr Unverständnis wird mitunter sogar im Aushandlungsprozess thematisiert (T. 61, 62, 63, 86). Wieder andere Lernende wie Fanni, Ulli und Nico kommen in der Sequenz gar nicht zu Wort. Bezüglich dieser Schüler*innen bleibt offen, inwiefern diese stillen Zuhörer*innen dem Unterrichtsgeschehen folgen wollen und können. Vor allem zu Beginn der Sequenz scheinen Deutungsdifferenzen für Irritationen und Brüche im Aushandlungsprozess zu sorgen und kommen mitunter sogar zur Sprache. Zum Beispiel die Nachfrage von Uldis in Turn 06 sowie die zunehmend engeren Anweisungen und Fragen der Lehrperson bei der Klärung der Fragen *Was ist ein Auto?* und *Was heißt Auto übersetzt?* in Turn 09 bis 26. Am Ende der Sequenz – bei der Fokussierung mathematischer Inhalte – werden etwaige Deutungsdifferenzen hingegen kaum sichtbar und werden – wenn sie sichtbar werden sollten, wie etwa die Zwischenfrage von Uldis (T. 86–92) oder das Unverständnis von Zaara (T. 61–63) – anscheinend bewusst von der Lehrperson übergangen. Somit ist fraglich, inwiefern in der Sequenz *Was ist ein Auto?* Lernprozesse durch den interaktiven Austausch angebahnt und die sprachliche wie auch inhaltliche Handlungsautonomie der Lernenden erweitert werden. Deutungsdifferenzen scheinen weder beachtet noch ausgehandelt zu werden, sodass es unwahrscheinlich erscheint, dass sich die individuellen Situationsdefinitionen der Beteiligten einander annähern und es zur Genese eines Deutungsinterims kommt – dies gilt insbesondere für diejenigen Schüler*innen, die nicht aktiv am Aushandlungsprozess teilhaben oder deren Fragen und Unklarheiten anscheinend bewusst von der Lehrperson übergangen werden.

9. Komparation der analysierten Sequenzen

Wie im Rahmen der Schilderung des methodischen Vorgehens erläutert, stellt die komparative Analyse einen elementaren Bestandteil der vorliegenden Interpretativen Unterrichtsforschung dar (siehe Kapitel 7.4). Im Zuge der Komparation werden die mithilfe der Interaktionsanalyse betrachteten Einzelfälle systematisch miteinander verglichen, um zentrale Gemeinsamkeiten und Unterschiede der Einzelfälle zu identifiziert, anhand derer sich die forschungsleitenden Fragestellungen beantwortet lassen. Innerhalb der vorliegenden Arbeit liegt der Fokus der Komparation zuerst auf der Entwicklung der jeweiligen Lebensweltbezüge im interaktiven Aushandlungsprozess sowie der Ausprägung der Merkmale Anschlussfähigkeit, Reichhaltigkeit und Authentizität. Daran schließt sich eine fallübergreifende Betrachtung der jeweiligen sprachlichen Analyseaspekte an. Abschließend werden die Annahmen zu den möglichen Lernprozessen der einzelnen Sequenzen miteinander verglichen und mögliche Wechselwirkungen zwischen den einzelnen Bereichen erörtert. In all diesen Analysebereichen weisen die hier betrachteten Sequenzen Gemeinsamkeiten wie auch Unterschiede auf.

9.1 Komparation von Merkmalen und Entwicklung der Lebensweltbezüge

Die im Rahmen dieser Arbeit betrachteten Lebensweltbezüge werden anhand der Merkmale Anschlussfähigkeit, Reichhaltigkeit sowie Authentizität charakterisiert. Zudem ist von Interesse, ob und inwiefern sich die jeweiligen Lebensweltbezüge im Verlauf des interaktiven Aushandlungsprozesses verändern. Die nachfolgenden Zwischenüberschriften geben Hinweise auf die zentralen Gemeinsamkeiten der Einzelfälle, hinsichtlich derer jedoch auch unterschiedliche Nuancierungen und Schwerpunktsetzungen rekonstruiert werden können.

Initiierung stereotyper Lebensweltbezüge durch die Lehrperson

Eine erste Gemeinsamkeit der analysierten Sequenzen mit Lebensweltbezug dieser Arbeit ist, dass die Lebensweltbezüge allesamt von den Lehrpersonen in den Unterricht eingebracht werden. Analog zu den Befragungsergebnissen von Gainsburg (2008) scheint die Mehrheit der hier betrachteten Lebensweltbezüge somit auf Ideen und Vorstellungen der jeweiligen Lehrpersonen zu basieren und lediglich der Lebensweltbezug der Sequenz *Computerkauf* basiert auf einer Vorlage aus dem Lehrbuch. Darüber hinaus weisen alle analysierten Lebensweltbezüge Merkmale auf, die in der einschlägigen Literatur als ‚stereotyp' bezeichnet werden (siehe Kapitel 1.4). Der stereotype Charakter von Lebensweltbezügen, der sich in bisherigen Auseinandersetzungen vor allem auf schriftbasierte Formate wie Sachaufgaben konzentriert (z.B. Greer, 1997; Greefrath et al., 2013; Nesher,

1980), zeigt sich somit partiell auch in mündlich etablierten und interaktiv ausgehandelten Lebensweltbezügen: Der außermathematische Sachverhalt wird meist auf wenige Aspekte beschränkt und scheint vielfach als ‚Einkleidung' für einen mathematischen Sachverhalt genutzt zu werden, der jedoch auch durch andere außermathematische Kontexte ausgetauscht werden kann – wenngleich diese für das inhaltliche Verständnis dennoch relevant sind (Stephany, 2018). Vor allem in den Sequenzen *Buchkauf*, *Computerkauf* und *Was ist ein Auto?* scheint der außermathematische Sachverhalt beliebig austauschbar und wird auf nur wenige Aspekte reduziert. In den Sequenzen *Kroko, der kleine Vielfraß*, *Üben mit Kroko* sowie *Menschenkreis* fungiert das Außermathematische hingegen vordergründig als ikonische Darstellung für einen mathematischen Sachverhalt und kann somit nicht ohne Weiteres ausgetauscht werden.

Anders als schriftlich fixierte Lebensweltbezüge lassen sich jedoch die hier betrachteten mündlich basierten Lebensweltbezüge durch einen hohen Grad an Spontaneität und Flexibilität charakterisieren. Ihre Thematisierung im Mathematikunterricht umfasst darüber hinaus zumeist nur wenige Minuten. Die fehlende Fixierung und kurze Aushandlungsdauer verlangt gewissermaßen die Fokussierung ausgewählter mathematischer wie auch außermathematischer Aspekte. Die Wandelbarkeit der mündlich etablierten und interaktiv ausgehandelten Lebensweltbezüge ermöglicht somit zum einen, dass je nach Unterrichtsituation und zugrundeliegender Zielsetzung unterschiedliche Aspekte eines Lebensweltbezugs fokussiert werden, andererseits geraten dadurch gleichzeitig immer auch bestimmte Aspekte des Lebensweltbezugs in den Hintergrund.

Ungleichgewicht von Authentizität, Reichhaltigkeit und Anschlussfähigkeit respektive Sach-, Fach- und Kindorientierung

Das von Franke und Ruwisch (2010) im Kontext von schriftbasierten Sachaufgaben thematisierte Spannungsverhältnis zwischen Sach-, Fach und Kindorientierung wird in allen analysierten Sequenzen mit Lebensweltbezug deutlich. Diese drei ‚Orientierungen' sind passungsfähig an die Analysekriterien Authentizität (Sachorientierung), Reichhaltigkeit (Fachorientierung) und Anschlussfähigkeit (Kind- respektive Lernendenorientierung), die aus einer Auseinandersetzung von Leuders und Kolleginnen (2011) zu sinnstiftenden Kontexten hervorgehen. Bei keinem der analysierten Lebensweltbezüge dieser Arbeit scheint eine Balance zwischen Sach-, Fach und Kindorientierung beziehungsweise zwischen Authentizität, Reichhaltigkeit und Anschlussfähigkeit vorzuliegen. Bei den Aushandlungsprozessen der Sequenzen *Üben mit Kroko*, *Buchkauf*, *Computerkauf* und *Was ist ein Auto?* werden vordergründig fachlich-mathematische Aspekte des Lebensweltbezugs fokussiert – die Betonung des Mathematischen nimmt hierbei zum Ende der Sequenz hin zu. Die interaktiven Aushandlungsprozesse der Sequenzen *Kroko, der kleine Vielfraß* und *Menschenkreis* hingegen scheinen vor allem die Anschlussfähigkeit an die Erfahrungen und den Sprachgebrauch der Lernenden zu fokussieren, während mathematische Reichhaltigkeit zweitrangig erscheint – so bleiben bei diesen Sequenzen die von der Lehrperson fokussierten mathematischen Aspekte für lange Zeit im Verborgenen und werden erst am Ende der Aushandlungen thematisiert.

Daraus ergibt sich die Annahme, dass der Schwerpunkt bei mündlich basierten und interaktiv ausgehandelten Lebensweltbezügen entweder auf der mathematisch-fachlichen Reichhaltigkeit oder auf der Anschlussfähigkeit an die Erfahrungen, Interessen und dem Sprachgebrauch der Lernenden liegt. Der Aspekt der Authentizität, also die intensive und ‚echte' Auseinandersetzung mit dem außermathematischen Sachverhalt und das Lernen über diesen, scheint sich in allen analysierten Sequenzen der Fach- und Kindorientierung beziehungsweise den Aspekten Reichhaltigkeit und Anschlussfähigkeit unterzuordnen. So könnte etwa in der Sequenz , eher als ‚Nebeneffekt' ein Reflektieren bei den Lernenden darüber angeregt werden, dass Dinge, die außerhalb des Mathematikunterrichts den Begriff *Kreis* enthalten (z.B. Sitzkreis, Kreisverkehr, Landkreis) aus mathematischer Perspektive nur selten die Merkmale eines ‚richtigen' Kreises aufweisen. Auch in den Sequenzen *Üben mit Kroko* und *Was ist ein Auto?* könnten Reflexionsprozesse der Lernenden bezüglich des außermathematischen Sachverhaltes initiiert werden, scheinen jedoch auch dort nicht von den Lehrenden bewusst intendiert zu werden.

Die Fokussierung auf Reichhaltigkeit oder Anschlussfähigkeit könnte zum einen in den zugrundeliegenden Zielsetzungen der Lehrpersonen begründet sein. Zum anderen ist auch denkbar, dass die mündliche Etablierung und die interaktive Aushandlung einen Einfluss auf die geschilderten Dysbalancen haben. Die im Rahmen dieser Arbeit analysierten Lebensweltbezüge werden allesamt mündlich ausgehandelt und (bis auf den Lebensweltbezug der Sequenz *Computerkauf*) mündlich von der Lehrperson etabliert. Diese Mündlichkeit gibt den Beteiligten Raum für Spontanität und Veränderungen, während die Inhalte schriftlich basierter Lebensweltbezüge fixiert und gegebenenfalls ‚didaktisch durchdachter' sind. Beim mathematischen Modellieren (z.B. Bruckmaier, Krauss & Blum, 2018; Kaiser & Schwarz, 2010) oder dem Ansatz der Realistic Mathematics Education (z.B. Van Den Heuvel-Panhuizen & Drijvers, 2014) – im Deutschen auch bekannt als *realitätsbezogener Mathematikunterricht* (z.B. Grafenhofer & Maaß, 2019; Maaß, 2020) – ist eine authentische Auseinandersetzung mit dem außermathematischen Sachverhalt zentral. Hierbei wird die Balance zwischen Sach-, Fach und Kindorientierung respektive Authentizität, Reichhaltigkeit und Anschlussfähigkeit konkret mitgedacht und anvisiert. Mathematische Modellierungen und ‚realitätsbezogener Mathematikunterricht' scheinen jedoch mehr zeitliche und planerische Ressourcen zu fordern als die im Rahmen dieser Arbeit analysierten mündlich basierten und interaktiv ausgehandelten Lebensweltbezüge. So scheint es vor allem bei mündlich basierten und interaktiv ausgehandelten Lebensweltbezügen notwendig, den Fokus auf ausgewählte mathematische wie auch außermathematische Aspekte zu legen. Beispielsweise die fehlende schriftsprachliche Fixierung ‚zwingt' gewissermaßen dazu, die Komplexität des Lebensweltbezugs möglichst gering zu halten und die kurze Dauer der Thematisierung im Unterricht verlangt ebenfalls die Fokussierung ausgewählter Teilaspekte.

Fokusverschiebung im Verlauf des Aushandlungsprozesses

Eine weitere Gemeinsamkeit der analysierten Sequenzen mit Lebensweltbezug dieser Arbeit ist, dass sich die Schwerpunktsetzung im Verlauf des interaktiven Aushandlungsprozesses verschiebt. Der außermathematische Sachverhalt scheint vordergründig oder gar ausschließlich für den Einstieg in einen (neuen) mathematischen Sachverhalt hinzugezogen zu werden. Im Verlauf des interaktiven Aushandlungsprozesses wird das Außermathematische jedoch in nahezu allen analysierten Sequenzen zugunsten einer zunehmend fachlich-mathematischen Orientierung in den Hintergrund gedrängt.[27] Dieser Bedeutungsverlust des Außermathematischen zugunsten mathematischer Aspekte fällt in den analysierten Sequenzen unterschiedlich stark aus. So nimmt das Außermathematische auch am Ende der Sequenz *Kroko, der kleine Vielfraß* noch einen bedeutsamen Stellenwert in der Interaktion ein und die Sequenz erhält lediglich durch einzelne Begriffe wie ganz viel und am meisten sowie die Notation des Relationszeichens Größer-als an der Tafel eine ‚mathematische Färbung'. Bei der Mehrheit der hier analysierten Sequenzen mit Lebensweltbezug ist jedoch am Ende des interaktiven Aushandlungsprozesses kaum noch etwas vom außermathematischen Sachverhalt übrig: In der Sequenz *Menschenkreis* werden schlussendlich mathematisch normierte Fachbegriffe wie *Mittelpunkt* und *Radius* fokussiert. Bei der Sequenz *Buchkauf* wird Oskar am Ende zwar von der Lehrperson informiert, er habe noch 30 Cent übrig, doch welche Auswirkungen dies für den außermathematischen Sachverhalt hat, scheint nicht von Relevanz. Vielmehr werden die Lernenden dazu aufgefordert, analog zum Beispiel von Oskar ein Buch auszuwählen und die schriftliche Subtraktion von Geldbeträgen in Kommaschreibweise unter Beachtung der mathematisch-normierten Schreibweise durchzuführen. In der Sequenz *Computerkauf* bleibt lediglich der Begriff *Opa* als Codewort für die schriftliche Subtraktionen mit zwei Subtrahenden in zwei Teilschritten als außermathematisches ‚Relikt' erhalten. Bei der Sequenz *Was ist ein Auto?* scheint sich der Bedeutungsverlust in einer ‚Bedeutungslosigkeit' des Außermathematischen zuzuspitzen, da der außermathematisch orientierte Auto-Sachverhalt zuerst durch den Tisch-Tischbeine-Kontext abgelöst und im weiteren Verlauf auch dieser zusehends von mathematisch normierten Fachbegriffen in den Hintergrund gedrängt wird. Vor allem an der Sequenz *Was ist ein Auto?* wird somit deutlich, dass der außermathematische Sachverhalt beliebig austauschbar erscheint, solange er lediglich für die ‚Einkleidung' des mathematischen Sachverhalts genutzt wird. Wichtiger erscheint hierbei vielmehr, dass mithilfe eines Lebensweltbezugs ein (neuer) mathematischer Sachverhalt anschaulich eingeführt wird.

Der Bedeutungsverlust des Außermathematischen in der Vielzahl der hier analysierten Sequenzen hängt mutmaßlich mit den jeweils zugrundeliegenden Zielsetzungen der Lehrenden zusammen: Diese scheinen darauf abzuzielen, die Lernenden mithilfe eines Lebensweltbezug an einen (für sie neuen) mathematischen Lerngegenstand heranzuführen. Während für den Einstieg in die Situation das Außermathematische eine niedrige

27 Eine Ausnahme stellt die Sequenz *Kroko, der kleine Vielfraß* dar, bei der die Lehrperson abschließend die mathematisch orientierte Begründung von Noemi erneut an die außermathematische Geschichte Krokos koppelt, wobei das Mathematische eher verloren geht und verhüllt wird.

Zugangsschwelle bereitzustellen vermag und das Interesse der Lernenden zu wecken scheint, erweisen sich im Verlauf des Aushandlungsprozesses zunehmend mathematische Aspekte des Lebensweltbezugs als bedeutsam und lassen das Außermathematische zusehends ‚verblassen'. Dass sich die Lernenden eingehend mit dem außermathematischen Sachverhalt auseinandersetzen und etwas über diesen lernen, wird bei den hier analysierten Lebensweltbezügen – anders als etwa beim Modellieren oder dem ‚Realitätsbezogenen Mathematikunterricht' – anscheinend nicht intendiert.

9.2 Komparation des Sprachgebrauchs

Auf der einen Seite kennzeichnet sich der Sprachgebrauch aller Sequenzen durch Momente, in denen der Grad der Kontextbindung der Aussagen hoch ist, sodass einzelne Aussagen kaum ohne hinreichende Kenntnisse zum Interaktionsgeschehen interpretiert und nachvollzogen werden können. Dieser hohe Grad der Kontextbindung geht häufig mit der Verwendung deiktischer Ausdrücke, (Zeige-)Gesten, Mimik, Sprachverknappungen, dialektalen Besonderheiten sowie Materialhandlungen einher, die als kommunikative Mittel eine verbalsprachliche Aussage stützen oder gar ersetzen. Auf der anderen Seite lassen sich in allen analysierten Sequenzen trotz dieser eher als ‚alltagssprachlich' charakterisierbaren Merkmale auch sprachliche Aspekte rekonstruieren, die in der einschlägigen Literatur zumeist eher als Merkmale einer schulspezifischen (mathematischen) Bildungssprache aufgeführt werden. Hierzu zählen beispielsweise normierte mathematische Fachbegriffe und Symbole, Nominalisierungen und nominale Zusammensetzungen sowie der Gebrauch subordinierender Konjunktionen (z.B. Gogolin & Lange, 2011; Heppt, 2016). Über die Sequenzen hinweg zeigt sich jedoch, dass die Ausprägung der jeweiligen Merkmale je nach Situation sehr unterschiedlich ist und dass es auch innerhalb einer Sequenz zu Veränderungen im Sprachgebrauch kommen kann. Nachfolgend wird aufgeführt, inwiefern die einzelnen Analyseaspekte der sprachlichen Ebene in den jeweiligen Sequenzen rekonstruiert werden können.

Zumeist einmaliger Gebrauch von vorwiegend außermathematisch orientierten Nominalisierungen und nominalen Zusammensetzungen

In allen analysierten Sequenzen können nominale Zusammensetzungen und/oder Nominalisierungen nachgewiesen werden. Diese werden jedoch zumeist von den jeweiligen Lehrpersonen geäußert. In der Sequenz *Kroko, der kleine Vielfraß* etwa nutzt die Lehrperson die nominale Zusammensetzung `Vielfraß` sowie die Nominalisierungen `die Roten`[28] und `die Blauen` direkt zu Beginn des Interaktionsgeschehens. Diese Nominalisierungen werden jedoch im weiteren Verlauf des Aushandlungsprozesses nicht von

28 Zugunsten einer besseren Lesbarkeit werden im Rahmen der Kapitel 9 und 10 nicht alle Formatierungen des Originaltranskriptes übernommen (bspw. `die Roten` statt `die` **`R o t e n`**). Lediglich die veränderte Schriftart bleibt erhalten, um Originalzitate aus den Sequenzen kenntlich zu machen.

den Lernenden aufgegriffen. Es findet vielmehr eine sprachliche Verknappung statt (initiiert durch Ina) zu Rot und (initiiert durch Nabil) zu Blau. Ähnlich verhält es sich bei der Sequenz *Menschenkreis*: Die Nominalisierungen (etwas ganz) Wichtiges sowie (etwas ganz) Entscheidendes werden lediglich ein Mal von der Lehrperson geäußert. Auch in der Sequenz *Buchkauf* werden die nominalen Zusammensetzungen Osternestergeld und Sonderangebot sowie Einercent und Zehnercent – die zugleich Neologismen darstellen – ausschließlich von der Lehrperson geäußert. Lediglich in den Sequenzen *Computerkauf* und *Was ist ein Auto?* gehen nominale Zusammensetzungen und Nominalisierungen wie das Ersparte sowie Additionsaufgabe (Sequenz *Computerkauf*) und Tischbeine (Sequenz ‚Was ist ein Auto?) auf die Aussagen der Lernenden zurück.

Bei dem vorsichtigen Versuch, anhand dieser geringen Anzahl analysierter Sequenzen einen Trend bezüglich des Gebrauchs von nominalen Zusammensetzungen und Nominalisierungen in Situationen mit Lebensweltbezug zu skizzieren, ergeben sich folgende Annahmen: Mit ansteigender Klassenstufe scheint die Anzahl der verbalisierten Nominalisierungen und nominalen Zusammensetzungen zuzunehmen. Dabei wird die Mehrheit der verwendeten Begriffe jedoch von der Lehrperson geäußert. Zudem werden die genutzten Nominalisierungen und nominalen Zusammensetzungen mehrheitlich lediglich ein Mal zur Sprache gebracht und scheinen nur in Ausnahmefällen von den anderen Beteiligten aufgegriffen zu werden (eine Ausnahme ist Tischbeine in der Sequenz *Was ist ein Auto?*). Insgesamt scheinen die Lernenden die (vorwiegend von der Lehrperson) geäußerten Begriffe nicht aufzugreifen, wenngleich sie sich hierdurch gegebenenfalls als ‚bildungssprachlich kompetent' profilieren könnten. Weiterhin können die identifizierten Nominalisierungen und nominalen Zusammensetzungen zumeist eher dem außermathematischen Sachverhalt zugeordnet werden (z.B. Vielfraß, Sonderangebot, Osternestergeld, Automobil) und sind vergleichsweise selten mathematischen Ursprungs (z.B. Einercent, Additionsaufgabe und Darstellungsformen). Dies ist insofern überraschend, da die analysierten Lebensweltbezüge inhaltlich zumeist vor allem mathematische Sachverhalte fokussieren. Wenngleich das Außermathematische inhaltlich eher zweitrangig zu sein scheint, werden auf der sprachlichen Ebene der Nominalisierungen und nominalen Zusammensetzungen somit vor allem außermathematisch orientierte Begriffe geäußert.

Diskontinuitäten im Gebrauch normierter Fachbegriffe und Symbole

In der Sequenz *Kroko, der kleine Vielfraß* scheinen Fachbegriffe und Symbole eine untergeordnete Rolle einzunehmen, obwohl diese für das Verständnis der für die Lernenden neuen Relationszeichen beziehungsweise Relationsbegriffe Größer-als (>) und Kleiner-als (<) von zentraler Bedeutung wären. Lediglich das Relationszeichen Größer-als wird zum Ende der Sequenz von der Lehrperson an der Tafel notiert, nicht jedoch verbalisiert. Auch andere mathematische Fachbegriffe und Symbole verbleiben in der Sequenz *Kroko, der kleine Vielfraß* implizit, z.B. die Anzahl der Steckwürfel, der Begriff *Steckwürfel* oder die verbale Schilderung der aus mathematischer Perspektive notwendigen Operation des

Vergleichens. Ähnlich verhält es sich in der daran anschließenden Sequenz *Üben mit Kroko*, bei der zwar die Symbole Größer-als (>), Kleiner-als (<) und Ist-gleich (=) eine bedeutsame Rolle einnehmen, jedoch bis auf `Ist-gleich` nicht verbalisiert werden – dies könnte darin begründet sein, dass die zu lösenden Aufgaben weitestgehend ohne Anschauungsmittel auskommen und sich vordergründig an mathematischen Konventionen orientieren, die jedoch nicht explizit zur Versprachlichung mathematischer Sachverhalte auffordern. Zudem wurden die ‚neuen Zeichen' Größer-als und Kleiner-als bis zum Ende der Sequenz *Üben mit Kroko* nicht von der Lehrperson verbalisiert, sodass anzunehmen ist, dass die Lernenden noch nicht zur Verbalisierung dieser Zeichen im Stande sind. In der Sequenz *Menschenkreis* kann im Vergleich dazu eine beachtliche Anzahl von Fachbegriffen und Symbolen rekonstruiert werden, welche darüber hinaus vielfach von den Lernenden in den Aushandlungsprozess eingebracht oder zumindest von ihnen aufgegriffen werden. Die in dieser Sequenz verbalisierten Fachbegriffe sind `Kreis`, `Kreislinie`, `Mittelpunkt`, `Radius`, `Kante`, `Rechteck`, `Oval`, `Viereck`, `Ecke`, `Lineal` sowie `Zirkel`, von denen lediglich die ersten vier genannten (zuerst) von der Lehrperson geäußert werden. Weiterhin sind einige dieser Fachbegriffe auch als Wort oder in symbolischer Form am Tafelbild ersichtlich (Mittelpunkt, Radius, Kreislinie). Der Begriff *Durchmesser* hingegen wird nicht verwendet – wenngleich er als Wort an der Tafel steht und im Kreisbild an der Tafel visualisiert wird (siehe Abbildung 4). Insgesamt orientieren sich alle in der Sequenz *Menschenkreis* genutzten Fachbegriffe an geometrischen Lerninhalten. In der Sequenz *Buchkauf* hingegen werden die meisten Fachbegriffe und Symbole von der Lehrperson eingebracht. So etwa die Neologismen `Einercent` und `Zehnercent` sowie Begriffe wie `schriftlich Rechnen`, `Euro`, `Cent`, `Komma`, `Kommazahlen`, `Tabelle`, `Ergebnis`, `Summe` und `addieren`. Auch das Tafelbild, an dem das €-Symbol und die Tabelle visualisiert werden, wird vorrangig von der Lehrperson gestaltet. Lediglich einzelne Fachbegriffe wie `Euro` und `Cent` werden auch von den Lernenden zur Sprache gebracht, was jedoch auch daran liegen kann, dass die Schüler*innen in der Sequenz *Buchkauf* eher wenige und nur kurze verbale Äußerungen tätigen. In Sequenz *Computerkauf* werden ebenfalls zahlreiche mathematisch normierte Fachbegriffe verbalisiert: `Subtrahieren`, `addieren`, `Ergebnis`, `schriftlich Rechnen`, `Summe` und `Euro`. Diese werden jedoch im Vergleich zu den anderen hier analysierten Sequenzen eher selten von der Lehrperson eingebracht, sondern haben ihren Ursprung vielfach in den Aussagen der Schüler*innen. Auch in der Sequenz *Was ist ein Auto?* gehen einige Fachbegriffe auf die Lernenden zurück. Diese gehören aber entweder eher zum außermathematischen Sachverhalt (z.B. `motorisiert`, `automatisch`) oder werden auf explizites Nachfragen der Lehrperson hin von den Lernenden aus ihrem ‚Skript' abgelesen (`Grundmenge`, `Definitionsbereich`, `zugeordnete Menge`, `Zuordnungsvorschrift`). Die Lehrperson bringt in der Sequenz *Was ist ein Auto?* vergleichsweise wenige Fachbegriffe ein, die sich dem außermathematischen Sachverhalt zuschreiben lassen (`Karosse`) und äußert vergleichsweise viele mathematisch oder zumindest schulisch orientierte Fachbegriffe (`Adaption`, `Elemente einer Menge`, `Gleichung`, `Darstellungsform`, `definieren`).

Analog zu den Nominalisierungen und nominalen Zusammensetzungen scheint sich auch bezüglich der Fachbegriffe und Symbole der Trend abzuzeichnen, dass die Anzahl dieser mit steigender Klassenstufe im interaktiven Aushandlungsprozess zunimmt, dass hierbei jedoch auch Diskontinuitäten rekonstruiert werden können. Die Fachbegriffe und Symbole können sich zwar auch auf den außermathematischen Sachverhalt beziehen (z.B. Karosse), scheinen jedoch mehrheitlich dem Schulischen bzw. Mathematischen zugeschrieben werden zu können. Anders als bei den Nominalisierungen und nominalen Zusammensetzungen werden (mathematische) Fachbegriffe gleichermaßen von Lehrenden und Lernenden genutzt, was sich jedoch je nach Sequenz unterschiedlich stark ausprägt. Vor allem in der Sequenz *Menschenkreis* bringen die Schüler*innen die Mehrheit der mathematischen Fachbegriffe ein, während die Mehrheit der Fachbegriffe der Sequenz *Buchkauf* auf die Lehrperson zurückgeht – in welcher der Redeanteil der Lernenden jedoch auch eher gering ist. Mitunter werden ausgewählte Fachbegriffe und Symbole in den analysierten Sequenzen explizit thematisiert und – ähnlich wie bei Vokabeln – mehrfach wiederholt (z.B. Kreislinie, Radius und Mittelpunkt in der Sequenz *Menschenkreis* sowie Komma in der Sequenz *Buchkauf*). Gleichzeitig verbleiben mathematisch relevante Fachbegriffe und Symbole in einigen Sequenzen implizit und werden nicht verbalisiert. Dies ist zum Beispiel in den Sequenzen *Kroko, der kleine Vielfraß* und *Üben mit Kroko* der Fall, in denen die Relationsbegriffe nicht verbalisiert, sondern lediglich in symbolischer Form (> sowie <) genutzt werden.

Sprachverknappungen und dialektale Besonderheiten als zentrale Merkmale mündlich basierter und interaktiv ausgehandelter Lebensweltbezüge

In allen analysierten Sequenzen mit Lebensweltbezug können Sprachverknappungen wie auch dialektale Besonderheiten und somit eine Abweichung von einer schriftsprachlich orientierten Standardsprache rekonstruiert werden. Vor allem nä kann als dialektale Besonderheit interpretiert werden, die sich in mehreren Sequenzen rekonstruieren lässt und (im ostdeutschen Sprachrauch) ähnlich wie *Stimmt es?* verwendet wird. In der Sequenz *Kroko, der kleine Vielfraß* etwa greift die Lehrperson mehrfach auf nä zurück. Zudem wird im Verlauf des Aushandlungsprozesses dieser Sequenz nicht immer konkret der Name des Krokodils (Kroko) genannt, sondern die Beteiligten greifen auf den sprachlich unpräzisen Artikel der oder das Personalpronomen er zurück, um auf Kroko zu verweisen. Weiterhin ist in dieser Sequenz an keiner Stelle die Rede von *zwei roten Steckwürfeln*, sondern die von der Lehrperson bereits zu Beginn verkürzte Form die Roten wird durch die Lernenden weiter reduziert zu Rot – analog dazu verhält es sich mit den fünf blauen Steckwürfeln, die lediglich als Blau betitelt werden. Weiterhin stellen in der Sequenz *Kroko, der kleine Vielfraß* Begriffe wie is und wär Formen der Sprachverkürzung dar, die jedoch vorrangig von der Lehrperson geäußert werden. Auch in der Sequenz *Üben mit Kroko* können Sprachverknappungen wie guck ma hier und sch bin schon fertig rekonstruiert werden. Deutlich mehr Sprachverknappungen enthält die Sequenz *Menschenkreis*. Hierbei gehen die sprachlichen Verknappungen sowohl auf die Lernenden zurück (z.B. hier fehln n bisschen die rundn Kanten) wie auch auf die Lehrperson (z.B. `das is ein richtiger Kreis für uns nä/`). Die in der Sequenz *Buchkauf* rekonstruierten Sprachverknappungen wie etwa `wer warn denn, das andre` sowie `dann zähl tus doch mal` hingegen werden allesamt von der Lehrperson geäußert, während die wenigen und zumeist kurzen Aussagen der Lernenden keine Sprachverknappungen oder dialektalen Besonderheiten aufweisen. Ähnlich verhält es sich in der Sequenz *Computerkauf*, in der die rekonstruierten Sprachverknappungen und dialektalen Besonderheiten ebenfalls vorrangig in den Aussagen der Lehrperson nachweisbar sind (z.B. `nä`, `drinne`, `ham`). Am wohl ausgeprägtesten wird die Verwendung von Sprachverknappungen und dialektalen Besonderheiten in den verbalen Aussagen (der Lehrperson) in der Sequenz *Was ist ein Auto?*. Die Lehrperson nutzt beispielsweise mehrfach die für den sächsischen Sprachraum typischen Begriffe `keene` (statt *keine*) sowie `ne` (statt *eine*).

Sequenzübergreifend ergibt sich bei der Verwendung von Sprachverknappungen und dialektalen sprachlichen Aspekten ein anderes Bild als bei Nominalisierungen und Fachbegriffen. Es scheint nicht, als würden diese sprachlichen Aspekte mit zunehmender Klassenstufe an Bedeutung gewinnen oder abnehmen. Vielmehr kann davon ausgegangen werden, dass in Sequenzen mit interaktiv ausgehandeltem Lebensweltbezug Sprachverknappungen und Dialekt im Sprachgebrauch des Mathematikunterrichts akzeptiert und mitunter vor allem durch die Lehrenden selbst getätigt werden. Eine mögliche Ursache hierfür könnte in der Thematisierung eines außermathematischen Sachverhaltes und der damit einhergehenden (alltags-)sprachlichen Vertrautheit liegen. Aber auch der mündliche Charakter der Aushandlung könnte dazu beitragen, da sich die beteiligten Lehrkräfte und Schüler*innen hierdurch in einer konzeptionell mündlich geprägten Interaktionssituation befinden (Koch & Oesterreicher, 2007).

Passivkonstruktionen als Raritäten im Sprachgebrauch

In lediglich einer der analysierten Sequenzen mit Lebensweltbezug können Passivkonstruktionen rekonstruiert werden. Dies sind `der Tisch wird den Tischbeinen zugeordnet` sowie `das Auto wird den Rädern zugeordnet`, die in der Sequenz *Was ist ein Auto?* genutzt werden, um einen ‚funktionalen Zusammenhang' zu verbalisieren. Hieraus ergeben sich unterschiedliche Annahmen: Zum einen könnte der Gebrauch des Passivs im Aushandlungsprozess der im Rahmen dieser Arbeit höchsten teilnehmenden Klassenstufe ein Indiz dafür sein, dass die Verwendung von Passivkonstruktionen eine hohe sprachliche Anforderung darstellt und im Grundschulmathematikunterricht kaum bzw. gar nicht genutzt oder gar erwartet wird. So wird die Verwendung von Passiv und Passivkonstruktionen in bisherigen Auseinandersetzungen zur Sprache des Unterrichts vordergründig dem Register Bildungssprache zugeschrieben (z.B. Butler et al., 2004; Feilke, 2012a; Gogolin & Lange, 2011). Weiterhin könnte die Verwendung des Passivs in der Sequenz *Was ist ein Auto?* auch mit dem mathematischen Lerngegenstand begründet werden, da ein sogenannter funktionaler Zusammenhang in Worten – so scheint es zumindest für Lehrperson und Lernende gängiger Usus zu sein – durch die

Passiv-Phrase wird zugeordnet ausgedrückt wird. Zudem kann das Fehlen von Passivkonstruktionen mit der Existenz eines außermathematischen Sachverhalts zusammenhängen. So werden beispielsweise in den Sequenzen *Buchkauf* und *Computerkauf* konkrete Handlungen des Einkaufens thematisiert und nachempfunden. Das Sprechen über solche sequenziell ablaufenden Handlungen scheint eher einen narrativen und aktiven Sprachgebrauch zu bedingen und das Passiv erscheint hierbei eher als ‚ungeeignet' – wenngleich auch in diesen Sequenzen Passivkonstruktionen im Sprachgebrauch möglich wären (z.B. *Der Computer wird von Jan gekauft.*).

Gemeinsames Auftreten koordinierender und subordinierender Konjunktionen

Die Verwendung von Konjunktionen im Sprachgebrauch aller analysierter Sequenzen kennzeichnet sich dadurch, dass sowohl koordiniere wie auch subordinierende Konjunktionen zur Herstellung eines Textzusammenhangs genutzt werden. Darüber hinaus wird deutlich, dass in allen analysierten Sequenzen mit Lebensweltbezug auch Aussagen identifiziert werden können, in denen einzelne Sätze oder Teilsätze gänzlich ohne Konjunktionen miteinander verbunden werden. Denkbar ist, dass dies unter anderem an der Mündlichkeit des Aushandlungsprozesses und dem Vorhandensein eines außermathematischen Sachverhalts liegt, da die Beteiligten die Interaktionssituation deswegen als ‚alltagssprachlich' und ‚informell' interpretieren könnten. Vor allem in der Sequenz *Kroko, der kleine Vielfraß* stehen einzelne Aussagen, Sätze und Teilsätze besonders häufig unverbunden nebeneinander. Anstelle von Konjunktionen scheinen hierbei Füllwörter und Partikel wie etwa `okay`, `nä` und `so` eine Verbindung herzustellen. In der *Üben mit Kroko* stehen ebenfalls zahlreiche Aussagen, Sätze oder Teilsätze unverbunden nebeneinander, hingegen greifen die Beteiligten in dieser Sequenz vorrangig auf die koordinierenden Konjunktionen `und` sowie `oder` zurück. In der Sequenz *Menschenkreis* zeigt sich ein ausgewogenes Bild bezüglich der Verwendung bzw. Nicht-Verwendung von ko- und subordinierenden Konjunktionen. Auffällig ist, dass vor allem die Lernenden die Urheber*innen von subordinierenden Konjunktionen wie `also`, `weil` und `wenn` sind, während die Lehrperson vornehmlich auf die – vermeintlich sprachlich weniger anspruchsvollen – koordinierenden Konjunktionen und sowie aber oder Partikel wie `nä` und `so` zurückgreift. In der Sequenz *Buchkauf* konzentriert sich die Herstellung eines Textzusammenhang auf die Nutzung der koordinierenden Konjunktionen `und`, `oder` und `aber`. Es können aber auch in dieser Sequenz einzelne subordinierenden Konjunktionen wie `wenn`, `dann` und `ob` rekonstruiert werden. Weiterhin kann vor allem in unverbunden nebeneinanderstehenden Sätzen bzw. Satzteilen in den Aussagen der Lehrperson mehrfach der Partikel `so` identifiziert werden, der – ähnlich wie in der Sequenz *Kroko, der kleine Vielfraß* – die Aussagen der Lehrperson segmentiert. In den Sequenzen *Computerkauf* und *Was ist ein Auto?* – also in den höchsten hier betrachteten Klassenstufen – kann eine breite Palette ko- wie auch subordinierender Konjunktionen identifiziert werden, auf die Lehrperson und Lernende gleichermaßen zurückgreifen.

Sequenzübergreifend ergibt sich der Eindruck, als würden die Lehrenden vor allem in jahrgangsjüngeren Klassen unter Rückgriff auf vorrangig koordinierende Konjunktionen oder unverbunden nebeneinanderstehende Sätze und Satzteile das sprachliche Niveau der jeweiligen Interaktionssituation (unbewusst) herabsetzen. Es ist denkbar, dass der häufig narrative Charakter der Aushandlungsprozesse mit Lebensweltbezug dazu verleitet, eher auf Konjunktionen wie und sowie und dann zurückzugreifen, um zeitlich-sequenzielle Handlungen wiederzugeben (z.B. in der Sequenz *Buchkauf*). Eine mögliche Deutung für den frequenten Gebrauch koordinierender Konjunktionen ist außerdem, dass die sprachliche Zugangsschwelle zum Aushandlungsprozess durch den Gebrauch von sprachlich vermeintlich weniger anspruchsvollen und eher ‚alltagssprachlichen' Konjunktionen für die Lernenden reduziert wird beziehungsweise werden soll. Vielfach scheinen sich die Lernenden dem sprachlichen Vorbild der jeweiligen Lehrperson anzupassen und ebenfalls vor allem auf koordinierende Konjunktionen zurückzugreifen. Die Sequenz *Menschenkreis* jedoch illustriert, dass die Schüler*innen, anders als die Lehrperson, zahlreiche subordinierenden Konjunktionen verwenden, um Sätze, Satzteile oder Aussagen ‚unterordnend' miteinander in Beziehung zu setzen. Bezugnehmend auf die Ausarbeitung von Schütte, Jung und Krummheuer (2021) kann der Diskurs der Sequenz *Menschenkreis* als *narratorisch* oder gar *formal* bezeichnet werden: In dieser Sequenz bringen die Lernenden argumentativ, inhaltlich-relational und unter Hinzunahme des Indefinitpronomens man universelle Begründungen für die Unvollkommenheit und Fehlerhaftigkeit des Menschenkreises im Klassenraum hervor. Eine zeitlich-sukzessive Schilderung von (Teil-)Handlungen und der damit einhergehende Rückgriff auf die koordinierende Konjunktion `und (dann)` ‚passt' somit nicht zu dieser Interaktionssituation. Weiterhin scheint die Anzahl sowie die Vielseitigkeit von subordinierenden Konjunktionen im mündlichen Sprachgebrauch der analysierten Sequenzen mit der Klassenstufe zuzunehmen und könnte folglich mit der schulischen Sozialisation sowie den steigenden sprachlichen Kompetenzen der Lernenden zusammenhängen, die im Verlauf der Bildungslaufbahn erwartet bzw. anvisiert wird (siehe Gogolin & Lange, 2011).

Hoher Grad der Kontextgebundenheit über alle Sequenzen hinweg

Der Sprachgebrauch aller analysierten Sequenzen lasst sich durch einen hohen Grad an Kontextgebundenheit charakterisieren. Vielfach sind die Aussagen sowie der gesamte Aushandlungsprozess nicht ohne hinreichende Kenntnisse zur jeweiligen Interaktionssituation verständlich. Vor allem deiktische Begriffe, (Zeige-)Gesten sowie Materialhandlungen tragen zur Kontextgebundenheit der interaktiven Aushandlungsprozesse bei. In der Sequenz *Kroko, der kleine Vielfraß* beispielsweise beeinflussen Mimik und Gestik, Handlungen mit Materialien (vor allem mit dem Plüsch-Krokodil) sowie die deiktischen Ausdrücke `hier` und `jetzt` eine Anbindung der verbalen Aussagen an die Interaktionssituation und durchziehen die gesamte Sequenz. Darüber hinaus sind auch die sprachlichen Verknappungen `Rot` und `Blau` (statt *die zwei roten Steckwürfel* und *die fünf blauen Steckwürfel*) nicht hinreichend ohne Kenntnisse zur Interaktionssituation interpretierbar. In der Sequenz *Üben mit Kroko* sind die Aussagen Danis vorwiegend aufgrund ihrer Bezugnahme auf die im Heft abgebildeten Zahlen und Aufgaben kontextgebunden, während die Aussagen Bailas vor allem wegen der Visualisierung mathematischer Zeichen, Operationen und Ziffern mit ihren Fingern einen hohen Grad an Kontextgebundenheit aufweisen. Zugleich lassen sich in dieser Sequenz auch verbalsprachliche Marker zur Herstellung von Kontextgebundenheit identifizieren – z.B. die Begriffe `hier` und `jetzt`. Auch in der Sequenz *Menschenkreis* durchziehen diese deiktischen Begriffe den gesamten Aushandlungsprozess und sorgen gemeinsam mit Zeigegesten (z.B. das Zeigen entlang des Menschenkreises sowie das Zeichnen eines imaginären Kreises in die Luft) für die Kontextgebundenheit der Aussagen. Weiterhin beeinflusst vor allem die Existenz des visuell und haptisch erfahrbaren Menschenkreises – so die Annahme – in dieser Sequenz die Kontextgebundenheit der Aussagen. In der Sequenz *Buchkauf* sprechen die Beteiligten ebenfalls über etwas, das konkret in der Interaktionssituation sichtbar ist (z.B. die Bücher mit Preisschildern sowie das Spielgeld und die Tabelle an der Tafel). Darüber hinaus tragen aber auch in dieser Sequenz deiktische Begriffe wie `hier`, `da` und `jetzt` sowie mimische und gestische Mittel wie Schulterzucken, Nicken, Kopfschütteln zur Kontextgebundenheit bei. In der Sequenz *Computerkauf* sorgen vor allem die schriftsprachlichen, symbolischen und ikonischen Darstellungen im Mathematikbuch für Kontextgebundenheit (siehe Abbildung 5), da sich die Beteiligten während der interaktiven Aushandlung kontinuierlich auf diese beziehen. Des Weiteren lassen sich auch in dieser Sequenz mimische und gestische Kommunikationsmittel identifizieren, mit denen die Kontextgebundenheit erzeugt bzw. verstärkt wird. Zuletzt können auch in der Sequenz *Was ist ein Auto?* deiktische Ausdrücke wie `hier`, `da` und `jetzt` sowie non- bzw. paraverbale Mittel rekonstruiert werden, die die einzelnen Aussagen eng an den Interaktionskontext binden (z.B. Kopfschütteln, Schulterzucken sowie Zeigegesten am Tafelbild).

Sequenzübergreifend scheinen sowohl Lehrende wie auch Lernende ihre verbalen Aussagen vielfach eng an den jeweiligen Interaktionskontext zu binden. Dabei greifen sie häufig auf verbalsprachliche Ressourcen zurück (z.B. `hier`, `da`, `jetzt`), nutzen aber auch körpergebundene non- und paraverbale Mittel wie Blicke, Grinsen, Kichern, Schulterzucken und Zeigegesten. Als dritte Möglichkeit zur Erzeugung von Kontextgebundenheit fungieren Anschauungsmedien und Materialien wie z.B. das Plüsch-Krokodil und Steckwürfel sowie schriftlich fixierte Begriffe, Symbole und Aufgaben an der Tafel oder in Lehrwerken. Teils fungieren diese Mittel sogar als bedeutsamer Inhaltsträger und können somit als ‚Ersatz' für eine verbale Aussage interpretiert werden. So tragen beispielsweise in der Sequenz *Kroko, der kleine Vielfraß* das Plüsch-Krokodil und die Steckwürfel sowie der selbst gebildete Kreis in der Sequenz *Menschenkreis* dazu bei, den (mathematischen) Sachverhalt darzustellen und fungieren dort als bedeutsame Inhaltsträger. Deiktische Begriffe wie `hier` und `da` treten gehäuft in Verbindung mit gestischen Sprachmittel wie z.B. Zeigegesten auf und transportieren in diesem Kontext ebenfalls bedeutsame inhaltliche Informationen. Der deiktische Ausdruck jetzt hingegen scheint den interaktiven Aushandlungsprozess nicht in diesem Maße inhaltlich zu bereichern. Auch Mimik und Gestik fungieren teils als bedeutsamer Inhaltsträger für (mathematische) Inhalte. Beispielsweise die Visualisierung von Zahlen mithilfe der Finger in der Sequenz *Üben mit Kroko* sowie Kopfnicken bzw. Kopfschütteln als Formen der nonverbalen Evaluation in der Sequenz *Was ist ein Auto?*. Mitunter treten diese Mittel gemeinsam mit verbalen

Aussagen auf, sodass sie an dieser Stelle die verbalsprachliche Aussage zwar unterstützen, aber auch weggelassen werden könnten (z.B. das Schulterzucken in Kombination mit der Aussage `keene Ahnung` in der Sequenz *Was ist ein Auto?*).

Da Kontextgebundenheit ein zentrales Merkmal mündlicher Kommunikation darstellt, verwundert dieses Analyseergebnis wenig (Gogolin & Lange, 2011; Heppt, 2016). Vielfach postulieren Autor*innen jedoch, dass sich Lernende im Verlauf ihrer schulischen Sozialisation zunehmend bildungssprachlich ausdrücken sollen. Als bildungssprachlich gilt in diesem Zusammenhang ein kontextentbundener und an den Regeln der Schriftsprache orientierter Sprachgebrauch (z.B. Gogolin & Lange, 2011; Koch & Oesterreicher, 2007). Bei dem vorsichtigen Versuch, anhand dieser geringen Anzahl analysierter Sequenzen einen Trend bezüglich der Kontextbindung in Situationen mit Lebensweltbezug zu skizzieren, ergeben sich folgende Annahmen: Aushandlungsprozesse des Mathematikunterrichts in Situationen mit einem Lebensweltbezug scheinen mit einem hochgradig kontextgebundenen Sprachgebrauch einherzugehen und sich somit weniger für den Auf- bzw. Ausbau eines zunehmend kontextgelösten Sprachgebrauchs zu eignen. Dabei steht die inhaltliche Fokussierung auf einen mathematischen Sachverhalt gewissermaßen im Widerspruch zu dem eher alltagssprachlichen, informellen und kontextgebundenen Sprachgebrauch – beispielsweise in den Sequenzen *Buchkauf* und *Was ist ein Auto?*. Hierdurch besteht die Möglichkeit, dass die Lernenden inhaltlich wie auch sprachlich zu stark in der jeweiligen Interaktionssituation verhaftet bleiben, was eher hinderlich für den Transfer und die Generalisierung des mathematischen Sachverhalts auf andere Situationen sein könnte. Die Kontextgebundenheit scheint – neben anderen eher als ‚alltagssprachlich' charakterisierbaren Aspekten – zwar dazu beizutragen, die sprachliche Zugangsschwelle zum Aushandlungsprozess für die Lernenden herabzusetzen und eröffnet ihnen zahlreiche Möglichkeiten der sprachlichen Partizipation, doch bleiben hierdurch sprachlich wie auch inhaltlich bedeutsame Aspekte der jeweiligen Situation implizit (z.B. die Relationsbegriffe in der Sequenz *Kroko, der kleine Vielfraß* oder Jans Vorgehen in der Sequenz *Computerkauf*).

Vielseitige situationsspezifische Anforderungen und Erwartungen

Bezüglich der situationsspezifischen diskursiven Erwartungen und Anforderungen an die Teilnehmenden, scheinen sich die Auswirkungen der schulischen Sozialisation auf das Interaktionsverhalten der Lernenden auszuwirken. In der Sequenz *Kroko, der kleine Vielfraß* etwa scheinen die Lernenden einem gemeinsamen Interaktionsmuster entsprechend sprachlich zu handeln, wenngleich dieses nicht explizit im Interaktionsgeschehen thematisiert wird: Die Lehrperson fragt nach einer Farbe, ein Kind äußert Rot oder Blau, die Lehrperson fragt das gleiche Kind nach einer Begründung, das Kind begründet die Farbwahl, die Lehrperson evaluiert mehr oder minder explizit und fordert das nächste Kind zur Nennung einer Farbe auf. In der Sequenz *Üben mit Kroko* scheinen Dani und Baila der diskursiven Anforderung nachzukommen, Nabil Hilfe zu leisten und greifen hierbei auf unterschiedliche Formen der Hilfeleistung zurück: Dani bezieht sich hierbei auf den außermathematischen Sachverhalt der vorangegangenen Sequenz *Kroko, der kleine Vielfraß* und verbalisiert zudem auch die beiden zu vergleichenden Zahlen oder ausschließlich die mächtigere Zahl. Baila hingegen nutzt ihre Finger zur Visualisierung der Zahlen und mathematischen Zeichen, weshalb ihre Form der Unterstützung eher als ‚universell anwendbar' charakterisiert werden kann (zumindest im Bereich der natürlichen Zahlen bis zehn). Bis auf `Ist-gleich` und das Verbalisieren von Zahlen greifen Baila und Dani nicht auf Fachbegriffe zurück, was in der gegebenen Situation jedoch auch nicht zwingend notwendig erscheint. Da die Relationszeichen Größer-als (>) und Kleiner-als (<) zudem noch nicht verbalisiert wurden, kann davon ausgegangen werden, dass die Lernenden diese Zeichen bislang noch nicht benennen können und es in diesem Zusammenhang nachvollziehbar ist, dass sie bei ihrer Hilfeleistung auf andere kommunikative Ressourcen zurückgreifen. In der Sequenz *Menschenkreis* scheinen die Lernenden zwar nicht entsprechend den Erwartungen der Lehrperson zu antworten, da sie auf eine andere Fragestellung eingehen, dennoch können auch hier die Aussagen der Lernenden als ‚der Interaktionssituation angemessen' interpretiert werden. Die Schüler*innen greifen darüber hinaus – stärker noch als die Lehrperson – auf mathematische Fachbegriffe, subordinierende Konjunktionen sowie generalisierende Begriffe wie man zurück und argumentieren, warum der von ihnen gebildete Menschenkreis aus mathematischer Perspektive nicht als ‚richtiger' Kreis bezeichnet werden könne. In der Sequenz *Buchkauf* scheint sich die schulische Sozialisation der Lernenden und die damit einhergehenden Erfahrungen mit Interaktionsprozessen des Mathematikunterrichts im Allgemeinen wie auch mit (interaktiv ausgehandelten) Lebensweltbezügen im Besonderen noch deutlicher herauszukristallisieren. Ohne ihn darauf vorzubereiten oder ihn zu fragen, wählt die Lehrperson Oskar als ‚Teilnehmer' des von ihr initiierten Lebensweltbezugs. Oskar wie auch die anderen Schüler*innen scheint dies jedoch weder zu irritieren noch zu stören. Zudem scheint für die Beteiligten nicht strittig, dass Oskar das Buch lediglich halten darf, nicht jedoch in es hineinschauen soll oder nach einer Begründung für seine Buchwahl gefragt wird. Dass der außermathematische Sachverhalt eines Lebensweltbezugs von den Lernenden eher als Anwendungsbeispiel oder Einkleidung für einen mathematischen Sachverhalt interpretiert wird, zeigt sich auch in der Sequenz *Computerkauf*. Zwar werden die Lernenden zu Beginn der Plenumsphase explizit von der Lehrperson aufgefordert, die (außermathematische) Situation nochmal zu erzählen, doch das allmähliche Verblassen des außermathematischen Sachverhaltes im Verlauf des Aushandlungsprozesses scheint die Lernenden nicht zu irritieren. In der Sequenz *Was ist ein Auto?* wird an den mathematisch orientierten Antworten der Lernenden auf außermathematisch orientierte Fragestellungen der Lehrperson deutlich, dass Schüler*innen in Situationen mit einem Lebensweltbezug im Mathematikunterricht eher etwas Mathematisches zu erwarten scheinen. Die Lernenden scheinen in dieser Sequenz von den Fragen, was ein Auto ist und was *Automobil* übersetzt heißt, verunsichert. Als sich das Interaktionsgeschehen jedoch eher auf den mathematischen Sachverhalt (die Bestandteile einer Funktion) konzentriert, scheinen die Antworten der Lernenden eher und schneller den Erwartungen der Lehrperson zu entsprechen und auch von mehr Selbstsicherheit zu zeugen.

Sequenzübergreifend entsteht der Eindruck, als würden jahrgangsjüngere Lernende in Situationen mit einem Lebensweltbezug eher außermathematische Sachverhalte fokussieren (z.B. die Begründungen für `Rot` in der Sequenz *Kroko, der kleine Vielfraß* sowie die Verweise auf die Unförmigkeit des selbst gebildeten Stehkreises in der Sequenz *Menschenkreis*). Gleichzeitig lassen die analysierten Sequenzen aber auch erahnen, dass sich bereits in den jüngeren Klassenstufen abzeichnet, dass die Schüler*innen einen Lebensweltbezug als etwas ‚typisch Schulisches' interpretieren (Dietiker, 2013; Gerofsky, 2010). Die Lernenden scheinen – je weiter sie in ihrer schulischen Sozialisation vorangeschritten sind – bei Situationen mit Lebensweltbezug davon auszugehen, dass der Fokus auf mathematischen Aspekten liegt und dass der außermathematische Sachverhalt eher ein zierendes und austauschbares Beiwerk für das Mathematische ist. Zugleich offenbaren die analysierten Sequenzen, dass trotz der Existenz eines außermathematischen Sachverhaltes – und somit einer gegebenenfalls vertrauteren Sprache und Thematik – die Lehrperson als Organisations- und Leitungsinstanz des interaktiven Aushandlungsprozesses undiskutabel anerkannt und ihr didaktisch motiviertes Handeln nicht von den Lernenden infrage gestellt wird (Hausendorf & Quasthoff, 2005). So können in mehreren analysierten Sequenzen Interaktionsmuster wie etwa das Trichtermuster (Bauersfeld, 1978) rekonstruiert werden. Diese Muster werden nicht explizit verbalisiert, aber alle Beteiligten scheinen gemäß dem Muster sprachlich zu agieren. So etwa in den Sequenzen *Kroko, der kleine Vielfraß*, *Buchkauf* und *Computerkauf*.

9.3 Komparation der potenziellen Lernprozesse

Im Zusammenhang mit der Analyse der möglichen Lernprozesse, die sich in den betrachteten Aushandlungsprozessen mit einem Lebensweltbezug ergeben, lassen sich auch Annahmen über Zusammenhänge zwischen der Entwicklung und den Merkmalen des jeweiligen Lebensweltbezugs sowie dem Sprachgebrauch aufstellen. Die Nachfolgenden Zwischenüberschriften geben Hinweise darauf, welchen Aspekten bzw. Merkmalen der Aushandlungen in den analysierten Sequenzen mit Lebensweltbezug innerhalb dieser Arbeit eine besondere Bedeutung für die angenommenen Lernprozesse beigemessen wird.

Mündliche Etablierung und interaktive Aushandlung

Den analysierten Sequenzen ist gemein, dass die Lebensweltbezüge mündlich etabliert und ausgehandelt werden und – bis auf den Lebensweltbezug der Sequenz *Computerkauf* – keine für die Lernenden zugängliche schriftlich fixierte Grundlage haben. Dies unterscheidet die vorliegende Untersuchung maßgeblich von bisherigen Studien und Empfehlungen zu Lebensweltbezügen im Mathematikunterricht, bei denen der Fokus vorrangig auf textbasierten Lebensweltbezügen liegt (z.B. Maaß, 2020; Stephany, 2018; Verschaffel et al., 2020; Wilhelm, 2016; Zan, 2017). Dass die hier analysierten Lebensweltbezüge vorrangig mündlich erzeugt und ausgehandelt werden, kann als Chance wie auch als Herausforderung betrachtet werden: Auf der einen Seite kann die fehlende Fixierung eines

Lebensweltbezugs zu Deutungsdifferenzen unter den Beteiligten führen. Unter Rückbezug auf das dieser Arbeit zugrundeliegende Lernverständnis (siehe Kapitel 6.1) stellen diese Deutungsdifferenzen eine fruchtbare Ressource für Lernprozesse dar: Unterschiedliche oder gar konträre Situationsdefinitionen können – wenn sie interaktiv ausgehandelt werden – als Motor für die Veränderung der jeweils individuellen Situationsdefinitionen betrachtet werden und folglich die Genese eines Deutungsinterims positiv beeinflussen (Krummheuer 1992; Schütte, 2014; Schütte et al., 2021). Ein weiterer Vorteil mündlich etablierter und interaktiv ausgehandelter Lebensweltbezüge liegt in Ihrer Aktualität und Flexibilität: Im Gegensatz zu Lehrwerken, deren textbasierte Lebensweltbezüge schnell veralten, können mündlich etablierte Lebensweltbezüge stets an die aktuellen Fragen, Interessen und Bedürfnisse der Beteiligten angepasst werden. Die eingeschränkte Flexibilität und Aktualität textbasierter Lebensweltbezüge offenbart die Sequenz *Computerkauf*. Beim Lebensweltbezug dieser Sequenz betrachten Jan und sein Opa ein wenig zeitgemäßes Computermodell im Schaufester. Und obwohl die Lernenden sich zu Beginn dieser Sequenz mit beiden Rechenwegen auseinandersetzen (sollen), steht im weiteren Verlauf des interaktiven Aushandlungsprozesses lediglich der bereits bekannte Rechenweg von Opa im Fokus. Die Lehrperson nimmt hier folglich eine Reduzierung vor und fokussiert ausgewählte Aspekte des textbasierten Lebensweltbezugs. Der für die Schüler*innen ‚neue' Rechenweg von Jan ist dennoch in ihrem Mathematikbuch sichtbar und bleibt erhalten. Die textbasierte Vorlage wird somit zwar von der Lehrperson auf ausgewählte Aspekte reduziert, doch dies geschieht für die Lernenden eher implizit und die Entscheidungsprozesse werden für sie nicht transparent. Hätte die Lehrperson mündlich einen (eigens konzipierten) Lebensweltbezug genutzt, wären – so die Annahme – derartige Reduzierungen und daraus eventuell resultierende Unklarheiten weniger wahrscheinlich. Zudem liegt ein Vorteil in mündlich basierten Lebensweltbezügen darin, dass für ihr Verständnis keine Lesekompetenzen nötig sind. Hierdurch können Lernende, die im Schriftsprachlichen noch keine oder nicht ausreichenden Kompetenzen haben (z.B. Lernende der jüngeren Schuljahrgänge, mit Lese-Rechtschreib-Schwäche oder Deutsch als Zweitsprache), dennoch am Aushandlungsprozess partizipieren. So berichten etwa Dröse und Prediger (2020) von text- und lernendenseitigen sprachlichen Faktoren, die im Umgang der Schüler*innen mit mathematischen Aufgabentexten (also schriftbasierten Lebensweltbezügen) als ‚potenzielle Hürden' betrachtet werden können. Hierzu zählen beispielsweise Lesehürden auf Wort-, Satz- und Textebene, die mangelnde Sprachbewusstheit der Lernenden für sprachliche Feinheiten wie etwa die Stellung von Subjekt und Objekt innerhalb eines Satzes sowie die oberflächliche Strategie der Texterschließung anhand von Schlüsselwörtern (siehe auch Franke & Ruwisch, 2010; Stephany, 2018; Wilhelm, 2016).

Auf der anderen Seite besteht die Gefahr, dass bei fehlender schriftlicher Fixierung die einzelnen mathematischen und außermathematischen Aspekte unterschiedlich stark beachtet werden. Somit stellt es für die Lernenden eine Herausforderung dar, das ‚Wesentliche' von mündlich basierten Lebensweltbezügen zu identifizieren bzw. herauszufiltern, hat doch eine schriftliche Fixierung den Vorteil, bedeutsame Aspekte dauerhaft ‚sichtbar' zu machen. Die Sequenz *Menschenkreis* verdeutlicht dies beispielhaft: Die

Lehrperson äußert zwar mehrere Fragen, scheint den Fokus jedoch auf lediglich eine ihrer Fragen zu legen: *Was fehlt hier?* Die Lernenden hingegen gehen eher auf eine andere Frage der Lehrperson ein: *Warum ist das kein richtiger Kreis?* Diese vermeintlich ähnlichen Fragestellungen zielen jedoch auf unterschiedliche Antworten ab. Auch bei der Sequenz *Was ist ein Auto?* scheint die fehlende schriftliche Fixierung des Lebensweltbezugs eine Herausforderung darzustellen – und zwar für die Lernenden wie auch für die Lehrperson selbst. Der Lebensweltbezug dieser Sequenz wirkt, als wäre er von der Lehrperson spontan erzeugt und in den Aushandlungsprozess eingebracht worden. Dies verleiht dem Geschehen zwar an Lockerheit – was sich auch in einer alltagsnahen und informellen Sprache zeigt – doch wirkt der Lebensweltbezug nicht ‚didaktisch durchdacht'. So scheint sich die Lehrperson im Verlauf der Interaktion selbst nicht mehr darüber im Klaren zu sein, worauf der Lebensweltbezug und insbesondere der außermathematische Sachverhalt abzielen.

Weiterhin fällt bei der Analyse der Aushandlungsprozesse auf, dass diese maßgeblich von den jeweiligen Lehrpersonen gelenkt werden, während der Anteil der Lernenden am Entstehungs- sowie Entwicklungsprozess der Lebensweltbezüge eher von geringem Ausmaß ist. Der Verlauf der interaktiven Aushandlung in den analysierten Sequenzen gestaltet sich vorrangig fragend-geleitet durch die Lehrenden und in mehreren Sequenzen kann das *Trichtermuster* rekonstruiert werden, bei dem die Handlungs- und Antwortmöglichkeiten der Lernenden durch zunehmend präzisere Fragestellungen und Aufforderungen seitens der Lehrperson eingeschränkt werden (Bauersfeld, 1978). Eine tiefe oder offene Auseinandersetzung mit dem mathematischen oder dem außermathematischen Sachverhalt im Sinne eines aktiv-entdeckenden Zugangs wird hierdurch verwehrt. In den analysierten Sequenzen mit Lebensweltbezug scheinen sich solche Muster in der Interaktion zu etablieren und zu verfestigen, die die Möglichkeiten zum Sprechen und Handeln zunehmend auf bestimmte Optionen beschränken. Die Schüler*innen werden somit nicht zu zunehmend autonomen Handlungen befähigt – sowohl das Mathematische wie auch das Außermathematische betreffend. Resümierend erwecken die analysierten Sequenzen nicht den Eindruck, als würde die Existenz eines Lebensweltbezugs im Mathematikunterricht eine offene(re) Form der Auseinandersetzung mit dem mathematischen Sachverhalt ermöglichen und auch die ‚echten' Fragen der Lernenden zum außermathematischen Sachverhalt scheinen nicht von Interesse. Dies zeigt sich auch am Mangel von Authentizität beziehungsweise der unzureichenden Sachorientierung (siehe Kapitel 9.1).

Fremd-initiiert, imaginär und stereotyp

Die mündlich etablierten und interaktiv ausgehandelten Lebensweltbezüge dieser Arbeit können – ähnlich wie in existierenden Auseinandersetzungen zu textbasierten Lebensweltbezügen – als ‚stereotyp' bezeichnet werden: Erstens, weil die Informationen zum außermathematischen Sachverhalt zumeist auf diejenigen Aspekte reduziert werden, die für die Auseinandersetzung mit dem zugehörigen mathematischen Lerngegenstand essentiell sind. Es werden somit zu didaktischen Zwecken von den Lehrenden beziehungsweise durch die Vorgabe im Lehrwerk gewisse Vorentscheidungen bezüglich der Informationsfülle getroffen (Nesher, 1980). Zweitens haben – in engem Zusammenhang mit den zu didaktischen Zwecken getroffenen Vorentscheidungen – die hier analysierten Lebensweltbezüge aus Perspektive der Lernenden einen ‚imaginären' und ‚fremd-initiierten' Charakter (Toom, 1999; Zan, 2017). So verbleiben die in den Lebensweltbezügen thematisierten Probleme und Fragestellungen zumeist die einer anderen Person. Im Fall von Kroko aus den Sequenzen *Kroko, der kleine Vielfraß* und *Üben mit Kroko* sowie Jan aus der Sequenz *Computerkauf* ist die Hauptfigur des Lebensweltbezugs, die sich dem jeweiligen mathematischen Problem stellt, nicht in der aktuellen Situation im Mathematikunterricht anwesend. Auch bei den Sequenzen *Menschenkreis*, *Buchkauf* und *Was ist ein Auto?* gehen die jeweiligen (mathematischen) Fragestellungen auf die Lehrperson oder ein Lehrwerk zurück, nicht jedoch auf die Schüler*innen. Dadurch bleibt offen, ob und in welchem Ausmaß sich die Lernenden mit dem Lebensweltbezug identifizieren können. Drittens weisen vor allem die Lebensweltbezüge der Sequenzen *Buchkauf* und *Computerkauf* einen Aufbau auf, der in Auseinandersetzungen mit schriftbasierten Lebensweltbezügen als ‚stereotyp' bezeichnet wird (z.B. Franke & Ruwisch, 2010; Gerofsky, 1996; Greer, 1993): Nach einer außermathematisch orientierten Einführung werden im Mittelteil alle mathematisch notwendigen Informationen bereitgestellt. Zuletzt wird die Fragestellung oder das Problem mit Fokus auf die mathematischen Anteile des Lebensweltbezugs illustriert. Viertens nimmt vor allem zu Beginn der analysierten Sequenzen der außermathematische Sachverhalt des jeweiligen Lebensweltbezugs eine bedeutsame(re) Rolle im interaktiven Aushandlungsprozess ein, scheint jedoch im Verlauf der Interaktion zunehmend zu verblassen und sich mathematischen Aspekten unterzuordnen (siehe Fokusverschiebung, Kapitel 9.1)

Der stereotype Charakter der analysierten Lebensweltbezüge dieser Arbeit beeinflusst nicht zuletzt auch, wie die Lernenden den außermathematischen und den mathematischen Sachverhalt deuten, inwiefern sie diesen persönliche Relevanz beimessen oder ob sie den Lebensweltbezug vorrangig interpretieren als „Spiel mit künstlicher Regelhaftigkeit [...] ohne besondere Beziehungshaltigkeit zur außerschulischen Realität" (Radatz, 1990, S. 23). In diesem Sinne zeigt sich in den analysierten Sequenzen nicht nur das von Franke und Ruwisch (2010) angesprochene Spannungsfeld zwischen Sach-, Fach- und Kindorientierung, sondern es kann darüber hinaus angenommen werden, dass sich vor allem bezüglich des Außermathematischen wenige inhaltliche Lernchancen für die Schüler*innen eröffnen. Eine aus Perspektive der Lernenden authentische, selbstgesteuerte und aktiv-entdeckende Auseinandersetzung wird weder bezüglich des mathematischen Lerngegenstandes noch bezüglich des Außermathematischen intendiert oder ermöglicht.

Vor diesem Hintergrund ist anzunehmen, dass die analysierten Lebensweltbezüge die in bisherigen Auseinandersetzungen vor allem zu schriftbasierten Lebensweltbezügen angesprochenen Potenziale (siehe Kapitel 1.3) nicht vollends ausschöpfen: Zwar scheinen die analysierten Lebensweltbezüge die Lernenden zur Mitarbeit zu motivieren und stellen ihnen diverse Möglichkeiten der sprachlichen und inhaltlichen Partizipation bereit, doch der stereotype Charakter und die Überhand der Lehrperson bezüglich der Gestaltung und Entwicklung der Lebensweltbezüge scheinen eher zu verhindern, dass die Lernenden diese Chancen zur Steigerung der eigenen Handlungsautonomie ergreifen können. Während beispielsweise außermathematische Sachverhalte vor allem zu Beginn bedeutsam in den interaktiven Aushandlungsprozessen sind, liegt der Fokus im weiteren Verlauf aufgrund der didaktisch motivierten Lenkung der Lehrperson vornehmlich auf mathematischen Aspekten. Vor diesem Hintergrund kann angezweifelt werden, dass die analysierten Lebensweltbezüge den Schüler*innen die Bedeutsamkeit der Mathematik für ihre eigene Erfahrungswelt aufzeigen oder zu einer veränderten Einstellung gegenüber der Mathematik beitragen und damit persönlich bedeutsame und nachhaltige Lernprozesse initiieren würden.

Didaktischer Fokus und implizite Pädagogik

Dass eine aktiv-entdeckende Auseinandersetzung mit dem Lebensweltbezug und insbesondere dessen mathematischem Lehrgegenstand erschwert oder gar verhindert wird, könnte vor allem mit der zugrundeliegenden didaktischen Zielsetzung der Lehrenden zusammenhängen. Anders als in ‚realen' Situationen außerhalb des Mathematikunterrichts, werden die analysierten Lebensweltbezüge weitestgehend auf diejenigen Aspekte reduziert, die für die unterrichtliche Thematisierung essentiell und – aus Perspektive der Lehrperson – zur Verwirklichung ihrer didaktischen Bestrebungen zielführend sind (Nesher, 1980). Die Lehrkräfte scheinen hierbei unterschiedliche didaktischen Zielsetzungen zu verfolgen, wenn sie Lebensweltbezüge im Mathematikunterricht etablieren: In den Sequenzen *Kroko, der kleine Vielfraß*, *Üben mit Kroko* sowie *Menschenkreis* fungiert ein außermathematischer Sachverhalt vordergründig zur Visualisierung eines mathematischen Objektes. In diesem Fall könnte der Lebensweltbezug darauf abzielen, einen (neuen) mathematischen Sachverhalt für die Lernenden zu illustrieren, ihnen eine bildliche Stütze bereitzustellen und ihnen dadurch einen (vermeintlich leichten) Zugang zum mathematischen Sachverhalt zu ermöglichen. Zudem könnte der Lebensweltbezug der Sequenz *Menschenkreis* auch darauf abzuzielen, einen bereits bekannten mathematischen Sachverhalt zu reaktivieren, zu wiederholen, zu vertiefen oder zu reflektieren. In den Sequenzen *Buchkauf* und *Computerkauf* hingegen fungiert der außermathematische Sachverhalt anscheinend eher als Anwendungsbeispiel für einen (neuen) mathematischen Lerngegenstand. Vor allem in diesen Sequenzen scheint der außermathematische Kontext beliebig durch vergleichbare außermathematische Situationen austauschbar und fungiert hier eher als ‚dekorative Einkleidung'. In der Sequenz *Was ist ein Auto?* scheint der Lebensweltbezug vor allem darauf abzuzielen, die Lernenden für Prozesse und Operationen des Mathematikunterrichts zu sensibilisieren: Nachdem ein mathematisches Konstrukt definiert wurde, werden dessen Bestandteile betrachtet. Auch hier wirkt der außermathematische Sachverhalt beliebig durch vergleichbare Situationen austauschbar, was sogar im Aushandlungsprozess dieser Sequenz sichtbar wird, da der Auto-Sachverhalt ohne bemerkbare Brüche in der Interaktion vom Tisch-Sachverhalt abgelöst wird.

Vor diesem Hintergrund weisen die analysierten Sequenzen mit Lebensweltbezug Merkmale einer *impliziten Pädagogik* auf (Schütte, 2009, 2010): Die Lehrenden machen ihre didaktischen Ziele und das, worauf sie bei den jeweiligen Lebensweltbezügen den

Fokus legen (wollen) nicht hinreichend transparent. Dass das offene Krokodilmaul als ikonische Eselsbrücke für die mathematischen Symbole Größer-als und Kleiner-als fungiert, wird an keiner Stelle des interaktiven Aushandlungsprozesses der Sequenzen *Kroko, der kleine Vielfraß* und *Üben mit Kroko* thematisiert. In der Sequenz *Menschenkreis* kommt der Widerspruch, dass die Lehrperson selbst den Menschenkreis mehrfach als *Kreis* bezeichnet und zugleich wiederholt betont, dass dies kein ‚richtiger' Kreis sei, ebenfalls nicht explizit zur Sprache. Die Lehrperson richtet in dieser Sequenz zudem mehrere Fragen an die Lernenden, führt jedoch nicht aus, welche dieser Fragen die Lernenden (zuerst) beantworten sollen. Ebenfalls nicht zur Sprache gebracht wird – zumindest nicht in der Plenumsphase der Sequenz *Computerkauf* – der für die Lernenden neuartige Rechenweg von Jan. Vielfach legen Lehrende bei den analysierten Lebensweltbezügen somit den Fokus auf ausgewählte mathematische und/oder außermathematische Aspekte, ohne dies für die Lernenden transparent zu machen. Die einzigen Sequenzen, in der die Bedeutung des Lebensweltbezugs zumindest partiell expliziert wird, sind die Sequenzen *Buchkauf* und *Was ist ein Auto?*. So expliziert die Lehrperson in der Sequenz *Buchkauf*: `wie kann ich nun schriftlich das mit den Kommazahln rechnen/ [...] das ist das was wir heute uns angucken wolln\` (Auszug aus Turn 7, siehe Kapitel 8.4.3). In der Sequenz *Was ist ein Auto?* betont die Lehrperson, dass es in der aktuellen Situation nicht darum gehe, ein Auto oder eine Funktion zu definieren. Vielmehr stehe das Aufzählen einzelner Bestandteile im Vordergrund. Doch auch diese Sequenz weist Inkonsistenzen und Widersprüche auf: Eine Definition ist zum Beispiel nicht das Gleiche wie eine Übersetzung – so wird in der Sequenz eine mathematische Funktion definiert, während der Begriff Automobil erklärt und übersetzt wird. Darüber hinaus stellt sich die Frage, mit welcher didaktischen Absicht die Lehrperson zuerst den Begriff Auto(-mobil) übersetzen und erklären lässt, wenn im weiteren Verlauf der Auto-Sachverhalt durch den Tisch-Tischbeine-Sachverhalt abgelöst wird.

Es scheint ein gemeinsames Merkmal der hier analysierten Lebensweltbezüge zu sein, dass das, was in der jeweiligen Unterrichtssituation gelernt, erkannt oder ‚entdeckt' werden kann und soll und worin somit der (mathematische) ‚Kern' des Lebensweltbezugs liegt, für einige Schüler*innen verborgen bleibt. Dies stellt für die Lernenden eine Herausforderung dar: Nur diejenigen scheinen erfolgreich am Unterrichtsgeschehen teilhaben zu können, die den Fokus und das mathematisch motivierte Ziel der Lehrperson in der jeweiligen Situation korrekt antizipieren. Zwar werden außermathematisch orientierte Deutungen durch Lebensweltbezüge provoziert und aktiviert, doch werden sie nicht oder nur kaum im Verlauf des Unterrichtsgeschehens aufgegriffen. Vielmehr wird implizit von den Lernenden vorausgesetzt, dass sie trotz der Existenz des außermathematischen Sachverhalts und einem kontextgebundenen und mitunter eher als ‚alltagssprachlich' charakterisierbaren Sprachgebrauch den mathematischen Inhalten und Deutungen Vorrang gewähren. Diese Herausforderung kann jedoch gleichsam als Chance interpretiert werden: In Situationen mit Lebensweltbezug könnte für die Lehrenden anhand der Aussagen und Handlungen der Lernenden deutlich werden, welche Schüler*innen bereits einen Zugang zum mathematischen Lerngegenstand haben und diesen gegebenenfalls hinreichend generalisieren oder auf andere außermathematische Sachverhalte transferieren können. Zum

Beispiel wird in der Sequenz *Üben mit Kroko* bei der Aushandlung zu 9__9 deutlich, dass Dani und Baila auf die außermathematisch orientierte Geschichte verzichten und stattdessen auf mathematisch orientierte Erklärungen zurückgreifen, indem sie beispielsweise Zahlen nennen oder diese mithilfe ihrer Finger visualisieren. Auch in der Sequenz *Was ist ein Auto?* lassen sich Generalisierungsbestrebungen der Schüler*innen erahnen: Durch den Schüler Chris wird der Auto-Sachverhalt durch den Tisch-Tischbeine-Kontext abgelöst. Dieser Wechsel scheint die Lernenden nicht nachweislich zu irritieren – wenngleich sie genervt von der erneuten Wahl dieses Sachverhalts scheinen. Es ist denkbar, dass sich Chris der Austauschbarkeit des außermathematischen Sachverhalts bewusst ist. Er ist anscheinend in der Lage, den mathematischen Sachverhalt bezüglich seiner zentralen Aspekte zu generalisieren und ihn auf andere Bereiche des Außermathematischen zu transferieren. Aussagen und Handlungen von Lernenden, die hingegen eher auf eine außermathematisch orientierte Deutung hinweisen, könnten ein Indiz dafür sein, dass die jeweiligen Schüler*innen eventuell (noch) keinen Zugang zum mathematischen Lerngegenstand haben und (noch) nicht in der Lage sind, das Mathematische eines Lebensweltbezugs hinreichend zu generalisieren und zu transferieren. Beispielhaft hierfür scheinen Ina und Richie in der Sequenz *Kroko, der kleine Vielfraß* eher die außermathematisch orientierte Geschichte Krokos zu fokussieren. Sie argumentieren für die Farbe Rot, obwohl der rote Steckwürfelturm deutlich kleiner ist als der blaue Steckwürfelturm.

Das besondere Potenzial mündlich ausgehandelter Lebensweltbezüge liegt somit darin, dass Lehrkräfte anhand der Aussagen der Lernenden Annahmen darüber aufstellen können, inwiefern diese den mathematischen Sachverhalt des Lebensweltbezugs generalisieren und auf andere außermathematische Kontexte übertragen können. Da jedoch Lebensweltbezüge aufgrund ihrer Gestalt auch und vor allem Deutungen zum außermathematischen Sachverhalt aktivieren und da im Fall der analysierten Sequenzen das Außermathematische vor allem zu Beginn der unterrichtlichen Auseinandersetzung sehr präsent im Interaktionsgeschehen ist, liegt es gleichzeitig nahe, dass die Deutungen der Lernenden außermathematisch orientiert sind und dies auch bleiben.

Deutungsdifferenzen und schulische Sozialisation

Unter Berücksichtigung der zugrundeliegenden Zielsetzungen sowie dem impliziten Charakter der analysierten Lebensweltbezüge scheint es wenig verwunderlich, dass in den Aushandlungsprozessen der analysierten Sequenzen mehrfach Deutungsdifferenzen rekonstruiert werden können. Diese scheinen sich vor allem in den Sequenzen *Kroko, der kleine Vielfraß*, *Menschenkreis* und *Was ist ein Auto?* in den interaktiven Aushandlungen zu offenbaren. So argumentieren in der Sequenz *Kroko, der kleine Vielfraß* zwei Kinder für Rot und äußern eine am außermathematischen Sachverhalt orientierte Begründung. Die Lehrperson geht jedoch nicht darauf ein, sondern wiederholt lediglich die von den Lernenden getätigten Aussagen bzw. Begründungen. Da die Lehrkraft abschließend sogar die mathematisch orientierte Begründung von Noemi für Blau erneut auf die außermathematisch orientierte Geschichte über Kroko bezieht, könnten sich die Deutungsdifferenzen zusehends verfestigen, da sich die Lernenden durch diesen Rückbezug auf Kroko in ihrer außermathematisch orientierten Deutung bestätigt fühlen. Auch in der Sequenz *Menschenkreis* ist denkbar, dass der Lehrperson nicht ausreichend bewusstwird, dass die Schüler*innen unterschiedliche Aspekte und Fragen zu fokussieren scheinen. In der Sequenz *Was ist ein Auto?* scheinen die Deutungsdifferenzen, die sich beispielsweise in den Nachfragen der Lernenden oder der Unwissenheit von Zaara äußern, bewusst von der Lehrperson übergangen zu werden.

Die komparative Gegenüberstellung der analysierten Sequenzen zeigt darüber hinaus einen Trend bezüglich der voranschreitenden schulischen Sozialisation: Jüngere Lernende scheinen noch nicht (ausreichend) in ‚verschulte' Lebensweltbezüge im Mathematikunterricht sozialisiert und fokussieren darum mitunter andere Aspekte als die Lehrperson. Jahrgangsältere Schüler*innen hingegen scheinen eher zu ‚erkennen', worum es der Lehrperson in der jeweiligen Situation mit einem Lebensweltbezug geht. Mit zunehmender schulischer Sozialisation werden sich die Lernenden anscheinend der Begrenztheit und etwaiger Widersprüche von Lebensweltbezügen bewusst und hinterfragen diese nicht (mehr). Vielmehr agieren sie entsprechend den Erwartungen der Lehrperson ‚mathematisch'. Beispielsweise zeigen sich die Lernenden nicht irritiert, weil Oskar in der Sequenz *Buchkauf* von der Lehrperson ausgewählt wird und dass er sich aus lediglich vier Büchern eines aussuchen und es halten, nicht jedoch in das Buch hereinschauen oder seine Wahl begründen soll. Auch in der Sequenz *Computerkauf* bringen die Beteiligten nicht zur Sprache, dass während der Partnerarbeit zwei verschiedene Methoden für die schriftliche Subtraktion mit mehreren Subtrahenden betrachtet werden sollten, dass in der Plenumsphase jedoch lediglich die bereits bekannte ‚Opa-Methode' thematisiert wird. Dass die Lernenden und die Lehrperson bei der Behandlung eines Lebensweltbezugs im Mathematikunterricht eingespielt sind, wird auch in der Sequenz *Was ist ein Auto?* deutlich. Die teils widersprüchlichen Aussagen der Lehrperson führen bei den Lernenden nicht zu erkennbaren Irritationen, sondern werden vielmehr übergangen. So vollzieht sich der abrupte Wechsel von der Auto-Thematik zur Tisch-Thematik ohne im Interaktionsverlauf sichtbar werdende Brüche und Spannungen – einige Lernende äußern zwar ihr Missfallen am Tisch-Sachverhalt, da dieser bereits (mehrfach) thematisiert worden zu sein scheint, aber die Korrektheit des von Chris geäußerten Tisch-Tischbeine-Zusammenhangs scheint nicht angezweifelt zu werden. Der durch das Übergehen von Deutungsdifferenzen entstehende reibungslose Ablauf des Unterrichts entpuppt sich jedoch auch als Gefahr: So geben die Schüler*innen in der Sequenz *Was ist ein Auto?* mitunter mathematisch orientierte Antworten auf außermathematisch orientierte Fragen der Lehrperson und wirken verunsichert von der außermathematischen Schwerpunktsetzung seitens der Lehrperson bei der Einstiegsfrage was ist ein Auto/. Vor diesem Hintergrund lassen die Analysen annehmen, dass vor allem ältere Schüler*innen Lebensweltbezüge im Mathematikunterricht vielfach als etwas ‚typisch Schulisches' deuten und sie ihnen wenig bis gar keine Bedeutsamkeit für ihre außermathematischen Erfahrungen beimessen. Da die in der Sequenz *Was ist ein Auto?* angenommenen Deutungsdifferenzen jedoch eher übergangen werden, bleibt offen, inwiefern den Lernenden in dieser Sequenz die Anwendbarkeit eines mathematischen Sachverhalts für eine außermathematische Situation bewusstwird.

Die einzelfallübergreifende Betrachtung der angenommenen Deutungs- und Lernprozesse in den analysierten Sequenzen lässt außerdem annehmen, dass – mutmaßlich bedingt durch die mangelnde Transparenz der zugrundeliegenden Zielsetzung der Lehrperson – Lernende bei Lebensweltbezügen häufig nicht (sofort) diejenigen Aspekte und Informationen fokussieren, die aus mathematischer Perspektive wichtig wären. Während Deutungsdifferenzen bei der Analyse der interaktiven Aushandlungsprozesse der niedrigeren Schulklassen deutlicher zutage treten, scheinen sie bei den Aushandlungsprozessen in den höheren Schulklassen eher subtiler Natur zu sein. Doch obwohl anhand der Aussagen der Lernenden mitunter erkennbar wird, dass sie die Situation unterschiedlich deuten oder auf unterschiedliche Aspekte den Fokus legen, scheinen die Lehrenden diese Deutungsdifferenzen zu übergehen oder nicht zu identifizieren. Wenngleich Deutungsdifferenzen als Motor für Aushandlungs- und Lernprozesse betrachtet werden können (Krummheuer, 1992; Schütte, 2014), scheint dieses Potenzial in den hier analysierten Sequenzen mit Lebensweltbezug demnach nicht ausgeschöpft zu werden.

10. Schlussfolgerungen und Ausblick

Anhand der Einzelanalysen sowie ihrer fallvergleichenden Komparation werden im Rahmen dieses Kapitels Antworten auf die forschungsleitenden Fragestellungen der vorliegenden Arbeit gegeben. So ermöglicht vor allem die komparative Analyse das Ableiten induktiver sowie abduktiver Schlussfolgerungen, die als empirisch belegte Basis etwas zur Theorieentwicklung bezüglich der interaktiven Aushandlungsprozesse in Situationen des Mathematikunterrichts mit einem Lebensweltbezug beitragen (siehe Kapitel 7.4). Da im Rahmen dieser Arbeit vordergründig die Gestalt und Entwicklung von Lebensweltbezügen, der Sprachgebrauch in interaktiven Aushandlungsprozessen mit einem Lebensweltbezug sowie potenzielle Lernprozesse in diesen Situationen des Mathematikunterrichts fokussiert wurden, werden vor allem zu diesen Bereichen theoretische Erkenntnisse und Weiterentwicklungen geschildert (Kapitel 10.1). Darüber hinaus werden Implikationen für Forschende und auch für Lehrende herausgearbeitet, die bezüglich der Entwicklung, des Einsatzes und der Erforschung von Lebensweltbezügen bedeutsam sind (Kapitel 10.2).

10.1 Antworten auf die forschungsleitenden Fragestellungen

Für die forschungsleitende Fragestellung dieser Arbeit wurden drei ausdifferenzierte Fragestellungen ausgearbeitet, anhand derer der Charakter sowie die Entwicklung der betrachteten Lebensweltbezüge, der Sprachgebrauch in den analysierten Situationen des Mathematikunterrichts mit Lebensweltbezug sowie die möglichen Lernprozesse dieser Unterrichtssequenzen rekonstruiert werden (siehe Kapitel 5). Bevor Antworten auf die forschungsleitende Hauptfrage gegeben werden (Wie gestaltet sich die interaktive Aushandlung über den mathematischen Lerninhalt in Unterrichtssituationen mit einem Lebensweltbezug?), erfolgt die Darlegung der Analyseergebnisse zu den drei ausdifferenzierten Fragestellungen.

10.1.1 Schlussfolgerungen zum Charakter und der Entwicklung der Lebensweltbezüge

Die erste ausdifferenzierte Fragestellung fokussiert den Charakter sowie die Entwicklung der betrachteten Lebensweltbezüge im Verlauf der interaktiven Aushandlungsprozesse und lautet:

> *Inwiefern lassen sich die analysierten Lebensweltbezüge des Mathematikunterrichts anhand der interaktiven Aushandlungsprozesse als authentisch, reichhaltig und anschlussfähig charakterisieren?*

Für die Charakterisierung der Lebensweltbezüge wird in dieser Arbeit auf die Aspekte Anschlussfähigkeit, Reichhaltigkeit und Authentizität zurückgegriffen, die von Leuders und Kolleginnen (2011) als Merkmale sinnstiftender Kontexte aufgeführt werden. Die Analysen der interaktiven Aushandlungsprozesse in Situationen des Mathematikunterrichts mit einem Lebensweltbezug offenbaren, dass die hier betrachteten Lebensweltbezüge zwar häufig Merkmale aller drei Aspekte aufweisen, diese jedoch unterschiedlich stark ausgeprägt sind. Keiner der im Rahmen dieser Arbeit betrachteten Lebensweltbezüge weist eine Balance zwischen Anschlussfähigkeit, Reichhaltigkeit und Authentizität auf. Zumeist steht ein Aspekt im Vordergrund, dem sich die beiden übrigen unterordnen. In diesem Zusammenhang wird deutlich, dass das von Franke und Ruwisch (2010) im Kontext des Sachrechnens für schriftbasierte Formate thematisierte *Spannungsverhältnis von Sach-, Fach- und Kindorientierung* auch bei den hier analysierten mündlich basierten und interaktiv ausgehandelten Lebensweltbezügen existiert. So liegt der Fokus bei einigen Aushandlungsprozessen mit Lebensweltbezug vor allem der Aspekt der Anschlussfähigkeit an die Erfahrungen, Interessen sowie den Sprachgebrauch der Lernenden im Fokus, sodass diese Lebensweltbezüge vor allem eine Kind- respektive Lernendenorientierung aufweisen. Im Rahmen der Analysen dieser Arbeit sind dies vorrangig die Lebensweltbezüge in den Aushandlungsprozessen der jüngeren Schuljahrgänge. Die Lebensweltbezüge in den interaktiven Aushandlungen der älteren Schuljahrgänge, die im Rahmen dieser Arbeit analysiert wurden, zeichnen sich hingegen vordergründig durch mathematische Reichhaltigkeit aus und orientieren sich somit eher an mathematischen Lerngegenständen. Innerhalb der Analysen dieser Arbeit ist der Aspekt der *Authentizität bei keinem Lebensweltbezug stark ausgeprägt*. Wenn die Lernenden in den Situationen mit Lebensweltbezug (auch) dazu angeregt werden, etwas über den außermathematischen Sachverhalt zu lernen und authentische Fragen zu diesem zu stellen, dann scheint dies eher ein ‚Nebeneffekt' des Aushandlungsprozesses zu sein und nicht bewusst von den Lehrpersonen intendiert zu werden (z.B. in den Sequenzen *Menschenkreis* und *Was ist ein Auto?*). Somit weisen die mündlich etablierten und interaktiv ausgehandelten Lebensweltbezügen entweder vor allem den Aspekt der Anschlussfähigkeit oder aber vor allem den Aspekt der fachlich-mathematischen Reichhaltigkeit auf.

Mit jeder dieser Fokussierungen scheint auch eine je spezifische *didaktische Zielsetzung* einherzugehen: So wird bei Lebensweltbezügen mit dem Fokus auf Anschlussfähigkeit unter Zuhilfenahme eines außermathematischen Sachverhaltes ein mathematischer Lerngegenstand eingeführt und illustriert. Beispielsweise dient in der Sequenz *Kroko, der kleine Vielfraß* das offene Krokodilmaul als ikonische Darstellung der Relationszeichen Größer-als (>) und Kleiner-als (<). Der mathematische Sachverhalt wird hierbei zugunsten einer vermeintlich besseren Anschlussfähigkeit an die Erfahrungen und Lernvoraussetzungen der Lernenden in seiner Komplexität reduziert und auf wenige zentrale Aspekte heruntergebrochen. Bei einem Fokus auf Reichhaltigkeit hingegen geht es anscheinend weniger darum, einen Zugang zum Mathematischen zu bekommen, sondern vielmehr um die beispielhafte Veranschaulichung einer außermathematischen Situation, in der ein bestimmter mathematische Sachverhalt Anwendung findet. Im Fall der Fachorientierung ist die fachlich korrekte und möglichst vollständige Darstellung des mathematischen Lerngegenstandes zentral, während die Anschlussfähigkeit an die Erfahrungen, Fragestellungen und den Sprachgebrauch der Lernenden zweitrangig scheint. Bei den im Rahmen dieser Arbeit analysierten Lebensweltbezügen mit dem Fokus auf fachliche Reichhaltigkeit scheint überdies der außermathematische Sachverhalt austauschbar durch vergleichbare außermathematische Situationen zu sein. So etwa in den Sequenzen *Buchkauf*, *Computerkauf* und *Was ist ein Auto?*. Bei Lebensweltbezügen mit dem Schwerpunkt der Anschlussfähigkeit hingegen scheint das Außermathematische eine zentrale Rolle für die Illustration des Mathematischen zu spielen, wodurch es nicht durch andere vergleichbare außermathematische Situationen ersatzbar ist. Dies ist in den Sequenzen *Kroko, der kleine Vielfraß*, *Üben mit Kroko* und *Menschenkreis* der Fall.

Im Vergleich zu schriftbasierten Lebensweltbezügen verdeutlichen die Analysen, dass auch mündlich basierte und interaktiv ausgehandelte Lebensweltbezüge vielfach Merkmale aufweisen, die in bisherigen Auseinandersetzungen mit schriftbasierten Formaten (wie etwa Sachaufgaben) als *stereotyp* bezeichnet werden (z.B. Greer, 1997; Nesher, 1980). So kennzeichnen sich auch die hier untersuchten Lebensweltbezüge dadurch, dass – durch die Lehrperson oder das Lehrwerk – eine Vorauswahl der mathematischen wie auch außermathematischen Informationen stattfindet und dass den Schüler*innen ausschließlich diejenigen mathematischen und außermathematischen Informationen präsentiert werden, die für die unterrichtliche Auseinandersetzung essentiell zu sein scheinen (siehe auch Nesher, 1980). Anders als schriftbasierte Lebensweltbezüge (wie etwa in der Sequenz *Computerkauf*) scheinen mündlich basierte Lebensweltbezüge jedoch eher selten einem ‚typischen' Aufbau zu folgen. Gerofsky (1996) beschreibt für schriftbasierte Formate eine Dreiteilung in (1) eine Einleitung mit vordergründig außermathematischen Informationen, (2) einem Mittelteil mit vordergründig mathematisch relevanten Informationen sowie (3) einem Abschluss mit einer mathematisch orientierten Fragestellung. Wenngleich eine solche Dreiteilung beispielsweise beim mündlich etablierten Lebensweltbezug der Sequenz *Buchkauf* (sowie beim schriftbasierten Lebensweltbezug der Sequenz *Computerkauf*) rekonstruiert werden kann, scheinen die übrigen hier betrachteten Lebensweltbezüge keinem festen Schema zu folgen. So erfolgt beispielsweise bei den Sequenzen *Kroko, der kleine Vielfraß*, *Menschenkreis* und *Was ist ein Auto?* zwar zu Beginn eine Art Einführung in den mathematischen und außermathematischen Sachverhalt durch die jeweilige Lehrperson (Schritt 1 – Einleitung), doch die Schilderung der (mathematisch) notwendigen Informationen zur Problemlösung sowie die Fragestellung (Schritte 2 und 3) erfolgen bei diesen mündlich basierten Lebensweltbezügen eher subtil und weniger einem chronologischen Muster folgend. Insofern scheinen sich mündlich etablierte Lebensweltbezüge in einigen Aspekten von ihren schriftbasierten ‚Verwandten' zu unterscheiden, während sie sich in zahlreichen Merkmalen ähneln.

Weiterhin zeigt sich bei der Analyse der interaktiven Aushandlungsprozesse in Situationen des Mathematikunterrichts mit einem Lebensweltbezug, dass zu Beginn der Aushandlung zumeist der außermathematische Sachverhalt sowie dessen Anschlussfähigkeit an die Erfahrungen, Interessen sowie den Sprachgebrauch der Lernenden im Fokus stehen

(Kind- respektive Lernendenorientierung, Franke & Ruwisch, 2010). Im Verlauf der unterrichtlichen Auseinandersetzung mit dem Lebensweltbezug werden jedoch die außermathematischen Aspekte zugunsten einer voranschreitenden Fokussierung der mathematischen Sachverhalte zunehmend in den Hintergrund gedrängt. Diese *Fokusverschiebung* vom Außermathematischen hin zu einer zunehmend mathematisch orientierten Auseinandersetzung wird auch im Zusammenhang mit schriftbasierten Formaten als typischer Entwicklungsverlauf skizziert (z.B. Gellert, 2010; Greefrath et al., 2013).

10.1.2 Schlussfolgerungen zum Sprachgebrauch

Neben der Untersuchung des Charakters sowie des Entwicklungsprozesses der betrachteten Lebensweltbezüge fokussieren die Analysen dieser Arbeit auch den Sprachgebrauch in interaktiven Aushandlungsprozessen des Mathematikunterrichts mit einem Lebensweltbezug. Die zugehörige Fragestellung zu diesem Analysebereich lautet:

> *Wie gestaltet sich der Sprachgebrauch in Situationen des Mathematikunterrichts mit einem Lebensweltbezug?*

Fallübergreifend wird bei allen analysierten Sequenzen deutlich, dass sich Interaktionsprozesse des Mathematikunterrichts mit Lebensweltbezug nicht per se ausschließlich durch einen schul- oder bildungsspezifischen Sprachgebrauch kennzeichnen lassen (z.B. gekennzeichnet durch die Existenz von Fachbegriffen, Nominalisierungen oder subordinierenden Konjunktionen). Vielmehr weist vor allem die mündliche Unterrichtskommunikation in den analysierten Unterrichtssequenzen vielfach solche Merkmale auf, die in der einschlägigen Literatur eher als ‚alltagssprachlich' bzw. ‚konzeptionell-mündlich' eingestuft werden, wie etwa der vermehrte Gebrauch von Deixis, ein hoher Grad von Kontextgebundenheit, Sprachverknappungen sowie die vermehrte Nutzung koordinierender Konjunktionen (z.B. Heppt, 2016; Koch & Oesterreicher, 2007; Tietze et al., 2016). Dieses Ergebnis ist anschlussfähig an die Auseinandersetzungen von Schütte (2009), Tiedemann (2015) und Moschkovich (2018) zur *Koexistenz verschiedener Sprachregister* im Mathematikunterricht, wonach sich Aushandlungsprozesse des Mathematikunterrichts neben bildungssprachlichen vielfach auch durch alltagssprachliche Aspekte kennzeichnen lassen. In diesem Sinne kann der Sprachgebrauch der analysierten Sequenzen mit Lebensweltbezug als eine Mischung aus bildungs-, fach-, schul- sowie alltagssprachlichen Aspekten beschrieben werden. Dieses Nebeneinander verschiedener Sprachregister könnte nicht zuletzt auch in der Existenz des Lebensweltbezugs selbst begründet sein: Wenn mithilfe eines Lebensweltbezugs der Versuch unternommen wird, etwas Außermathematisches mit etwas Mathematischem zu verbinden, so erfolgt die Darstellung des Außermathematischen tendenziell eher unter Zuhilfenahme alltagssprachlicher und konkretsituationsgebundener kommunikativer Ressourcen. Die Darstellung des mathematischen Lerninhalts hingegen verlangt eher die Verwendung fach-, schul- bzw. bildungsspezifischer sprachlicher Mittel, da mathematische Lerngegenstände eng an normierte Fachbegriffe und Symbole gebunden sind und somit eine abstrakte(re) und generalisierende(re)

Form des Sprachgebrauchs bedingen (z.B. Barwell, 2016; Gellert, 2011; Maier & Schweiger 1999, Schütte 2009). Vor diesem Hintergrund erscheint es nachvollziehbar, dass sich der Sprachgebrauch in Situationen mit einem Lebensweltbezug tendenziell durch eine Mischung konkret-alltäglicher wie auch abstrakt-fachlicher sprachlicher Mittel charakterisieren lässt. Der alltagsnahe Sprachgebrauch wird nicht zuletzt maßgeblich durch die räumliche Nähe und Vertrautheit der Beteiligten bedingt. Weiterhin wäre es wenig authentisch, wenn der außermathematische Sachverhalt ausschließlich oder vordergründig auf bildungssprachlichem Niveau ausgehandelt wird, würde der Lebensweltbezug dadurch doch das Subjektive und Lebensweltliche verlieren.

Die Mischung verschiedener Sprachregister in interaktiven Aushandlungsprozessen mit einem Lebensweltbezug im Mathematikunterricht kann gleichsam als Potenzial, wie auch als Herausforderung interpretiert werden: Einerseits kann durch eine den Lernenden vertraute, alltagsnahe Sprache der Zugang zum Aushandlungsprozess und zum mathematischen Lerngegenstand erleichtert werden. So ermöglicht die Koexistenz verschiedener Sprachregister, dass die Lernenden sprachlich auf unterschiedliche Weise am Aushandlungsprozess partizipieren und zu diesem etwas beisteuern können, auch wenn sie dabei (noch) nicht auf mathematische Fachbegriffe bzw. Bildungssprache zurückgreifen. Neben der aktiven Teilnahme am Unterrichtsgeschehen durch die Hervorbringung eigener Aussagen kann sich die Koexistenz verschiedener Sprachregister auch positiv auf die passive Teilnahme der Lernenden auswirken. So ist denkbar, dass die Schüler*innen aufgrund eines tendenziell eher alltagsnahen und vertrauten Sprachgebrauchs einen vermeintlich niedrigschwelligeren Zugang zum Interaktionsthema und insbesondere zum mathematischen Lerngegenstand finden und folglich Deutungen zu diesem aufbauen können, die ihnen bei einer rein fach- oder bildungssprachlichen Interaktion eventuell verwehrt blieben. Somit bieten Lebensweltbezüge im Mathematikunterricht zahlreiche Möglichkeiten des sprachlichen Lernens und der sprachlichen Partizipation, da verschiedene Sprachregister Anwendung finden und dabei unbewusst (bildungs-)sprachliche Lernprozesse initiiert werden könnten. Andererseits werden die mathematischen Inhalte durch das Ausbleiben einer schulspezifischen, mathematischen Bildungssprache dadurch nicht explizit vermittelt, sondern vielmehr ‚verschleiert'. Die Analysen dieser Arbeit verdeutlichen, dass zumeist vor allem mathematische Fachbegriffe explizit vermittelt und häufig verwendet werden (z.B. in den Sequenzen *Menschenkreis* und *Was ist ein Auto?*). Die meisten lexikalischen, syntaktischen wie auch diskursiven Aspekte von Bildungssprache hingegen werden zwar mitunter verwendet, aber nicht explizit thematisiert. Hierdurch ist denkbar, dass den Lernenden die fachlichen wie auch fachsprachlichen Lerninhalte nicht (ausreichend) bewusstwerden.

Der eher *alltagsnahe Sprachgebrauch* scheint zwar an den außermathematischen Sachverhalt sowie die Erfahrungen und Gewohnheiten der Lernenden anschlussfähig, doch steht dieser zugleich im Widerspruch zum mathematischen Lerngegenstand und der damit einhergehenden mathematisch motivierten Zielsetzungen der Lehrpersonen. Vor allem die Aushandlungsprozesse der Sequenzen *Kroko, der kleine Vielfraß*, *Menschenkreis* und *Was ist ein Auto?* verdeutlichen mögliche Auswirkungen auf die fachlichen und sprachlichen Lernprozesse der Schüler*innen, wenn die Lehrenden ihre Zielsetzung und den mathematischen Kern eines Lebensweltbezugs nicht hinreichend versprachlichen: Bedingt durch die alltagsnahe Sprache und die außermathematischen Sachverhalte scheinen sich die Lernenden in diesen Sequenzen teils eher am Außermathematischen zu orientieren und greifen folglich auch eher auf alltägliche sprachliche Mittel zurück. Fachspezifische und bildungssprachliche Aspekte werden hierbei vernachlässigt, obwohl sie aus mathematisch-fachlicher Perspektive bedeutsam sind. Stellen der alltagsnahe Sprachgebrauch sowie der außermathematische Sachverhalt somit zum einen eine Chance für die Partizipation der Lernenden am Unterrichtsgeschehen bereit, so erweisen sie sich auf der anderen Seite zugleich als lernhemmend. Beispielsweise wird in der Sequenz *Kroko, der kleine Vielfraß* deutlich, dass einige Schüler*innen eher das Außermathematische fokussieren und sich ihre Aussagen durch einen eher alltagsnahen Sprachgebrauch charakterisieren. Die Lehrperson hingegen nutzt zwar ebenfalls vor allem alltagssprachliche Mittel, orientiert sich inhaltlich aber eher am mathematischen Lerngegenstand der Relationszeichen. Während für die sprachliche Teilhabe am Aushandlungsprozess fach- bzw. bildungsspezifische sprachliche Mittel nicht notwendig scheinen, ist das Verständnis der fachlichen Inhalte unabdingbar für die ‚erfolgreiche' inhaltliche Teilhabe an den Interaktionsprozessen mit einem Lebensweltbezug. Ein bildungsspezifischer, mathematischer Sachverhalt wird somit in den Analysen dieser Arbeit auch bzw. vor allem mit nicht mathematikspezifischen sprachlichen Mitteln ausgehandelt. Der vermehrte Gebrauch von alltagssprachlichen Aspekten steht beispielsweise auch in den Sequenzen *Buchkauf*, *Computerkauf* und *Was ist ein Auto?* im Widerspruch zur Fachorientierung. Eigentlich würde man bei einer Fokussierung des Mathematischen einen frequent(er)en Gebrauch bildungssprachlicher Mittel erwarten. Die Analysen offenbaren jedoch, dass sich das Bildungssprachliche zumeist auf normierte Fachbegriffe und Symbole beschränkt, die darüber hinaus vorrangig von den Lehrenden geäußert werden. Durch die geteilte Deutung, dass sich interaktive Aushandlungsprozesse über Lebensweltbezüge durch einen alltagsnahen Sprachgebrauch kennzeichnen (dürfen oder sogar sollen), könnten somit ihre unterschiedlichen inhaltlichen Deutungen und Zielsetzungen verschleiert werden.

Bezüglich des Gebrauchs bildungssprachlicher Mittel innerhalb einer Sequenz oder über mehrere Klassenstufen hinweg verdeutlichen die Analysen dieser Arbeit, dass eine Zunahme in der Nutzung von Bildungssprache nur bezüglich einzelner Aspekte stattzufinden scheint und insgesamt anscheinend von den jeweiligen Lehrpersonen auch nicht fokussiert wird. Zwar greifen die beteiligten Lehrkräfte und Schüler*innen auch auf bildungssprachliche Aspekte wie Nominalisierungen, Fachbegriffe und subordinierende Konjunktionen zurück, doch gehen die am mathematischen Inhalt orientierten Fachbegriffe zumeist auf die jeweilige Lehrperson zurück. Die Lernenden äußern häufig(er) Fachbegriffe, die sich eher dem außermathematischen Sachverhalt zuordnen lassen. Diese außermathematisch orientierten Fachbegriffe sind jedoch für die unterrichtliche Auseinandersetzung mit dem mathematischen Lerngegenstand nicht nötig und werden von den Lehrenden darum eventuell vielfach nicht aufgegriffen oder gewürdigt. Wenn fachspezifische, bildungssprachliche Mittel identifiziert werden, erfolgt ihre Vermittlung eher implizit und vermischt mit alltagssprachlichen Mitteln. Zudem wird beispielsweise der am außermathematischen Sachverhalt angelehnte alltagsnahe Sprachgebrauch in der

Sequenz *Kroko, der kleine Vielfraß* maßgeblich durch die Lehrperson selbst vorgegeben. Die inhaltliche wie auch sprachliche Orientierung an den Erfahrungen der Lernenden (also die Fokussierung auf Anschlussfähigkeit) bis zum Ende der Sequenz steht jedoch im Widerspruch zu der angenommenen mathematischen Zielsetzung der Lehrperson – nämlich der Vermittlung der Relationsbegriffe und Relationszeichen Größer-als (>) und Kleiner-als (<). Lebensweltbezüge können die Lernenden somit einerseits zum Einbringen kreativer, vielseitiger, alltagssprachlicher Antworten motivieren, verschleiern andererseits jedoch zugleich das, was aus Perspektive der Lehrenden die mathematische Zielsetzung beziehungsweise der mathematische Kern eines Lebensweltbezugs sein könnte.

Insgesamt kann in allen analysierten Sequenzen mit Lebensweltbezug ein hoher Grad der *Kontextbindung* der Aussagen rekonstruiert werden. Dies scheint unter anderem mit der Existenz des Außermathematischen im Aushandlungsprozess begründet werden zu können: Der außermathematische Sachverhalt des Lebensweltbezugs wird mittels Sprache sowie unter Zuhilfenahme von Bildern, Materialien, narrativen Inszenierungen und anderen Formen der Veranschaulichung in den Mathematikunterricht geholt und zugleich an die mathematische Zielsetzung gebunden. Das Außermathematische erhält hierdurch einen imaginären Charakter (Toom, 1999) und wird auch bei besten Bemühungen nicht real in der jeweiligen Situation im Mathematikunterricht vorhanden sein. Der hohe Grad der Kontextgebundenheit der sprachlichen Aussagen geht zudem sowohl auf die Lernenden wie auch die Lehrenden zurück. Teils sind es vor allem die Lehrpersonen, die kontextgebundene sprachliche Aussagen tätigen, auf Anschauungsmittel rekurrieren und ihre verbalen Aussagen durch Mimik, Gestik und Materialhandlungen stützen, während in den Aussagen der Lernenden mitunter Bestrebungen für eine kontextgelöste(re) Sprache rekonstruiert werden können. So sind es in der Sequenz *Menschenkreis* die Schüler*innen, die unter anderem mithilfe des Indefinitpronomens *man* generalisierende und weniger an der konkreten Interaktionssituation verhaftete Aussagen tätigen. Die Aussagen der Lehrperson hingegen sind durch die Verwendung von *hier*, *jetzt* und *wir* enger an die Interaktionssituation gebunden. Denkbar ist auch, dass der mündliche Charakter der Aushandlung einen entscheidenden Einfluss auf die Kontextbindung der Aussagen hat. Die fehlende schriftsprachliche Fixierung der relevanten mathematischen und/oder außermathematischen Informationen des Lebensweltbezugs lässt den Beteiligten viel Freiraum zur inhaltlichen und sprachlichen Ausgestaltung ihrer Redebeiträge. Vor diesem Hintergrund ist denkbar, dass Lehrende und Lernende eher auf diejenigen sprachlichen Ressourcen zurückgreifen, die ihnen vertraut(er) sind und mit denen sie sich sicher(er) fühlen. Dies ist eventuell eher ein an der alltäglichen Interaktion orientierter Sprachgebrauch, der jedoch zumeist in hohem Maß kontextgebunden ist (z.B. Heppt, 2016). Der hohe Grad der Kontextbindung ist somit inhaltlich an den außermathematischen Sachverhalt sowie die Mündlichkeit des Aushandlungsprozesses anschlussfähig. Wenn jedoch ein sprachliches Ziel schulischer Bildung ist, dass sich die Schüler*innen zunehmend bildungssprachlich äußern (Gogolin & Lange, 2011), dann scheinen sich mündlich etablierte und interaktiv ausgehandelte Lebensweltbezüge weniger dafür zu eignen, dieses Ziel zu erreichen.

Wie im theoretischen Teil verdeutlicht wurde, kommt vor allem *diskursiven Sprachkompetenzen* ein besonderes Augenmerk bei der Analyse des Sprachgebrauchs innerhalb dieser Arbeit zu (siehe Kapitel 4). Nach dem hier vorliegenden Diskursverständnis verfügen die Schüler*innen dann über diskursive Kompetenzen, wenn sie sich dem jeweiligen situativen Interaktionskontext entsprechend ‚passend' äußern und verhalten. Die beispielhaften Analysen von Sequenzen mit einem Lebensweltbezug verdeutlichen, dass sich die Lernenden zwar nicht immer gemäß den (angenommenen mathematisch motivierten) Erwartungen der Lehrpersonen verhalten und äußern, dass ihre verbalen und nonverbalen Handlungen aber stets an das Interaktionsgeschehen anknüpfen und sie bestehende, teils implizite sprachliche Konventionen und Regeln aufgreifen. Implizite situationsspezifische Erwartungen und Anforderungen, wie etwa das in der Sequenz *Kroko, der kleine Vielfraß* rekonstruierte Interaktionsmuster, die in der Sequenz *Buchkauf* nicht explizierte Orientierung an mathematischen Inhalten oder der Wechsel des außermathematischen Sachverhaltes in der Sequenz *Was ist ein Auto?* scheinen von den Lernenden erkannt und erfüllt zu werden. Während beispielsweise die außermathematisch orientierten Antworten für *Rot* in der Sequenz *Kroko, der kleine Vielfraß* zuerst den Eindruck erwecken, dass die Lernenden sich nicht entsprechend den angenommenen, didaktisch begründeten Erwartungen der Lehrperson äußern, entsteht bei einer Fokussierung auf die sprachlichen Aspekte ein anderes Bild: Hiernach scheint die Lehrperson selbst durch die Sprachverknappung *die Roten* den Fokus auf die Farbe der Steckwürfel zu legen, wonach die Argumentationen der Kinder für *Rot* sowohl an den außermathematischen Sachverhalt wie auch an den Sprachgebrauch der Lehrkräfte anschlussfähig sind. Auch in der Sequenz *Menschenkreis* können die Aussagen der Lernenden keinesfalls als ‚fehlerhaft' bezeichnet werden, wenngleich sie nicht der Erwartung der Lehrperson zu entsprechen scheinen. Vielmehr fokussieren die Schüler*innen bei dieser Sequenz vermutlich eine andere Fragestellung als die Lehrperson. Diese wiederum scheint die mathematisch-fachlichen Inhalte in den Aussagen der Lernenden darum nicht als ‚korrekt' zu interpretieren. Vor diesem Hintergrund könnten Lebensweltbezüge im Mathematikunterricht besonders dann eine diskursive Herausforderung für die (jahrgangsjüngeren) Lernenden darstellen, wenn sprachliche wie auch inhaltliche Erwartungen und Anforderungen nicht hinreichend klar sind oder nicht ausreichend expliziert werden. Das, worum es (der Lehrperson) in der jeweiligen Situation mit einem Lebensweltbezug geht – und dies sind vermutlich zumeist ausschließlich die inhaltlich-mathematischen Aspekte und weniger sprachliche oder außermathematische Aspekte – wird in Situationen mit interaktiv ausgehandelten Lebensweltbezügen im analysierten Mathematikunterricht zumeist verschleiert und muss von den Lernenden eigenständig entschlüsselt werden.

10.1.3 Schlussfolgerungen zu den möglichen Lernprozessen

Im Zuge der Interaktionsanalyse, der Analyse des Charakters und der Entwicklung der betrachteten Lebensweltbezüge sowie dem Sprachgebrauch in diesen interaktiven Aushandlungen können mögliche Auswirkungen auf die Lernprozesse der Schüler*innen rekonstruiert werden. Die zugehörige Fragestellung hierfür lautet:

*Welchen Einfluss hat die interaktive Aushandlung in den analysierten Sequenzen mit Lebensweltbezug auf die möglichen Lernprozesse der Schüler*innen?*

Eine zentrale Gemeinsamkeit der im Rahmen dieser Arbeit betrachteten Lebensweltbezüge ist, dass sie mündlich ausgehandelt werden und – bis auf den Lebensweltbezug der Sequenz *Computerkauf* – keine den Schüler*innen zugängliche schriftbasierte Grundlage besitzen. Dies kann einerseits als Potenzial, andererseits auch als Herausforderung interpretiert werden: Auf der einen Seite scheinen die Anforderungen für den Zugang und die Teilnahme an Aushandlungsprozessen über einen mündlich vermittelten Lebensweltbezug niedrig, weil zum Beispiel keine Lesekompetenzen nötig sind und weil sich die verbalsprachlich basierten Lebensweltbezüge vielfach durch einen alltagsnahen Sprachgebrauch charakterisieren lassen (siehe Kapitel 10.1.2). Auf der anderen Seite können bei mündlich ausgehandelten Lebensweltbezügen für das Verständnis notwendige visuell-grafische und schriftsprachliche Stützen fehlen, die den Lernenden einen Zugang zum fachlichen und/oder außermathematischen Sachverhalt bereitstellen. So ist denkbar, dass durch die mangelnde oder gar fehlende schriftliche Fixierung zentrale inhaltliche Informationen von den Lernenden vergessen werden könnten oder dass sie andere Informationen fokussieren, als es für die von der Lehrperson intendierte didaktische Zielsetzung zielführend wäre. Während zentrale Informationen bei dem schriftsprachlich fixierten und durch grafische Elemente gestützten Lebensweltbezug der Sequenz *Computerkauf* kontinuierlich für die Lernenden sichtbar sind, beschränkt sich beispielsweise die Schilderung zentraler Informationen des Lebensweltbezugs der Sequenz *Kroko, der kleine Vielfraß* vorrangig auf verbale Aussagen der Lehrperson (z.B. dass Kroko das essen möchte, was *mehr* oder *am meisten* ist) und auch visuell vermittelte Informationen werden nicht explizit zur Sprache gebracht (z.B. die Anzahl der Steckwürfel).

Die in der einschlägigen Literatur vielfach kritisch betrachteten stereotypen Merkmale schriftbasierter Lebensweltbezüge (z.B. Greer, 1997; Nesher, 1980) können partiell auch in den Analysen der mündlich basierten und interaktiv ausgehandelten Lebensweltbezüge dieser Arbeit rekonstruiert werden. So gehen alle analysierten Lebensweltbezüge dieser Arbeit auf die Lehrperson zurück. Stets ist es die Lehrperson, die einen Lebensweltbezug in den Mathematikunterricht einbringt und die maßgeblich dessen inhaltliche Entwicklung lenkt. Diese Lebensweltbezüge können darum aus Perspektive der Lernenden als fremd-initiiert charakterisiert werden (Zan, 2017) und es bleibt offen, inwiefern die Schüler*innen den jeweiligen mathematischen Sachverhalt mit dem von der Lehrperson gewählten außermathematischen Thema in Verbindung bringen und inwiefern sie sich mit der zugehörigen Problemstellung identifizieren können. Die stereotypischen Eigenschaften der hier analysierten Lebensweltbezüge gehen zugleich mit einem imaginären Charakter einher (siehe auch Toom, 1999). So sind die thematisierten außermathematischen Situationen der betrachteten Lebensweltbezüge nicht real im Klassenraum vorhanden. Vielmehr wird mittels Sprache, Visualisierungen und Materialien der Versuch unternommen, die außermathematische Situation nachzuahmen und bestmöglich in den Mathematikunterricht zu projizieren – beispielsweise mit einem Plüsch-Krokodil, Kinderbüchern mit handgeschriebenen Preisschildern oder Spielgeld. Zugleich beschränken sich die Informationen zum Mathematischen wie auch zum Außermathematischen ausschließlich auf diejenigen Aspekte, die für die unterrichtliche Thematisierung essentiell und zielführend zu sein scheinen. Die Lehrpersonen haben somit Vorentscheidungen getroffen, um die Lebensweltbezüge in ihrer Komplexität auf ein Mindestmaß zu reduzieren (Nesher, 1980). Wenngleich der außermathematische Sachverhalt eines Lebensweltbezugs *imaginär und nicht real vorhanden* ist, so kann er die Lernenden dennoch motivieren, ihre Teilhabe am Unterricht ermöglichen und ihnen einen beispielhaften Anwendungsfall des Mathematischen illustrieren (Sullivan et al., 2003). So liefert eine Studie von Wiest (2001) Belege dafür, dass vor allem *fantasy contexts* starke Reaktionen bei den Lernenden hervorrufen (im Sinne einer höheren emotionalen Anteilnahme). Dies scheint sich etwa in der Sequenz *Kroko, der kleine Vielfraß* mit dem als cartoonartigen oder fabelhaft charakterisierbaren und somit äußerst imaginären Lebensweltbezug zu bestätigen: Mehrere Kinder bringen am außermathematischen Sachverhalt orientierte Aussagen hervor und äußern kreative und (bezogen auf das Außermathematische) realistische Begründungen für *Rot*. Vor diesem Hintergrund kann das Imaginäre die Partizipation sowie das Lernen der Schüler*innen positiv beeinflussen und positive Emotionen in ihnen wecken (Hascher, 2010). Einige außermathematische Sachverhalte scheinen zudem ausschließlich als imaginäre Konstrukte in den Unterricht projiziert werden zu können, was sie in ihrer Ausgestaltung zugleich *flexibel für Anpassungen* an die aktuellen Begebenheiten und Interessen der Schüler*innen macht. Gleichzeitig stellt der imaginäre Charakter ein potenzielles Hindernis für Lernprozesse dar. Wenn die Schüler*innen sich beispielsweise nicht ausreichend mit dem außermathematischen Kontext identifizieren können, finden sie nicht nur zu diesem keinen Zugang, sondern auch nicht zu dem damit einhergehenden im Lebensweltbezug thematisierten mathematischen Sachverhalt. So verweisen etwa Cooper und Dune (1998) sowie Lubienski (2001) darauf, dass Lernende mit niedrigem sozioökonomischem Status (und damit einhergehend auch tendenziell weniger ausgeprägten bildungssprachlichen Kompetenzen) schwerer einen Zugang zum mathematischen Sachverhalt finden, wenn dieser in einen außermathematischen Kontext eingebettet ist. Hierdurch, so die Autor*innen, erkennen die Lernenden die mathematische Zielsetzung des Lebensweltbezugs nicht. Dies wiederum erschwere den Transfer des konkreten und in einen außermathematischen Sachverhalt eingebetteten mathematischen Lerngegenstandes auf andere außermathematische Situationen – also die Rekontextualisierung (Lohrmann, 2011).

Die möglichen Zielsetzungen der Lehrpersonen, die sie zur Etablierung der jeweiligen Lebensweltbezüge in ihren Mathematikunterricht bewogen haben könnten, scheinen vordergründig mathematischer Natur. Diese mathematisch motivierten Zielsetzungen scheinen maßgeblich dazu beizutragen, dass im Verlauf der analysierten interaktiven Aushandlungsprozesse die außermathematischen Sachverhalte der Lebensweltbezüge zugunsten einer zunehmend mathematisch orientierten Auseinandersetzung in den Hintergrund gedrängt werden. In diesem Zusammenhang weisen die analysierten Sequenzen *Merkmale einer impliziten Pädagogik* auf (Schütte, 2009, 2010), da die Lehrenden ihre mathematischen Zielsetzungen kaum transparent machen und sich der Übergang zu einer zunehmen mathematisch fokussierten Aushandlung häufig subtil vollzieht. Vor allem diejenigen Lernenden scheinen erfolgreich am inhaltlichen Aushandlungsprozess zu partizipieren, die sich entsprechend der angenommenen mathematischen Zielsetzung der Lehrperson äußern und verhalten. So entsteht bei der Analyse der hinzugezogenen Sequenzen der Eindruck, als würden die beteiligten Lehrkräfte auf konkrete (mathematische) Antworten der Lernenden warten und als würden sie wiederum den nicht von ihnen erwarteten Aussagen (zu) wenig Aufmerksamkeit widmen. Vor allem die Analyse der Sequenz *Menschenkreis* verdeutlicht, dass die Schüler*innen mathematisch reichhaltige Aussagen tätigen, welche jedoch von der Lehrperson nicht ausreichend gewürdigt werden, da sie eventuell auf andere Antworten wartet. Wenn die Lernenden somit einen Lebensweltbezug anders interpretieren als die Lehrperson oder andere Aspekte fokussieren, werden ihre Lernprozesse insbesondere dann gehemmt, wenn diese Differenzen nicht aufgelöst und die (mathematischen) Zielsetzungen nicht hinreichend expliziert werden.

Bei fallübergreifender Betrachtung ergibt sich anhand der unterschiedlichen Fokussierungen und der mehrfach rekonstruierten Fokusverschiebung innerhalb der analysierten Lebensweltbezüge die Annahme, dass vor allem für Lernende der niedrigeren Klassenstufen das Außermathematische eine zentrale(re) Rolle einzunehmen scheint. Die eher am außermathematischen Sachverhalt angelehnten Deutungen der Lernenden der jüngeren Schuljahrgangsstufen scheinen mit dem vordergründig anschlussfähigen und eher wenig mathematisch reichhaltigen Charakter der analysierten Lebensweltbezüge dieser Klassen einherzugehen (siehe Kapitel 10.1.1). Vor allem die Lebensweltbezüge der schuljahrgangsälteren Klassenstufen hingegen fokussieren eher den Aspekt der mathematischen Reichhaltigkeit. Diese Fachorientierung begünstigt wiederum die eher am Mathematischen orientierten Deutungen der Lernenden. Eine mögliche Begründung hierfür ist, dass die *schulische Sozialisation* der Lernenden einen entscheidenden Einfluss darauf hat, wie die Schüler*innen Lebensweltbezüge deuten und wie sie sich in Situationen mit einem Lebensweltbezug verhalten. Es scheint, als würden vor allem jahrgangsältere Lernende in Situationen mit einem Lebensweltbezug im Mathematikunterricht aufgrund ihrer schulischen Sozialisation eher gemäß den Erwartungen der Lehrpersonen handeln und ‚erkennen' worauf die Lehrperson mit einem jeweiligen Lebensweltbezug abzielt. „Der Versuch, gemäß dem Verstehenshorizont und den Erwartungen des jeweils Anderen zu handeln, gelingt jedoch nicht immer" (Neth & Voigt, 1991, S. 83). Vor allem in einführenden Situationen können Verständigungsprobleme zutage treten (Bauersfeld & Voigt, 1986, 1988), die zur Verständigung eine Aushandlung von Bedeutung innerhalb sozialer Interaktionen bedürfen (Blumer, 1973). Dies scheint bezogen auf die hier analysierten Aushandlungsprozesse der jüngeren Klassenstufen zutreffend. Die Analysen dieser Arbeit erwecken folglich den Anschein, als würden Schüler*innen im Verlauf ihrer Schullaufbahn (unbewusst) lernen, dass bei Lebensweltbezügen im Mathematikunterricht der Fokus auf dem Mathematischen liegt, während der außermathematische Sachverhalt eher als austauschbare und zierende Hülle verstanden werden kann, die für die erfolgreiche mathematische Bearbeitung der Problemstellung wenig bis gar nicht relevant ist. Im Grundschulmathematikunterricht (der jüngeren Klassenstufen) scheinen die Alltagshandlungen und Alltagerfahrungen der Lernenden (noch) eine legitime Ressourcen für die unterrichtliche Auseinandersetzung darzustellen, was sich in außermathematisch orientierten Aussagen, Handlungen und Deutungen sowie nicht zuletzt auch in einem narrativ oder szenisch inszeniertem Unterrichtsdiskurs äußert (siehe auch Gellert, 2010; Neth & Voigt 1991; Schütte et al., 2021). Während jahrgangsältere Schüler*innen das Außermathematische eher ausblenden, deuten jahrgangsjüngere Schüler*innen einen Lebensweltbezug eventuell stärker mit Fokus auf ihre eigenen Interessen, Fragestellungen sowie den außermathematischen Sachverhalt (siehe auch Neth & Voigt, 1991). Bezogen auf die möglichen Lernprozesse der Schüler*innen erweisen sich beide Betrachtungsweisen gleichsam als problematisch wie auch hilfreich: Eine Fokussierung des Mathematischen ermöglicht den Lernenden, die mathematische Zielsetzung des Lebensweltbezugs (besser) zu identifizieren und gemäß den Erwartungen der Lehrperson zu agieren, was wiederum einen glatten und reibungslosen Aushandlungsprozess ohne emergierende Deutungsdifferenzen nach sich ziehen kann. Gleichzeitig werden jedoch dabei die Anwendbarkeit und die Passung des mathematischen Sachverhalts in beziehungsweise an einer außermathematischen Situation vernachlässigt. So stellt sich beispielsweise bei der Sequenz *Buchkauf* die Frage, zu welcher außermathematischen Erkenntnis die Lernenden gelangen, wenn sie nach dem Buchkauf wissen, dass Oskar noch wenige Cent übrig habe. Dieser Lebensweltbezug scheint die Lernenden weder zu ermutigen, die schriftliche Subtraktion in einer vergleichbaren außermathematischen Situation anzuwenden, noch wird darauf eingegangen, welche Bedeutung die ermittelte Differenz für den außermathematischen Sachverhalt hat. Wenn Schüler*innen hingegen dem Außermathematischen eine (zu) hohe Bedeutung beimessen, stellen sie zwar Bezüge zu ihren eigenen Erfahrungen, Interessen und Fragestellungen her, doch können ihnen hierdurch mathematische Lern- und Erkenntnisprozesse verwehrt bleiben. Darüber hinaus können insbesondere interaktiv ausgehandelte Deutungsdifferenzen vielseitige inhaltliche wie auch sprachliche Lernprozesse initiieren (siehe Kapitel 6.1). Gleichzeitig fällt auf, dass auch seitens der Lehrpersonen der Fokus in den jüngeren Klassenstufen eher auf den außermathematischen Sachverhalt eines Lebensweltbezugs gelegt wird, während sie in den Aushandlungsprozessen der älteren Schulklassen schneller und expliziter auf mathematische Inhalte des Lebensweltbezugs eingehen. So werden die mathematisch relevanten Aspekte bis zum Ende der Sequenz *Kroko, der kleine Vielfraß* nicht explizit zur Sprache gebracht, während in den Sequenzen *Buchkauf*, *Computerkauf* und *Was ist ein Auto?* verhältnismäßig schnell ein Fokus auf die (neuen) mathematischen Aspekte gelegt wird. Eine Annahme ist, dass Lehrende den jüngeren Lernenden gegebenenfalls durch ein hohes Maß von Anschaulichkeit einen vermeintlich einfacheren und besseren Zugang zum Mathematischen bereitzustellen versuchen. Hierdurch werden jedoch die mathematischen Aspekte mitunter derart ‚verschleiert', dass sie eventuell nur von wenigen Lernenden erkannt werden. Die Bestrebung der ‚Kinderfreundlichkeit' und Anschaulichkeit scheint damit mathematischen Lern- und Erkenntnisprozessen eher im Weg zu stehen als diese zu fördern.

Die mathematische Zielsetzung der Lehrperson sowie die Fokusverschiebung vom Außermathematischen zu Beginn des Aushandlungsprozesses hin zum Mathematischen am Ende des Aushandlungsprozesses gehen häufig damit einher, dass die Lehrenden den

Schüler*innen im Verlauf des Aushandlungsprozesses zunehmend weniger sprachlichen und inhaltlichen Handlungsspielraum ermöglichen. So wird in mehreren analysierten Sequenzen das sogenannte Trichtermuster rekonstruiert (Bauersfeld, 1978). Diese zunehmende „Handlungsverengung durch Antworterwartung" (ebd., S. 162) trägt gemeinsam mit den stereotypen Eigenschaften von Lebensweltbezügen – so die Annahme – dazu bei, dass die Schüler*innen Lebensweltbezüge als etwas ‚typisch Schulisches' interpretieren und sich ihnen die Anwendbarkeit mathematischer Konzepte und Operationen für ihre persönliche außermathematische Erfahrungswelt nicht erschließt. Darüber hinaus werden die Lernenden vor allem in den Sequenzen mit nachweisbarem Trichtermuster nicht zu zunehmender sprachlicher wie auch inhaltlicher Autonomie befähigt.

Die unterschiedlichen Möglichkeiten, einen Lebensweltbezug zu deuten und dabei verschiedene mathematische oder außermathematische Aspekte zu fokussieren, begünstigen Deutungsdifferenzen. Solche Deutungsdifferenzen können bei den zugrundeliegenden Analysen dieser Arbeit mitunter in den verbalen und nonverbalen Handlungen der Beteiligten rekonstruiert werden. Wenngleich emergierende *Deutungsdifferenzen als Motor des Lernens* betrachtet werden (Krummheuer, 1992; Schütte, 2014), da ihre Auflösung einen interaktiven Austausch provoziert und benötigt, scheint dieses Potenzial bei den hier analysierten Sequenzen nicht ausgeschöpft zu werden. Die emergierenden Deutungsdifferenzen der analysierten Sequenzen werden meist nicht aktiv ausgehandelt, sondern eher verschleiert oder übergangen. In diesem Zusammenhang tragen nicht ausgehandelte und unaufgelöste Deutungsdifferenzen dazu bei, dass sich die Unterschiede in den Situationsdefinitionen und Deutungen der Beteiligten verfestigen, wodurch vor allem diejenigen Lernenden zurückgelassen werden, deren Deutung nicht nah genug an der Interpretation der Lehrperson ist. Die Lernenden eignen sich hierdurch gegebenenfalls Deutungsmuster und Automatismen für Situationen des Mathematikunterrichts mit einem Lebensweltbezug an, die nicht der mathematischen Zielsetzung der Lehrperson entsprechen und auch nicht hilfreich für das Erkennen und Verstehen des mathematischen Konzepts sind. Ähnlich verhält es sich im Kontext der schriftbasierten Formate, bei deren Bearbeitung Schüler*innen wiederholt auf impulsive und fehlerhafte Lösungsstrategien zurückgreifen, obwohl sich diese nicht (immer) als zielführend erweisen (Franke & Ruwisch, 2010).

10.1.4 Schlussfolgerungen zur interaktiven Aushandlung

Unter Rückgriff auf die aus der empirischen Auseinandersetzung gewonnenen Schlussfolgerungen bezüglich der drei ausdifferenzierten Fragestellungen erfolgt nun eine Annäherung an die übergeordnete Fragestellung der vorliegenden Arbeit. Diese lautet:

> *Wie gestaltet sich die interaktive Aushandlung über den mathematischen Lerninhalt in Unterrichtssituationen mit einem Lebensweltbezug?*

Die Lebensweltbezüge des Mathematikunterrichts, die im Rahmen der vorliegenden Arbeit untersucht worden sind, charakterisieren sich dadurch, dass sie mündlich etabliert und interaktiv ausgehandelt werden. Hierdurch unterscheidet sich die vorliegende Arbeit maßgeblich von der Mehrheit der bereits existierenden Auseinandersetzungen mit Lebensweltbezügen im Mathematikunterricht – respektive verwandten Begrifflichkeiten wie etwa Sachaufgaben und mathematischen Modellierungen (z.B. Greer, 1997; Nesher, 1980; Stephany, 2018; Verschaffel et al., 2020; Wilhelm, 2016). Der mündliche Charakter der Aushandlung scheint den Lehrenden und Lernenden mehr Freiheiten bei der Ausgestaltung des Lebensweltbezugs einzuräumen, da ein mündlich basierter Lebensweltbezug im Gegensatz zu einem vergleichbaren schriftbasierten Format mehr Flexibilität und Spontaneität ermöglicht. Aufgrund dieser Flexibilität und Spontaneität des Mündlichen eröffnen interaktive Aushandlungen des Mathematikunterrichts mit einem Lebensweltbezug den Lernenden zahlreiche Gelegenheiten, um ihre eigenen Fragen, Anmerkungen und Ideen bei der interaktiven Aushandlung über einen Lebensweltbezug einzubringen und dadurch den Interaktionsprozess maßgeblich mitgestalten zu können. Somit eröffnen Situationen des Mathematikunterrichts mit einem Lebensweltbezug für die Schüler*innen zahlreiche unterschiedliche Möglichkeiten der inhaltlichen Partizipation am interaktiven Aushandlungsprozess. Jedoch werden alle betrachteten Lebensweltbezüge der vorliegenden Arbeit ausschließlich von der jeweiligen Lehrperson in den Unterricht eingebracht und die Aushandlungsprozesse werden maßgeblich durch diese gelenkt, sodass die Lernenden die Chance einer spontanen und flexiblen (Mit-)Gestaltung des Aushandlungsprozesses kaum ergreifen (können). Dies deckt sich mit bisherigen Untersuchungen zu vergleichbaren schriftbasierten Formaten, wonach Lebensweltbezüge im Mathematikunterricht zumeist auf die Ideen und Vorstellungen der Lehrenden zurückgehen, während die Lernenden selten die Urheber*innen von Lebensweltbezügen sind (Gainsburg, 2008; Wuolle, 2016). Wenngleich in Situationen mit einem Lebensweltbezug die vermeintlichen außermathematischen Erfahrungen, Interessen und Fragestellungen der Lernenden aufgegriffen werden (sollten), zeigen die Analysen dieser Arbeit, dass Ablauf und Inhalte des interaktiven Austauschs zu einem Lebensweltbezug vor allem von den Lehrpersonen bestimmt werden. Die Überhand der Lehrperson bezüglich der Verteilung des Rederechts und der inhaltlichen Ausgestaltung des Unterrichts ist typisch für schulische Interaktionen (Hausendorf & Quasthoff, 2005) und wird anscheinend auch durch die Existenz eines mündlich basierten und interaktiv ausgehandelten Lebensweltbezugs nicht aufgelöst. Das Potenzial, dass die Lernenden den Aushandlungsprozess inhaltlich und auch sprachlich stärker beeinflussen und mitgestalten, indem sie ihre eigenen Erfahrungen, Interessen sowie Fragestellungen in die Interaktion einbringen, scheint somit nicht wahrgenommen zu werden.

Der mündliche Charakter der hier analysierten Lebensweltbezüge beeinflusst neben den vielseitigen Möglichkeiten der inhaltlichen Partizipation am Aushandlungsprozess darüber hinaus auch die Möglichkeiten des Sprachgebrauchs. So werden in den analysierten Sequenzen vielfältige sprachliche Erfahrungen aktiviert und aufgegriffen, was sich an der *Koexistenz verschiedener Sprachregister* bemerkbar macht. Wenngleich im Rahmen dieser Arbeit lediglich eine kleine Auswahl sprachlicher Aspekte auf lexikalischer, syntaktischer und diskursiver Ebene betrachtet wird, kann sequenzübergreifend resümiert werden, dass mündlich etablierte und mündlich ausgehandelte Lebensweltbezüge für die Lernenden zahlreiche Möglichkeiten der sprachlichen Partizipation am Aushandlungsprozess eröffnen. Dies kann als besonderes Potenzial von Lebensweltbezügen interpretiert werden. Alle Schüler*innen erhalten so die Möglichkeit, etwas zum Aushandlungsprozess beizutragen, wenngleich sie zum jeweiligen Zeitpunkt noch nicht über ausgeprägte (bildungs-)sprachliche Kompetenzen verfügen. Die Analysen dieser Arbeit illustrieren, dass eine Mischung alltagssprachlicher und bildungssprachlicher Aspekte in den verbalen Aussagen von Lehrenden wie auch Lernenden gleichermaßen akzeptiert und anerkannt – vielleicht sogar erwartet – wird. Mitunter wird auch deutlich, dass die Lehrenden bestimmte sprachliche Erwartungen an die Schüler*innen haben. Diese beschränken sich jedoch vor allem auf den Gebrauch normierter Fachbegriffe, die wie Vokabeln vermittelt und mehrfach wiederholt werden (z.B. in den Sequenzen *Menschenkreis* und *Computerkauf*).

Weiterhin lässt sich unter Beachtung der Analysen dieser Arbeit zusammenfassend feststellen, dass Lehrende inhaltliche wie auch sprachliche Erwartungen nicht immer transparent machen, wenn sie Lebensweltbezüge in ihrem Mathematikunterricht integrieren. Vor allem das Potenzial der vielseitigen inhaltlichen Partizipation am interaktiven Aushandlungsprozess scheint bei den hier analysierten Sequenzen mit Lebensweltbezug nicht ausgeschöpft zu werden. Dies deckt sich mit der Entdeckung von Schütte (2009), wonach der Ausbau sprachlicher wie auch inhaltlicher Kompetenzen vielfach den Regeln einer impliziten Pädagogik folgt:

> Inhaltliche Bezüge zwischen den neu zu lernenden mathematischen Begriffen oder zu bereits bekannten alltagssprachlichen Begrifflichkeiten werden nicht hergestellt. Zudem werden sprachliche Besonderheiten sowie unterschiedliche Betrachtungen auf Aufgaben verdeckt. Es wird demnach [...] vorausgesetzt, dass die Schülerinnen und Schüler sich die implizit bleibenden ‚Wissensbestände' aufgrund ihrer mitgebrachten Fähigkeiten selbstständig erschließen können oder sich die zugrunde liegenden inhaltlichen und sprachlichen Zusammenhänge und Strukturen für die Kinder ‚wie von selbst' ergeben. (Schütte, 2009)

Es scheint vor allem der zugrundeliegenden Zielsetzung der Lehrperson geschuldet zu sein, dass die Beiträge der Lernenden nicht gleichermaßen gewürdigt werden. So lassen die analysierten Sequenzen erahnen, dass die Lehrenden mit einem Lebensweltbezug stets mathematisch motivierte Zielsetzungen verfolgen, während mögliche außermathematisch orientierte Lernprozesse anscheinend keine Beachtung finden. So lassen sich einerseits Aussagen von Schüler*innen rekonstruieren, die inhaltlich zur mathematischen Zielsetzung der Lehrperson passen und von diesen positiv evaluiert werden. Zugleich weisen die analysierten Sequenzen auch Aussagen und Handlungen von Schüler*innen auf, bei denen andere mathematische oder außermathematische Inhalte fokussiert werden, als es die Lehrperson anscheinend erwartet. Zweitgenannte werden von den Lehrenden in den analysierten Sequenzen häufig nicht ausreichend gewürdigt und scheinbar mitunter von ihnen als fehlerhaft interpretiert. In diesem Zusammenhang kann der außermathematische Sachverhalt bei einigen Sequenzen dieser Arbeit in erster Linie als eine ‚Einkleidung' des mathematischen Sachverhalts betrachtet werden. Zu Beginn des Aushandlungsprozesses ist das Außermathematische noch bedeutsam(er), doch im Verlauf der unterrichtlichen Thematisierung wird es zunehmend von mathematischen Inhalten in den Hintergrund gedrängt. In diesem Zusammenhang illustrieren die Analysen dieser Arbeit, dass einige Lernende dieser außermathematischen ‚Einkleidung' eine (zu) starke Beachtung schenken, wodurch sie den mathematischen Kern eines Lebensweltbezugs – also das, worauf die Lehrperson abzuzielen scheint – nicht hinreichend erkennen.

> Bei Aufgaben, die einen offensichtlichen Alltagsbezug zeigen und die für den Schüler neuartig sind, erwarten wir, daß [sic!] der Lehrer eher von einem mathematischen Zusammenhang her denkt und die ‚Sache' als dessen Einkleidung versteht, und daß [sic!] der Schüler die Sache eher konkreter, nämlich aufgrund seiner primären lebensweltlichen [außermathematischen] Erfahrungen deutet. (Neth & Voigt, 1991, S. 82f.)

Bei gemeinsamer Betrachtung der sprachlichen und inhaltlichen Lernpotenziale kann darüber hinaus Folgendes rekonstruiert werden: Für die sprachliche Partizipation am Unterricht scheint es unerheblich, ob sich der Sprachgebrauch eher am außermathematischen oder am mathematischen Sachverhalt orientiert beziehungsweise ob eine Aussage eher als alltags- oder eher als bildungssprachlich charakterisiert werden kann. Für die inhaltliche Partizipation hingegen scheinen im Verlauf des Aushandlungsprozesses zunehmend mathematische Inhalte bedeutsam. Die Erwartungen und Anforderungen an inhaltlich mathematisch orientierte Aussagen stehen somit in gewissem Widerspruch zur simultanen Thematisierung eines mathematischen und eines außermathematischen Themas. Diese Diskrepanz zwischen sprachlichen und inhaltlichen Erwartungen wird vor allem in der Sequenz *Kroko, der kleine Vielfraß* deutlich: Bezogen auf das Sprachliche scheint ein am außermathematischen Sachverhalt orientierter (alltäglicher) Sprachgebrauch akzeptiert zu sein – er wird sogar weitestgehend durch die Lehrperson selbst initiiert und bis zum Ende des Aushandlungsprozesses beibehalten. Bezogen auf das Inhaltliche werden die am außermathematischen Sachverhalt orientierten Begründungen von Ina und Richie für *Rot* hingegen nicht gewürdigt, während die am mathematischen Sachverhalt orientierte Begründung von Noemi für *Blau* von der Lehrperson positiv evaluiert wird. Hieraus ergibt sich die Annahme, dass der am außermathematischen Sachverhalt orientierte (alltägliche) Sprachgebrauch in Situationen mit einem Lebensweltbezug den Lernenden suggerieren könnte, dass auch inhaltlich das Außermathematische bedeutsam(er) ist. Die mathematischen Inhalte scheinen bei den Lebensweltbezügen dieser Arbeit durch den vordergründig am alltäglichen beziehungsweise außermathematischen Sachverhalt orientierten Sprachgebrauch verhüllt zu werden. Während Lehrende und schuljahrgangsältere Schüler*innen eher an der zugrundeliegenden Zielsetzung orientierte mathematische Kriterien fokussieren, orientieren sich vor allem jüngere Schüler*innen eventuell eher am außermathematischen Sachverhalt oder fokussieren andere Aspekte als die Lehrperson. Der schulische Sozialisationsprozess der Lernenden scheint somit zwar zu begünstigen, dass die Schüler*innen die (mathematischen) Ziele eines Lebensweltbezugs erkennen und sich gemäß den inhaltlichen Erwartungen der Lehrperson verhalten. Gleichzeitig wird hierbei deutlich, dass neben schriftbasierten Lebensweltbezügen auch mündlich basierte und interaktiv ausgehandelte Lebensweltbezüge des Mathematikunterrichts von den Lernenden scheinbar als etwas ‚typisch Schulisches' interpretiert werden und dass diese Lebensweltbezüge nur selten eine authentische Auseinandersetzung mit dem Außermathematischen initiieren.

An der Sequenz *Üben mit Kroko* wird zudem deutlich, dass ein Lebensweltbezug auf zukünftige Unterrichtssituationen transferiert werden kann. Dies scheint zuerst ein Potenzial darzustellen, da die Lernenden bei diesem Transfer auf bereits bekannte Denk- und Handlungsmuster zurückgreifen, um sich mit einem (mathematischen) Sachverhalt auseinanderzusetzen. Der Transfer kann als Indiz dafür interpretiert werden, dass die Lernenden das Außermathematische eines Lebensweltbezugs situationsübergreifend als Stütze oder Hilfestellung für die Auseinandersetzung mit mathematischen Problemen hinzuziehen. Vor diesem Hintergrund scheinen Lebensweltbezüge im Mathematikunterricht das Potenzial zu haben, einen mathematischen Lerngegenstand für die Lernenden mithilfe eines außermathematischen Sachverhaltes zu veranschaulichen, ihnen diesen Lerngegenstand zugänglich(er) zu machen und sie zur Auseinandersetzung mit mathematischen Problemen über das konkrete Einzelbeispiel hinaus zu befähigen. Dies deckt sich mit den Ausführungen zu schriftbasierten Lebensweltbezügen (z.B. Franke & Ruwisch, 2010; Pongsakdi, 2020; Leuders et al., 2011; Stoehr et al. 2015). Der Transfer erleichtert den Lernenden den Zugang zum mathematischen Sachverhalt dieser (neuen) Situation und zeigt, dass sie ihre bisherigen Kenntnisse zum Thema aufgreifen. Der Lebensweltbezug der vorangegangenen Situation scheint somit aus Perspektive der Lernenden anschlussfähig an die neue Situation zu sein. Im Rahmen der Analyse zur Sequenz *Üben mit Kroko* werden jedoch vor allem mögliche *negative Folgen des Transfers* deutlich, die in bisherigen Auseinandersetzungen mit Lebensweltbezügen anscheinend keine Beachtung finden: Obwohl sich die Aufgaben, mit denen sich die Schüler*innen während der Sequenz *Üben mit Kroko* auseinandersetzen sollen, auf mathematische Aspekte beschränken, greifen vor allem Dani und die Lehrperson auf den außermathematischen Sachverhalt aus der vorangegangenen Sequenz *Kroko, der kleine Vielfraß* zurück. Dieser außermathematische Sachverhalt ist jedoch in der Sequenz *Üben mit Kroko* nicht länger von Bedeutung und nur bedingt passungsfähig an die aktuell zu lösenden Aufgaben. So kann der Transfer auch als Indiz dafür interpretiert werden, dass die Lernenden die mathematischen Inhalte stets mit einem konkreten außermathematischen Sachverhalt in Verbindung bringen und (noch) nicht in der Lage sind, das Mathematische zu generalisieren und zu abstrahieren. In der Sequenz *Üben mit Kroko* wird somit nicht das Mathematische, sondern vielmehr das Außermathematische (über-)generalisiert. So scheint *Kroko* von den Beteiligten als Universalbeispiel für die Auseinandersetzung mit dem mathematischen Sachverhalt der Relationszeichen Größer-als und Kleiner-als herangezogen zu werden. Die Bezugnahme auf einen vorangegangenen außermathematischen Sachverhalt äußert sich auch im Sprachgebrauch: Aufgrund der Fokussierung auf mathematische Aspekte und dem Ausbleiben eines außermathematischen Sachverhalts würde die Sequenz *Üben mit Kroko* eigentlich eher einen kontextgelösteren und bildungs- beziehungsweise mathematikspezifischen Sprachgebrauch verlangen. Die Beteiligten greifen jedoch eher auf einen alltäglichen und am außermathematischen Sachverhalt verhafteten Sprachgebrauch zurück und vernachlässigen dabei fachspezifische Aspekte.[29] Es scheint, als würde der Transfer des Außermathematischen dazu beitragen, dass die Beteiligten sprachlich wie auch inhaltlich in der ‚alten' Situation verhaftet bleiben, wodurch neue Erkenntnisse und Lernprozesse eher verhindert werden könnten.

Resümierend lassen sich die analysierten Aushandlungsprozesse durch ein Nebeneinander verschiedener sprachlicher und inhaltlicher Aspekte charakterisieren. Dieses Nebeneinander kann sprachlich wie auch inhaltlich bedingte Deutungsdifferenzen unter den Beteiligten hervorrufen, deren Auflösung einen interaktiven Austausch verlangt. Durch das Abgleichen der eigenen Situationsdefinition mit den Deutungen der anderen können wiederum Entwicklungs- und Erkenntnisprozesse initiiert werden, weshalb Krummheuer (1992) Deutungsdifferenzen als *Motor für Lernprozesse* charakterisiert (siehe auch Schütte, 2014). Den Analysen dieser Arbeit folgend wird jedoch das Potenzial der interaktiven Aushandlung von Deutungsdifferenzen nicht ausgeschöpft. Die Analysen der Aushandlungsprozesse in Sequenzen mit einem Lebensweltbezug verdeutlichen vielmehr, dass eine authentische, selbstgesteuerte und aktiv-entdeckende Auseinandersetzung mit dem Lebensweltbezug aus Perspektive der Lernenden kaum möglich erscheint. Dies bietet den Schüler*innen wenig Möglichkeiten zum Auf- und Ausbau ihrer sprachlichen und inhaltlichen (mathematischen wie auch außermathematischen) Kompetenzen. Die Zunahme der Handlungsautonomie der Schüler*innen und das Aushandeln von Deutungsdifferenzen als Antriebsquellen vielseitiger inhaltlicher und auch sprachlicher Lernprozesse können in den Analysen dieser Arbeit nur punktuell rekonstruiert werden, obwohl Lebensweltbezüge aufgrund der Verbindung eines außermathematischen und eines mathematischen Sachverhaltes inhaltlich wie auch sprachlich Vielseitigkeit, Flexibilität und Spontaneität suggerieren.

10.2 Implikationen für Lehrende und Forschende

Die empirisch basierten Erkenntnisse dieser Studie tragen dazu bei, dass Forschende wie auch Lehrende für sprachliche und interaktive Besonderheiten sowie Dysbalancen von interaktiv ausgehandelten Lebensweltbezügen des Mathematikunterrichts sensibilisiert werden. So kann die vorliegende Arbeit etwa zu einem konstruktiven Umgang mit dem Spannungsfeld von Sach-, Fach- und Kindorientierung beitragen (Franke & Ruwisch, 2010). Durch ein gestärktes Bewusstsein für die Zusammenhänge zwischen den Merkmalen und der Entwicklung interaktiv ausgehandelter Lebensweltbezüge, dem Sprachgebrauch sowie möglichen Lernprozessen ist es – so die Idee – Lehrenden wie auch Forschenden möglich, Situationen des Mathematikunterrichts mit einem Lebensweltbezug zu reflektieren und einen bewussteren Umgang mit Lebensweltbezügen zu initiieren. Die

29 So verbalisieren die Beteiligten beispielsweise keinen der Relationsterme vollständig (z.B. *Fünf ist größer/ist mehr als zwei* oder *Neun ist gleich neun*). Da bis zu diesem Zeitpunkt die korrekten Bezeichnungen für die Relationszeichen Größer-als und Kleiner-als noch nicht gefallen sind, ist die mangelnde sprachliche Explizitheit jedoch nachvollziehbar.

nachfolgenden Implikationen richten sich daher zum einen an Lehrende in Bildungseinrichtungen, die Lebensweltbezüge kreieren und im Unterricht etablieren. Zum anderen richten sich die Implikationen an Forschende, die sich mit offenen Fragen und ungeklärten Hypothesen zu Lebensweltbezügen im Mathematikunterricht auseinandersetzen.

10.2.1 Implikationen für Lehrende – Veränderungen der Unterrichtspraxis

Die Analysen dieser Arbeit verdeutlichen drei zentrale Aspekte, die aus Sicht der Verfasserin zu einer veränderten Unterrichtspraxis beitragen: Dies sind (1) die Bewusstheit bezüglich der Dysbalance von Anschlussfähigkeit, Reichhaltigkeit und Authentizität bei mündlich etablierten und interaktiv ausgehandelten Lebensweltbezügen, (2) die Sensibilisierung bezüglich der eigenen Erwartungen und Zielsetzungen beim Einsatz von Lebensweltbezügen im Mathematikunterricht sowie (3) eine daraus resultierende (notwendige) Steigerung der Interpretationskompetenzen von Lehrenden. Diese drei Aspekte werden nachfolgend näher erläutert:

(1) Bewusstheit bezüglich der Dysbalance von Anschlussfähigkeit, Reichhaltigkeit und Authentizität

Was bereits für schriftbasierte Lebensweltbezüge empirisch belegt ist (z.B. Gainsburg, 2008; Wuolle, 2016; Zan, 2017), gilt den Ergebnissen der vorliegenden empirischen Auseinandersetzung folgend auch für mündlich basierte und interaktiv ausgehandelte Lebensweltbezüge: Die Lehrenden bestimmen maßgeblich über die Inhalte sowie die Entwicklung eines Lebensweltbezugs und legen den Fokus dabei vor allem auf mathematische Aspekte. So weisen die Lebensweltbezüge dieser Arbeit vordergründig Fachorientierung (Reichhaltigkeit) und mitunter auch Kind- respektive Lernendenorientierung (Anschlussfähigkeit) auf, während sich der Aspekt Sachorientierung (Authentizität) diesen stets unterordnet, obwohl alle drei Aspekte als konstituierende Merkmale sinnstiftender und nachhaltiger Lernprozesse betrachtet werden (Leuders et al., 2011). Die im Rahmen dieser Arbeit analysierten Lebensweltbezüge scheinen zwar vor allem aufgrund ihrer Mündlichkeit besonders flexibel an die Bedürfnisse der Beteiligten und die jeweilige Unterrichtssituation anpassbar zu sein (denn schriftbasierte Lebensweltbezüge sind aufgrund ihrer schriftsprachlichen Fixierung eventuell weniger flexibel), wodurch sich eigentlich erwarten ließe, dass bei den Aushandlungen der hier analysierten Lebensweltbezüge die Interessen und Fragestellungen der Lernenden (mehr) Beachtung finden und die Schüler*innen aktiv(er) an der inhaltlichen Ausgestaltung des Lebensweltbezugs beteiligt sind. Doch auch mündlich vermittelte und interaktiv ausgehandelte Lebensweltbezüge scheinen vor allem den mathematisch motivierten Zielen und Stundenverlaufsplänen der Lehrenden zu folgen – sie genügen somit vordergründig dem Anspruch der fachlichen Reichhaltigkeit. Die Lernenden werden hierbei kaum in den Gestaltungs- und Entwicklungsprozess eines Lebensweltbezugs einbezogen. Der mündliche Aushandlungsprozess allein führt demnach nicht per se zu authentische(re)n und anschlussfähige(re)n Lebensweltbezügen – dies lassen zumindest die Analysen dieser Arbeit annehmen.

Bisher existierende Ansätze zur Ausbalancierung von Anschlussfähigkeit, Reichhaltigkeit und Authentizität fokussieren schriftbasierte Formate und finden sich bevorzugt in Publikationen zu (authentischen) mathematischen Modellierungen sowie attraktivem beziehungsweise realitätsbezogenem Mathematikunterricht (z.B. Grafenhofer & Maaß, 2017; Kaiser & Schwarz, 2010; Maaß, 2019; Maaß, 2020; Rasch & Sturm, 2018). Durch eine (stärkere) Einbindung der Lernenden in die inhaltliche Ausgestaltung und Entwicklung eines interaktiv ausgehandelten Lebensweltbezugs würde dieser – so die Annahme – an Authentizität und Anschlussfähigkeit gewinnen und eine sinnstiftende und somit lernförderliche Auseinandersetzung der Lernenden mit dem mathematischen wie auch dem außermathematischen Sachverhalt begünstigen. So führen die Vernachlässigung einer authentischen Auseinandersetzung mit dem außermathematischen Sachverhalt und das Nicht-Beachten von Erfahrungen, Interessen und Fragestellungen der Lernenden dazu, dass sie Lebensweltbezüge im Mathematikunterricht als etwas typisch Schulisches ohne Bezug zu ihren eigenen außermathematischen Erfahrungen interpretieren (Nesher, 1980; Radatz, 1990; Toom, 1999; Zan, 2017). Dies scheint für schriftbasierte wie für mündlich basierte und interaktiv ausgehandelte Lebendweltbezüge gleichermaßen zu gelten. Lehrende müssen folglich für die besonderen Chancen mündlich vermittelter Lebensweltbezüge sensibilisiert werden, damit die Potenziale des Mündlichen ausgeschöpft werden.

(2) Sensibilisierung bezüglich der eigenen Erwartungen und Zielsetzungen

Die Analysen dieser Arbeit verdeutlichen, dass Lehrkräfte beim Einsatz eines Lebensweltbezugs im Mathematikunterricht konkrete und vordergründig mathematisch orientierte Zielsetzungen verfolgen. Diese Zielsetzungen scheinen bereits zu Beginn des interaktiven Aushandlungsprozesses mit einem Lebensweltbezug festzustehen und stehen einer selbstständigen und aktiv-entdeckenden Auseinandersetzung der Lernenden mit dem mathematischen wie auch dem außermathematischen Sachverhalt im Weg. Die Fokussierung des Mathematischen trägt maßgeblich dazu bei, dass im Verlauf der in dieser Arbeit analysierten Aushandlungsprozesse das Außermathematische vielfach in den Hintergrund gedrängt wird. So greifen Lehrpersonen im Unterrichtsgeschehen eher solche Antworten der Schüler*innen auf, die ihren eigenen Erwartungen – und demnach der mathematischen Zielsetzung des Lebensweltbezugs – entsprechen, während vordergründig an der Sachsituation orientierte Antworten der Lernenden eher übergangen werden (siehe auch Bauersfeld & Voigt, 1986). Lediglich zu Beginn eines Aushandlungsprozesses wird dem Außermathematischen eines Lebensweltbezugs in einigen der hier analysierten Sequenzen besonders viel Aufmerksamkeit geschenkt, sodass für viele Lernende eventuell der Schein erweckt wird, dass der außermathematische Sachverhalt von besonderer Relevanz sei und im Zentrum der weiteren Aushandlung stehen würde. Der mathematische Kern des Lebensweltbezugs wird so voraussichtlich für einige Schüler*innen eher ‚verhüllt'. Somit könnten Lebensweltbezüge mit einem Fokus auf Anschlussfähigkeit zu beginn des Aushandlungsprozesses den Zugang der Lernenden zum mathematischen Sachverhalt eher erschweren – dies wird bei den Analysen dieser Arbeit beispielsweise an den außermathematisch orientierten Begründungen für *Rot* in der Sequenz *Kroko, der kleine Vielfraß* deutlich. Zugleich verdeutlichen die Analysen dieser Arbeit, dass vor allem am Ende der Aushandlungsprozesse über einen Lebensweltbezug vorrangig – wenn nicht sogar ausschließlich – die mathematischen Lerninhalte von Bedeutung sind, dass diese jedoch häufig nicht explizit zur Sprache gebracht werden. Lebensweltbezüge suggerieren den Lernenden somit vielfach, dass der außermathematische Sachverhalt relevant ist, wenngleich aus Perspektive der Lehrenden anscheinend allein die Vermittlung mathematischer Lerninhalte fokussiert wird. Während sich Lehrende der jeweiligen mathematischen Zielsetzung eines Lebensweltbezugs bereits zu Beginn der Aushandlung im Unterricht bewusst sind, müssen sich die Lernenden den Sinn und die Bedeutung eines Lebensweltbezugs eigenständig im Verlauf des Aushandlungsprozesses erschließen (Neth & Voigt, 1991). Dies scheint Schüler*innen höherer Klassenstufen aufgrund ihrer fortgeschrittenen schulischen Sozialisation und den damit zusammenhängenden Erfahrungen mit Lebensweltbezügen eher zu gelingen als Lernenden der niedrigen Klassenstufen. Zudem sind es vor allem die Lebensweltbezüge im Mathematikunterricht der jüngeren Klassenstufen, die im Rahmen der vorliegenden Arbeit zu Beginn der Aushandlung vor allem dem Aspekt der Anschlussfähigkeit gerecht zu werden scheinen. Umso bedeutsamer ist es, dass sich Lehrende der (mathematischen) Zielsetzungen eines Lebensweltbezugs und der damit einhergehenden Bedeutungszunahme des Mathematischen im Verlauf der interaktiven Aushandlung bewusst sind und dass sie die (mathematisch motivierte) Zielsetzung eines Lebensweltbezugs zumindest partiell für die Lernenden transparent machen – vor allem für die jüngeren Klassenstufen.

(3) Steigerung der Interpretationskompetenzen

Die Analysen dieser Arbeit verdeutlichen, dass interaktive Aushandlungsprozesse in Situationen mit einem mündlich etablierten Lebensweltbezug inhaltlich wie auch sprachlich zahlreiche Möglichkeiten der Partizipation am (mathematischen) Aushandlungsprozess für die Lernenden eröffnen. Situationen des Mathematikunterrichts mit einem Lebensweltbezug haben somit das Potenzial, vielseitige Deutungen und somit Deutungsdifferenzen bei den Beteiligten hervorzurufen. Die interaktive Aushandlung dieser Deutungsdifferenzen kann als *Motor des Lernens* (Krummheuer, 1992; Schütte, 2014) vielseitige Lernprozesse initiieren und den Aufbau der Handlungsautonomie der Lernenden begünstigen – sprachlich wie auch inhaltlich. Vielfach werden in den analysierten Sequenzen emergierende und im Aushandlungsprozess ‚sichtbare' inhaltliche Deutungsdifferenzen jedoch von den Lehrenden übergangen, sodass dieses Potenzial zum Lernen anscheinend nicht ausgeschöpft wird. Lehrende benötigen Interpretationskompetenzen, um die Aussagen und Handlungen der Lernenden vielseitig und unter Beachtung der jeweiligen Situation antizipieren und deuten zu können. In diesem Zusammenhang ist nicht nur bedeutsam, dass sich Lehrpersonen der (mathematischen) Zielsetzung eines Lebensweltbezugs bewusst sind. Sie müssen zugleich offen für vielseitige Aussagen, Fragen und Handlungen der Schüler*innen sein und mögliche Deutungen der Lernenden zu einem Lebensweltbezug antizipieren. Hierzu gehören zum Beispiel eine kritische Fragehaltung gegenüber den Aussagen der Schüler*innen, das aktive und bewusste Einbeziehen ihrer Fragestellungen, Interessen und Erfahrungen sowie die Antizipation möglicher Deutungen der Schüler*innen zum mathematischen wie auch zum außermathematischen Sachverhalt eines Lebensweltbezugs. Werden die Lernenden stärker bei der interaktiven Ausgestaltung eines Lebensweltbezugs einbezogen und haben sie ausreichende Möglichkeiten zum Anbringen eigener Ideen, Fragestellungen und Erfahrungen, bietet dies nicht nur zahlreiche Chancen zum Aufbau ihrer sprachlichen wie auch inhaltlichen Handlungsautonomie, sondern stellt auch für die Lehrenden eine wertvolle Ressource dar: Anhand der Aussagen und des Verhaltens der Lernenden in interaktiven Aushandlungsprozessen mit einem Lebensweltbezug können Lehrpersonen interpretieren, inwiefern sich die Lernenden mit dem mathematischen und dem außermathematischen Sachverhalt des Lebensweltbezugs identifizieren können, wie sie mit diesen umgehen und inwiefern der Lebensweltbezug aus Perspektive der Lernenden anschlussfähig und authentisch ist. Insbesondere nicht erwartete oder widersprüchliche Aussagen der Lernenden können Lehrenden einen Einblick in die Deutungen und die Lernprozesse der Schüler*innen liefern, wodurch nicht zuletzt bei ihnen selbst Lernprozesse in Gang gesetzt werden können (Leikin & Zazkis, 2010).

Vor allem die Schüler*innen der niedrigeren Klassenstufen scheinen Lebensweltbezüge im Mathematikunterricht mit einem stärkeren Bezug zu ihren persönlichen Erfahrungen zu deuten und verhalten sich folglich eventuell weniger gemäß den mathematisch orientierten Erwartungen und Zielsetzungen der Lehrenden (siehe auch Neth & Voigt, 1991). Die Analysen dieser Arbeit lassen annehmen, dass Schüler*innen im Verlauf ihrer schulischen Laufbahn Lebensweltbezüge im Mathematikunterricht tendenziell weniger mit Bezug zu ihren persönlichen und außermathematischen Erfahrungen deuten, sondern verstärkt mathematische Sachverhalte fokussieren. So illustrieren die Sequenzen *Buchkauf*, *Computerkauf* und *Was ist ein Auto?*, dass Lehrende und Lernende aufeinander eingespielt wirken. Es scheint eine gemeinsame Orientierung bei den Beteiligten zu bestehen, dass bei diesen Lebensweltbezügen mit einer ausgeprägten Fachorientierung (allein) das Mathematische im Zentrum der Aufmerksamkeit steht und dass der außermathematische Sachverhalt durch vergleichbare Kontexte ausgetauscht werden könnte. Dieses Aufeinander-eingespielt-sein scheint zwar einen reibungslosen Unterrichtsablauf zu gewährleisten, blendet zugleich jedoch mögliche Deutungsdifferenzen und die Deutungsvielfalt der Beteiligten aus. Während bei den hier analysierten Sequenzen Deutungsdifferenzen in den jüngeren Klassenstufen eher verhüllt werden, werden sie in den älteren Klassenstufen anscheinend eher übergangen und ignoriert. Deutungsdifferenzen können in beiden Fällen ihre Kraft als *Motor des Lernens* (Krummheuer, 1992; Schütte, 2014) nicht entfalten. Dies führt nicht zuletzt dazu, dass Lernende wie auch Lehrende Lebensweltbezüge mit zunehmender Klassenstufe immer weniger bezüglich ihrer Authentizität und Anschlussfähigkeit hinterfragen, sondern sie vielmehr als ‚stereotypes Format‘ innerhalb des Mathematikunterrichts interpretieren, das nur für die unterrichtliche Auseinandersetzung bedeutsam ist, nicht jedoch für die eigene Lebenswelt.

10.2.2 Implikationen für Forschende – Forschungsdesiderate

Die theoretischen und empirischen Auseinandersetzungen dieser Arbeit erweitern zum einen die bisherigen Erkenntnisse zum Sprachgebrauch sowie zum Charakter und zur Entwicklung von interaktiv ausgehandelten Lebensweltbezügen innerhalb des Mathematikunterrichts. Darüber hinaus dienen die Forschungsergebnisse dieser Arbeit auch der Weiterentwicklung einer empirisch begründeten Interaktionstheorie des Mathematiklernens und erweitern die empirisch basierten Erkenntnisse zu (mündlich etablierten und interaktiv ausgehandelten) Lebensweltbezügen im Mathematikunterricht. Für empirische Auseinandersetzungen mit Lebensweltbezügen lassen sich anhand der Ergebnisse dieser Arbeit drei zentrale Forschungsdesiderate ableiten. Dies sind (1) der Bedarf an weiteren Untersuchungen zu mündlich basierten und interaktiv ausgehandelten Lebensweltbezügen im Mathematikunterricht, (2) die Initiierung und Erforschung eines veränderten schulischen Umgangs mit Lebensweltbezügen im Mathematikunterricht sowie (3) die empirische Betrachtung interaktiv ausgehandelter Lebensweltbezüge mithilfe anderer Forschungsdesigns. Diese drei Implikationen werden nachfolgend erläutert:

(1) Bedarf an weiteren Auseinandersetzungen mit mündlich basierten und interaktiv ausgehandelten Lebensweltbezügen

Bisherige empirische Auseinandersetzungen mit Lebensweltbezügen im Mathematikunterricht legen den Fokus vorrangig auf textbasierte Formate sowie die Produkte, die bei der unterrichtlichen Auseinandersetzung mit schriftbasierten Lebensweltbezügen entstehen (z.B. Dröse & Prediger, 2020; Staub, 2008; Stephany, 2018; Wilhelm, 2016). Das dieser Arbeit zugrundeliegenden Datenmaterial von 60 videografierten Mathematikstunden lässt annehmen, dass mündlich basierte Lebensweltbezüge vielfach keiner schriftlich fixierten Vorlage folgen und dass sich ihre Thematisierung im Unterricht zumeist auf nur wenige Minuten beläuft. Gleichzeitig finden mündlich basierte und interaktiv ausgehandelte Lebensweltbezüge den zugrundeliegenden Daten dieser Arbeit in zahlreichen und vielseitigen Situationen des Mathematikunterrichts Anwendung und scheinen neben textbasierten Formaten ein gängiges Mittel darzustellen, um mathematische und außermathematische Sachverhalte miteinander zu verbinden – vor allem in den jüngeren Klassenstufen. Insbesondere die potenzielle Spontaneität und die damit einhergehende Flexibilität mündlich basierter und interaktiv ausgehandelter Lebensweltbezüge werden innerhalb der vorliegenden empirischen Untersuchung als wertvolle Quellen für interaktive Aushandlungsprozesse sowie den Ausbau der sprachlichen wie auch inhaltlichen Handlungsautonomie der Schüler*innen wahrgenommen.

Mündlich basierte Lebensweltbezüge ähneln zwar in vielen Aspekten ihren schriftbasierten Verwandten, unterscheiden sich jedoch zugleich in grundlegenden Aspekten von diesen. Die vorliegende Arbeit kann somit als Ausgangspunkt für zahlreiche Folgestudien herangezogen werden, da es bezüglich der empirisch fundierten Erkenntnisse zu mündlich basierten und interaktiv ausgehandelten Lebensweltbezügen zahlreiche offene Fragen gibt und sich die empirische Auseinandersetzung aufgrund des Mangels an Qualitätskriterien für diese Momente des Unterrichts generell als schwierig erweist. Während es bezüglich der sprachlich bedingten Hürden und Herausforderungen schriftbasierter Lebensweltbezüge bereits Aufarbeitungen und Praxisempfehlungen gibt (z.B. Dröse & Prediger, 2020; Pongsakdi et al. 2020; Stephany, 2018; Verschaffel et al., 2020; Wilhelm, 2016), scheint es im Kontext mündlich basierter und interaktiv ausgehandelter Lebensweltbezüge bislang an Auseinandersetzungen und Handlungsempfehlungen zu mangeln. So wäre beispielsweise von Interesse, ob und wie emergierende Deutungsdifferenzen in den interaktiven Aushandlungen mündlich basierter Lebensweltbezüge ausgehandelt werden, wenn diese eine authentische(re) Auseinandersetzung mit dem außermathematischen Sachverhalt ermöglichen. Auch die Rekonstruktion möglicher weiterer Entwicklungsverläufe von Lebensweltbezügen im Verlauf der unterrichtlichen Aushandlung kann die Erkenntnisse dieser Arbeit aufgreifen und erweitern. So scheinen sich die Lebensweltbezüge dieser Arbeit von einer anfänglichen Betonung des Außermathematischen hin zu einer zunehmenden Fokussierung mathematischer Lerninhalte zu entwickeln. Der Rückbezug auf das Außermathematische und die Fragestellungen der Lernenden werden hierbei vernachlässigt, wenngleich insbesondere mündlich etablierte und interaktiv ausgehandelte Lebensweltbezüge aufgrund ihrer Flexibilität und Wandelbarkeit das Potenzial hätten, stärker auf die (außermathematischen) Interessen, Erfahrungen und Fragestellungen der Lernenden einzugehen.

(2) Initiierung eines veränderten Umgangs mit Lebensweltbezügen und Erforschung dieses veränderten Umgangs

Der theoretischen Überlegung folgend, dass vor allem die Balance von Anschlussfähigkeit, Reichhaltigkeit und Authentizität bei der Auseinandersetzung mit einem Lebensweltbezug sinnstiftende und nachhaltige Lernprozesse initiiert (Leuders et al., 2011), gilt die Ausgewogenheit dieser drei Aspekte gleichermaßen für mündlich wie auch schriftlich basierte Lebensweltbezüge als Zielsetzung. Während es bezüglich dieser Balance bereits zahlreiche empirisch basierte Empfehlungen zu schriftbasierten Lebensweltbezügen gibt (z.B. Grafenhofer & Maaß, 2017; Maaß 2019, 2020), mangelt es derzeit an empirisch basierten Empfehlungen für die Praxis zu mündlich etablierten und interaktiv ausgehandelten Lebensweltbezügen im Mathematikunterricht. Wenngleich mündliche Lebensweltbezüge ein gängiges Mittel darstellen, um mathematische und außermathematische Sachverhalte im Mathematikunterricht miteinander zu verbinden und den Lernenden damit mathematische Lerngegenstände zu illustrieren oder diese in einer außermathematischen Situation anzuwenden, scheinen Lehrende bei der Initiierung mündlich basierter Lebensweltbezüge vielfach auf ihre persönlichen Erfahrungen und subjektiven Vorstellungen zurückzugreifen und nicht auf empirisch belegte Erkenntnisse und Empfehlungen (siehe auch Gainsburg, 2008).

Die Analysen dieser Arbeit illustrieren, dass eine authentische Auseinandersetzung mit dem außermathematischen Sachverhalt in keiner der analysierten Sequenzen rekonstruiert werden konnte. Während das Außermathematische zwar zu Beginn der unterrichtlichen Auseinandersetzung mit einem Lebensweltbezug mitunter bedeutsam scheint, sind am Ende der Aushandlungsprozesse vordergründig mathematische Aspekte von Relevanz. Hieraus ergibt sich die Frage, wie ein veränderter Umgang mit mündlich basierten und interaktiv ausgehandelten Lebensweltbezügen im Mathematikunterricht initiiert werden kann. Werden Lebensweltbezüge im Mathematikunterricht authentischer und anschlussfähiger, wenn die Lehrenden offen(er) für das Einbringen von Fragen, Erfahrungen und Impulse der Lernenden sind oder wenn den Schüler*innen mehr Freiheiten und Möglichkeiten bei der inhaltlichen Ausgestaltung und Entwicklung von Lebensweltbezügen eingeräumt werden oder wenn sie selbst zu den Urheber*innen von Lebensweltbezügen werden? Oder wirken sich solch authentische und anschlussfähige Lebensweltbezüge negativ auf die mathematische Reichhaltigkeit und somit die fachlich-mathematischen Lerngelegenheiten der Schüler*innen aus, sodass mathematisch-inhaltliche Lernprozesse gehemmt werden? Diese und weitere Fragestellungen können in weiteren empirischen Auseinandersetzungen fokussiert werden.

(3) Grenzen dieser Arbeit und neue Zugänge der Erforschung von Lebensweltbezügen

Die vorangegangenen Ausführungen verdeutlichen, dass weitere empirische Auseinandersetzungen mit mündlich basierten und interaktiv ausgehandelten Lebensweltbezügen im Mathematikunterricht notwendig sind. Die innerhalb dieser Arbeit analysierten Sequenzen des Mathematikunterrichts mit einem Lebensweltbezug betrachten die beispielhaften Einzelfälle eingehend und vergleichen sie systematisch miteinander. Dies ermöglicht die Beschreibung und Erklärung einzelner Phänomene wie auch das Zueinander-in-Beziehung-Setzen der Einzelfälle. So ist der interpretative Zugang aufgrund der geringen Zahl der analysierten Sequenzen zwar begrenzt, aber er „hilft beim Verstehen, beim Sortieren und beim empirisch fundierten Entwickeln sinnvoller Veränderungsvorschläge" (Brandt & Tiedemann, 2019, S. 8). Die Erkenntnisse dieser Arbeit stellen – wie für qualitative Forschungsansätze üblich – praxisnahe Momentaufnahmen von alltäglichem Mathematikunterricht dar. Sie lassen sich demnach nur unter gewissen Einschränkungen auf den Mathematikunterricht im Allgemeinen übertragen und beanspruchen keine Allgemeingültigkeit. Gleichwohl verdeutlicht die komparative Gegenüberstellung der hier analysierten Einzelfälle, dass gewisse Gemeinsamkeiten und Tendenzen bezüglich der interaktiven Aushandlung, des Sprachgebrauchs sowie den Merkmalen von interaktiv ausgehandelten Lebensweltbezügen rekonstruiert werden können.

So können auch die forschungsleitenden Fragen lediglich unter Beachtung der vorliegenden Analysen sowie des hier hinzugezogenen methodischen Vorgehens beantwortet werden und dürfen nicht als endgültige und universelle Antworten missverstanden werden. Beispielsweise beschränken sich die Analyse des Sprachgebrauchs sowie die Analyse des Charakters der Lebensweltbezüge in dieser Arbeit lediglich auf eine geringe Anzahl hinzugezogener Analysekriterien. Es sind weitere empirische Auseinandersetzungen nötig, die die Erkenntnisse dieser qualitativen Studie validieren, ausdifferenzieren oder diesen sogar widersprechen. Denkbar ist beispielsweise die Begleitung von Lerngruppen über einen längeren Zeitraum, um mögliche Veränderungen im Umgang mit Lebensweltbezügen zu rekonstruieren und zu prüfen, ob sich die hier angenommenen Veränderungen im Umgang mit Lebensweltbezügen im Verlauf der schulischen Sozialisation bewahrheiten. Zudem können größer angelegte Erhebungen weitere Erkenntnisse liefern – beispielsweise zur Häufigkeit und zur Dauer mündlich etablierter Lebensweltbezüge im Mathematikunterricht. Auch die Gegenüberstellung von Situationen des Mathematikunterrichts mit und ohne Lebensweltbezug kann weitere Erkenntnisse liefern zu den inhaltlichen, sprachlichen und interaktiven Besonderheiten von Lebensweltbezügen in interaktiven Aushandlungen des Mathematikunterrichts. Es ist somit die Aufgabe zukünftiger empirischer Auseinandersetzungen, mündliche Lebensweltbezüge im Mathematikunterricht näher zu erforschen und anhand der Ergebnisse Empfehlungen und Konzepte für die Praxis von Lehrer*innen auszuarbeiten. Diese Arbeit legt einen Grundstein dafür und verdeutlicht, dass Situationen des Mathematikunterrichts mit einem mündlich etablierten und interaktiv ausgehandeltem Lebensweltbezug bislang – innerhalb der Forschung wie auch bezogen auf die Praxis an Schulen – zu wenig Beachtung erhalten. Denn diese Momente des Mathematikunterrichts scheinen sprachlich wie auch inhaltlich mit zahlreichen Potenzialen für Lernprozesse einherzugehen und spielen, wie die Analysen der vorliegenden Arbeit illustrieren, im (Grundschul-)Mathematikunterricht eine bedeutsame Rolle, sodass sie in der Forschung wie auch in der Lehrer*innenbildung ihren Platz finden sollten.

Literatur

Ahrenholz, B. (2010a). Bedingungen des Zweitspracherwerbs in unterschiedlichen Altersstufen. In Abteilung Wirtschafts- und Sozialpolitik der Friedrich-Ebert-Stiftung (Hrsg.), *„Sprache ist der Schlüssel zur Integration". Bedingungen des Sprachlernens von Menschen mit Migrationshintergrund* (S. 19–29). Friedrich-Ebert-Stiftung, Abteilung Wirtschafts- und Sozialpolitik. https://library.fes.de/pdf-files/wiso/07666.pdf

Ahrenholz, B. (2010b). Bildungssprache im Sachunterricht der Grundschule. In B. Ahrenholz (Hrsg.), *Fachunterricht und Deutsch als Zweitsprache* (S. 13–34). Narr.

Anders, K., & Laurenz, C. (2013). Rücken an Rücken. Zweitklässler beschreiben Steckwürfelgebäude immer präziser. *Grundschule Mathematik, 39(4)*, 10–13.

Apeltauer, E. P. D., Först, A., Meissner, H., Neumann, A., Otto, H. D., Schmitz, E., & Süßenguth, R. (2016). *Arbeitshilfen zur Sprachförderung im Elementarbereich (insbesondere für Kinder mit Migrationshintergrund).* Ministerium für Soziales, Wirtschaft und Gleichstellung des Landes Schleswig-Holstein (5. Auflage).

Auer, P. (1999). Sprachlicher Markt (Pierre Bourdieu). In P. Auer (Hrsg.), *Sprachliche Interaktion: eine Einführung anhand von 22 Klassikern* (S. 240–252). de Gruyter. https://doi.org/10.1515/9783110938432.240

Bailey, A. L., & Butler, F. A. (2003). *An Evidentiary Framework for Operationalizing Academic Language for Broad Application to K-12 Education. A Design Document.* University of California. https://cresst.org/wp-content/uploads/R611.pdf

Barwell, R. (2008). Discourse, Mathematics and Mathematics Education. In M. Martin-Jones, A. M. de Meija, & N. H. Hornberger (Hrsg.), *Encyclopedia of Language and Education* (S. 317–328). Springer Science and Business Media. https://doi.org/10.1007/978-0-387-30424-3_81

Barwell, R. (2013). The academic and the everyday in mathematicians' talk: The case of the hyperbagel. *Language and Education, 27(3)*, 207–222. https://doi.org/10.1080/09500782.2012.696656

Barwell, R. (2016). Formal and informal mathematical discourses: Bakhtin and Vygotsky, dialogue and dialectic. *Educational Studies in Mathematics, 92(3)*, 331–345. https://doi.org/10.1007/s10649-015-9641-z

Bauersfeld, H. (1978): Kommunikationsmuster im Mathematikunterricht. Eine Analyse am Beispiel der Handlungsverengung durch Antworterwartung. In ders. (Hrsg.), *Fallstudien und Analysen zum Mathematikunterricht* (S. 158–170). Schroedel Verlag KG.

Bauersfeld, H. (1991). Sachaufgaben – nichts als Ärger!? *Die Grundschulzeitschrift, 42(5)*, 8–10.

Bauersfeld, H. (1994). Theoretical Perspectives on Interaction in the Mathematics Classroom. In R. Biehler, R. W. Scholz, R. Strässer, & B. Winkelmann (Hrsg.), *Didactics of Mathematics as a Scientific Discipline* (S. 133–146). Kluwer Academic Publishers.

Bauersfeld, H. (2002). Interaktion und Kommunikation – Verstehen und Verständigung. *Die Grundschule, 34(3)*, 10–14.

Bauersfeld, H., Bussmann, H., Krummheuer, G., Lorenz, J. H., & Voigt, J. (1983). *Lernen und Lehren von Mathematik. Analysen zum Unterrichtshandeln 2.* Aulis Verlag Deubner & Co. KG.

Bauersfeld, H., Heymann, H. W., Krummheuer, G., Lorenz, J. H., & Reiß, V. (1983). *Analysen zum Unterrichtshandeln.* Aulis Verlag Deubner & Co. KG.

Bauersfeld, H., & Voigt, J. (1986). Den Schüler abholen, wo er steht! Inszenierung oder Verwirklichung eines didaktischen Prinzips? *Lernen: Ereignis und Routine (Jahresheft), 4*, 18–20.

Becker-Mrotzek, M., & Brünner, G. (2004). *Der Erwerb kommunikativer Fähigkeiten: Kategorien und systematischer Überblick. Analyse und Vermittlung von Gesprächskompetenz*, 29–46. https://doi.org/10.1007/s10637-009-9241-9

Becker-Mrotzek, M., Schramm, K., Thürmann, E., & Vollmer, H. J. (2013). Sprache im Fach: Einleitung. In M. Becker-Mrotzek, K. Schramm, E. Thürmann, & H. J. Vollmer (Hrsg.), *Sprache im Fach. Sprachlichkeit und fachliches Lernen* (S. 7–14). Waxmann.

Beese, M., & Gürsoy, E. (2012). Bezüge im Deutschen und im Türkischen herstellen. Sprachliche Stolpersteine beim Mathematiklernen für zweisprachige Lernende. *Praxis der Mathematik in der Schule, 54(45)*, 34–37.

Bergmann, J. R. (1988): *Ethnomethodologie und Konversationsanalyse. Studienbrief der Fern-Universität Hagen.* Hagen.

Bernstein, B. (1977). *Class, Codes And Control. Theoretical studies toward a sociology of language.* Routledge.

Beyer, A. (2015). Wenn zwei sich streiten, freut sich der Dritte? Bildungssprache vs. Schulsprache – eine terminologische Untersuchung. *Pegasus-Onlinezeitschrift, 15(2)*, 1–39. https://doi.org/10.11588/pegas.2015.2.35379

Bitterlich, E. (2018). Bildungssprache im Klassengespräch, Alltagssprache bei Partnerarbeit? Der Einfluss der Situation auf die sprachlichen Beiträge der Lernenden. *Beiträge zum Mathematikunterricht 2018* (S. 305–308). WTM-Verlag. https://doi.org/10.1002/9781118611463.wbielsi016

Bitterlich, E. (2023). Was rechnet der hier eigentlich zusammen?! Aushandlungsprozesse in Situationen des Mathematikunterrichts mit Lebensweltbezug. In B. Brandt & K. Gerlach (Hrsg.), *Mathematiklernen aus interpretativer Perspektive II* (S. 61–88). Waxmann.

Bitterlich, E., & Schütte, M. (2021). Language use in different situations in the mathematics classroom: Everyday academic language and mathematical discourse. In N. Planas & M. Schütte (Hrsg.), *Proceedings of the Fourth ERME Topic Conference 'Classroom-Based Research on Mathematics and Language'* (S. 34–40). Technical University of Dresden, Germany, and ERME. http://www.mathematik.uni-dortmund.de/~prediger/ERME/18-ETC4_Proceedings-Complete.pdf

Blum, W. (2007). Mathematisches Modellieren – zu schwer für Schüler und Lehrer? *Beiträge zum Mathematikunterricht 2007*, 3–12. https://eldorado.tu-dortmund.de/bitstream/2003/30832/1/001.pdf

Blumer, H. (1954). What is Wrong with Social Theory? *American Sociological Review, 19(1)*, 3–10. https://doi.org/10.2307/2088165

Blumer, H. (1969). *Symbolic Interactionism. Perspective and Method.* University of California Press, Prentice-Hall.

Blumer, H. (2011). Der methodologische Standort des Symbolischen Interaktionismus. In R. Burkart & W. Hömberg (Hrsg.), *Kommunikationstheorien. Ein Textbuch zur Einführung* (6. Auflage, S. 24–41). Braumüller.

Boaler, J. (1993). The Role of Contexts in the Mathematics Classroom: Do They Make Mathematics More „Real"? *For the Learning of Mathematics, 13(2)*, 12–17. https://www.jstor.org/stable/40248079

Boaler, J. (1997). *Experiencing School Mathematics: Teaching styles, sex and setting.* Open University Press.

Boaler, J. (2005). The „Psychological Prisons" from which they never escaped: The role of ability grouping in reproducing social class inequalities. *FORUM, 2 & 3,* 125–134. https://doi.org/10.2304/forum.2005.47.2.2

Böckmann, R.-A., & Tewes, A.-K. (2023). Multimodale Partizipationsmöglichkeiten an mathematischen Aushandlungsprozessen. In B. Brandt & K. Gerlach (Hrsg.), *Mathematiklernen aus interpretativer Perspektive II* (S. 89–116). Waxmann.

Bochnik, K. (2017). *Sprachbezogene Merkmale als Erklärung für Disparitäten mathematischer Leistung. Differenzierte Analysen im Rahmen einer Längsschnittstudie in der dritten Jahrgangsstufe.* Waxmann. https://doi.org/10.5282/edoc.22982

Bochnik, K., Heinze, A., & Ufer, S. (2013). Warum auch die Mathematik die Sprache braucht. Hürden im Mathematikunterricht, wenn Sprachkenntnisse fehlen. *Grundschule Mathematik, 39(4)*, 6–9.

Bochnik, K., & Ufer, S. (2012). Der Einfluss einer nicht-deutschen Familiensprache auf verschiedene Facetten mathematischer Kompetenz in der Grundschule. *Beiträge zum Mathematikunterricht 2013.* http://dx.doi.org/10.17877/DE290R-13947

Bohnsack, R. (2013). Gruppendiskussionsverfahren und dokumentarische Methode. In B. Friebertshäuser, A. Langer, & A. Prengel (Hrsg.), *Handbuch Qualitative Forschungsmethoden in der Erziehungswissenschaft* (4. Auflage, S. 205–218). Beltz Juventa.

Bohnsack, R., Marotzki, W., & Meuser, M. (2006). *Hauptbegriffe qualitativer Sozialforschung* (2. Auflage). Verlag Barbara Budrich.

Bortz, J., & Döring, N. (2016). *Forschungsmethoden und Evaluation in den Sozial- und Humanwissenschaften.* Springer VS Verlag für Sozialwissenschaften. https://doi.org/10.1007/978-3-642-41089-5

Bourdieu, P. (1983). Ökonomisches Kapital, kulturelles Kapital, soziales Kapital. In R. Kreckel (Hrsg.), *Soziale Ungleichheiten* (S. 183–198). Schwartz.

Brandt, B., Fetzer, M., Schütte, M., & Krummheuer, G. (2010). A*uf den Spuren interpretativer Unterrichtsforschung in der Mathematikdidaktik. Götz Krummheuer zum 60. Geburtstag.* Waxmann.

Brandt, B. & Gerlach, K. (2023). *Mathematiklernen aus interpretativer Perspektive II.* Waxmann.

Brandt, B., & Naujok, N. (2011). Sprachliche Bedingungen des Sprechens über Mathematik. *Grundschule Mathematik, 31(4)*, 23–27.

Brandt, B., & Tiedemann, K. (2019). *Mathematiklernen aus interpretativer Perspektive. Aktuelle Themen, Arbeiten und Fragen.* Waxmann.

Brandt, B., Vogel, R., & Krummheuer, G. (2011). *Die Projekte erStMaL und MaKreKi. Mathematikdidaktische Forschung am „Center of Individual Development and Adaptive Education" (IDeA).* Waxmann.

Bruckmaier, G., Krauss, S., & Blum, W. (2018). Aspekte des Modellierens in der COACTIV-Studie. In R. Borromeo Ferri & W. Blum (Hrsg.), *Lehrerkompetenzen zum Unterrichten mathematischer Modellierung. Konzepte und Transfer* (S. 21–55). Springer Spektrum. https://doi.org/10.1007/978-3-658-22616-9_2

Bruner, J. (1996). *The Culture of Education.* Havard University Press. https://doi.org/10.4159/9780674251083

Busch, A. (2007). Der Diskurs: ein linguistischer Proteus und seine Erfassung – Methodologie und empirische Gütekriterien für die sprachwissenschaftliche Erfassung von Diskursen und ihrer lexikalischen Inventare. In I. H. Warnke (Hrsg.), *Diskurslinguistik nach Focault. Theorie und Gegenstände* (Band 25, S. 141–164). De Gruyter. https://doi.org/10.1515/9783110920390

Butler, F. A., Bailey, A. L., Stevens, R., Huang, B., & Lord, C. (2004). *Academic English in fifth-grade mathematics, science, and social studies textbooks (CSE Report 642).* https://files.eric.ed.gov/fulltext/ED483409.pdf

Chudaske, J. (2012). *Sprache, Migration und schulfachliche Leistungen. Einfluss sprachlicher Kompetenz auf Lese-, Rechtschreib- und Mathematikleistungen.* VS Verlag für Sozialwissenschaften. https://doi.org/10.1007/978-3-531-93495-2

Cloran, C. (1994). *Rhetorical Units and Decontextualisation. An Enquiry into some Relations of Context, Meaning and Grammar.* Department of English Studies.

Cobb, P. (1986). Contexts, Goals, Beliefs, and Learning Mathematics. *For the Learning of Mathematics, 6(2),* 2–9.

Cobb, P., & Bauersfeld, H. (1995). *The Emergence of Mathematical Meaning: Interaction in Classroom Cultures.* Lawrence Erlbaum Associates Publishers.

Cooper, B., & Dunne, M. (1998). Anyone for tennis? Social class differences in children's responses to national curriculum mathematics testing. *The Sociological Review, 46(1)*, 115–148. https://doi.org/10.1111/1467-954X.0009

Crespo, S., & Sinclair, N. (2008). What makes a problem mathematically interesting? Inviting prospective teachers to pose better problems. *Journal of Mathematics Teacher Education, 11(5)*, 395–415. https://doi.org/10.1007/s10857-008-9081-0

Cummins, J. (1979). Cognitive/academic language proficiency, linguistic interdependence, the optimum age question and some other matters. *Working Papers on Bilingualism, 19*, 121–129.

Cummins, J. (2008). BICS and CALP: Empirical and Theoretical Status of the Distinction. In N. H. Hornberger (Hrsg.), *Encyclopedia of Language and Education* (S. 487–499). Springer VS Verlag für Sozialwissenschaften. https://doi.org/10.1007/978-0-387-30424-3_36

de Boer, H. (2012). Pädagogische Beobachtung. In H. de Boer, H. & S. Reh (Hrsg.), *Beobachtung in der Schule – Beobachten lernen* (S. 65–829). https://doi.org/10.1007/978-3-531-18938-3_4

de Boer, H. (2015). Lernprozesse in Unterrichtsgesprächen. In H. de Boer & M. Bonanati (Hrsg.), *Gespräche über Lernen – Lernen im Gespräch* (S. 17–36). Springer Fachmedien. https://doi.org/10.1007/978-3-658-09696-0_2

Dehn, M. (2011). Elementare Schriftkultur und Bildungssprache. In S. Fürstenau & M. Gomolla (Hrsg.), *Migration und schulischer Wandel: Mehrsprachigkeit* (S. 129–152). Springer VS Verlag für Sozialwissenschaften. https://doi.org/10.1007/978-3-531-92659-9

Deseniss, A. (2015). *Schulmathematik im Kontext von Migration. Mathematikbezogene Vorstellungen und Umgangsweisen mit Aufgaben unter sprachlich-kultureller Perspektive.* Springer Spektrum. https://doi.org/10.1007/978-3-658-09203-0

Dietiker, L. (2013). Mathematical texts as narrative: Rethinking curriculum. *For the Learning of Mathematics, 33(3)*, 14–19.

Drach. (1928). Bildungssprache. In H. Schwartz (Hrsg.), *Pädagogisches Lexikon.* (S. 665–673). Verlag von Belhagen & Klafingen.

Dröse, J., & Prediger, S. (2020). Lesen lernen von Aufgabentexten. In S. Prediger (Hrsg.), *Sprachbildender Mathematikunterricht in der Sekundarstufe. Ein forschungsbasiertes Praxisbuch* (S. 86–94). Cornelsen Scriptor Verlag.

Duarte, J., Gogolin, I., & Kaiser, G. (2011). Sprachlich bedingte Schwierigkeiten von mehrsprachigen Schülerinnen und Schülern bei Textaufgaben. In S. Prediger & E. Özdil (Hrsg.), *Mathematiklernen unter Bedingungen der Mehrsprachigkeit* (S. 35–53). Waxmann.

Dudenredaktion. (2009). *Der kleine Duden. Deutsche Grammatik* (4. Auflage). Dudenverlag.

Eckhardt, A. G. (2008). *Sprache als Barriere für den schulischen Erfolg. Potenzielle Schwierigkeiten beim Erwerb schulbezogener Sprache für Kinder mit Migrationshintergrund.* Waxmann.

Ellerton, N. F., & Clarkson, P. C. (1996). Language Factors in Mathematics Teaching and Learning. In A. J. Bishop, K. Clements, C. Keitel, J. Kilpatrick, & C. Laborde (Hrsg.), *International Handbook of Mathematics Education* (S. 987–1033). Kluwer Academic Publishers. https://doi.org/10.1007/978-94-009-1465-0_30

Erath, K. (2017). *Mathematisch diskursive Praktiken des Erklärens in unterschiedlichen Mikrokulturen. Rekonstruktive Analyse von Unterrichtsgesprächen.* Springer Spektrum. https://doi.org/10.1007/978-3-658-16159-0

Feilke, H. (2012a). Bildungssprachliche Kompetenzen – fördern und entwickeln. *Praxis Deutsch, 39(233)*, 4–13.

Feilke, H. (2012b). Schulsprache – Wie Schule Sprache macht. In S. Günther, W. Imo, D. Meer, & J. G. Schneider (Hrsg.), *Kommunikation und Öffentlichkeit: sprachwissenschaftliche Potenziale zwischen Empirie und Norm*. (S. 149–178). De Gruyter. https://doi.org/10.1515/9783110289916.149

Feilke, H. (2013). Bildungssprache und Schulsprache am Beispiel literal-argumentiver Kompetenzen. In M. Becker-Mrotzek, K. Schramm, E. Thürmann, & H. J. Vollmer (Hrsg.), *Sprache im Fach. Sprachlichkeit und fachliches Lernen* (S. 113–130). Waxmann.

Fetzer, M., & Tiedemann, K. (2018). The Interplay of Language and Objects in the Process of Abstracting. In J. N. Moschkovich, D. Wagner, A. Bose, J. Rodrigues Mendes, & M. Schütte (Hrsg.), *Language and Communication in Mathematics Education* (S. 91–103). Springer International Publishing. http://link.springer.com/10.1007/978-3-319-75055-2_8

Förster, F. (2008). Subjektive Strukturen von Mathematiklehrerinnen und -lehrern zu Anwendungen und Realitätsbezügen im Mathematikunterricht. In H. Jungwirth & G. Krummheuer (Hrsg.), *Der Blick nach innen: Aspekte der alltäglichen Lebenswelt Mathematikunterricht*. Band 2 (S. 71–104). Waxmann.

Foucault, M. (1971). Die Ordnung der Dinge. Eine Archäologie der Humanwissenschaften [Franz.: *Les mots et les choses: une archéologie des sciences humaines*. Paris 1966]. Frankfurt am Main.

Franke, M., & Ruwisch, S. (2010). *Didaktik des Sachrechnens in der Grundschule* (2. Auflage). Spektrum Akademischer Verlag. https://doi.org/10.1007/978-3-8274-2695-6

Frankenstein, M. (2009). Developing a critical mathematical numeracy through real real-life word problems. *Words and Worlds: Modelling Verbal Descriptions of Situations*, 111–130. https://doi.org/10.1163/9789087909383_008

Frenzel, B. (2017). Sensibel für Mehrsprachigkeit. Mathematikunterricht für neu zugewanderte Schülerinnen und Schüler. *Mathematik lehren, 201*, 39–41.

Frey, A., Heinze, A., Mildner, D., Hochweber, J., & Asseburg, R. (2010). Mathematische Kompetenz von PISA 2003 bis PISA 2009. In E. Klieme, C. Artelt, J. Hartig, N. Jude, O. Köller, M. Prenzel, W. Schneider, & P. Stanat (Hrsg.), *PISA 2009. Bilanz nach einem Jahrzehnt* (S. 153–176). Waxmann. https://doi.org/10.25656/01:3534

Fürstenau, S., & Niedrig, H. (2011). Die kultursoziologische Perspektive Pierre Bourdieus: Schule als sprachlicher Markt. In S. Fürstenau & M. Gomolla (Hrsg.), *Migration und schulischer Wandel: Mehrsprachigkeit* (S. 69–88). Springer VS Verlag für Sozialwissenschaften. https://doi.org/10.1007/978-3-531-92659-9

Gainsburg, J. (2008). Real-world connections in secondary mathematics teaching. *Journal of Mathematics Teacher Education, 11(3)*, 199–219. https://doi.org/10.1007/s10857-007-9070-8

Gans, C., Hentschel, U., Höffer, U., Knebel, S., Schilling, S., & Winkler, A. (2014). *Denken und Rechnen 1,* Ausgabe 2014, Westermann Verlag.

Garfinkel, H. (1967). *Studies in ethnomethodology*. Prentice-Hall.

Gee, J. P. (2014). Decontextualized Language: A Problem, Not a Solution. *International Multilingual Research Journal, 8(1)*, 1–15. https://doi.org/10.1080/19313152.2014.852424

Gellert, U. (2008). Mathematikspezifische schulische Bildungssprache im Schuleingangsalter. In J. Ramseger & M. Wagener (Hrsg.), *Chancenungleichheit in der Grundschule. Ursachen und Wege aus der Krise* (S. 207–210). Verlag für Sozialwissenschaften. https://doi.org/10.1007/978-3-531-91108-3_38

Gellert, U. (2010). *Verdeckt und verborgen. Anforderungen beim Übergang vom Mathematikunterricht der Grundschule zum Mathematikunterricht am Gymnasium*. Leibnitz Institut für die Pädagogik der Naturwissenschaften und Mathematik (IPN) der Universität Kiel. http://www.sinus-an-grundschulen.de/fileadmin/uploads/Material_aus_SGS/Handreichung_Gellert.pdf

Gellert, U. (2011). Mediale Mündlichkeit und Dekontextualisierung. Zur Bedeutung und Spezifik von Bildungssprache im Mathematikunterricht der Grundschule. In S. Prediger & E. Özdil (Hrsg.), *Mathematiklernen unter Bedingungen der Mehrsprachigkeit* (S. 97–116). Waxmann.

Gellert, U., & Hümmer, A.-M. (2008). Soziale Konstruktion von Leistung im Unterricht. *Zeitschrift für Erziehungswissenschaft, 11(2)*, 288–311. https://doi.org/10.1007/s11618-008-0019-1

Gellert, U., & Jablonka, E. (2007). Mathematisation and Demathematisation. In U. Gellert & E. Jablonka (Hrsg.), *Mathematisation and Demathematisation. Social, Philosophical and Educational Ramifications* (S. 1–18). Sense Publishers. https://doi.org/10.1163/9789460911439_002

Gerofsky, S. (1996). A linguistic and narrative view of word problems in mathematics education. *For the Learning of Mathematics, 16(2)*, 36–45.

Gerofsky, S. (2010). The impossibility of 'real-life' word problems (according to Bakhtin, Lacan, Zizek and Baudrillard). *Discourse: Studies in the Cultural Politics of Education, 31(1)*, 61–73. https://doi.org/10.1080/01596300903465427

Gibbons, P. (2015). *Scaffolding language, scaffolding learning. Teaching second language learners in the mainstream classroom* (2. Auflage). Portsmouth: Heinemann.

Glaser, B., & Strauss, A. (1967). Grounded Theory – Strategien qualitativer Forschung. De Gruyter.

von Glaserfeld, E. (1997). *Radikaler Konstruktivismus. Ideen, Ergebnisse, Probleme.* Suhrkamp.

Gogolin, I. (1994). *Der monolinguale Habitus der multilingualen Schule.* Waxmann.

Gogolin, I. (2008). *„Förderung von Kindern und Jugendlichen mit Migrationshintergrund FörMig" – ein länderübergeifendes Programm zur Optimierung der Sprachbildung.* Gesellschaft-Wirtschaft-Politik, 1, 65–75.

Gogolin, I. (2009). Zweisprachigkeit und die Entwicklung bildungssprachlicher Fähigkeiten. In I. Gogolin & U. Neumann (Hrsg.), *Streitfall Zweisprachigkeit – The Bilingualism Controversy* (S. 263–280). Springer VS Verlag für Sozialwissenschaften. https://doi.org/10.1007/978-3-531-91596-8_15

Gogolin, I. (2013). Mehrsprachigkeit und bildungssprachliche Fähigkeiten. Zur Einführung in das Buch. In I. Gogolin, I. Lange, U. Michel, & H. H. Reich (Hrsg.), *Herausforderung Bildungssprache. Und wie man sie meistert* (S. 7–18). Waxmann.

Gogolin, I., & Lange, I. (2011). Bildungssprache und Durchgängige Sprachbildung. In *Migration und schulischer Wandel. Mehrsprachigkeit* (S. 107–127). Springer VS Verlag für Sozialwissenschaften. https://doi.org/10.1007/978-3-531-92659-9

Gogolin, I., & Neumann, U. (2009). *Streitfall Zweisprachigkeit – The Bilingualism Controversy.* Springer VS Verlag für Sozialwissenschaften. https://doi.org/10.1007/978-3-531-91596-8

Götze, D. (2014). Chancen und Möglichkeiten der domänenspezifischen Sprachförderung im Mathematikunterricht der Grundschule. In Jürgen Roth & J. Ames (Hrsg.), *Beitrage zum Mathematikunterricht 2014* (S. 443–446). WTM-Verlag. http://dx.doi.org/10.17877/DE290R-15559

Götze, D. (2019). The Cognitive Function of Language and Its Influence on the Learning of Mathematics in Inclusive Settings: A Primary School Study on the Example of Multiplication and Division. In D. Kollosche, R. Marcone, M. Knigge, M. G. Penteado, & O. Skovsmose (Hrsg.), *Inclusive Mathematics Education. State-of-the-Art Research from Brazil and Germany* (S. 357–375). Springer Nature Switzerland AG. https://doi.org/10.1007/978-3-030-11518-0_22

Grafenhofer, I., Maaß, J. (2017). *Neue Materialien für einen realitätsbezogenen Mathematikunterricht 6.* Springer Spektrum. https://doi.org/10.1007/978-3-658-24297-8

Greefrath, G., Kaiser, G., Blum, W., & Borromeo Ferri, R. (2013). Mathematisches Modellieren – Eine Einführung in theoretische und didaktische Hintergründe. In *Mathematisches Modellieren für Schule und Hochschule* (S. 11–37). Springer Spektrum. https://doi.org/10.1007/978-3-658-01580-0_1

Greer, B. (1997). Modelling reality in mathematics classrooms: The case of word problems. Learning and Instruction, 7(4), 293–307. https://doi.org/10.1016/S0959-4752(97)00006-6

Greer, B., Verschaffel, L., & De Corte, E. (2002). "The Answer is Really 4.5": Beliefs About Word Problems. In *Beliefs: A Hidden Variable in Mathematics Education?* (S. 271–292). Springer Netherlands. https://doi.org/10.1007/0-306-47958-3_16

Gysin, B. (2017). *Lerndialoge von Kindern in einem jahrgangsgemischten Anfangsunterricht Mathematik - Chancen für eine mathematische Grundbildung*. Waxmann.

Habermas, J. (1981a). Umgangssprache – Bildungssprache – Wissenschaftssprache. In *Kleine politische Schriften, I-IV* (S. 340–363). Suhrkamp Verlag. https://soth.alexanderstreet.com/cgi-bin/asp/philo/soth/getdoc.pl?S10023107-D000022

Habermas, J. (1981b). *Theorie des kommunikativen Handelns*. Suhrkamp.

Halliday, M. A. K. (1978). *Language as Social Semiotic: The Social Interpretation of Language and Meaning*. Erward Arnold.

Harvey, R., & Averill, R. (2012). A Lesson Based on the Use of Contexts: An Example of Effective Practice in Secondary School Mathematics. *Mathematics Teacher Education and Development 14(1)*, 41–59. http://www.merga.net.au/publications/counter.php?pub=pub_mted&id=143

Hasan, R. (1975). Code, Register und sozialer Dialekt. In B. Bernstein (Hrsg.), *Sprachliche Kodes und soziale Kontrolle* (S. 191–232). Schwann-Bagel.

Hascher, T. (2010). Learning and emotion: Perspectives for theory and research. *European Educational Research Journal, 9(1)*, 13–28. https://doi.org/10.2304/EERJ.2010.9.1.13

Hausendorf, H., & Quasthoff, U. M. (2005). *Sprachentwicklung und Interaktion. Eine linguistische Studie zum Erwerb von Diskursfähigkeiten*. VS Verlag für Sozialwissenschaften. https://doi.org/10.1007/978-3-663-11463-5

Heinze, A., Herwartz-Emden, L., Braun, C., & Reiss, K. (2011). Die Rolle von Kenntnissen der Unterrichtssprache beim Mathematiklernen – Ergebnisse einer quantitativen Längsschnittstudie in der Grundschule. In S. Prediger & E. Özdil (Hrsg.), *Mathematiklernen unter Bedingungen der Mehrsprachigkeit* (S. 11–34). Waxmann.

Heller, V., & Morek, M. (2015). Academic discourse as situated practice: An introduction. *Linguistics and Education, 31*, 174–186. https://doi.org/10.1016/j.linged.2014.01.008

Heinzl, C., & Seibt, S. (2014). Zusammenhänge zwischen semantisch-lexikalischen Fähigkeiten und mathematischen Kompetenzen. *Forschung Sprache, 2*, 4–19

Heppt, B. (2016). *Verständnis von Bildungssprache bei Kindern mit deutscher und nicht-deutscher Familiensprache*. Humboldt-Universität zu Berlin https://doi.org/10.18452/17534

Heppt, B., Stanat, P., Dragon, N., Berendes, K., & Weinert, S. (2014). Bildungssprachliche Anforderungen und Hörverstehen bei Kindern mit deutscher und nicht-deutscher Familiensprache. *Zeitschrift für Pädagogische Psychologie, 28(3)*, 139–149. https://doi.org/10.1024/1010-0652/a000130

Höck, G. (2015). *Ko-Konstruktive Problemlösegespräche im Mathematikunterricht. Eine Studie zur lernpartnerschaftlichen Entwicklung mathematischer Lösungen unter Grundschulkindern*. Waxmann.

Husserl, E. (2012). Die Krisis der europäischen Wissenschaften und die transzendentale Phänomenologie. Ein Einleitung in die Phänomenologische Philosophie. *Philosophische Bibliothek, Band 641*, E. Ströker (Hrsg.). Felix Meiner Verlag.

Huth, M. (2018). Die Bedeutung von Gestik bei der Konstruktion von Fachlichkeit in mathematischen Gesprächen junger Lernender. In M. Martens, K. Rabenstein, K. Bräu, M. Fetzer, H. Gresch, I. Hardy, & C. Schelle (Hrsg.), *Konstruktion von Fachlichkeit. Ansätze, Erträge und Diskussionen in der empirischen Unterrichtsforschung* (S. 219–231). Verlag Julius Klinkhardt.

Jung, J. (2019). Möglichkeiten des gemeinsamen Lernens im inklusiven Mathematikunterricht - Eine interaktionistische Perspektive. In Brandt, B., & Tiedemann, K. (2019). *Mathematiklernen aus interpretativer Perspektive – Aktuelle Themen, Arbeiten und Fragen.* (S. 103–126). Waxmann.

Jung, J., & Schütte, M. (2016). Die Bedeutung der sprachlichen Aushandlung beim inklusiven Lernen von Mathematik in der Grundschule. In G. Pinkernell & M. Vogel (Hrsg.), *Beiträge zum Mathematikunterricht 2016* (S. 505–508). WTM-Verlag.

Jung, J., & Schütte, M. (2017). Das Zusammenspiel mathematischer Abstraktionsprozesse und sprachlicher Dekontextualisierungen. In M. Beck & R. Vogel (Hrsg.), *Geometrische Aktivitäten und Gespräche von Kindern im Blick qualitativen Forschens – Mehrperspektivische Ergebnisse aus den Projekten erStMaL und MaKreKi* (S. 133–154). Waxmann.

Jung, J., & Schütte, M. (2018). An interactionist perspective on mathematics learning. Conditions of learning opportunities in mixed-ability groups within linguistic negotiation processes. *ZDM – International Journal on Mathematics Education, 50*, 1089–1099. https://doi.org/10.1007/s11858-018-0999-0

Kaiser, G., & Schwarz, B. (2010). Authentic Modelling Problems in Mathematics Education – Examples and Experiences. *Journal für Mathematik-Didaktik, 31*, 51–76. https://doi.org/10.1007/s13138-010-0001-3

Karakoç, G., & Alacacı, C. (2015). Real World Connections in High School Mathematics Curriculum and Teaching. *Turkish Journal of Computer and Mathematics Education (TURCOMAT), 6(1)*, 31–46. https://doi.org/10.16949/turcomat.76099

Kelle, U., & Kluge, S. (1999). Einleitung. Forschungslogische Grundlagen. In U. Kelle & S. Kluge (Hrsg.), *Vom Einzelfall zum Typus. Fallvergleich und Fallkontrastierung in der qualitativen Sozialforschung* (S. 9–37). Leske und Budrich. https://doi.org/10.1007/978-3-663-11776-6_1

Kelle, U., & Kluge, S. (2010). *Vom Einzelfall zum Typus: Fallvergleich und Fallkontrastierung in der qualitativen Sozialforschung*. Springer VS Verlag für Sozialwissenschaften. https://doi.org/10.1007/978-3-531-92366-6

Keller, R. (2012). *Das interpretative Paradigma. Eine Einführung*. Springer VS Verlag für Sozialwissenschaften. https://doi.org/10.1007/978-3-531-94080-9

Klose, R. (2022). *Mathematische Begriffsbildung – PriMaPodcasts im bilingualen Kontext.* Waxmann.

Knorr-Cetina, K. (1989). Spielarten des Konstruktivismus. Einige Notizen und Anmerkungen. *Soziale Welt, 1(2)*, 86–96.

Koch, P., & Oesterreicher, W. (2007). Schriftlichkeit und kommunikative Distanz. *Portal für Zweitveröffentlichungen der Philosophischen Fakultät,* 246–368. https://doi.org/10.1515/ZGL.2007.024

Kraus, B. (2006). Lebenswelt und Lebensweltorientierung. Eine begriffliche Revision als Angebot an eine systemisch-konstruktivistische Sozialarbeitswissenschaft. *Kontext. Zeitschrift für Systemische Therapie und Familientherapie, 37(02)*, 116–129. https://doi.org/10.25656/01:12387

Krauthausen, G. (1993). Kopfrechnen, halbschriftliches Rechnen, schriftliche Normalverfahren, Taschenrechner: Für eine Neubestimmung des Stellenwertes der vier Rechenmethoden. *Journal für Mathematikdidaktik, 14(3/4)*, 189–219. https://doi.org/10.1007/BF03338792

Krauthausen, G. (1995). Die „Kraft der Fünf" und das denkende Rechnen. In G. Müller & E. Ch. Wittmann (Hrsg.), *Mit Kindern rechnen. Arbeitskreis Grundschule.* (S. 87-108). Der Grundschulverband e.V. Frankfurt am Main.

Krummheuer, G. (1992). *Lernen mit »Format«. Elemente einer interaktionistischen Lerntheorie. Diskutiert an Beispielen mathematischen Unterrichts*. Weinheim: Deutscher Studien Verlag.

Krummheuer, G. (2003). Argumentationsanalyse in der mathematikdidaktischen Unterrichtsforschung. *ZDM – International Journal on Mathematics Education,, 35(6)*, 247–256. https://doi.org/10.1007/BF02656689

Krummheuer, G. (2008). Inskription, Narration und diagrammatisch basierte Argumentation. Narrative Rationalisierungspraxis im Mathematikunterricht der Grundschule. In H. Jungwirth & G.

Krummheuer (Hrsg.), *Der Blick nach innen: Aspekte der alltäglichen Lebenswelt Mathematikunterricht* (S. 7–37). Waxmann.

Krummheuer, G. (2011). Die Interaktionsanalyse. *Online Fallarchiv Schulpädagogik*, 1–11. https://fallarchiv.uni-kassel.de/lernumgebung/interaktionsanalyse

Krummheuer, G., & Brandt, B. (2001). *Paraphrase und Traduktion. Partizipationstheoretische Elemente einer Interaktionstheorie des Mathematiklernens in der Grundschule*. Beltz.

Krummheuer, G., & Fetzer, M. (2005). *Der Alltag im Mathematikunterricht. Beobachten, Verstehen, Gestalten*. Springer Spektrum.

Krummheuer, G., & Naujok, N. (1999). *Grundlagen und Beispiele Interpretativer Unterrichtsforschung*. Leske und Budrich. https://doi.org/10.1007/978-3-322-95191-5

Krummheuer, G., & Voigt, J. (1991). Interaktionsanalysen von Mathematikunterricht. Ein Überblick über einige Bielefelder Arbeiten. In H. Maier & J. Voigt (Hrsg.), *Interpretative Unterrichtsforschung. Heinrich Bauersfeld zum 65. Geburtstag* (S. 13–32). Aulis Verlag.

Kruse, J. (2015). *Qualitative Interviewforschung: Ein integrativer Ansatz* (2. Auflage). Beltz Juventa.

Lacan, J. (1966). *Écrits 1* [Schriften 1]. Editions du seuil.

Lange, I. (2012). Von „Schülerisch" zu Bildungssprache. Übergänge zwischen Mündlichkeit und Schriftlichkeit im Konzept der Durchgängigen Sprachbildung. In S. Fürstenau (Hrsg.), *Interkulturelle Pädagogik und Sprachliche Bildung* (S. 123–142). Springer VS Verlag für Sozialwissenschaften. https://doi.org/10.1007/978-3-531-18785-3_7

Lange, I., & Gogolin, I. (2010). *Durchgängige Sprachbildung. Eine Handreichung*. Waxmann.

Lange, I., & Lengyel, D. (2008). *Ergebnisse und Texte Studierender im Rahmen des Seminars „Bildungssprache in der Sekundarstufe: Analyse, Förderung und (Selbst)reflexion"*. Unveröffentlichtes Material. (zitiert nach Lange, 2012).

Larina, G. (2016). Analysis of Real-World Math Problems: Theoretical Model and Classroom Application. *Voprosy Obrazovaniya/Educational Studies*. Moscow, 3, 151–168. https://doi.org/10.17323/1814-9545-2016-3-151-168

Lave, J., & Wenger, E. (2008). *Situated learning: Legitimate peripheral participation*. Cambridge University Press. https://doi.org/10.1017/CBO9780511815355

Leikin, R., & Zazkis, R. (2010). Teachers' Opportunities to Learn Mathematics Though Teaching. In R. Leikin & R. Zazkis (Hrsg.), *Learning Through Teaching Mathematics. Development of Teachers' Knowledge and Expertise in Practice* (S. 3–22). Springer Dordrecht. https://doi.org/10.1007/978-90-481-3990-3_1

Leisen, J. (2011). *Praktische Ansätze schulischer Sprachförderung - Der sprachsensible Fachunterricht*. www.hss.de/download/111027_RM_Leisen.pdf

Leisen, J., & Berge, O. (2005). Das Verhältnis von Verstehen und Fachsprache. *Unterricht Physik, 3*, 26–27.

Leiss, D., & Tropper, N. (2014). *Umgang mit Heterogenität im Mathematikunterricht. Adaptives Lehrerhandeln beim Modellieren*. Springer Spektrum. https://doi.org/10.1007/978-3-642-45109-6

Lengyel, D. (2010). Bildungssprachförderlicher Unterricht in mehrsprachigen Lernkonstellationen. *Zeitschrift für Erziehungswissenschaft, 13*, 593–608. https://doi.org/10.1007/s11618-010-0164-1

Leuders, T., Hußmann, S., Barzel, B., & Prediger, S. (2011). Das macht Sinn! Sinnstiftung mit Kontexten und Kernideen. *Praxis Mathematik, 53(37)*, 2–9.

Liedtke, B. S. (2013). *Sprachliche Heterogenität im Mathematikunterricht der Grundschule und die Wirkung von substanziellen Lernumgebungen*. Hamburg.

Lohrmann, K. (2011). Kontextualisierung und Dekontextualisierung. In W. Einsiedler, M. Götz, A. Hartinger, F. Heinzel, J. Kahlert, & U. Sandfuchs (Hrsg.), *Handbuch Grundschulpädagogik und Grundschuldidaktik* (3. Auflage, S. 397–401). Julius Klinkhardt.

Lorenz, J. H., Eichler, K.-P., Jansen, H., Kaufmann, S., & Röttger, A. (2007). *Mathematikus 4 - Schülerbuch*. Westermann.

Lovell, R. S. P. (2016). *Real-World Applications in Math Class*. Simon Fraser University.

Lubienski, S. T. (2000). Problem solving as a means toward mathematics for all: An exploratory look through a class lens. *Journal for Research in Mathematics Education, 31*, 454-482. https://doi.org/10.2307/749653

Ludes-Adamy, P., & Schütte, M. (2021). Reconstructing dissent-consensus situational structures in cooperative mathematics and computer science learning environments. In J. Ingram, M. Schütte & M. N. Ríordáin, (Hrsg.), *Proceedings of Topic Study Group 39: 14th International Congress on mathematical Education* (S. 73–76). https://hal.archives-ouvertes.fr/hal-03632484

Maaß, J. (2019). Attraktiver Mathematikunterricht. In J. Maaß (Hrsg.), *Attraktiver Mathematikunterricht. Motivierende Beispiele aus der Praxis*. Springer VS Verlag für Sozialwissenschaften. https://doi.org/10.1007/978-3-662-60479-3

Maaß, J. (2020). *Realitätsbezogen Mathematik unterrichten. Ein Leitfaden für Lehrende*. Springer Spektrum. https://doi.org/10.1007/978-3-658-30595-6

Maier, H. (1999). Wieviel Fachsprache brauchen die Schüler im Mathematikunterricht? In *Beiträge zum Mathematikunterricht 1999* (S. 19–27). Franzbecker.

Maier, H. (2004). Zu fachsprachlicher Hyper- und Hypotrophie im Fach Mathematik oder Wie viel Fachsprache brauchen Schüler im Mathematikunterricht? *Journal fur Mathematik-Didaktik, 25(2)*, 153–166. https://doi.org/10.1007/BF03339000

Maier, H., & Schweiger, F. (1999). *Mathematik und Sprache. Zum Verstehen und Verwenden von Fachsprache im Unterricht*. öbv & hpt Verlagsgesellschaft.

Maier, H., & Voigt, J. (1991). *Interpretative Unterrichtsforschung. Heinrich Bauersfeld zum 65. Geburtstag*. Aulis Verlag.

Mehan, H. (1979). *Learning Lessons*. University Press. https://doi.org/10.4159/harvard.9780674420106

Meyer, M., & Prediger, S. (2012). Sprachenvielfalt im Mathematikunterricht: Herausforderungen, Chancen und Förderansätze. *PM : Praxis der Mathematik in der Schule, 54(45)*, 2–9.

Miller, M. (2006). *Dissens. Zur Theorie diskursiven und systemischen Lernens*. transcript. https://doi.org/10.1515/9783839404843

Morek, M., & Heller, V. (2012). Bildungssprache – Kommunikative, epistemische, soziale und interaktive Aspekte ihres Gebrauchs. *Zeitschrift für angewandte Linguistik, 57(1)*, 67–101. https://doi.org/10.1515/zfal-2012-0011

Morgan, C. (2014). Discourse Analytic Approaches in Mathematics Education. *Encyclopedia of Mathematics Education*, 176–181. https://doi.org/10.1007/978-94-007-4978-8_50

Moschkovich, J. (2002). A Situated and Sociocultural Perspective on Bilingual Mathematics Learners. *Mathematical Thinking and Learning, 4(2–3)*, 189–212. https://doi.org/10.1207/S15327833MTL04023_5

Moschkovich, J. (2007). Examining mathematical discourse practices. *For the Learning of Mathematics, 27(1)*, 24–30.

Moschkovich, J. (2016). *Bilingual Mathematics Learners. How Views of Language, Bilingual Learners, and Mathematical Communication Impact Instruction*. University of California.

Moschkovich, J. (2018). Recommendations for Research on Language and Learning Mathematics. In J. Moschkovich, D. Wagner, A. Bose, J. Rodrigues Mendes, & M. Schütte (Hrsg.), *Language and Communication in Mathematics Education. International Perspectives. ICME-13 Monographs* (S. 37–47). Springer International Publishing. https://doi.org/10.1007/978-3-319-75055-2

Muckel, P., & Grubitzsch, S. (1993). Untersuchungen zum Begriff der „Lebenswelt". *Psychologie und Gesellschaftskritik, 17(3/4)*, 119–139. https://nbn-resolving.org/urn:nbn:de:0168-ssoar-249525

Naujok, N. (2000). *Schülerkooperation im Rahmen von Wochenplanunterricht. Analyse von Unterrichtsausschnitten aus der Grundschule.* Deutscher Studien-Verlag.

Naujok, N., Brandt, B., & Krummheuer, G. (2008). Interaktion im Unterricht. In W. Helsper & J. Böhme (Hrsg.), *Handbuch der Schulforschung* (2. Auflage, S. 779–799). VS Verlag für Sozialwissenschaften. https://doi.org/10.1007/978-3-531-91095-6_31

Nesher, P. (1980). The Stereotyped Nature of School Word Problems. *For the Learning of Mathematics, 1(1)*, 41–48.

Neth, A., & Voigt, J. (1991). Lebensweltliche Inszenierungen. Die Aushandlungen schulmathematischer Bedeutungan an Sachaufgaben. In H. Maier (Hrsg.), *Interpretative Unterrichtsforschung: Heinrich Bauersfeld zum 65. Geburtstag* (S. 79–116). Aulis Verlag Deubner & Co KG.

Nohl, A.-M. (2006). Komparative Analyse. In R. Bohnsack, W. Marotzki, & M. Meuser (Hrsg.), *Hauptbegriffe Qualitativer Sozialforschung* (S. 100–102). Verlag Barbara Budrich. https://doi.org/10.1007/978-3-322-99183-6_35

Nührenbörger, M. (2009). Diskursives Lernen im Mathematikunterricht – Interaktive Wissenskonstruktionsprozesse von und mit Kindern im jahrgangsgemischten Anfangsunterricht. *Beiträge zum Mathematikunterricht 2009*, 117–121.

OECD. (2015). *Bildung auf einen Blick 2015. OECD-Indikatoren.* Bertelsmann Verlag. https://doi.org/10.1787/eag-2013-de

OECD. (2018). *Bildung auf einen Blick 2018: OECD-Indikatoren.* Bertelsmann Verlag. https://doi.org/10.3278/6001821lw

Oldenburg, I., & Rodriguez, F. (2017). Lebensweltbezug - Lernen macht Sinn! *Grundschule, 49(2)*, 26–29.

Ortner, H. (2009). Rhetorisch-stilistische Eigenschaften der Bildungssprache. In U. Fix, A. Gardt, & J. Knape (Hrsg.), *Rhetorik und Stilistik. Ein internationales handbuch historischer und systematischer Forschung.* (Band 2, S. 2227–2240). Walter de Gruyter.

Özoğuz, A. (2010). Sprache - eine Kompetenz um dazuzugehören. In *„Sprache ist der Schlüssel zur Integration". Bedingungen des Sprachlernens von Menschen mit Migrationshintergrund* (S. 4–7). Friedrich-Ebert-Stiftung. http://library.fes.de/pdf-files/wiso/07666.pdf

Padberg, F., & Wartha, S. (2017). Didaktik der Bruchrechnung. In *Didaktik der Bruchrechnung* (5. Auflage). Springer Spektrum. https://doi.org/10.1007/978-3-662-52969-0

Palm, T. (2006). Word problems as simulations of real-world situations: A proposed framework. *For the Learing of Mathematics, 26*, 42–47.

Pimm, D. (1987). *Speaking Mathematically. Communication in Mathematics Classrooms.* Routledge & Kegan Paul Ltd.

Pöhls, A. (2013). Im Sprachförderunterricht abgeguckt. Ideen, die auch für den Mathematikunterricht geeignet sind. *Grundschule Mathematik, 39(4)*, 14–15.

Polster, J. (1983). *Fallstudien zu Mathematisierungsprozessen beim Lösen von Textaufgaben.* Johann Wolfgang Goethe-Universität Frankfurt am Main.

Pongsakdi, N., Kajamies, A., Veermans, K., Lertola, K., Vauras, M., & Lehtinen, E. (2020). What makes mathematical word problem solving challenging? Exploring the roles of word problem characteristics, text comprehension, and arithmetic skills. *ZDM – International Journal on Mathematics Education, 52*, 33–44. https://doi.org/10.1007/s11858-019-01118-9

Povey, H., Adams, G., & Jackson, C. (2016). How making for a purpose in mathematics can provoke mathematical meaning making. *Philosophy of Mathematics Education Journal, 31*, 1–8.
Prediger, S. (2013). Darstellungen, Register und mentale Konstruktion von Bedeutung und Beziehungen - Mathematikspezifische sprachliche Herausforderungen identifizieren und bearbeiten. In M. Becker-Mrotzek, K. Schramm, E. Thürmann, & H. J. Vollmer (Hrsg.), *Sprache im Fach – Sprachlichkeit und fachliches Lernen* (S. 167–183). Waxmann.
Prediger, S. (2020a). *Sprachbildender Mathematikunterricht in der Sekundarstufe. Ein forschungsbasiertes Praxisbuch.* Cornelsen Scriptor Verlag.
Prediger, S. (2020b). Sprachen als Lernmedium, Lernhürde und Lerngegenstand. In Dies. (Hrsg.), *Sprachbildender Mathematikunterricht in der Sekundarstufe. Ein forschungsbasiertes Praxisbuch* (S. 23–40). Cornelsen Scriptor Verlag.
Prediger, S., Erath, K., Quasthoff, U., Heller, V., & Vogler, A.-M. (2016). Befähigung zur Teilhabe an Unterrichtsdiskursen: Die Rolle von Diskurskompetenz. In J. Menthe, D. Höttecke, T. Zabka, M. Hamman, & M. Rothgangel (Hrsg.), *Befähigung zu gesellschaftlicher Teilhabe. Beiträge der fachdidaktischen Forschung* (S. 285–300). Waxmann.
Prediger, S., & Wessel, L. (2012). Darstellungen vernetzen. Ansatz zur integrierten Entwicklung von Konzepten und Sprachmitteln. In *PM: Praxis der Mathematik in der Schule, 54 (45)*, 28-33.
Puchalska, E., & Semadeni, Z. (1987). Children's Reactions to Verbal Arithmetical Problems with Missing, Surplus or Contradictory Data. *For the Learning of Mathematics, 7(3)*, 9–16. https://doi.org/10.1007/BF03339283
Quasthoff, U. M. (2011). Diskurs- und Textfähigkeiten: Kulturelle Ressourcen ihres Erwerbs. In *Die Matrix der menschlichen Entwicklung* (7. Auflage, S. 210–251). De Gruyter. https://doi.org/10.1515/9783110259766.210
Quasthoff, U. M., & Heller, V. (2014). Mündlichkeit und Schriftlichkeit aus sprachwissenschaftlicher und sprachdidaktischer Sicht. Grundlegende Ein-/Ansichten und methodischen Anregungen. In A. Neumann & I. Mahler (Hrsg.), *Empirische Methoden in der Deutschdidaktik. Audio- und videografierende Unterrichtsforschung* (S. 6–37). Schneider Verlag Hohengehren.
Quasthoff, U. M., & Katz-Bernstein, N. (2006). Diskursfähigkeiten. In M. Grohnfeldt (Hrsg.), *Lexikon der Sprachtherapie* (S. 72–75). Kohlhammer Verlag.
Quasthoff, U. M., & Morek, M. (2015). *Abschlussbericht für das DFG-geförderte Forschungsprojekt „Diskursive Praktiken von Kindern in außerschulischen und schulischen Kontexten“.* https://docplayer.org/55527809-Abschlussbericht-fuer-das-dfg-gefoerderte-forschungsprojekt.html.
Radatz, H. (1990). Schwierigkeiten der Anwendung arithmetischen Wissens am Beispiel des Sachrechnens. In J. H. Lorenz & J. Floer (Hrsg.), *Lernschwierigkeiten: Forschung und Praxis* (2., unveränderte Auflage, S. 17–29). Aulis Verlag Deubner & Co KG.
Rasch, R., & Sturm, N. (2018). Modellierungspotenzial problemhaltiger Textaufgaben. In K. Eilerts & K. Skutella (Hrsg.), *Neue Materialien für einen realitätsbezogenen Mathematikunterricht 5* (S. 99–112). Springer Fachmedien. https://doi.org/10.1007/978-3-658-21042-7_8
Reich, H. (2008). *Materialien zum Workshop „Bildungssprache“.* Unveröffentlichtes Schulungsmaterial für die FÖRMIG-Weiterqualifizierung „Berater(in) für sprachliche Bildung, Deutsch als Zweitsprache“.
Reichertz, J. (2013). *Die Abduktion in der qualitativen Sozialforschung. Über die Entdeckung des Neuen.* Springer Fachmedien. https://doi.org/10.1007/978-3-531-93163-0
Reusser, K., & Stebler, R. (1997). Every word problem has a solution: The suspension of reality and sense-making in the culture of school mathematics. *Learning and Instruction, 7(4)*, 309–327. https://doi.org/10.1016/S0959-4752(97)00014-5

Ruwisch, S. (2014). Herausforderungen im Mathematikunterricht der Grundschule durch veränderte sprachliche Anforderungen. In M. Michalak (Hrsg.), *Sprache als Lernmedium im Fachunterricht. Theorien und Modelle für das sprachbewusste Lehren und Lernen* (S. 34–52). Schneider Verlag Hohengehren.

Salem, T. (2010). Das Konzept der „Durchgängigen Sprachbildung“. In *„Sprache ist der Schlüssel zur Integration“. Bedingungen des Sprachlernens von Menschen mit Migrationshintergrund.* (S. 8–18). Friedrich-Ebert-Stiftung. https://library.fes.de/pdf-files/wiso/07666.pdf

Schelle, C. (2010). Die Ko-Konstruktion von Themen im Gespräch und schwierige Verständigungprobleme. In C. Schelle, K. Rabenstein, & S. Reh (Hrsg.), *Unterricht als Interaktion: ein Fallbuch für die Lehrerbildung* (S. 99–148). Klinkhardt.

Schenk, L. (2013). *Zusammenhang von Sprache und Mathematik – diagnosegeleitete Förderung eines Viertklässlers der Schule für Sprachbehinderte.* Pädagogische Hochschule Ludwigsburg, Universität Tübingen.

Schleppegrell, M. J. (2001). Linguistic Features of the Language of Schooling. *Linguistics and Education, 12(4)*, 431–459. https://doi.org/10.1016/S0898-5898(01)00073-0

Schreiber, C., Schütte, M., & Krummheuer, G. (2015). Qualitative Forschungsmethoden in der mathematikdidaktischen Forschung – Von der Anpassung von Methoden zur Entwicklung von Theorie. In R. Bruder, L. Hefendehl, B. Schmidt-Thieme, & H.-G. Weigand (Hrsg.), *Handbuch der Mathematikdidaktik* (S. 591–612). Springer VS Verlag für Sozialwissenschaften. https://doi.org/10.1007/978-3-642-35119-8_22

Schreiber, Chr., & Klose, R. (2022). Darstellen und Kommunizieren – neu gedacht?!. In Pinkernell, G., Reinhold, F., Schacht, F., & Walter, D. (Hrsg.), *Digitales Lehren und Lernen von Mathematik in der Schule.* Springer. https://doi.org/10.1007/978-3-662-65281-7_16

Schrittesser, I., Köhler, J., & Holzmayer, M. (2019). *Lernen verstehen. Unterricht gestalten. Lernen und Unterrichten aus pädagogischer Perspektive.* UTB. https://doi.org/10.36198/9783838555928

Schütte, M. (2009). *Sprache und Interaktion im Mathematikunterricht der Grundschule. Zur Problematik einer Impliziten Pädagogik für schulisches Lernen im Kontext sprachlich-kultureller Pluralität.* Waxmann.

Schütte, M. (2010). Implizite Pädagogik - Eine Barriere für Lernen im Mathematikunterricht. In B. Brandt, M. Fetzer, & M. Schütte (Hrsg.), *Auf den Spuren Interpretativer Unterrichtsforschung in der Mathematikdidaktik* (Bd. 5, S. 209–242). Waxmann.

Schütte, M. (2018). Subject-Specific Academic Language Versus Mathematical Discourse. In J. Moschkovich, D. Wagner, A. Bose, J. Rodrigues Mendes, & M. Schütte (Hrsg.), *Language and Communication in Mathematics Education. International Perspectives. ICME-13 Monographs* (S. 25–36). Springer. https://doi.org/10.1007/978-3-319-75055-2_3

Schütte, M., Friesen, R.-A., & Jung, J. (2019). Interactional analysis - A method for analysing mathematical learning processes in interactions. In G. Kaiser & N. Presmeg (Hrsg.), *Compendium for Early Career Researchers in Mathematics Education* (S. 101–129). Springer International Publishing. https://doi.org/10.1007/978-3-030-15636-7

Schütte, M., Jung, J., & Krummheuer, G. (2021). Diskurse als Ort der mathematischen Denkentwicklung – Eine interaktionistische Perspektive. *Journal fur Mathematik-Didaktik, 42*, 525–551. https://doi.org/10.1007/s13138-021-00183-6

Schütte, M., & Krummheuer, G. (2017). Mathematische Diskurse im Kindesalter. In U. Kortenkamp & A. Kuzle (Hrsg.), *Beiträge zum Mathematikunterricht 2017* (S. 877–880). WTM-Verlag. https://eldorado.tu-dortmund.de/bitstream/2003/36638/1/BzMU-2017-SCHUETTE.pdf

Schütz, A., & Luckmann, T. (2003). *Strukturen der Lebenswelt.* UVK Verlagsgesellschaft mbH. https://doi.org/ 10.36198/9783838524122

Schweiger, F. (1996). Die Sprache der Mathematik aus linguistischer Sicht. In K. P. Müller (Hrsg.), *Beiträge zum Mathematikunterricht 1996* (S. 44–51). Franzbecker.

Schwippert, K., Kasper, D., Köller, O., Mcelvany, N., Selter, C., Steffensky, M., & Wendt, H. (Hrsg.). (2020). *TIMSS 2019. Mathematische und naturwissenschaftliche Kompetenzen von Grundschulkindern in Deutschland im internationalen Vergleich.* Waxmann. https://doi.org/10.31244/9783830993193

Sekretariat der Ständigen Konferenz der Kultusminister der Länder in der Bundesrepublik Deutschland (KMK) (2004). *Bildungsstandards im Fach Mathematik für den Mittleren Schulabschluss.* Wolters Kluwer. https://www.kmk.org/fileadmin/veroeffentlichungen_beschluesse/2003/-2003_12_04-Bildungsstandards-Mathe-Mittleren-SA.pdf

Sekretariat der Ständigen Konferenz der Kultusminister der Länder in der Bundesrepublik Deutschland (KMK) (2015). *Bildungsstandards im Fach Mathematik für die Allgemeine Hochschulreife.* Wolters Kluwer. https://www.kmk.org/fileadmin/veroeffentlichungen_beschluesse/-2012/2012_10_18-Bildungsstandards-Mathe-Abi.pdf

Sekretariat der Ständigen Konferenz der Kultusminister der Länder in der Bundesrepublik Deutschland (KMK). (2022). *Bildungsstandards für das Fach Mathematik Primarbereich.* Wolters Kluwer. https://www.kmk.org/fileadmin/Dateien/veroeffentlichungen_beschluesse/2022/2022_-06_23-Bista-Primarbereich-Mathe.pdf.

Sfard, A. (2007). When the Rules of Discourse Change, but Nobody Tells You. Making Sense of Mathematics Learning From a Commognitive Standpoint. *The Journal of the Learning Sciences, 16(4)*, 1–50. https://doi.org/10.1080/10508400701525253

Sfard, A. (2008). *Thinking as communicating. Human development, the growth of discourses, and mathematizing.* Cambridge University Press. https://doi.org/10.1017/CBO9780511499944

Sfard, A. (2012). Introduction: Developing Mathematical Discourse. Some Rights from Communicational Research. *International Journal of Educational Research, 10*, 1–9. https://doi.org/10.1016/j.ijer.2011.12.013

Siebert, H. (2005). *Pädagogischer Konstruktivismus. Lernzentrierte Pädagogik in Schule und Erwachsenenbildung* (3. Auflage). Beltz Verlag.

Solomon, Y., & O'Neill, J. (1995). Mathematics and Narrative. *Language and Education, 12(3)*, 210–221. https://doi.org/10.1080/09500789808666749

Sprütten, F., Wessel, L., Zentgraf, L., & Prediger, S. (2020). Fach- und sprachintegrierte Ansätze für Neuzugewanderte. In S. Prediger (Hrsg.), *Sprachbildender Mathematikunterricht in der Sekundarstufe. Ein forschungsbasiertes Praxisbuch* (S. 115–130). Cornelsen Scriptor Verlag.

Staub, S. (2008). Analyse und Evaluation von Mathematikunterricht in der Grundschule beim Umgang mit Text- und Sachaufgaben. *Beiträge zum Mathematikunterricht 2008.* https://doi.org/10.17877/DE290R-11746

Steinau, B. (2011). Fachsprache aufbauen: Mit Wortspeichern arbeiten. *Grundschule Mathematik, 31(4)*, 14–17.

Stephany, S. (2018). *Sprache und mathematische Textaufgaben: Eine empirische Untersuchung zu leser- und textseitigen sprachlichen Einflussfaktoren auf den Lösungsprozess.* https://doi.org/10.31244/9783830987628

Stoehr, K. J., Turner, E., & Sugimoto, A. T. (2015). One teacher's understandings and practices for real-world connections in mathematics. In T. G. Bartell, K. N. Bieda, R. T. Putnam, K. Bradfield, & H. Dominguez (Hrsg.), *Proceedings of the 37th annual meeting of the North American Chapter of the International Group for the Psychology of Mathematics Education* (S. 1150–1153). Michigan State University. https://core.ac.uk/download/pdf/72853144.pdf

Sullivan, P., Zevenbergen, R., & Mousley, J. (2003). The Contexts of Mathematics Tasks and the Context of the Classroom: Are We Including all Students? *Mathematics Education Research Journal, 15(2)*, 107–121. https://doi.org/10.1007/BF03217373

Tabach, M., & Nachlieli, T. (2011). Combining Theories To Analyze Classroom Discourse. A Method To Study Learning Process. In M. Pytlak, T. Rowland, & E. Swoboda (Hrsg.), *Proceedings of the Seventh Congress of the European Society for Research in Mathematics Education* (S. 2548–2532). University of Rzeszñw.

Tiedemann, K. (2012). *Mathematik in der Familie. Zur familialen Unterstützung früher mathematischer Lernprozesse in Vorlese- und Spielsituationen.* Waxmann.

Tiedemann, K. (2014). Der Gebrauch von Fachsprache im Mathematikunterricht der Grundschule. In J. Ames & J. Roth (Hrsg.), *Beiträge zum Mathematikunterricht 2014* (S. 1219–1223). WTM-Verlag.

Tiedemann, K. (2015). Unterrichtsfachsprache – Zur interaktionalen Normierung von Sprache im Mathematikunterricht der Grundschule. mathematica didactica. *Zeitschrift für Didaktik der Mathematik, 38,* 37–62.

Tiedemann, K. (2017). Beschreibungen im Prozess. Eine Fallstudie zur fachbezogenen Sprachentwicklung im Kontext unterschiedlicher Darstellungen. In D. Leiss, M. Hagena, A. Neumann, & K. Schwippert (Hrsg.), *Mathematik und Sprache. Empirischer Forschungsstand und unterrichtliche Herausforderungen* (S. 64–79). Waxmann.

Tiedemann, K., & Rottmann, T. (2019). Beschreibungen als fachliche Wegweiser – Zu Beschreibungen von Materialhandlungen im Prozess der Strategieentwicklung. In B. Brandt & K. Tiedemann (Hrsg.), *Mathematiklernen aus interpretativer Perspektive I: Aktuelle Themen, Arbeiten und Fragen* (S. 165-192). Münster: Waxmann.

Tietze, S., Rank, A., & Wildemann, A. (2016). *Erfassung bildungssprachlicher Kompetenzen von Kindern im Vorschulalter. Grundlagen und Entwicklung einer Ratingskala (RaBi).* https://doi.org/10.25656/01:12076

Toom, A. (1999). Word problems: Applications or mental manipulatives. *For the Learning of Mathematics, 19(1)*, 36–38. https://doi.org/10.5642/hmnj.199901.20.19

Townsend, D., Filippini, A., Collins, P., & Biancarosa, G. (2012). Evidence for the Importance of Academic Word Knowledge for the Academic Achievement of Diverse Middle School Students. *The Elementary School Journal, 112(3)*, 497–518. https://www.journals.uchicago.edu/doi/10.1086/663301

Van Den Heuvel-Panhuizen, M., & Drijvers, P. (2014). Realistic Mathematics Education. In S. Lerman (Hrsg.), Encyclopedia of Mathematics Education (S. 521–525). Springer Science and Business Media. https://doi.org/10.1007/978-94-007-4978-8

Verboom, L. (2011). „Beim Neunerreihe ist neun Karten. 18-Reihe ist es nur acht Karten.“ *Grundschule Mathematik, 31(4)*, 18–22.

Verboom, L. (2013). Sprachförderung im Fach mit Plan. Das WEGE-Konzept am Beispiel „Orientierung auf der Hundertertafel“. *Grundschule Mathematik, 39(4)*, 16–19.

Verschaffel, L., De Corte, E., & Borghart, I. (1997). Pre-service teachers' conceptions and beliefs about the role of real-world knowledge in mathematical modelling of school word problems. *Learning and Instruction, 7(4)*, 339–359. https://doi.org/10.1016/S0959-4752(97)00008-X

Verschaffel, L., Schukajlow, S., Star, J., & Van Dooren, W. (2020). Word problems in mathematics education: a survey. *ZDM – International Journal on Mathematics Education, 52*, 1–16. https://doi.org/10.1007/s11858-020-01130-4

Vogler, A.-M. (2020). *Mathematiklernen im Kindergarten. Eine (mehrperspektivische) Untersuchung zu Chancen und Hürden beim frühen mathematischen Lernen in Erzieher*innen-Situationen.* Waxmann.

Vogler, A.-M., Henschen, E., & Teschner, M. (2023). Facettenreichtum kollektiver Argumentationen in Peerinteraktionen in Bauspielsituationen. Analysen von Bedingungen für die Möglichkeiten des mathematischen Lernens in Peerspielsituationen. In B. Brandt & K. Gerlach (Hrsg.), *Mathematiklernen aus interpretativer Perspektive II* (S. 237–270). Waxmann.

Voigt, J. (1984). *Interaktionsmuster und Routinen im Mathematikunterricht. Theoretische Grundlagen und mikroethnographische Falluntersuchungen.* Beltz.
Vollmer, H. J., & Thürmann, E. (2010). Zur Sprachlichkeit des Fachlernens: Modellierung eines Referenzrahmens für Deutsch als Zweitsprache. In B. Ahrenholz (Hrsg.), *Fachunterricht und Deutsch als Zweitsprache* (S. 107–132). Narr Francke Attempto. https://doi.org/10.13092/lo.43.416
Vollmer, H. J., & Thürmann, E. (2013). Sprachbildung und Bildungssprache als Aufgabe aller Fächer der Regelschule. In M. Becker-Mrotzek, K. Schramm, E. Thürmann, & H. J. Vollmer (Hrsg.), *Sprache im Fach. Sprachlichkeit und fachliches Lernen* (S. 41–57). Waxmann.
von Glaserfeld, E. (1997). *Radikaler Konstruktivismus. Ideen, Ergebnisse, Probleme.* Suhrkamp.
Walther, G., Heuvel-Panhuizen, M., Granzer, D., & Köller, O. (2011). *Bildungsstandards für die Grundschule: Mathematik konkret* (5. Auflage). Cornelsen.
Wiest, L. (2001). The role of fantasy contexts in word problems. *Mathematics Education Research Journal, 13(2)*, 74–90. https://doi.org/10.1007/BF03217100
Wilhelm, N. (2016). *Zusammenhänge zwischen Sprachkompetenz und Bearbeitung mathematischer Textaufgaben.* Springer Fachmedien. https://doi.org/10.1007/978-3-658-13736-6
Wuolle, S. (2016). *How and Why Teachers use Real World Connections in the Secondary Mathematics Classroom.* Simon Fraser University. https://summit.sfu.ca/_flysystem/fedora/sfu_migrate/16239/etd9451_SWuolle.pdf
Wygotski, L. S. (1964). *Denken und Sprechen.* Berlin: Akademie.
Zan, R. (2017). The crucial role of narrative thought in understanding story problems. *Didattica della matematica. Dalla ricerca alle pratiche d'aula, 2*, 46–57. https://doi.org/10.33683/ddm.17.2.3.1
Zazkis, R., & Liljedahl, P. (2009). *Teaching Mathematics as Storytelling.* Sense Publishers. https://doi.org/10.1163/9789087907358